電子學實驗

蔡朝洋　編著

全華圖書股份有限公司

1. 本書內容係根據編者之教學經驗並參考國內外之有關圖書編輯而成。
2. 本書內容詳實、相關知識豐富，適用於大專理工科系授課之用。
3. 本書所用名詞均以教育部公佈之電機工程名詞及電子工程名詞為準。
4. 本書之編校雖力求完美，但疏漏之處在所難免，尚祈諸先進及讀者諸君惠予指正是幸。

蔡朝洋　謹識

相關叢書介紹

書號：06296
書名：專題製作－電子電路及
　　　Arduino 應用
編著：張榮洲.張宥凱

書號：05129
書名：電腦輔助電子電路設計－
　　　使用 Spice 與 OrCAD PSpice
編著：鄭群星

書號：05026
書名：電子實習與專題製作－
　　　感測器應用篇
編著：盧明智.許陳鑑

書號：06425
書名：FPGA 可程式化邏輯設計實
　　　習：使用 Verilog HDL 與 Xilinx
　　　Vivado(附範例光碟)
編著：宋啓嘉

書號：06052
書名：電腦輔助電路設計－活用
　　　PSpice A/D －基礎與應用
　　　(附試用版與範例光碟)
編著：陳淳杰

流程圖

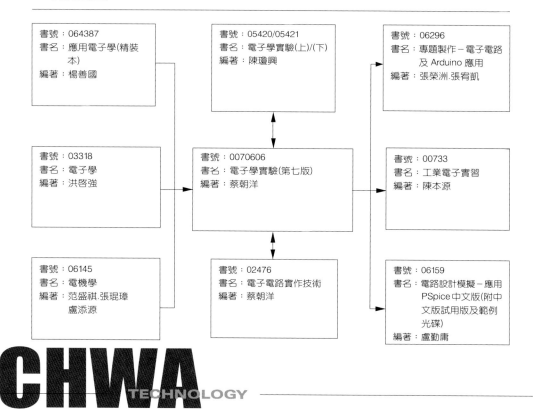

書號：064387
書名：應用電子學(精裝
　　　本)
編著：楊善國

書號：05420/05421
書名：電子學實驗(上)/(下)
編著：陳瓊興

書號：06296
書名：專題製作－電子電路
　　　及 Arduino 應用
編著：張榮洲.張宥凱

書號：03318
書名：電子學
編著：洪啓強

書號：0070606
書名：電子學實驗(第七版)
編著：蔡朝洋

書號：00733
書名：工業電子實習
編著：陳本源

書號：06145
書名：電機學
編著：范盛祺.張琨璋
　　　盧添源

書號：02476
書名：電子電路實作技術
編著：蔡朝洋

書號：06159
書名：電路設計模擬－應用
　　　PSpice中文版(附中
　　　文版試用版及範例
　　　光碟)
編著：盧勤庸

第三篇　　　線性積體電路實驗

第五篇　定時積體電路實驗

第一篇
基本儀表操作

實習一

直流電源供應器

一、實習目的

(1) 瞭解直流電源供應器的特性。

(2) 能正確操作、運用直流電源供應器。

二、相關知識

　　直流電源供應器 (DC Power Supply) 簡稱為電源供應器，是將電力公司供應的交流電源轉變成直流電，以供應電子電路所需的直流電源之裝置。

　　電源供應器能夠供給穩定的直流電壓，所以一般的實驗室和學校的實習工場都有電源供應器。雖然電源供應器比乾電池貴，但是以長期工作而言，使用電源供應器卻較為經濟。圖 1-1 所示是直流電源供應器的常見外形。

▲ 圖 1-1 直流電源供應器

1. 單電源型電源供應器的基本認識

常見的電源供應器有單電源及雙電源，共兩種型式。單電源型電源供應器，如圖 1-2 所示，內部由可調式穩壓電路 (常見的規格為 0～30V 可調) 和限流電路 (常見的規格為 0～1A 可調或 0～3A 可調) 組成。

限流電路的功能有二：

(1) 防止電源供應器因輸出電流過大而燒燬

例如：規格為 0～30V 1A 之電源供應器，若內部沒有限流電路，則當輸出端如圖 1-3 所示接上一個 5Ω 的負載，而將輸出電壓調至 10V，(即 $E = 10V$，$R_L = 5\Omega$) ，則輸出電流等於 10V÷5Ω = 2 安培，超出電源供應器的供電能力，所以電源供應器可能會損壞，若不小心而令輸出端短路 (即 $R_L = 0\Omega$) 更是災情慘重，穩壓元件可能立即被燒毀 (縱然裝保險絲也沒有用) 。內部具有限流電路的電源供應器，即能保證輸出電流無論如何不會超過其規格，而確保電源供應器的安全。

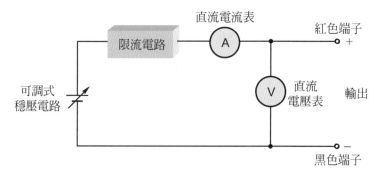

▲ 圖 1-2 單電源型電源供應器之概念圖

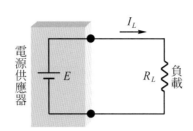

▲ 圖 1-3　無放置限流電路時之情況

(2) 防止負載因通過大電流而損壞

例如：在做電子電路實習時，有的同學可能因為一時疏忽，把電路接錯或把電晶體的接腳看錯，以致電路通電後，電晶體馬上就燒掉了。若使用有限流功能的電源供應器供電，則可把限流值調小 (例如 0.1A) 防止電晶體等元件被燒掉。

電源供應器的限流特性，因所採用的限流方式之不同而異，有圖 1-4 所示三種不同的特性：

① 定值限流：這是最常見的限流方式。當負載電阻 R_L 太小而令輸出電流達到你所設定之電流值時，立即產生保護作用，縱然 R_L 再低 (例如因為短路而令 $R_L = 0\Omega$) 也是將輸出電流 I_L 限制在你的設定值。

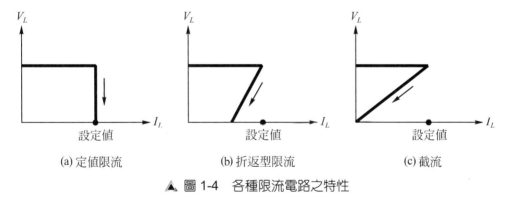

▲ 圖 1-4　各種限流電路之特性

② 折返型限流：這是較少採用的限流方式。當負載電阻 R_L 太小而令輸出電流達到你所設定之電流值時，立即產生保護作用，而把輸出電流降至低於你的設定值。

③ 截流：這是大功率 (高電壓大電流) 電源供應器的常見限流方式。當負載電阻 R_L 太小而令輸出電流達到你所設定的電流值時，立即產生保護作用，把輸出電流切斷，因此輸出電壓降為零伏特，輸出電流降為零安培。

2. 雙電源型電源供應器的認識

雙電源型電源供應器，如圖 1-5 所示，由兩個單電源型電源供應器和一個電壓追蹤電路所組成。

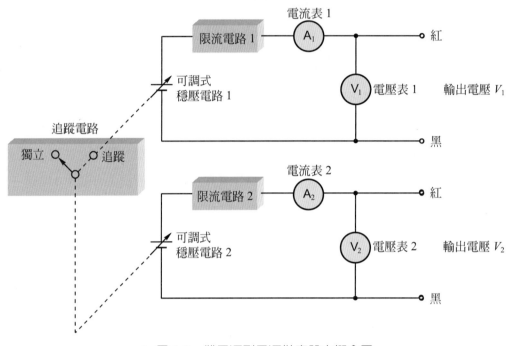

▲ 圖 1-5 雙電源型電源供應器之概念圖

當開關切至獨立 (INDEPENDENT) 時，內部的兩個單電源型電源供應器各自獨立工作，互不相干，好像是把兩台單電源型電源供應器裝在同一個大外殼 (機箱) 裡一樣，所以可以當做兩台單電源型電源供應器來用。

若把開關切至追蹤 (TRACKING) 的位置，則第二組電源供應器的輸出電壓 V_2 會追隨第一組電源供應器的輸出電壓 V_1，而令 $V_2 = V_1$。換句話說，你只須調整 V_1 至你所需的電壓值，不必動手去調整 V_2，電壓 V_2 就會自動等於 V_1。在電子電路中，差動放大器、運算放大器等電路，多需要雙電源 (例如 $\pm 15V$)，使用追蹤的功能就方便多了。

3. 單電源型電源供應器面板上操作鈕的認識

電源供應器的面板上有開關、按鈕、接線端子、電壓表及電流表等，我們只要了解各操作鈕的功能，即可正確的運用電源供應器。同學們若參考圖 1-6 所示 並能牢記面板上的英文單字，操作起來將更得心應手。

(1) POWER：這是電源開關。通常在旁邊會有一個指示燈，燈亮表示電源供應器已通電。

(2) VOLTAGE：這是電壓調整旋鈕。逆時針轉到底，則輸出之直流電壓等於零伏特，順時針旋轉則輸出電壓會增大。

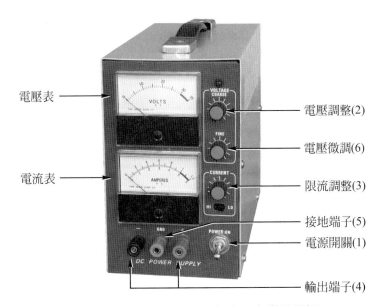

▲ 圖 1-6　單電源型電源供應器之常見面板

(3) CURRENT：這是限流值的調整旋鈕。可令電源供應器的最大輸出電流不超出你所設定的電流值。

　　逆時針轉到底，限流值最小，順時針旋轉則限流值增大。目前的限流值是多少呢？你只要用一條電線把輸出端子 (即紅端子與黑端子) 短路，電源供應器上電流表的指示值就是限流值。

(4) OUTPUT 或＋、－：這是輸出端子。紅色端子為正，黑色端子為負。

(5) GND：這是接地端子。此接地端子與電源供應器的外殼相通，應接一條綠色絕緣皮的電線至地。

(6) FINE：這是電壓微調旋鈕。有的電源供應器在 VOLTAGE 旋鈕的旁邊附有 FINE 旋鈕，利用此旋鈕可令設定的電壓值調整的更精確。

4. **雙電源型電源供應器面板上操作鈕的認識**

雙電源型電源供應器的面板請參考圖 1-7 所示。茲將各操作鈕的功能說明如下：

(1) POWER ON／OFF：這是電源開關。通常在開關上或開關旁邊會有一個指示燈，燈亮表示電源供應器已通電。

(2) VOLTAGE：這是電壓調整旋鈕。逆時針轉到底，則輸出之直流電壓等於零伏特，順時針旋轉則輸出電壓會增大。

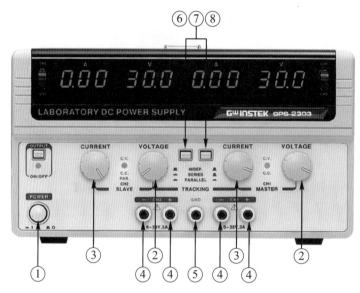

▲ 圖 1-7　雙電源型電源供應器之常見面板

(3) CURRENT：這是限流值的調整旋鈕。可令電源供應器的最大輸出電流不超出你所設定的電流值。

逆時針轉到底，限流值最小，順時針旋轉則限流值增大。目前的限流值是多少呢？你只要用一條電線把輸出端子 (即紅端子與黑端子) 短路，電源供應器上電流表的指示值就是限流值。

(4) ＋、－(紅端子與黑端子)：這是輸出端子。紅色端子爲正，黑色端子爲負。

(5) GND：這是接地端子。最好能接一條綠色絕緣皮的電線至地。 (國人大多把電器外殼的接地手續省略了，這是不當之習慣，應予以導正。)

(6) INDEPENDENT 或 INDEP 或 IND：這是令兩組電源獨立工作，此時電源供應器如圖 1-8 所示，猶如兩台單電源型電源供應器。

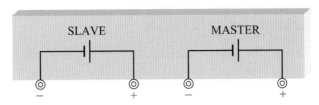

▲ 圖 1-8　INDEPENDENT 時是兩組獨立的電源

(7)　SERIES 或 S 或 TRACKING：這是令兩組電源如圖 1-9 所示串聯而成雙電源。此時會自動追蹤 (TRACKING) 而令 SLAVE 的電壓等於 MASTER 的電壓。輸出電壓的大小是由 MASTER 的 VOLTAGE 旋鈕控制，SLAVE 的 VOLTAGE 旋鈕無效。

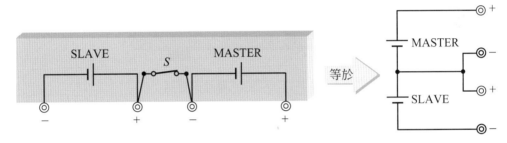

▲ 圖 1-9　SERIES 時會自動追蹤，而令 SLAVE 電壓等於 MASTER 電壓。
電源供應器工作於雙電源模式

(8)　PARALLEL 或 P：此時會令兩組電源如圖 1-10 所示並聯在一起，使輸出電流可提高為額定值的兩倍。SLAVE 的電壓會自動追蹤而等於 MASTER 的電壓。輸出電壓的大小是由 MASTER 的 VOLTAGE 旋鈕控制，SLAVE 的 VOLTAGE 旋鈕無效。

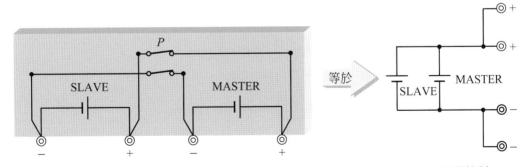

▲ 圖 1-10　PARALLEL 時，兩組電源並聯在一起，會自動追蹤而令 SLAVE 電壓等於
MASTER 電壓

5. 可程式電源供應器面板上操作鈕的認識

可程式電源供應器如圖 1-11 所示，使用按鍵來設定 (調整) 輸出電壓與限流值。

例如

| +VSET | 3 | · | 6 | ENTER | 就是令正電源為 3.6 伏特

| +ISET | 0 | · | 2 | ENTER | 就是令正限流值為 0.2 安培

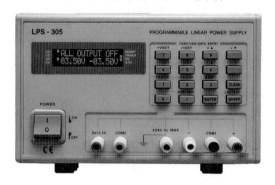

▲ 圖 1-11 可程式電源供應器

可程式電源供應器的常用型號為 LPS-305，其內部如圖 1-12 所示，由一個 0～±30V 的電源與一個 5V／3.3V 的電源組成。此型電源供應器之輸出端子為＋，COM1，－，所以不能當作兩台獨立的 0~30V 電源供應器使用。

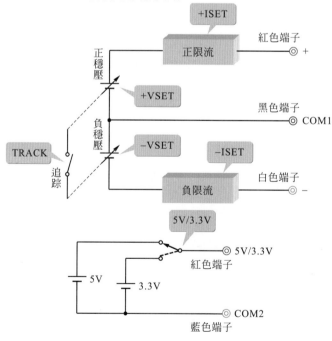

▲ 圖 1-12 LPS-305 的內部結構

　　LSP-305 的面板如圖 1-13 所示，有許多按鍵是功能鍵與數字鍵共用，例如鍵盤左上角的按鍵可做 +VSET 功能鍵，也可做數值 7 用。茲將圖 1-13 所示說明如下：

(1)　液晶顯示器：顯示所有功能和操作狀況。

(2)　電源開關：本機的主電源開關。

(3)　+VSET：正電壓輸出控制鍵，用以顯示或改變電壓設定。

　　　7：用以輸入數字 7。

(4)　+ISET：正電流輸出控制鍵，用以顯示或改變電流設定。

　　　8：用以輸入數字 8。

(5)　+▲(up)：正輸出控制鍵(增加)；在固定電壓模式時可用來增加電壓設定，在固定電流模式時可增加電流設定。電壓的增加一次是 10mV，電流的增加一次是 1mA。若按鍵不放，設定值會一直增加至離手或至最大值為止。

　　　9：用以輸入數字 9。

(6)　+▼(down)：正輸出控制鍵(減少)；在固定電壓模式時可用來減少電壓設定，在固定電流模式時可減少電流設定。電壓的減少一次是 10mV，電流的減少一次是 1mA。

　　　若按鍵不放，設定值會一直減少至離手或至最小值為止。

(7)　-VSET：負電壓輸出控制鍵，用以顯示或改變電壓設定。

　　　4：用以輸入數字 4。

(8)　-ISET：負電流輸出控制鍵，用以顯示或改變電流設定。

　　　5：用以輸入數字 5。

(9)　-▲(up)：負輸出控制鍵(增加)；在固定電壓模式時可用來增加電壓設定，在固定電流模式時可增加電流設定。電壓的增加一次是 10mV，電流的增加一次是 1mA。

　　　若按鍵不放，設定值會一直增加至離手或至最大值為止。

　　　6：用以輸入數字 6。

(10)　-▼(down)：負輸出控制鍵(減少)；在固定電壓模式時可用來減少電壓設定，在固定電流模式時可減少電流設定。電壓的減少一次是 10mV，電流的減少一次是 1mA。

　　　若按鍵不放，設定值會一直減少至離手或至最小值為止。

(11) TRACK：選擇正電源與負電源的設定輸出值是要同步或獨立，同步狀態表示負電源與正電源輸出等值，但極性相反，獨立狀態則表示正、負電源設定輸出值不一樣。

　　1：用以輸入數字 1。

(12) 0：用以輸入數字 0。

(13) 5V／3.3V：選擇固定 5V 或固定 3.3V 輸出。

　　2：用以輸入數字 2。

(14) OUTPUT ON／OFF：選擇固定 5V 或 3.3V 電源供應，是在輸出狀態或預備狀態。

　　.：用以輸入小數點。

(15) BEEP：蜂鳴聲控制鍵，用來選擇開或關。

　　3：用以輸入數字 3。

(16) Enter：數字輸入鍵，輸入所有設定的數值。

(17) CLEAR：和數字鍵一齊使用，用來清除已設定的數字。

(18) ±OUTPUT (ON／OFF)：選擇正電源供應與負電源供應是同時在輸出狀態或預備狀態。

(19) + (紅色標示)：正輸出接線端子。

(20) COM1 (黑色標示)：正、負電源共同輸出接線端子。

(21) － (白色標示)：負輸出接線端子。

(22) GND (綠色標示)：接地端子，連接在機殼，最好能接一條綠色的電線至地。

(23) COM2 (藍色標示)：固定 5V／3A 或固定 3.3V／3A 的負輸出接線端子。

(24) 5V／3.3V (紅色標示)：固定 5V／3A 或 3.3V／3A 的正輸出接線端子。

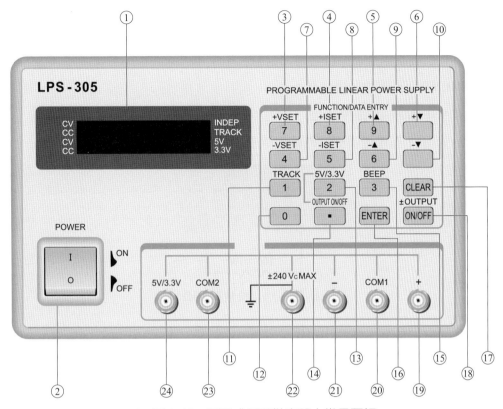

▲ 圖 1-13　可程式電源供應器之常見面板

三、實習項目

工作一：直流電源供應器之基本操作練習

1. 把直流電源供應器的電源插頭插在 AC 110V 之插座。

2. 將電源開關 (POWER) 置於 ON 的位置。

3. 若順時針旋轉 VOLTAGE 旋鈕，則電壓表的指示值會增大或減小？答：_____

4. 若將 VOLTAGE 旋鈕順時針轉到底，則電壓表指示 _____ 伏特。此即本台電源供應器的最大輸出電壓。

5. 把 VOLTAGE 旋鈕逆時針旋轉到底，則電壓表指示 _____ 伏特。此即本台電源供應器的最低輸出電壓。

6. 旋轉 VOLTAGE 旋鈕，使輸出電壓等於 5 伏特。

7. 順時針或逆時針旋轉 CURRENT 旋鈕，電流表的指示值等於 _____ 安培。

　　註：由於目前電源供應器並沒有接上負載，所以電流表的指示值應該是 0 安培才對。

8. 將 CURRENT 旋鈕順時針轉到底。

9. 把 VOLTAGE 旋鈕逆時針轉到底。

10. 如圖 1-14 所示，在電源供應器的輸出端子接一個 10Ω 10W 的電阻器。

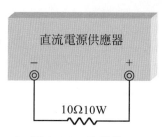

▲ 圖 1-14　負載為 10Ω

11. 調整 VOLTAGE 旋鈕，使輸出電壓分別為 0V、1V、2V、3V、4V、5V、6V 並將相對應的電流值 (此時電源供應器的電流表之指示值就是流至負載 10Ω 電阻器的電流值) 記錄在表 1-1 中。

　　請注意！實習中 10Ω 電阻器的溫度會升高，請注意安全以免燙傷。

12. 請把電源 OFF，並將 10Ω 電阻器拆離電源供應器。

13. 由表 1-1 所列可得知電流值會隨著電壓值上升，這是因為沒有使用限流功能的緣故。

　　到目前你已經知道電壓表、電流表及 VOLTAGE 旋鈕的用法了吧！

▼ 表 1-1

電壓 (V)	0	1	2	3	4	5	6
電流 (A)							

工作二：瞭解直流電源供應器的限流功能

1. 把電源供應器的電源 ON。

2. 旋轉 VOLTAGE 旋鈕，使輸出電壓等於 1 伏特。

3. 將 CURRENT 旋鈕逆時針轉到底。

　　說明：本步驟是把限流值設定為最小值。

4. 如圖 1-15 所示，用一段電線把紅色端子 (＋) 和黑色端子 (－) 短路起來，然後旋轉 CURRENT 旋鈕，使電源供應器的電流表指示 0.5 安培。

說明：本步驟是把限流值設定為 0.5 安培。

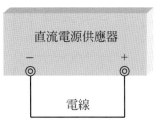

▲ 圖 1-15　負載為 0Ω

5. 移走短路電線，並旋轉 VOLTAGE 旋鈕，使輸出電壓等於 3 伏特。

註：在第 6. 步驟至第 8. 步驟中，請不要再轉動 VOLTAGE 旋鈕和 CURRENT 旋鈕。

6. 把電源 OFF 後，如圖 1-14 所示接線，然後再把電源 ON。此時電流表指示 ＿＿＿＿＿安培。

7. 把電源 OFF 後，如圖 1-16 所示接線，然後再把電源 ON。此時電流表指示 ＿＿＿＿＿安培。

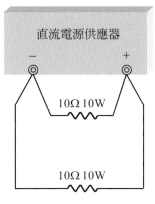

▲ 圖 1-16　負載為 5Ω

8. 把電源 OFF 後，如圖 1-17 所示接線，然後再把電源 ON。此時電流表指示 ＿＿＿＿＿安培。

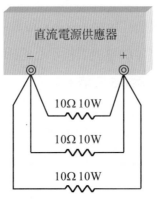

▲ 圖 1-17　負載為 3.3Ω

9. 照理講，第 6.步驟的電流值應等於 3V ÷ 10Ω = 0.3A ，第 7.步驟的電流值應等於 3V ÷ 5Ω = 0.6A，第 8.步驟的電流值應等於 3V ÷ 3.3Ω = 0.9A 才對，但是由第 6.～第 8. 步驟的實際測量結果卻清楚的告訴我們輸出電流無法超過 0.5A，這就是直流電源供應器的限流功能。

10. 至此，已經知道限流的意義，以及限流值的設定方法了吧！祝你日後用直流電源供應器能夠順手如意。

11. 請你仔細看，圖 1-17 時電壓表的指示值爲＿＿＿＿＿＿伏特。它不再是 3 伏特吧。在直流電源供應器內部的限流電路動作時，輸出電壓將會降低，此時直流電源供應器已失去穩壓作用。

12. 實習完畢。請將電源 OFF。

四、習題

1. 將交流電轉變成直流電之裝置，稱爲什麼？

2. 最常見的限流方式是何者？

3. 大功率電源供應器的限流方式多爲何者？

4. 當雙電源型電源供應器，被置於 SERIES 狀態時，用來改變輸出電壓的 VOLTAGE 旋鈕是 MASTER 或 SLAVE？

5. 當所加之負載過載時，直流電源供應器的輸出電壓會如何？

五、相關知識補充：免銲萬用電路板 (麵包板)

免銲萬用電路板 (solderless breadboard)，俗稱「麵包板」，外形如圖 1-18 所示。

使用免銲萬用電路板做電路實驗特別方便，IC、電晶體、電阻器或電容器……等電子零件只要往正確插孔一插即可，不必銲接，圖 1-19 所示即為免銲萬用電路板之使用例。

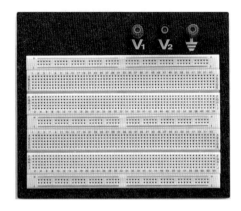

▲ 圖 1-18　免銲萬用電路板之照相圖

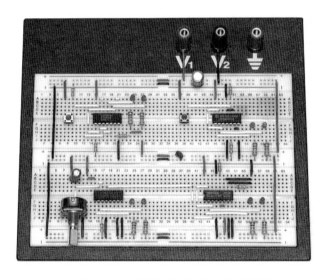

▲ 圖 1-19　免銲萬用電路板之使用例

免銲萬用電路板的內部是由一些長條形的磷青銅片組成，各插孔的連接情形如圖 1-20 所示。水平線是 25 個插孔為一組，可將這 25 個插孔視為電路中的同一點，通常被用來做為電源線或接地共同點之用。垂直線是每 5 個插孔為一組，可將這 5 個插孔視為電路中的同一點。各插孔組之間，你可視需要而使用 0.6mm 之單心線加以連接組合起來。

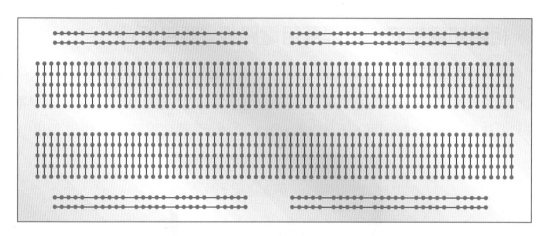

▲ 圖 1-20 免銲萬用電路板之內部結構

　　免銲萬用電路板和三用電表，對於電機、電子人員而言，就如同我們吃飯時所需的碗和筷子一樣，是不可或缺的，因此建議每位同學能自己購買一塊。

　　使用免銲萬用電路板時應避免將過粗的導線或過粗之零件腳插進免銲萬用電路板，零件腳或導線在插進免銲萬用電路板之前亦應先用尖嘴鉗將其弄直，否則插孔容易鬆弛而造成接觸不良的毛病。使用要領如圖 1-21 所示。

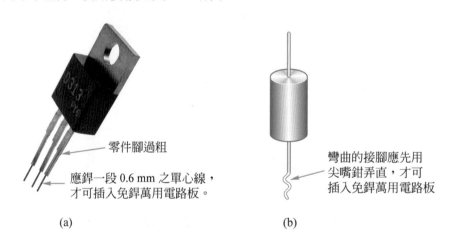

零件腳過粗

應銲一段 0.6 mm 之單心線，才可插入免銲萬用電路板。

彎曲的接腳應先用尖嘴鉗弄直，才可插入免銲萬用電路板

(a)   (b)

▲ 圖 1-21 免銲萬用電路板之使用要領

實習二

示波器

一、實習目的

(1) 熟悉示波器的使用方法。

(2) 熟鍊以示波器測量電壓、頻率及相位差。

二、相關知識

　　常見示波器的外形如圖 2-1 所示。示波器(oscilloscope)能顯示各種信號波形，讓我們很方便的觀察各種電氣信號，是電機電子人員測試、研究、檢修電路的重要儀器。因此，熟練示波器的操作方法，進而能得心應手的應用示波器，是電機電子人員的重要課題。

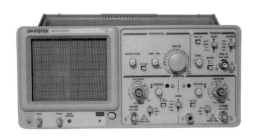

(a)類比示波器　　　　　　　　　　　(b)數位示波器

▲ 圖 2-1　示波器

　　示波器最基本的功能，是告訴我們某一待測的電壓信號隨時間變化的關係。示波器可以分成傳統的類比示波器和現在的數位示波器。類比示波器使用陰極射線管(CRT)顯示波形，電子束以高速度從陰極飛出，撞上正前方的螢光幕，造成一個亮點並移動畫出波形。數位示波器則是以電腦每隔一段時間對信號做"取樣"，也就是數位化，然後隨時間畫成圖樣，因此取樣的頻率越高(也就是單一時間內取的樣本數越多)，取樣之後的信號就會越接近原本的信號。

　　換句話說，類比示波器是信號即時(realtime)重現，數位示波器則是將信號重新整理後再顯示在液晶螢幕(LCD)的儀器。然而因為類比示波器的頻寬(Bandwidth)會因為陰極射線管(CRT)的頻寬而受限制，所以現在的示波器多朝數位化前進。

　　數位示波器有下列優點，所以逐漸的成為目前的主流：

(1)　可以快速的對信號做出分析，測得振幅、週期、頻率的資訊。

(2)　可以對信號做出加減，甚至是傅立葉轉換等運算。

(3)　將信號數位化，可以存檔或列印，對實驗數據的處理上有極大的方便性。

　　數位示波器的操作方法依廠牌而異，但大致上是大同小異。本實習我們將以圖 2-2 的 TBS 1052B 為例說明其操作方法。

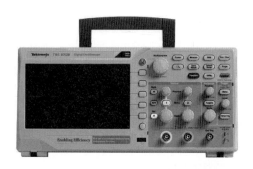

▲ 圖 2-2　數位示波器 TBS 1052B

相關知識之一：示波器面板上操作鈕的認識

　　一部示波器的面板上有許多按鈕、旋鈕和接頭，有轉的、有按的，請參考圖 2-2，我們必須先將這些操作鈕的作用弄清楚，才有辦法正確的操作、應用示波器。現在把示波器如圖 2-3 所示分成 10 大區塊，並把各操作鈕說明於下，希望初學者把各操作鈕的功能牢記，以便操作示波器能得心應手。

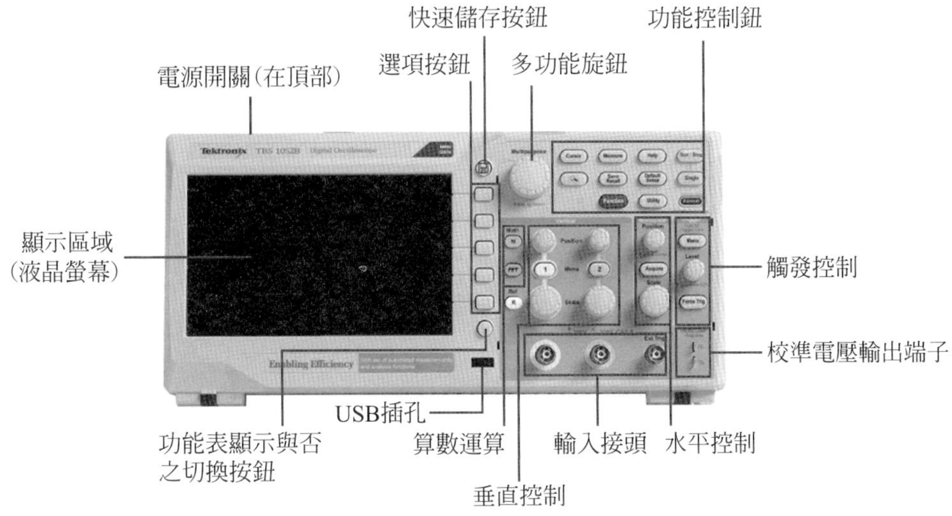

快速儲存按鈕
功能控制鈕
電源開關(在頂部)
選項按鈕
多功能旋鈕
顯示區域
(液晶螢幕)
觸發控制
校準電壓輸出端子
USB插孔
功能表顯示與否
之切換按鈕
算數運算
輸入接頭
水平控制
垂直控制

▲ 圖 2-3

廠商很貼心的準備了中文面板貼紙，如圖 2-4 所示。各操作鈕的中文名稱，請參考圖 2-4。

多功能旋鈕
按下以選擇
游標
量測
說明
執行/停止
儲存/叫出
預設設定
單一
功能
公用程式
自動設定
按住以自動設定範圍
垂直
數學運算
位置
功能表
參考值
刻度
水平
位置
按下以置中
擷取
刻度
觸發
功能表
位準
強制觸發
300V
300V CAT II
外部觸發

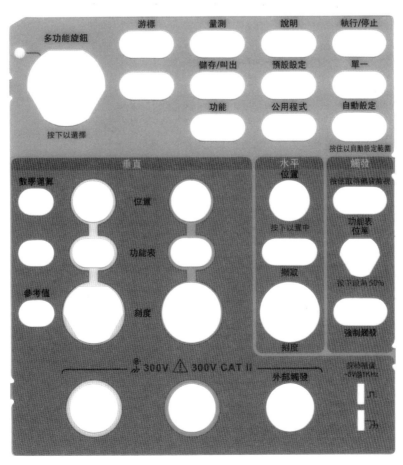

▲ 圖 2-4　中文面板貼紙

1. **顯示區域(液晶螢幕)**

    (1) 顯示波形。

    (2) 顯示有關波形的詳細資訊。

    (3) 顯示示波器控制設定的詳細資訊。

    (4) 顯示功能表。

2. **輸入接頭**

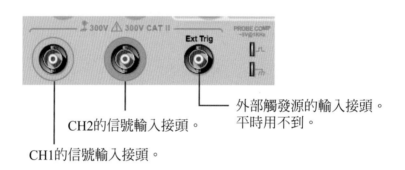

外部觸發源的輸入接頭。
平時用不到。

CH2的信號輸入接頭。

CH1的信號輸入接頭。

說明：

雙通道示波器有 CH1 (channel 1)及 CH2 (channel 2)兩個輸入接頭。欲觀測之信號可由
這兩個接頭輸入。

3. **校準電壓輸出端子**

輸出1KHz方波
峰對峰值電壓= 5V

4. 垂直控制

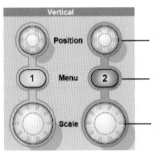

這兩個旋鈕可以改變波形在螢幕的垂直位置，以方便觀察。

這兩個旋鈕可切換開啟或關閉波道(CH1或CH2)波形的顯示。

這兩個旋鈕的作用是選擇一個適當的VOLT/DIV(每格之伏特數)，改變波形的高度，使出現在螢幕的波形最適宜觀察。

5. 水平控制

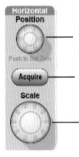

旋轉此旋鈕可使波形左右移動至螢幕的適當位置，以方便觀察。

這個按鈕可改變波形的擷取模式(取樣、峰值檢測和平均)。平時用不到。

旋轉此旋鈕可選擇適當的TIME/DIV(每格之時間)，改變波形的寬度，使螢幕所顯示的波形最適於觀察。

說明：

 有三種擷取模式：取樣、峰值檢測及平均。請參考圖 2-5。

(1) 取樣：在此擷取模式中，示波器用平均間隔取樣信號以建構波形。此模式多數時候都能準確地還原信號。

但是，此模式不會擷取可能發生在取樣間的信號快速差異，可能導致遺漏狹窄脈波。在這些情況下，您應該使用「峰值檢測」模式擷取資料。

(2) 峰值檢測：在此擷取模式中，示波器在每個取樣間隔找到輸入信號的最高和最低值，並且用這些值顯示波形。示波器用這個方式就可以擷取並顯示狹窄脈波。

(3) 平均：在此擷取模式中，示波器擷取數個波形且加以平均，並顯示最後產生的波形。您可以使用此模式以減少隨機雜訊。

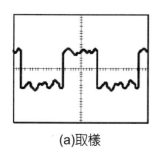
(a)取樣

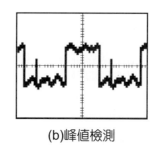
(b)峰值檢測

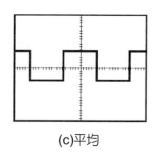
(c)平均

▲ 圖 2-5　擷取模式對波形的影響

6. 觸發控制

觸發準位的調整。

因為數位示波器會自動觸發，所以平時用不到。

說明：

(1) 觸發(trigger)就是"規定"每次開始掃描的時機，當任何一次掃描完畢，示波器便進入等待的狀態，直到信號又再度符合"規定"時，才再度觸發，進行下一次掃描。數位示波器自動觸發的設計會使得信號軌跡不斷疊合在上一次的軌跡上，因此即使是很快速的信號也能形成清晰可辨的圖形。

(2) 觸發準位對波形的影響如圖 2-6 所示。

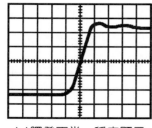
(a)觸發正常，穩定顯示

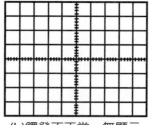
(b)觸發不正常，無顯示

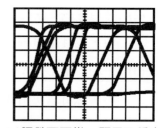
(c)觸發不正常，顯示不穩定

▲ 圖 2-6　觸發準位對波形的影響

7.　算數運算

Math M	把 CH1 和 CH2 做加法或減法運算。
FFT	做傅立葉轉換運算(把示波器當做頻譜分析儀用)。

8.　功能控制鈕

Autoset	令示波器自動顯示波形及電壓頻率等資料。是最常用的按鈕。
Measure	可以手動改變所測試的項目(包含週期、頻率、最小值、最大值、平均值、有效值、上升時間等項目)。請配合多功能旋鈕使用。
Run / Stop Single	示波器平時是在 Run 狀態(亮綠燈)，螢幕波形隨輸入信號變化。
	按一下 Run / Stop 則變成 Stop 狀態(亮紅燈)，畫面會凍結。
	若按 Single ，則只抓一次信號即停止取樣，畫面會凍結。
Default Setup	若你不知道前一位使用者對示波器做了哪些設定，你可以按此按鈕令示波器回復至出廠設定。 註：出廠設定，示波器的測試棒(探棒)是置於×10。
Cursor	配合多功能旋鈕移動游標，可以量測信號波形水平或垂直軸上，任兩點的振幅或時間差值。
Utility	顯示「公用程式選單」。你可以在公用程式中把螢幕顯示的文字改成中文。
Function	功能鍵。有極限測試、資料記錄、計數器(頻率計)、趨勢圖等功能選項。
Save Recall	在 USB 插孔插入隨身碟，您可以使用「儲存/叫出」功能表選項將波形或示波器的設定資料寫入 USB 隨身碟或從中擷取資料。 (註：你也可以用面板上的儲存按鈕 🖫 來將檔案快速儲存至隨身碟。)
Help	假如你不知道下一步要怎麼操作，就按此按鈕看螢幕上的說明吧。
🔍	放大鏡。可以配合多功能旋鈕把某一段波形放大，觀察細節。

9. 多功能旋鈕

指示燈

配合功能控制鈕使用。當多功能旋鈕左上角的指示燈亮時,旋轉多功能旋鈕可以改變選項。按下多功能旋鈕則選中該項。

10. 選項按鈕:配合功能控制鈕使用。

相關知識之二:測試前的準備工作

1. 測試棒如圖 2-7 所示。

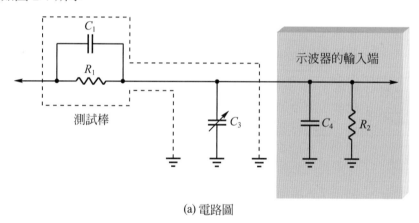

(a) 電路圖

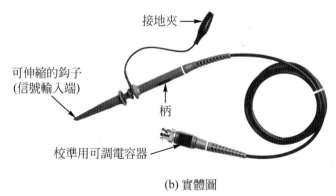

(b) 實體圖

▲ 圖 2-7

2. 廠商所附之測試棒是×10 測試棒。若你所用測試棒有×1 與×10 兩個位置，請把測試棒置於×10 的位置。

3. 拿一隻測試棒(探棒)旋入(鎖進) CH1 輸入接頭。

4. 把測試棒鉤在校準電壓輸出端子。請參考圖 2-8。

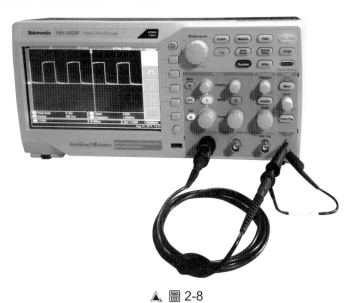

▲ 圖 2-8

5. 把電源開關 ON。

6. 按一下 (Autoset)，你會在螢幕看到 5V_{P-P} 方波。請參考圖 2-8。

　　註：(1)此時可適當調整 TIME／DIV 旋鈕與 VOLTS／DIV 旋鈕使波形易於觀看。

　　　　(2)經過以上操作後若未能在螢幕顯示方波，請任課老師協助、指導。

7. 如第 6.步驟測試時，若螢幕出現的方波不完美，可使用小起子調整測試棒上的「校準用可調電容器」使電路獲得適當的補償，請參考圖 2-9。

補償不足　　　　正　確　　　　補償過度

▲ 圖 2-9

相關知識之三：示波器的基本應用

1. **測量電壓**

    把測試棒接至待測信號，然後按一下 就可以了。螢幕上會自動顯示峰對蜂

    值電壓、週期、頻率等資料。

    注意：當示波器的 CH1 與 CH2 都鎖進測試棒時，這兩隻測試棒的接地夾是相通的，

    　　　所以可以將其中一個接地夾閒置不用。

2. **測量頻率**

    把測試棒接至待測信號，然後按一下 就可以了。螢幕上會自動顯示峰對蜂

    值電壓、週期、頻率等資料。

3. **測量相位關係**

    (1) 當有兩個頻率相同的電壓欲測量相位差時，最簡單的方法就是用兩隻測試棒把兩
        個待測信號分別接至 CH1 及 CH2，將兩個波形顯示在同一個螢幕而比較之，如
        圖 2-10 所示。

    (2) 旋轉 TIME／DIV 旋鈕，使螢光幕只顯示 2～3 週的波形。

    (3) 仔細計算圖 2-10 中所示 V_1(或 V_2)一週的總共格數 A，並仔細計算 V_1 與 V_2 兩個波形
        的差異格數 B。

    (4) 利用下式即可算出 V_1 與 V_2 的相位差：

    $$\theta = 360° \times \frac{B}{A}$$

    (5) 圖 2-10 所舉之例子，由螢幕
        所顯示的波形可看出 V_1 超前
        於 V_2。

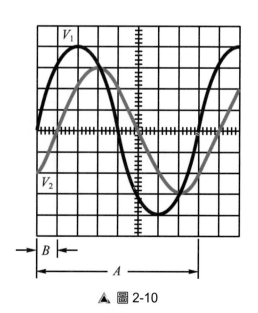

▲ 圖 2-10

三、實習項目

工作一:示波器的基本操作練習

1. 拿一隻測試棒(探棒)旋入(鎖進) CH1 輸入接頭。

   註:若你所用測試棒有×1 與×10 兩個位置,把測試棒置於×10 的位置。

2. 把測試棒鉤在校準電壓輸出端子。

3. 把電源插頭插入 AC 110V 之電源插座。

4. 把電源開關置於 ON 之位置。

5. 按一下 (Default Setup) ,然後按一下 (Autoset) 。

6. 螢幕是否有顯示 5V_{P-P} 方波? 答:_____

   註:若螢幕沒有任何顯示,請任課老師協助、指導。

7. 旋轉 CH1 垂直控制的 Position 旋鈕,對螢光幕的顯示有什麼影響?

   答:_____

8. 旋轉 CH1 垂直控制的 Position 旋鈕,使方波顯示在最方便觀察波形的位置。

9. 旋轉 CH1 水平控制的 Position 旋鈕,對螢幕的顯示有什麼影響?

   答:_____

10. 旋轉 CH1 水平控制的 Position 旋鈕,使方波顯示在最方便觀察波形的位置。

11. 旋轉 CH2 垂直控制的 Position 旋鈕,會改變方波的顯示位置嗎?為什麼?

    答:_____

12. 旋轉 CH1 垂直控制的 Scale (VOLTS／DIV)旋鈕,波形的高度還是寬度會改變?

    答:_____

13. 旋轉 CH1 垂直控制的 Scale (VOLTS／DIV)旋鈕,使方波為適當的高度。

14. 旋轉 CH1 水平控制的 Scale (TIME／DIV)旋鈕會改變波形的高度還是寬度?

    答:_____

15. 旋轉 CH1 水平控制的 Scale (TIME／DIV)旋鈕,使波形的寬度最適於觀察。

16. 由螢幕上所顯示之資料可知方波的峰對峰值電壓＝_____V。

17. 由螢幕上所顯示之資料可知方波的頻率 f ＝ ＿＿＿＿＿＿ Hz。

18. 按一下 ①，對螢幕的顯示有什麼影響？

    答：＿＿＿＿＿＿＿＿

19. 再按一下 ①，對螢幕的顯示有什麼影響？

    答：＿＿＿＿＿＿＿＿

20. 拿一隻測試棒(探棒)旋入(鎖進) CH2 輸入接頭。

    註：若你所用測試棒有×1 與×10 兩個位置，把測試棒置於×10 的位置。

21. 把測試棒鉤在校準電壓輸出端子。

22. 按一下 ②，再按一下 Autoset ，螢幕是否有顯示 CH2 的 $5V_{P-P}$ 方波？

    答：＿＿＿＿＿＿

23. 你可以壓按鈕或轉旋鈕，探索示波器的各種進階功能，但是實驗結束時請你按一下 Default Setup ，再按一下 Autoset ，使示波器回復到基本狀態，以方便下一位同學使用。

四、習題

1. 用來觀察電氣波形的儀器稱為什麼？

2. 旋轉 VOLTS／DIV 旋鈕，會改變顯示波形的高度還是寬度？

3. 旋轉 TIME／DIV 旋鈕，可改變顯示波形的高度還是寬度？

5. 示波器上的校準電壓輸出端子會輸出何種波形？

6. 要方便的自動測量電壓或頻率，可以按下哪個按鈕？

7. 示波器量測交流電壓 V_1 與 V_2 的波形如圖 2-11 所示，則 V_1 與 V_2 的相位差約多少度？

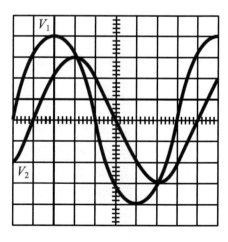

▲ 圖 2-11

實習三

信號產生器

一、實習目的

(1) 瞭解信號產生器的功用。

(2) 熟悉聲頻信號產生器的使用方法。

(3) 瞭解函數信號產生器的使用方法。

二、相關知識

相關知識之一：聲頻信號產生器。

1. 聲頻信號產生器的功用

信號產生器可輸出我們測試電路時所需的信號電壓。其頻率的高低、電壓的大小及波形，可適當調整面板上的操作鈕而獲得。

圖 3-1 所示是常用的聲頻信號產生器 (Audio Frequency Generator，簡稱為 AFG)，可提供測試電路時所需之正弦波或方波。

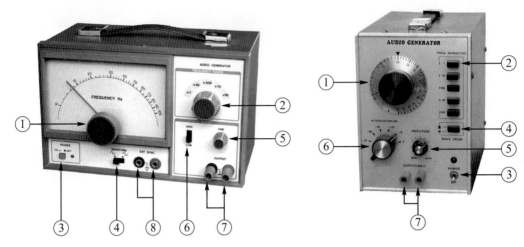

▲ 圖 3-1　聲頻信號產生器

2.　聲頻信號產生器面板上操作鈕的認識

(1)　常見聲頻信號產生器如圖 3-1 所示，茲將其面板操作鈕說明於下：

① 頻率細調旋鈕 —— 旋轉此鈕，信號產生器之振盪頻率可由刻度盤讀出 (單位 Hz) 。

② 頻率範圍開關 —— FREQ. RANGE 或 FREQUENCY RANGE，一般分為 ×1、×10、×100、×1k，把刻度盤上的數字乘以本開關所示之倍數，即為信號產生器的輸出頻率。

③ 電源開關 —— POWER，控制信號產生器是否通上電源。

④ 波形選擇開關 —— WAVE FORM，可選擇輸出波形為正弦波或方波。

⑤ 輸出電壓微調 —— FINE 或 AMPLITUDE，可連續調整輸出電壓之大小。

⑥ 輸出電壓粗調 —— HIGH LOW 或 ATTENUATOR。

⑦ 輸出端子 —— OUTPUT，信號產生器的電壓由此送出。輸出阻抗為 600Ω。

⑧ 同步信號輸入端子 —— EXT SYNC.，用以輸入外部之同步信號，此信號也可以做為示波器的 Ext. Trigger 的信號源。

(2)　聲頻信號產生器之方塊圖繪於圖 3-2 以供參考。本實習著重於操作方法與應用，故內部電路不作說明。

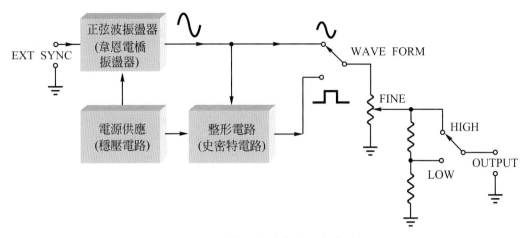

▲ 圖 3-2　聲頻信號產生器之方塊圖

相關知識之二：函數信號產生器

1. 函數信號產生器的功用

　　常見的函數信號產生器 (Function Generator) 如圖 3-3 所示，是一種多功能的信號產生器，通常能提供正弦波、三角波、方波、TTL 脈波及 CMOS 脈波。

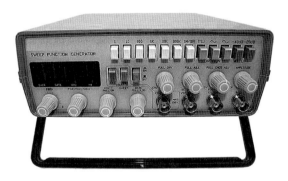

▲ 圖 3-3　函數信號產生器外型之一

2. 函數信號產生器面板上操作鈕的認識

　　常見的函數信號產生器，面板如圖 3-4 所示，茲說明於下：

(1) PWR：電源開關 (POWER)。

(2) ATTEN：衰減器 (ATTENUATOR)。可使從 OUTPUT 端子輸出之正弦波、三角波或方波之電壓衰減 –20 dB 或者 –40 dB。

(3) FUNCTION：波形選擇開關。可選擇從 OUTPUT 端子輸出的是正弦波或三角波或方波。

(4) RANGE：頻率範圍選擇開關。

(5) Counter display：頻率計的顯示器。顯示頻率的大小。

(6) OVER：頻率溢位指示燈。

(7) GATE：頻率計的工作速率指示燈。

(8) KHz：頻率單位為 kHz 之指示燈。

(9) Hz：頻率單位為 Hz 之指示燈。

(10) EXT：壓下此按鍵，頻率計會顯示接在 COUNTER IN 輸入端子的外部信號之頻率。

(11) COUNTER −20 dB：壓下此鍵，可衰減 −20 dB 由 COUNTER IN 輸入端子所加外部信號之電壓。

(12) FREQ：輸出信號頻率之粗調旋鈕。

(13) FINE：輸出信號頻率之微調旋鈕。

(14) WIDTH：掃描頻率寬度調整旋鈕。旋轉此鈕可改變頻率的掃描寬度。當旋鈕被拉起即線性掃描。

(15) RATE：掃描頻率速率調整旋鈕。旋轉此鈕可改變頻率的掃描速率。當旋鈕被拉起時為對數掃描方式。

(16) DUTY：改變對稱度之旋鈕。若將本旋鈕轉至 CAL 位置，則輸出對稱性波形。

(17) DC OFFSET：直流準位調整旋鈕。可讓從 OUTPUT 端子輸出之波形含有直流成份。

(18) PUSH TTL-PULL CMOS：TTL 或 CMOS 準位之選擇鈕。當此旋鈕被壓下，則從 TTL／CMOS 端子輸出的信號為 TTL 準位。若此旋鈕被拉起，則從 TTL／CMOS 端子輸出的信號是 CMOS 準位，旋轉本旋鈕可改變脈波信號之振幅 ($V_{P-P} = 5V$ ～15V)。

(19) AMPLITUDE：輸出振幅衰減旋鈕。可以改變輸出信號之振幅。

(20) OUTPUT：正弦波、三角波及方波之輸出端子。輸出阻抗為 50Ω。

(21) TTL／CMOS：TTL 或 CMOS 脈波之輸出端子。

(22) VCF IN：外加電壓控制頻率時之輸入端子。

(23) COUNTER IN：外部信號要測量頻率時之輸入端子。

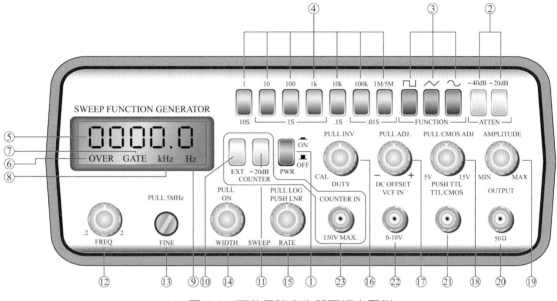

▲ 圖 3-4　函數信號產生器面板之圖例

相關知識之三：函數信號產生器之二

圖 3-5 所示是另一種常見的函數信號產生器，其面板如圖 3-6 所示，茲說明如下：

(1)　Power On／Off：電源開關。按下開關則開機，再按則關機。

(2)　Func Out：各種波形的輸出端子。輸出值是 $10V_{P-P}$ (50Ω 的負載)或 $20V_{P\ P}$(無載)。

(3)　Sync Out：同步 TTL pulses (Clock) 輸出端子。

(4)　VCG In：外加訊號輸入端子。輸入電壓信號 0 至 10 伏特會導致 1：100 頻率變化。此 1：100 的頻率變化只在 VCG 附加功能打開時才有效。

(5)　Swp Out／Trig In：掃描波輸出端子／觸發波輸入端子。

　　　線性或對數 Sweeps (斜波) 的輸出端子。也用作 trigger 輸入端子，以接收 TTL pulses 而觸發或抑制斜波的產生功能。

(6)　Ext Freq In：外接頻率輸入端子。最大輸入不可大於 250V／100MHz。

(7)　Frequency：頻率範圍調整鈕。適用於所有頻率範圍。

(8)　Width：掃描寬度調整鈕。線性和對數掃描寬度調整。

(9) Rate：掃描速率調整鈕。掃描速率調整從 10mS 到 5 秒。

(10) Symmetry：輸出波形對稱度調整。改變輸出信號的對稱度／工作週期，從 10% 到 90%。

(11) DC Offset：直流準位調整鈕。調整輸出波形的 DC 值，可改變 ±5V (輸出接 50Ω 的負載) 或 ±10V (輸出為無載) 。

(12) Amplitude：波幅大小調整鈕。調整信號的輸出振幅，在"Func Out"端點最大值為 $10V_{P-P}$ (輸出接 50Ω 的負載) 或 $20V_{P-P}$ (輸出為無載) 。

▲ 圖 3-5　函數信號產生器外型之二

(13) Ext Freq.：顯示外測頻率的按鈕。按下此鍵時，顯示器會出現"Ext"，儀器可自動調整計頻器範圍。外加連續信號，最大 250V／100MHz 可輸入到"Ext Freq In"輸入端子。

(14) Sub Func.：附加功能的選擇按鈕。按此鍵輸入附加功能參數 (對稱，VCG In，DC Offset，Sweep[Lin／Log]和 inverted pulse) ，然後以游標鍵選擇參數 (顯示器上有"off"或"on") ，然後，再按"Sub Func"鍵輸入參數，按"Mode／Func"鍵離開此功能。

(15) Scroll 鍵：功能變換按鈕。向左 (◄) 或向右 (►) 以選特定函數參數。

(16) Range／Attn.：頻率範圍／衰減的選擇按鈕。按鍵分別得 Range (頻率) 或 attenuation (衰減) ，再用功能變換按鈕以選頻率範圍，或在三個衰減值選一個。

(17) Freq／Per.：顯示頻率／週期的選擇按鈕。按鍵分別得頻率或週期，可在液晶顯示器上看出。

(18) Reset：重新設定起始狀態的按鈕。一開機預設即是連續正弦波。

(19) Mode／Func：工作狀態／波形選擇按鈕。按鍵分別得 Mode 或 Func。每按此鍵 triangle／cursor (三角形／游標) 即改變，若顯示了右三角形／游標，使用功能變換按鈕 (◀、▶) 選出四個信號 (正弦波、方波、三角波、DC) 之一，若顯示了左三角形／游標用功能變換按鈕 (◀、▶) 選擇 mode (CONT,TRIG,GATE,CLOCK)。

(20) LCD display：液晶顯示器。液晶顯示器，16 字元，2 行。$6\frac{1}{2}$ 數位計頻器，4 位數解析度。

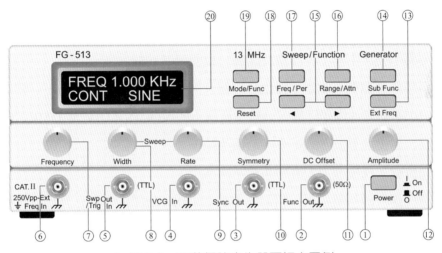

▲ 圖 3-6 函數信號產生器面板之圖例

三、實習項目

工作一：示波器與信號產生器之使用練習

請任課老師將學生分成數個小組，每一小組有示波器及聲頻信號產生器各一台。

1. 信號產生器通電，然後如下操作：

   (1) 刻度盤轉到 50。

   (2) FREQ RANGE 開關置於 ×10 之位置。

   (3) WAVE FORM 開關置於 〜 (正弦波) 之位置。

   (4) FINE 或 AMPLITUDE 順時針轉到底。

   (5) HIGH LOW 開關置於 HIGH (或 ATTENUATOR 開關順時針轉到底)。

2. 示波器通電，然後如下操作：

    (1) 調整 INTEN 旋鈕及 FOCUS 旋鈕，使光跡最細最清晰。

    (2) 把所有的 VARIABLE 旋鈕都順時針轉到底。

    (3) 拿一隻測試棒鎖進 CH1 輸入端子。

    (4) 把 AC-GND-DC 開關置於 DC 之位置。

3. 把鎖在示波器 CH1 輸入端子的測試棒接至信號產生器的 OUTPUT 輸出端子。

4. 調整示波器的 VOLTS／DIV 及 TIME／DIV 使波形易於觀察。

5. 由示波器可算得此波形的峰對峰值電壓為 ＿＿＿＿＿＿＿＿V，週期為 ＿＿＿＿＿＿ ms。

6. 請試著旋轉信號產生器上各旋鈕及開關，以明瞭其功能。

7. 由一位同學隨意調整信號產生器上各旋鈕及開關的位置，以改變輸出信號之頻率及電壓，同一小組的其他同學則練習調整示波器上的 VOLTS／DIV 及 TIME／DIV 使波形易於觀察，然後計算波形的電壓、週期及頻率。

8. 重複第 7.步驟，反覆練習，直到非常熟練為止。

9. 本實習請任課老師不斷巡視，糾正各小組之錯誤。也請同學們在有任何操作上的問題時，立即請教任課老師。

工作二：測量相位差

1. 如圖 3-7 所示接妥電路。

    說明：

    (1) 必須用兩隻測試棒分別鎖入示波器的 CH1 和 CH2 輸入端子。

    (2) 由於 CH1 和 CH2 的接地夾是相通的，所以測試時可把 CH2 的接地夾空置不用。

2. 示波器的 AC-GND-DC 開關請置於 DC 之位置。

3. 示波器的頻道選擇開關請置於 ALT 之位置。

4. 信號產生器請如下操作：

    (1) WAVE FORM 開關置於正弦波 (∿) 之位置。

    (2) FINE 或 AMPLITUDE 順時針轉到底。

    (3) HIGH LOW 開關置於 HIGH (或將 ATTENUATOR 開關順時針轉到底) 。

    (4) 將刻度盤及 FREQ RANGE 開關置於適當位置以獲得表 3-1 所需之正弦波頻率。

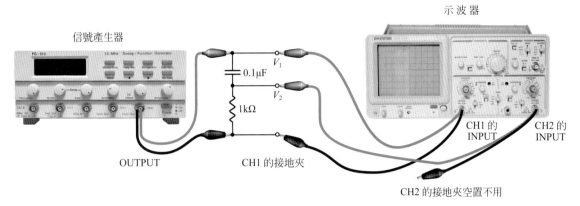

▲ 圖 3-7　測量相位差

▼ 表 3-1

正弦波頻率	V_1 與 V_2 之相位差	V_2 超前或落後？
1 kHz		
3 kHz		
10 kHz		

5. 依照圖 2-32 所述之方法以示波器測量 V_1 與 V_2 之相位差，並填於表 3-1 之相對應位置。

四、習題

1. 可輸出我們測試電路所需信號電壓之儀器，稱為什麼？

2. 一般的信號產生器可輸出何種波形？

3. 若將信號產生器的頻率刻度盤轉至 30，FREQ RANGE 置於 ×10，則輸出信號之頻率為多少？

4. 信號產生器簡稱為什麼？

5. 一般的信號產生器，輸出阻抗為多少？

6. 一般的函數信號產生器可以輸出何種波形？

7. 一般的函數信號產生器，輸出阻抗為多少？

第二篇
電晶體電路實驗

實習四

二極體的認識與 *V-I* 特性曲線之測量

一、實習目的

(1) 瞭解二極體之特性。

(2) 認識二極體之規格。

(3) 瞭解溫度對PN接合的影響。

(4) 熟練以三用電表測試、判斷二極體。

二、相關知識

1. 原子的認識

原子的結構如圖 4-1 所示,具有三大要點:

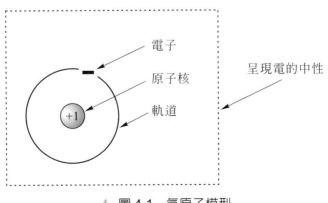

▲ 圖 4-1　氫原子模型

(1) 原子核──原子核內含有質子 (帶正電) 及中子 (不帶電)。原子的所有正電荷都在原子核內，因此帶正電。

(2) 繞著原子核外軌道旋轉的質點，稱為電子；電子帶負電。

(3) 原子核內之正電荷數目與軌道上之電子數目相等，故原子本身呈現電的中性。

2. **價電子**

(1) 原子軌道上每一層所可容納的最大電子數目為 $2n^2$，其中 n 代表軌道的層數。

(2) 原子最外層軌道上之電子，稱為價電子。

(3) 現代最常用之半導體材料──矽 (Silicon；簡稱 Si) 具有 14 個電子，如圖 4-2(a) 所示。最外層軌道具有 4 個價電子，故稱為四價元素。

(4) 早期的半導體材料──鍺 (Germaniun；簡稱 Ge) 具有 32 個電子，其最外層軌道也有 4 個價電子，所以也是四價元素。

(5) 各種物質的電氣特性可由價電子的數量來判別：

    (a) 絕緣體──絕緣體的價電子數最多，在最外層軌道上充滿了價電子。需要大量的能量才能釋放價電子，使之成為自由電子，因此在正常情況下，絕緣體不導電，絕緣體的價電子數大都為 8 個。

    (b) 良導體──良導體的價電子數少，只需要少量的能量就能釋放價電子，使價電子變成自由電子而傳導電流。因此，良導體在正常情況下很容易傳導電流；最佳導體的價電子數通常為 1 個。

    (c) 半導體──半導體的價電子數介於絕緣體與良導體之間，通常價電子數為 4 個。它傳導電流的難易程度也因此介於絕緣體與良導體之間。

(6) 因為原子的化學及電氣特性都是由價電子決定，為了方便起見，矽或鍺原子都用圖 4-2(b) 之簡化模型代替，只表示出價電子及原子核內相等的正電荷。

(7) 在半導體元件的製造過程中，常需加入 (摻雜) 少數三價或五價元素，常用的有：

    (a) 三價元素──硼、銦、鎵等，如圖 4-3(a) 所示。

    (b) 五價元素──磷、砷、銻、鉍等，如圖 4-3(b) 所示。

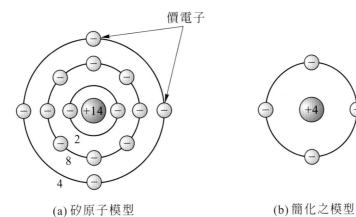

(a) 矽原子模型　　　　　　　　(b) 簡化之模型

▲ 圖 4-2　矽原子

(a) 三價原子　　　　　　　　(b) 五價原子

▲ 圖 4-3

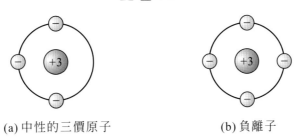

(a) 中性的三價原子　　　　　　　(b) 負離子

▲ 圖 4-4

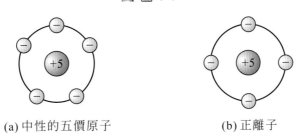

(a) 中性的五價原子　　　　　　　(b) 正離子

▲ 圖 4-5

3. **離子**

(1) 當原子因為某種原因而獲得 (多出) 或失去 (少掉) 一個或多個最外層之電子時，此原子即變成一個「離子」。

(2) 如圖 4-4 所示，三價元素若獲得一個外加電子，則變成負離子。

(3) 如圖 4-5 所示，五價元素若失去 (或給其他原子搶去) 一個電子，則變成正離子。

4. **純半導體**

(1) 純半導體 (又稱為本質半導體，例如純矽或純鍺)，每一原子的四個價電子都與鄰近的原子共用一個外層軌道，因此，每一個原子的最外層具有 8 個價電子 (四對價電子對)，如圖 4-6。在這種情況下，物質的電氣及化學特性都呈現最穩定的狀況，這種電子對稱為共價鍵。共價表示共用價電子，鍵表示原子維持在一起。

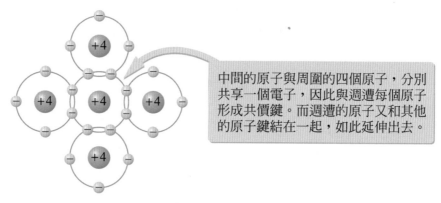

中間的原子與周圍的四個原子，分別共享一個電子，因此與週遭每個原子形成共價鍵。而週遭的原子又和其他的原子鍵結在一起，如此延伸出去。

▲ 圖 4-6 共價鍵的結構

(2) 原子形成共價鍵後，電子被束縛住，故純半導體應該不導電。但是當溫度不是絕對零度 (–273℃) 時，電子將因吸收能量而使繞行軌道之速度加快，並使軌道離原子核更遠，有一部分電子吸收了足夠的能量後，將脫離共價鍵，而在半導體內部遊蕩，成為「自由電子」，如圖 4-7。

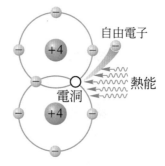

▲ 圖 4-7 受熱能影響而產生少數電子─電洞對

(3) 電子脫離共價鍵後，在原位會留下一個空位，這個空位稱為「電洞」。原子本來是呈現電的中性，如今跑掉了一個電子，所以原子就變成了帶正電荷的正離子。為了方便於半導體的研究，我們就將電洞看成具有相同性質之「正電荷」。

(4) 由於在室溫下，純矽或鍺都有少許的自由電子存在 (亦有相等數量之電洞存在)，因此純半導體在室溫下具有少許的導電能力。

(5) 在室溫下，大約每 $3×10^{12}$ 個純矽原子中，可能發生一個共價鍵的斷裂，而每 $2×10^{9}$ 個純鍺原子中，可能發生一個共價鍵的斷裂，由這些數字可以推知純鍺的電阻值大約只有純矽的千分之一倍。

5. 摻雜

(1) 為了使半導體能夠傳導較大的電流，因此在製造半導體元件時常在鍺或矽中加入少數三價或五價的元素，以便產生較多的電洞或自由電子。這種添加電洞或電子的程序，稱為摻雜(doping)，被加入之少數元素稱為雜質元素。

(2) 摻雜三價元素，就好像是在純半導體內添加了電洞。摻雜五價元素，就好像在純半導體內添加了電子。摻雜可使半導體的電阻值大量降低。

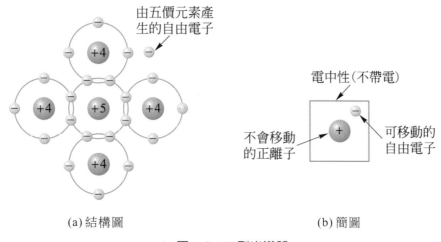

(a) 結構圖　　　　　　　(b) 簡圖

▲ 圖 4-8　N 型半導體

6. **N 型半導體**

(1) 如果在鍺或矽中均勻的摻雜五價元素，由於價電子間會互相結合而形成共價鍵，所以每個五價元素會與鄰近四價之鍺或矽原子互成一共價鍵，而多出一個電子來，如圖 4-8 所示，這就稱為 N 型半導體 (N 表示 negative；電子帶負電)。

(2) 由於加入五價元素後會添加電子，所以五價元素又被稱為施體原子。

(3) 加入五價元素而產生之自由電子，在 N 型半導體裡佔大多數，所以稱為多數載子 (majority carriers)。由溫度的影響所產生之電子—電洞對是少數，所以 N 型半導體中稱電洞為少數載子 (minority carriers)。

7. **P 型半導體**

(1) 如果在鍺或矽中均勻的摻雜三價元素，由於價電子間會互相結合而形成共價鍵，所以每個三價元素會與鄰近四價之鍺或矽原子互成一共價鍵，而缺少一個電子，在原子中造成一個空位，這個空位稱為電洞，如圖 4-9 所示，加入三價元素之半導體就稱為 P 型半導體 (P 表示 positive；電洞視為正電荷)。

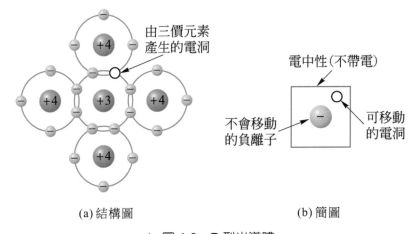

(a) 結構圖　　　　　(b) 簡圖

▲ 圖 4-9　P 型半導體

(2) 由於加入三價元素後會造成一個空位，所以三價元素又被稱為受體原子。

(3) 加入三價元素而產生之電洞，在 P 型半導體中是多數載子。受熱使共價鍵破壞而產生的電子—電洞對為少數，故 P 型半導體中稱電子為少數載子。

(4) 通常我們都用正電荷代表電洞。但是固體中的原子不能移動，所以電洞 (一個空位) 也應該是不能移動的。那麼，爲什麼幾乎所有的書籍在談到 P 型半導體時，都以電洞的移動作導電的解釋呢？

看了圖 4-10 你就會明白其道理了。空位向右移，其實是汽車向左移動造成的。同理，電洞的移動實際上是電子反方向移動產生的結果。

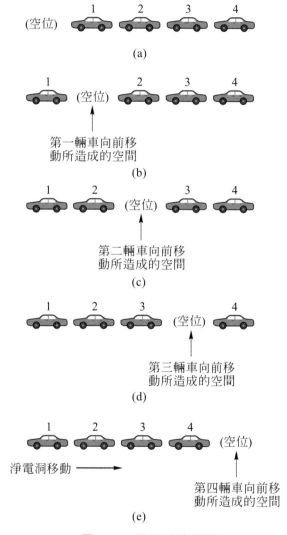

▲ 圖 4-10　電洞移動的模擬

8. P-N 結合

(1) 當 P 型半導體或 N 型半導體被單獨使用時,由於其導電力比銅、銀等不良,但卻比絕緣體的導電力良好,故實際上,就等於是一個電阻器一樣,如圖 4-11 所示。

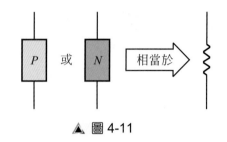

▲ 圖 4-11

(2) 但若將數片 P 或 N 型半導體加以適當的組合,則會產生各種不同的電氣特性,而使半導體零件的功能多彩多姿。

今天,我們要先看看把一塊 P 型半導體與 N 型半導體結合起來的情形。

(3) 當一塊 P 型半導體和 N 型半導體被結合在一起時,如圖 4-12 所示,由於 P 型半導體中有很多電洞,而 N 型半導體中有許多電子,所以當 P-N 結合在一起時,接合面附近的電子會填入電洞中,如圖 4-12(a)所示。

或許你會以為 N 型半導體中的電子會不斷的透過接合面與電洞結合,直到所有的電子或電洞消失為止。事實上,靠近接合面的 N 型半導體失去了電子後就變成正離子,P 型半導體失去了一些電洞以後就變成負離子,如圖 4-12(b)所示。此時正離子會排斥電洞,負離子會排斥電子,因而阻止了電子、電洞的繼續結合,而產生平衡之狀態。

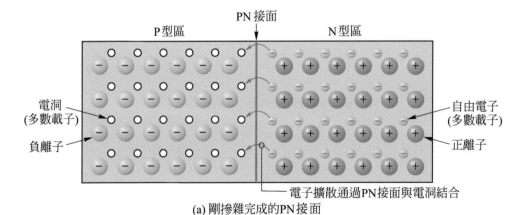

(a) 剛摻雜完成的PN接面

▲ 圖 4-12

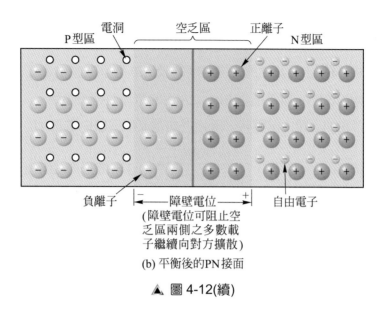

▲ 圖 4-12(續)

(4) 在 P-N 接合面 (P-N junction) 附近沒有載子 (電子或電洞)，只有離子之區域稱為空乏區(depletion region)。

(5) 空乏區的離子所產生的阻止電子、電洞通過接合面的力量，稱為障壁電位 (potential barrier)。障壁電位視半導體的摻雜程度而定，一般而言，鍺約為 0.2V~0.3V，矽約為 0.6V~0.7V。

9. **順向偏壓** (Forward Bias)

(1) 若把電池的正端接 P 型半導體，而把負端接 N 型半導體，如圖 4-13 所示，則此時 P-N 接合面的偏壓型式稱為「順向偏壓」。

(2) 若外加電源 *E* 足夠大而克服了障壁電位，則由於電池的正端具有吸引電子而排斥電洞的特性，電池的負端有吸引電洞而排斥電子之特性，因此 N 型半導體中的電子會越過 P-N 接合面而進入 P 型半導體與電洞結合，同時，電洞也會通過接合面而進入 N 型半導體內與電子結合，造成很大的電流通過 P-N 接合面。

(3) 因為電池的負端不斷的補充電子給 N 型半導體，電池的正端則不斷補充電洞給 P 型半導體 (實際上是電池的正端不斷的吸出 P 型半導體中之電子，使 P 型半導體中不斷產生電洞)，所以通過 P-N 接合面的電流將持續不斷。

(4) P-N 接合在加上順向偏壓時，所通過之電流稱為順向電流 (I_F)。

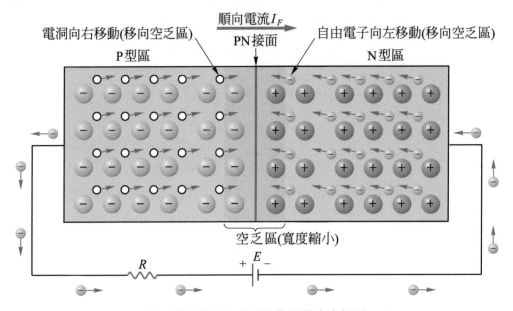

▲ 圖 4-13　加上順向偏壓 E 的 PN 接面

10. 逆向偏壓 (Reverse Bias)

(1) 如果把電池的正端接 N 而負端接 P，則電子、電洞將受到 E 之吸引而遠離接合面，空乏區增大，而不會有電子或電洞越過接合面產生結合，如圖 4-14，此種外加電壓之方式稱為逆向偏壓。

(2) 當 P-N 接合面被加上逆向偏壓時，理想的情形二極體不導電，應該沒有逆向電流才對。然而，由於溫度的影響，熱能在半導體中產生了少數的電子—電洞對，而於半導體中有少數載子存在。在 P-N 接合被接上逆向偏壓時，N 型半導體中的少數電洞和 P 型半導體中的少數電子恰可以通過 P-N 接合面而結合，故實際的 P-N 接合在加上逆向偏壓時，會有一「極小」之電流存在。此電流稱為漏電電流或飽和電流，因為二極體的漏電電流實在太小了，所以在分析電路時都將其忽略不計。

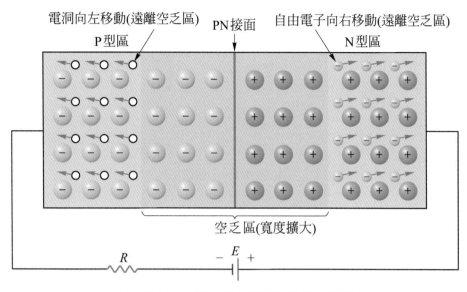

電洞向左移動(遠離空乏區)　PN 接面　自由電子向右移動(遠離空乏區)

P型區　　　　　　　　　　　　　　N型區

空乏區(寬度擴大)

R　　　$-$ E $+$

▲ 圖 4-14　加上逆向偏壓 E 的 PN 接面

(3) 漏電電流 I_R 與逆向偏壓之大小無關，卻與溫度有關。無論鍺或矽，每當溫度升高 10℃，I_R 就增加為原來的兩倍。

11. 崩潰 (Breakdown)

(1) 理想中，P-N 接合加上逆向偏壓時，只流有一甚小且與電壓無關之漏電電流 I_R。但是當我們不斷把逆向電壓加大時，少數載子將獲得足夠的能量而撞擊、破壞共價鍵，而產生大量的電子—電洞對。此新產生之對子及電洞可從大逆向偏壓中獲得足夠的能量去破壞其他共價鍵，這種過程不斷重覆的結果，逆向電流將大量增加，此種現象稱為崩潰。

(2) P-N 接合因被加上「過大」的逆向電壓而大量導電時，若不設法限制通過 P-N 接合之逆向電流，則 P-N 接合將會燒毀。

12. 二極體之 V-I (電壓—電流) 特性

把 P-N 接合體加上兩根引線，並用塑膠或金屬殼封裝起來，即成為二極體。二極體的電路符號如圖 4-15(b)所示，兩支引線分別稱為陽極和陰極。

欲詳知一個元件之特性並加以應用，較佳的方法是研究此元件之 V-I (電壓—電流) 特性曲線。

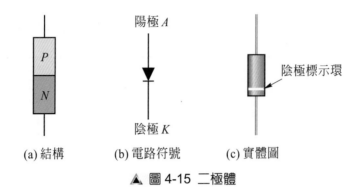

(a) 結構　　　(b) 電路符號　　　(c) 實體圖

▲ 圖 4-15　二極體

　　圖 4-16 為二極體之順向特性曲線。由特性曲線可看出二極體所加之順向偏壓低於切入電壓 (cutin voltage) 時，電流很小，一旦超過切入電壓，電流 I_F 即急速上昇 (此時 I_F 的最大值是由外部電阻 R 加以限制)。矽二極體之切入電壓為 0.6V，鍺二極體之切入電壓為 0.2V。

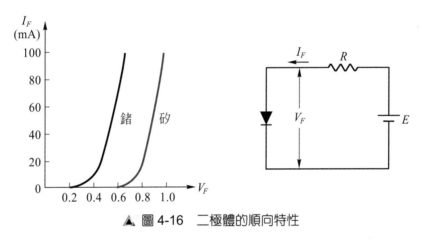

▲ 圖 4-16　二極體的順向特性

　　二極體流有順向電流時，其順向壓降 V_F 幾乎為一定數，不易受順向電流的變化所影響，設計電路時，可以採用表 4-2 之數據。

　　注意！當溫度升高的時候，二極體的順向壓降 V_F 會降低，其降低量為

$$\triangle V_F = K \times \triangle T \tag{4-1}$$

$\triangle T =$ 溫度變化量，℃

$K =$ 矽為−2.5mV／℃，鍺為−1mV／℃

▼ 表 4-2　常溫時二極體之順向壓降

電流順向電流規格質料		0.5A 以下	1A 以上
矽	0.5A 以下	0.7~1V	
	1A 以上	0.7~0.9V	1~1.5V
鍺	0.5A 以下	0.3~0.6V	

圖 4-17 爲二極體之逆向特性曲線圖。由此圖可得知：

(1)　未崩潰以前，逆向電流 I_R 爲固定值，不隨逆向電壓而變動。

(2)　矽之 I_R 甚小，通常小於 10μA，鍺之 I_R 則高達數百倍。整流二極體很少以鍺製造，就是爲了這個緣故。

(3)　二極體，無論鍺或矽，當溫度每增高 10℃ 時，I_R 約升爲原來的兩倍。

(4)　當逆向偏壓達到崩潰電壓 V_{BD} 後，電流會迅速增加，此時必須由外加電阻 R 限制住 I_R，否則二極體會燒毀。

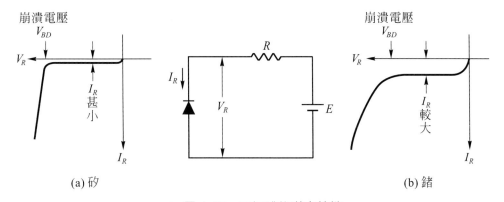

▲ 圖 4-17　二極體的逆向特性

13. 二極體的規格

整流二極體之主要規格有：

(1)　額定電流——以電阻爲負載時，二極體所能通過的最大「平均電流」，廠商的規格表中多以 I_0 表之。

(2) 耐壓——亦稱為最大逆向耐壓 (peak inverse voltage；簡稱 PIV)，此電壓是不令二
極體產生崩潰的最大逆向電壓，規格表中多以 V_R 表之。

14. 二極體之編號

二極體之編號因製造國家之不同而異：

(1) 1S×××——日本編號。

(2) OA×××——歐洲編號。

(3) 1N×××——美國編號。

至於各編號之特性如何，查規格表就可知道。表 4-3 是目前最常用的二極體，在臺灣
的電子材料行均可輕易購得。

▼ 表 4-3　常用二極體之規格

編號	規格	編號	規格
1N4001	1A50V	1N5400	3A50V
1N4002	1A100V	1N5401	3A100V
1N4003	1A200V	1N5402	3A200V
1N4004	1A400V	1N5403	3A300V
1N4005	1A600V	1N5404	3A400V
1N4007	1A1000V	1N5405	3A500V
		1N5406	3A600V
		1N5407	3A800V
		1N5408	3A1000V

15. 以三用電表鑑別二極體

(1) 二極體良否之判別：

(a) 三用電表置於 R×10 檔，如圖 4-18 所示測之，(a)圖時指針應大量偏轉，(b)
圖時指針應不偏轉。

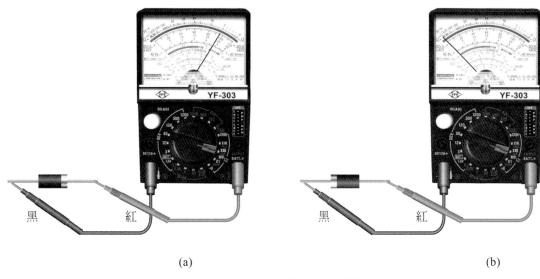

(a)　　　　　　　　　　　　　　　　　　　(b)

▲ 圖 4-18　二極體良否之判斷

(b)　以上之測試，若無論紅黑棒如何調換三用電表的指針均不偏轉，則該二極體為開路 (斷路) 之不良品。

(c)　若無論紅黑兩棒如何調換，三用電表的指針均大幅度偏轉，表示該二極體短路了。

(2)　矽、鍺二極體之鑑別：

(a)　三用電表置於 R×1k 檔，先做 0Ω 調整。

(b)　如圖 4-18(a)所示測量，但使用 R×1k 檔，若三用電表的 LV 刻度上之 LV = 0.4～0.75 V 則為矽質二極體，若 LV = 0.1～0.3 V 則為鍺質二極體。

三、實習項目

工作一：以三用電表判別二極體之良否與材質

1. 所用之二極體編號為 _____ 。

2. 三用電表置於 R×10 檔，如圖 4-18 測之，順向電阻 = _____ Ω，逆向電阻 = _____ Ω，逆向電阻越大越好。

3. 三用電表置於 R×1K 檔,做 0Ω 調整,然後如圖 4-18(a)測之,由三用電表上之 LV 刻度得知此二極體之 LV=_____V,可判斷是_____(鍺或矽?)二極體。

工作二:測量二極體的順向特性

1. 接妥如圖 4-19 所示之電路。

註:(1) E 是直流電源供應器。

   (2) Ⓐ 是直流電流表,請以三用電表的 DCA
      代替。

   (3) Ⓥ 是直流電壓表,請以三用電表的 DCV
      代替。

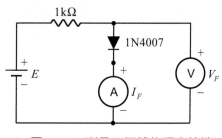

▲ 圖 4-19　測量二極體的順向特性

2. 把電源供應器的電源 ON。

3. 調整電源供應器,使電壓 V_F 分別為 0.1V、0.2V、0.3V、0.4V、0.5V 及 0.6V,並將相對應的 I_F 值記錄在表 4-4 中。

4. 調整電源供應器,使電流 I_F 分別為 1mA、2mA、3mA、4mA、5mA、10mA 及 15mA,並將相對應的 V_F 值記錄在表 4-4 中。

5. 把電源供應器的電源 OFF。

▼ 表 4-4　二極體的順向特性

V_F	0V	0.1V	0.2V	0.3V	0.4V	0.5V	0.6V
I_F	0mA						
V_F							
I_F	1mA	2mA	3mA	4mA	5mA	10mA	15mA

工作三:測量二極體的逆向特性

1. 把圖 4-19 所示的二極體反接,成為圖 4-20 所示之電路。

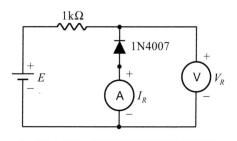

▲ 圖 4-20　測量二極體的逆向特性

2. 把電源供應器的電源 ON。

3. 調整電源供應器，使電壓V_R分別為 1V、5V、10V、15V、20V 及 25V，並將相對應的I_R值記錄在表 4-5 中。

▼ 表 4-5　二極體的逆向特性

V_F	0V	1V	5V	10V	15V	20V	25V
I_F	0μA						

4. 把電源供應器的電源 OFF。

工作四：繪製二極體的 *V-I* 特性曲線

1. 將表 4-4 與表 4-5 的所有數值標示在圖 4-21 中。然後把這些點連接起來，即可得到二極體的 *V-I* 特性曲線。

　　注意！圖中為了能同時表現二極體的順向特性與逆向特性，所以第一象限和第三象限使用不同的刻度與單位。

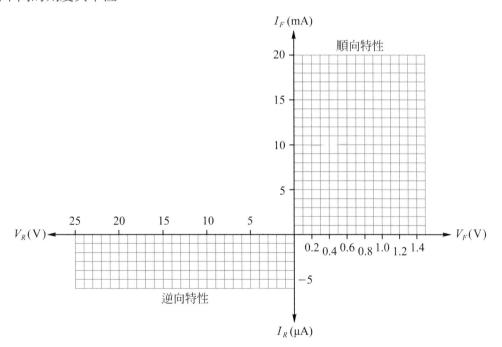

▲ 圖 4-21　實測繪製的二極體 *V-I* 特性曲線

四、問題研討

問題 4-1

在某些書中，偶而會看到「歐姆接觸」這個名詞是什麼意思？

解 半導體都必需銲上電線才能夠使半導體經由電線而與外部電路連接。此種金屬與半導體相連接，屬於電阻性的接觸，故稱為歐姆接觸(ohmic contacts)。

問題 4-2

如前所述，鍺製成之半導體元件漏電電流既大，又不耐高溫，那豈非一無是處嗎？

解 由於鍺不耐高溫且漏電大，因此大部分二極體、電晶體等都以矽製造。不過鍺製成的 P-N 接合，切入電壓特別低，故在一些信號電壓較小的場合，鍺質元件卻反而能大顯身手。這也就是為什麼 AM、FM 收音機的檢波電路多採用鍺質二極體的原因。

問題 4-3

P-N 接合體只能形成整流二極體而已嗎？

解 (1) 二極體的種類繁多，依材料及製造方法之不同而形成稽納二極體(zener diode)、發光二極體、隧道二極體(tunnel diode)、變容二極體(varactor diode)……等，今天讓我們先來認識發光二極體。

(2) 發光二極體(1ight -emitting diode)LED 是由砷化鎵或磷化鎵等材料製成，其外殼為透明或半透明，當順向電流通過時，電流即被轉變成光能發射出來。但由於發光量不強，所以小型 LED 只能作指示燈用。
未來若散熱問題可以順利解決，並且降價，大功率的 LED 可能會取代燈泡作照明之用。

(3) LED 的電路符號如圖 4-22 所示。與一般二極體相比，它額外加入了兩個箭頭以表示發射光線。

(a) 小型LED的實體圖　　(b) 電路符號

▲ 圖 4-22　LED

(4) LED 和一般二極體一樣具有極性。在被加上順向偏壓時會發光 (發出的光線有紅色、黃色或綠色等數種，依製作材料而定)，被施以逆向偏壓時是不會發光的。

(5) 　LED 的特點如下：

(a) 亮度與通過的電流成正比，如圖 4-23 所示。

(b) 只要低電壓小電流即可工作，因此消耗功率甚小。以小型紅色 LED 典型的工作情形 1.7V 20mA 為例，只消耗 $1.7V \times 20mA = 34mW$。

(c) 壽命長。一般的燈泡是以高溫發光，故使用一段時間後燈絲會燒斷。LED 並非靠熱發光，故消耗功率低，溫度低，壽命長。根據製造廠的估計，LED 的壽命約為 100000 小時，亦即幾乎可連續點亮 11 年。

(d) 圖 4-24 為小型紅色 LED 的典型特性曲線。由此圖可知必需 1.3V 以上 LED 才能導通 (1.5V 以上才能見到 LED 的發亮)，而最大連續電流為 50mA，若長時間通過 50mA 以上的電流，LED 將會損毀。因此使用中 LED 皆串聯一個電阻器作限流之用。

(e) LED 之崩潰電壓較低，所以所加的逆向電壓不能超過 3V，否則可能受損。在高電壓的交流電路中使用 LED 時，必須串聯一個整流二極體，以保護 LED。

(f) 在臺灣的電子材料行中，LED 的規格是以直徑之大小表示之，有 3mm 及 5mm 兩種。另外也有方型的 LED 上市。

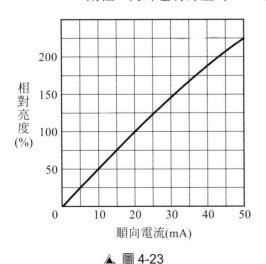

▲ 圖 4-23

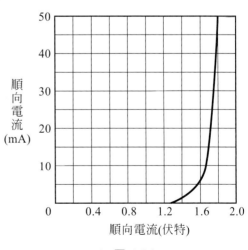

▲ 圖 4-24

(6) 用三用電表的 R×10 檔如圖 4-25(a)測試時，指針應偏轉，同時 LED 亦發亮，如圖 4-25(b)測試時，LED 不會發亮，指針亦不該偏壓。

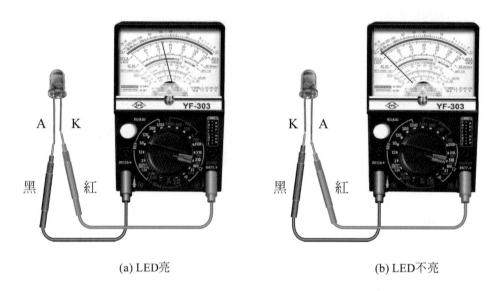

     (a) LED亮   (b) LED不亮

▲ 圖 4-25 用三用電表測試 LED

五、習題

1. 鍺和矽為什麼都稱為四價元素？

2. 當一原子失去或獲得電子時，此原子變成什麼？

3. 在 P 型半導體中，多數載子是指什麼？少數載子是指什麼？

4. 在 N 型半導體中，多數載子是指什麼？少數載子是指什麼？

5. 二極體的兩隻腳分別稱為陽極 (A) 及陰極 (K)。陽極是 P 端，陰極是哪端？

6. 二極體的電路符號中，箭頭的方向是代表電流的方向還是電子流的方向？

7. 施體原子或受體原子是否可在半導體中移動而造成電流？

8. 二極體具有單向導電之特性，被加上何種偏壓時會導電？加上何種偏壓時會截止？

9. 指出圖 4-26 中，何者爲順向偏壓？何者爲逆向偏壓？

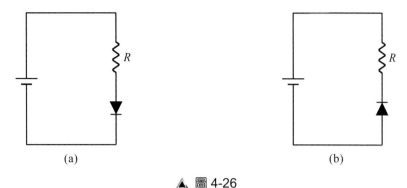

(a)   (b)

▲ 圖 4-26

10. 矽二極體的切入電壓約爲多少？鍺二極體的切入電壓約爲多少？

11. 若於二極體加上超過崩潰電壓之逆向電壓，二極體一定會損壞嗎？

12. 設 $V_F = 0.7V$ ，則圖 4-27 中之電流 $I = ?$ ，$V_{RL} = ?$

13. 若某二極體之逆向電流 $I_R = 10nA$ ，則圖 4-28 中之 $V_D = ?$

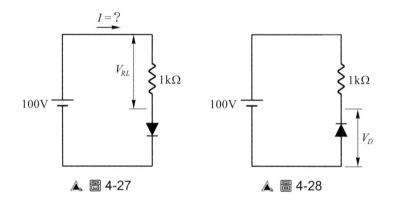

▲ 圖 4-27   ▲ 圖 4-28

14. 由第 12.、13.兩題，可知順向偏壓時，幾乎所有的電壓均跨於負載電阻，但逆向偏壓時，幾乎所有的電壓均跨於何處？

15. 若圖 4-29 中之二極體，導通時之順向壓降 $V_F = 0.7\text{V}$，試計算

    (a) $R_1 = 1\,\text{k}\Omega$，$R_2 = 1\,\text{k}\Omega$ 時，$V_D = ?$ $I_2 = ?$ $I_D = ?$ $I_T = ?$

    (b) $R_1 = 1\,\text{k}\Omega$，$R_2 = 100\,\Omega$ 時，$V_D = ?$ $I_2 = ?$ $I_D = ?$ $I_T = ?$

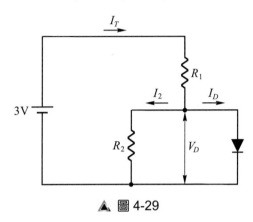

▲ 圖 4-29

16. 若將 N 型半導體或 P 型半導體單獨使用，則其特性如何？

六、相關知識補充──電阻器的認識

1. 電阻值的標示方法

    電阻器的瓦特數有大有小，因此電阻器的體積亦大小不同。體積大的是將電阻值直接標示在電阻器上面，體積小的無法直接標在上面，就改用色碼來標示電阻值，茲分別說明如下：

1-1 色碼

    在實際的裝製、檢修工作中，瞭解色碼的意義是很重要的。我們必需能迅速正確的讀出色碼電阻器上的色碼，才不會花費太多的時間去做不必要的測量。如果拿一個色碼電阻來，你會發現上面有三圈或四圈色環 (大部分的電阻器多為四圈色環)。到底這些色環代表什麼意思呢？請各位讀者看看圖 4-30 即可明白。也許看完圖 4-30 你還不十分清楚色碼的讀法，底下為各位舉數個實例加以說明：

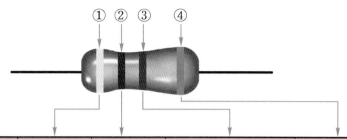

色　　環	第一環	第二環	第三環	第四環
含　　意	第一位數	第二位數	乘　　數	誤　　差
黑	0	0	$10^0 = 1$	
棕	1	1	$10^1 = 10$	±1 %
紅	2	2	$10^2 = 100$	±2 %
橙	3	3	$10^3 = 1000$	
黃	4	4	$10^4 = 10000$	
綠	5	5	$10^5 = 100000$	±0.5 %
藍	6	6	$10^6 = 1000000$	±0.25 %
紫	7	7	$10^7 = 10000000$	±0.10 %
灰	8	8	$10^8 = 100000000$	±0.05 %
白	9	9	$10^9 = 1000000000$	
金			$10^{-1} = 0.1$	±5 %
銀			$10^{-2} = 0.01$	±10 %
無色環				+20 %

▲ 圖 4-30　色碼電阻的讀法

例題 4-1

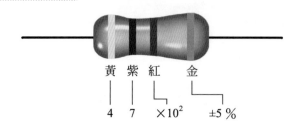

黃　紫　紅　　金

4　　7　　×10² 　　±5 %

解 所以這個電阻器的電阻值是 4700Ω ± 5%也就是 4.7kΩ ± 5%。

例題 4-2

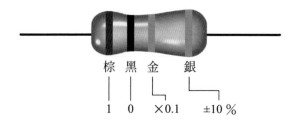

棕　黑　金　　銀

1　　0　　×0.1 　　±10 %

解 所以這個電阻器的電阻值是 1Ω ± 10%。

例題 4-3

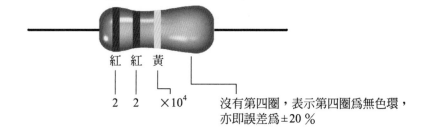

紅　紅　黃

2　　2　　×10⁴　　　沒有第四圈，表示第四圈爲無色環，
　　　　　　　　　　　亦即誤差爲±20 %

解 所以這個電阻器的電阻值是 220kΩ ± 20%。

　　誤差較小 (較精密) 的電阻器，色碼
有五圈 (你可打開三用電表看看)，怎麼
讀其電阻值呢？請看圖 4-31。每一顏色
所代表的數字與圖 4-30 相同。

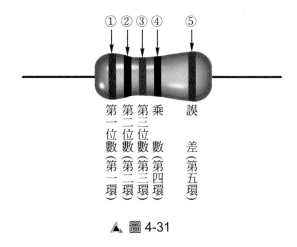

▲ 圖 4-31

1-2　直接標示

　　像線繞電阻器這類體積較大的電阻器，其電阻值、誤差及瓦特數大多直接以文字標示
在電阻器上。例如圖 4-32 所示的水泥電阻器，一眼就可看出電阻值是 0.5Ω，誤差為 ±5%，
瓦特數是 5W。(註：J 表示誤差為 ±5%，K 表示誤差為 ±10%，M 表示誤差為 ±20%)

▲ 圖 4-32

2.　標準電阻值

　　如果你到電子材料行去選購色碼電阻器，你會發現色碼電阻器的電阻值和誤差是有標
準值的。除了這些市面上現成可以買得到的標準值之外，你若需要特定阻值之電阻器就必
須訂購才行，但價格要貴很多，甚不經濟。所以你在設計電路或選購電阻器時，一定要知
道到底有哪些標準值。表 4-6 所列即為標準電阻值，知道這些標準值以後，就可以根據你
的需要而選用適當的電阻器了。

▼ 表 4-6 標準電阻值(1)

誤差±5%							
單位：Ω				kΩ			MΩ
0.1	1.0	10	100	1.0	10	100	1.0
0.11	1.1	11	110	1.1	11	110	1.1
0.12	1.2	12	120	1.2	12	120	1.2
0.13	1.3	13	130	1.3	13	130	1.3
0.15	1.5	15	150	1.5	15	150	1.5
0.16	1.6	16	160	1.6	16	160	1.6
0.18	1.8	18	180	1.8	18	180	1.8
0.20	2.0	20	200	2.0	20	200	2.0
0.22	2.2	22	220	2.2	22	220	2.2
0.24	2.4	24	240	2.4	24	240	2.4
0.27	2.7	27	270	2.7	27	270	2.7
0.30	3.0	30	300	3.0	30	300	3.0
0.33	3.3	33	330	3.3	33	330	3.3
0.36	3.6	36	360	3.6	36	360	3.6
0.39	3.9	39	390	3.9	39	390	3.9
0.43	4.3	43	430	4.3	43	430	4.3
0.47	4.7	47	470	4.7	47	470	4.7
0.51	5.1	51	510	5.1	51	510	5.1
0.56	5.6	56	560	5.6	56	560	5.6
0.62	6.2	62	620	6.2	62	620	6.2
0.68	6.8	68	680	6.8	68	680	6.8
0.75	7.5	75	750	7.5	75	750	7.5
0.82	8.2	82	820	8.2	82	820	8.2
0.91	9.1	91	910	9.1	91	910	9.1
[說明]1kΩ = 10^3Ω，1MΩ = 10^6Ω							10

▼ 表 4-6　標準電阻值(2)

±10%					±20%			
Ω		kΩ		MΩ	Ω		kΩ	MΩ
0.1	10	1	100	1	0.1	100	1	1
0.12	12	1.2	120	1.2	0.15	150	1.5	1.5
0.15	15	1.5	150	1.5	0.22	220	2.2	2.2
0.18	18	1.8	180	1.8	0.33	330	3.3	3.3
0.22	22	2.2	220	2.2	0.47	470	4.7	4.7
0.27	27	2.7	270	2.7	0.68	680	6.8	6.8
0.33	33	3.3	330	3.3	1.0		10	10
0.39	39	3.9	390	3.9	1.5		15	
0.47	47	4.7	470	4.7	2.2		22	
0.56	56	5.6	560	5.6	3.3		33	
0.68	68	6.8	680	6.8	4.7		47	
0.82	82	8.2	820	8.2	6.8		68	
1.0	100	10		10	10		100	
1.2	120	12			15		150	
1.5	150	15			22		220	
1.8	180	18			33		330	
2.2	220	22			47		470	
2.7	270	27			68		680	
3.3	330	33						
3.9	390	39						
4.7	470	47						
5.6	560	56						
6.8	680	68						
8.2	820	82						

3. 可變電阻器 (Variable Resistor；VR)

可變電阻器依使用場合之不同，又被稱為電位器，其實可變電阻器和電位器是一樣的東西。外型及電路符號如圖 4-33 所示。

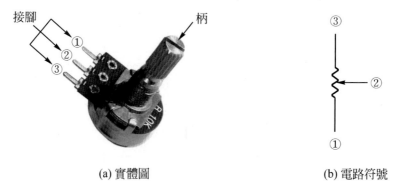

接腳 ① ② ③   柄

(a) 實體圖   (b) 電路符號

▲ 圖 4-33 可變電阻器

茲將可變電阻器說明如下：

(1) ①、②腳間之電阻值與柄的旋轉角度之關係，請參考圖 4-34。

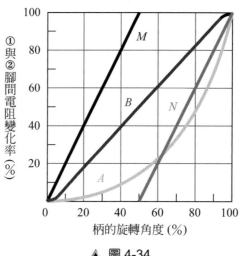

▲ 圖 4-34

(2) A 型：對數型。多用於音量控制。

B 型：直線型。用於各種電路中作信號強度 (強弱) 之控制。

M、N 型：M 型及 N 型多被合用於高級立體音響中擔任左、右聲道的平衡控制 (balance)。

(3) 可變電阻器除了在外殼上印有電阻值外，亦有標明其型式，選購時宜注意。

　　例如：10kΩB 表示該可變電阻器的①、③腳之間為 10kΩ，同時亦表示該可變電阻器是直線型的。50kΩA 表示該可變電阻器的電阻值為 50kΩ，同時亦表示該可變電阻器是對數型的。

(4) 電路符號 (見圖 4-33(b)) 中畫有箭頭的腳是可變電阻器的第②腳。

(5) 在大部分的使用中，第①腳多被接地。

(6) 在電路圖中，若見到如圖 4-35 所示之電路符號，表示只使用可變電阻器的兩隻腳 (① ② 腳或 ② ③ 腳) 即可。

▲ 圖 4-35

整流電路實驗

一、實習目的

(1) 瞭解半波、全波、橋式整流電路的工作原理和特性。

(2) 瞭解倍壓電路之工作原理。

(3) 明白漣波因數、電壓調整率之意義。

(4) 熟練選用零件之要領。

二、相關知識

1. 直流電源供給 (Power Supply)

　　大多數的電子設備都需要用直流電源工作。直流電源的取得，除了輕便型機器採用乾電池作電源外，大部分的裝置都是設法從電力公司的供電取得交流的電源，並將其轉變成直流電。圖 5-1 即為直流電源供應器之概念圖。

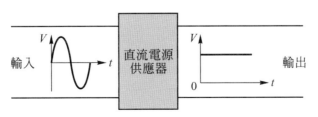

▲ 圖 5-1　直流電源供應器之概念圖

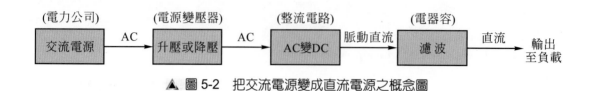

▲ 圖 5-2 把交流電源變成直流電源之概念圖

　　直流電源供應器之細部概念圖如圖 5-2 所示。電力公司所供應之 AC110V (或 AC220V) 之電源，先經電源變壓器變成所需之電壓，然後經整流電路、濾波電路 (充電器、調光器、調溫器等場合，常將濾波電路省略) 即成為所需之直流電源。

2. 峰值、有效值、平均值

　　在電路中最常見的交流波形為正弦波 (sin wave)。為了便於整流電路的分析，我們將正弦波電壓的峰值、有效值、平均值等做個簡單的複習：

(1) 峰值：

　　以 V_P 或 V_m 表之，是該波形一週中最大的瞬間值，也稱為該波形之振幅，如圖 5-3(a) 所示。

(2) 峰對峰值：

　　以 V_{P-P} 表之。峰對峰值就是在一週中，最大正值與最大負值之間的電壓。正弦波的 $V_{P-P}=2V_P$，如圖 5-3(b)所示。

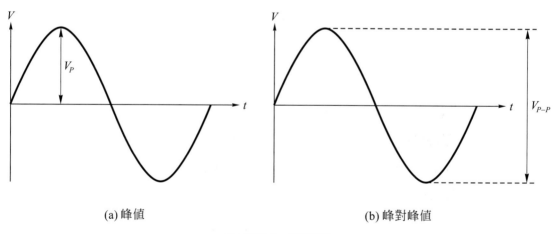

(a) 峰值　　　　　　　　　　　　　　(b) 峰對峰值

▲ 圖 5-3 正弦波

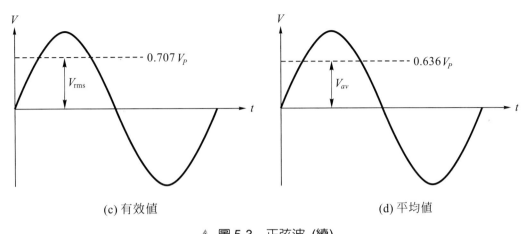

(c) 有效值　　　　　　　　　　　　(d) 平均值

▲ 圖 5-3　正弦波 (續)

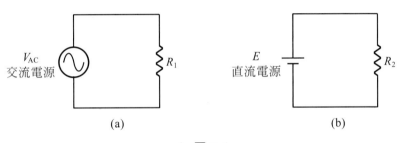

(a)　　　　　　　　　　　　　　(b)

▲ 圖 5-4

(3) 有效值：

有效值亦稱為均方根值，以 V_{rms} 表之。一般的交流電若沒有特別指定，就是指有效值，因此一般家庭插座上的電壓 AC110V 就是指有效值為 110 伏特。

在圖 5-4 中，若 $R_1 - R_2$，而 R_1 與 R_2 上所產生的熱量相同，則 V_{AC} 的有效值即為 E 伏特。正弦波的有效值與峰值之間的關係為 $V_{rms} = \dfrac{V_P}{\sqrt{2}} = 0.707V_P$，如圖 5-3(c)所示。

(4) 平均值：

以 V_{av} 表之。正弦波的平均值是指正弦波的正半週所含之面積除以該面積所佔的寬度。平均值與峰值之間的關係為

$$\because V_{av} = \frac{2}{\pi}V_P = 0.636V_P$$

$$但\ V_{rms} = \frac{V_P}{\sqrt{2}} = 0.707V_P$$

$$\therefore \frac{V_{rms}}{V_{av}} = 1.11 \quad 或 \quad \frac{V_{av}}{V_{rms}} = 0.9$$

3. 半波整流電路 (Half-wave-rectifier Circuit)

在分析整流電路時,我們可以把二極體看成是一個開關。當二極體被加上順向電壓時,允許電流通過,猶如開關閉合 (ON),如圖 5-5(a)所示。當二極體被加上逆向電壓時,不允許電流通過,猶如開關打開 (OFF),如圖 5-5(b)所示。

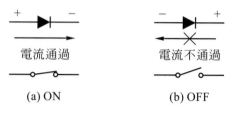

▲ 圖 5-5

半波整流是二極體的最基本應用,也是最簡單的一種整流電路。圖 5-6 就是半波整流電路。交流電源 V_{AC} 的正半週,二極體導電,因此負載 R_L 獲得正半週,V_{AC} 的負半週二極體不導電,所以 V_{AC} 的負半週沒有輸出。

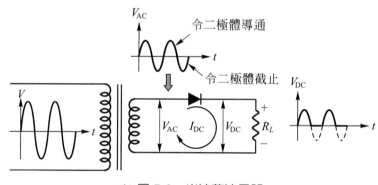

▲ 圖 5-6 半波整流電路

輸出之直流電壓 V_{DC} 就是輸出電壓的平均值,由於本電路加給負載之電壓只有半週,所以 $V_{DC} = 0.9V_{rms} \div 2 = 0.45V_{rms} = 0.45V_{AC}$。流過 R_2 之直流電流 $I_{DC} = V_{DC} \div R_L$。

半波整流電路之各部分波形如圖5-7所示。

📼 例題 5-1

若圖 5-6 之變壓器為110V: 12V,$R_L = 10\Omega$,今若加上 AC110V 之電源,則 (1)$V_{AC} = ?$　(2)$V_{DC} = ?$　(3)$I_{DC} = ?$

解 (1)　$V_{AC} = 110V \times \dfrac{12V}{110V} = 12V$

(2)　$V_{DC} = 0.45V_{AC} = 12V \times 0.45 = 5.4\ V$

(3) $I_{DC} = V_{DC} \div R_L = 5.4\text{V} \div 10\Omega = 0.54 \text{ A}$

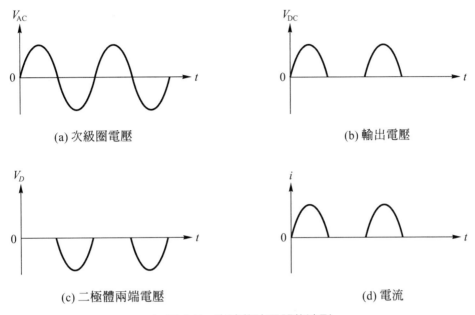

(a) 次級圈電壓

(b) 輸出電壓

(c) 二極體兩端電壓

(d) 電流

▲ 圖 5-7 半波整流電路的波形

4. **全波整流電路** (Full-wave-rectifier Circuit)

全波整流電路如圖 5-8 所示，必須使用有中心抽頭的變壓器(center-tapped-transformer)以使 $V_{AC1} = V_{AC2}$。

茲將全波整流電路之動作原理分析如下：

(1) 當電源之正半週時，V_{AC1} 的上端為正，V_{AC2} 的下端為負，故 D_1 導通，D_2 截止，R_L 上之電壓由 V_{AC1} 供應。

(2) 電源的負半週時，V_{AC1} 的上端為負，V_{AC2} 的下端為正，故 D_1 截止，D_2 導通，負載 R_L 上之電壓由 V_{AC2} 供應。

(3) 由於 D_1 和 D_2 輪流導電，故 R_L 上之波形為全波。

(4) 全波整流電路之各部分波形如圖 5-9 所示。

(5) 由於輸出為全波，故輸出直流電壓 $V_{DC} = 0.9V_{AC}$。

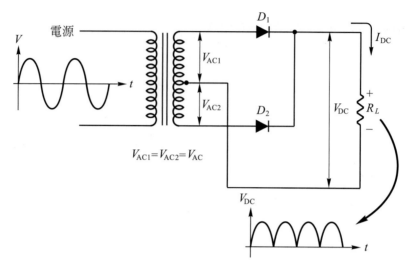

▲ 圖 5-8　全波整流電路

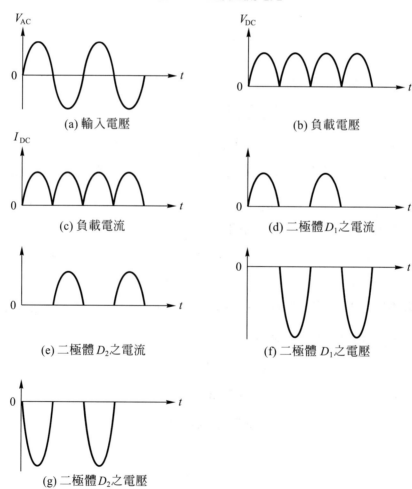

▲ 圖 5-9　中心抽頭變壓器式全波整流電路各部分的波形

5.　**橋式整流電路**　(Bridge-rectifier Circuit)

　　橋式整流電路如圖 5-10 所示。其輸出至負載 R_L 之波形也是全波，但與圖 5-8 之全波整流電路有兩大相異處：(1)全波整流電路需要一個有中心抽頭之變壓器，橋式整流電路則不需要。(2)全波整流電路只需兩個二極體，橋式整流電路則需要四個二極體。

　　圖 5-10 中，當 V_{AC} 之正半週時，D_1 與 D_2 導電，電流路徑為 $D_1 \rightarrow R_L \rightarrow D_2$，如圖 5-11(a) 所示，負載 R_L 之上端為正，下端為負。V_{AC} 之負半週時，D_3 與 D_4 導電，電流路徑為 $D_3 \rightarrow R_L \rightarrow D_4$，如圖 5-11(b)所示，負載 R_L 的上端亦為正，下端為負。圖 5-12 為橋式整流電路中各部分之波形。橋式整流電路之輸出直流電壓 $V_{DC} = 0.9 \times V_{AC}$。

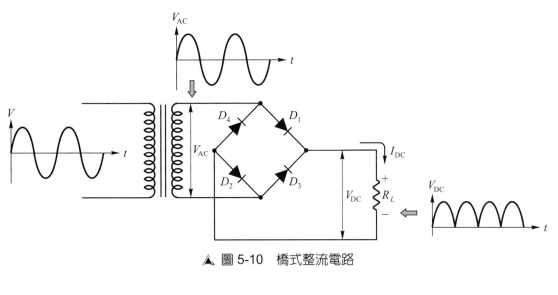

▲ 圖 5-10　橋式整流電路

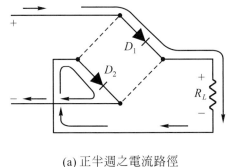

(a) 正半週之電流路徑　　　　　　　　　(b) 負半週之電流路徑

▲ 圖 5-11

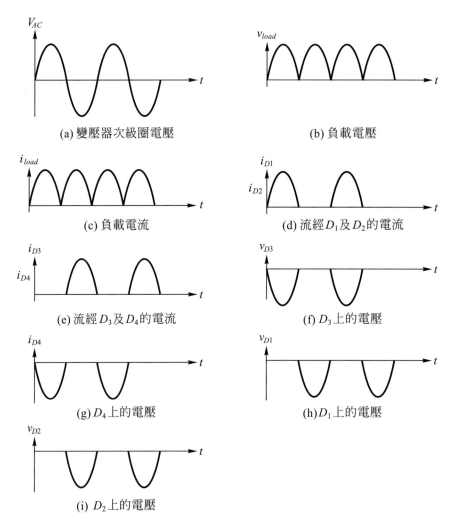

(a) 變壓器次級圈電壓

(b) 負載電壓

(c) 負載電流

(d) 流經 D_1 及 D_2 的電流

(e) 流經 D_3 及 D_4 的電流

(f) D_3 上的電壓

(g) D_4 上的電壓

(h) D_1 上的電壓

(i) D_2 上的電壓

▲ 圖 5-12　橋式整流電路中各部分之波形

6.　加上濾波電容器之整流電路

至目前為止，整流電路之輸出雖然是極性固定不變之直流，但並不是良好的直流，而是脈動頗大之「脈動直流」。大部分的電子裝置都需要脈動較小的直流電源，因此我們必需設法使上述各種整流電路的輸出電壓之脈動減小，以供應較平穩之直流電壓。

在水源時有時無的地區，為了確保用水不斷，我們可在有水時，一面用水一面把水儲存在水塔裡，等到水源缺水時，照常有水可用 (此時之用水由水塔供應)。在電路中，有一種與水塔的功能相似的元件，那就是「電容器」(capacitor)。電容器能把電荷儲存起來，而於適當的時候把電荷放出來。

現在我們來看看圖 5-13 的動作情形。在通電的最初 $\frac{1}{4}$ 週 (0°~90°) 時，V_{in} 不但通過二極體 D 供給負載 R_L 電能，同時對電容器 C 充電，如圖 5-13(a)所示。由於二極體在導通時順向壓降很小，故電容器可充電至 V_{in} 的峰值 V_P。當 V_{in} 達到峰值後，電壓即開始下降(90°~180°，電壓由峰值降至零)，此時由於 V_{in} 小於電容器兩端之電壓，因此二極體因逆向偏壓而截止，此時電容器對 R_L 放電，負載 R_L 之電能由電容器 C 供給，如圖 5-13(b)所示。直到 V_{in} 的下一個正半週，V_{in} 的電壓大於電容器兩端之電壓時，二極體再度導電，此時 V_{in} 供給 R_L 電能，並再度對電容器充電，故輸出電壓 V_{out} (等於電容器兩端之電壓 V_C) 之波形如圖 5-13(c)所示。

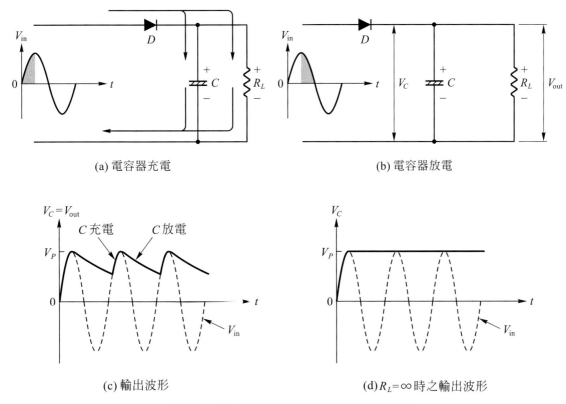

(a) 電容器充電　　　　　　　　　　　(b) 電容器放電

(c) 輸出波形　　　　　　　　　(d) $R_L = \infty$ 時之輸出波形

▲ 圖 5-13　有濾波電容器之半波整流電路

電容器之容量若愈大，則所儲存之電荷愈多，放電時電壓下降較小。若使用容量較小之電容器，則所能儲存之電荷較少，放電時電壓下降較多，如圖 5-14

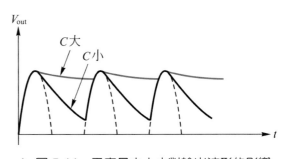

▲ 圖 5-14　電容量之大小對輸出波形的影響

所示。因此欲得較平穩之輸出電壓，需採用較大的電容器。

　　三種不同型式的整流電路，加上濾波電容器後之輸出波形如圖 5-15 所示。由此圖可看出全波整流電路和橋式整流電路，因為電容器補充能量 (充電) 之次數為半波整流電路的兩倍，因此在相同電容量時，輸出電壓 V_{out} 的脈動較小。

　　不接負載($R_L = \infty$)時，由於電容器充電至峰值後不會放電，所以 $V_{out} = V_c$ 將保持於峰值，亦即 $V_c = V_{max} = V_P = \sqrt{2} V_{in} = 1.414 V_{in}$ ，如圖 5-13(d)所示。

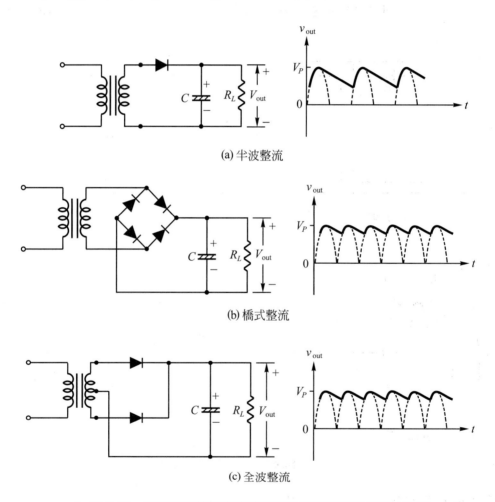

(a) 半波整流

(b) 橋式整流

(c) 全波整流

▲ 圖 5-15　三種不同的電容濾波電源供給器的輸出電壓比較圖

7. 漣波 (Ripple)

直流電源供應器 (整流電路) 輸出電壓之脈動成份稱爲漣波(ripple)。圖 5-16 中，$\triangle V = E_{\max} - E_{\min}$ = 漣波電壓的峰對峰值。假如增大濾波電容器的電容量，漣波電壓就會減小。

欲比較直流電源供應器之優劣，必須使用漣波因數(ripple factor)。漣波因數之定義爲：

$$漣波因數 K_r = \frac{漣波電壓的有效值}{直流電壓(平均值)} = \frac{V_{\text{ripple}}}{V_{\text{DC}}} \tag{5-1}$$

雖然漣波的波形不是正弦波，但類似於正弦波，爲了計算的方便，人們常將漣波假設爲正弦波，而令 $V_{\text{ripple}} = \dfrac{\triangle V}{2\sqrt{2}}$。直流電壓 V_{DC} 爲輸出電壓之平均值，近似於漣波的上下峰值之中點。假如把漣波因數乘以 100%，所得之數值稱爲漣波百分率(percent ripple)。

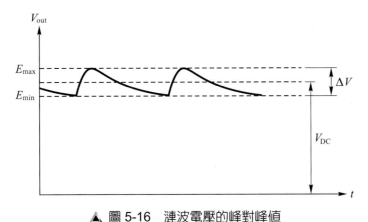

▲ 圖 5-16　漣波電壓的峰對峰值

例題 5-2

若圖 5-16 之 $E_{\max}$=100V，$E_{\min}$=70V，則漣波因數=？　漣波百分率=？

解 漣波的峰對峰值

$\triangle V = 100\text{V} - 70\text{V} = 30\text{V}$

漣波的有效值

$V_{\text{ripple}} = \dfrac{30\text{V}}{2\sqrt{2}} = 10.6\text{V}$

直流電壓

$$V_{DC} = \frac{100V + 70V}{2} = 85V$$

漣波因數

$$K_r = \frac{V_{ripple}}{V_{DC}} = \frac{10.6V}{85V} = 0.125$$

漣波百分率 $= 0.125 \times 100\% = 12.5\%$

測量漣波因數的方法有二：

(1) 使用示波器：由示波器可測出如圖 5-16 所示之波形，只要把△V 及 V_{DC} 代入公式即可算得漣波因數。

(2) 使用三用電表：

    (a) 三用電表置於 DCV 檔，所測得之值即為 V_{DC}。

    (b) 三用電表置於 ACV 檔，但紅棒改插於三用電表上之 OUT 或 OUTPUT 插孔，所測得之交流電壓即為漣波電壓的有效值 V_{ripple}。(但漣波電壓若過小，則以三用電表不大容易測出，此時宜改用示波器測量)。

    (c) 將上述數值代入公式即可算得漣波因數。

8. 兩倍壓電路 (Voltage Doubler)

兩倍壓電路亦稱為倍壓器，由兩個二極體和兩個電容器所組成。電容器在輸入交流電壓的正負半週期間，輪流經二極體充電，在無負載的情況下，輸出的直流電壓可達輸入交流電壓峰值的兩倍。

8-1 全波兩倍壓電路

全波兩倍壓電路如圖 5-17 所示。當 V_{AC} 的上端為正、下端為負的半週，D_1 導電，而 D_2 截止，此時 C_1 被充電至 V_{AC} 的峰值 V_P，極性如 C_1 所示。於 V_{AC} 的上端為負、下端為正之半週，D_2 導電而 D_1 截止，此時 C_2 被充電至 V_{AC} 的峰值 V_P，極性如 C_2 所示。由於 C_1 與 C_2 串聯，故輸出電壓 V_{out} 等於 V_{DC1} 與 V_{DC2} 之和，在負載電阻 R_L 極大時 $V_{DC1} = V_{DC2} = V_P = \sqrt{2}V_{AC}$，故 $V_{out} = V_{DC1} + V_{DC2} = 2V_P = 2(\sqrt{2}V_{AC})$。在實際應用上，為使 $V_{out} \doteqdot 2V_P$，故電容器 C_1 與 C_2 都使用較大的電容量。

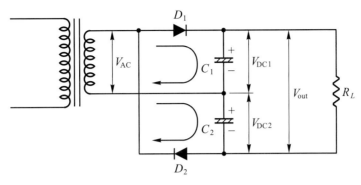

▲ 圖 5-17 全波兩倍壓電路

全波兩倍壓電路各部分之波形如圖 5-18 所示。由於輸出電壓V_{out}的漣波頻率為 120Hz (V_{AC}為 60Hz)，故稱為「全波」兩倍壓電路。

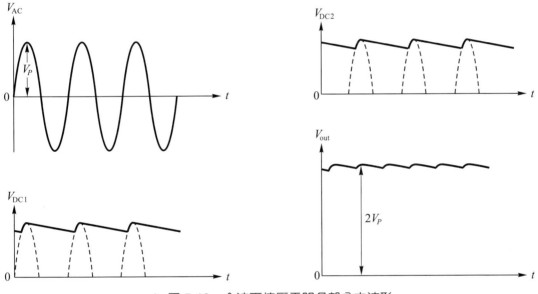

▲ 圖 5-18 全波兩倍壓電路各部分之波形

8-2 半波兩倍壓電路

半波兩倍壓電路如圖 5-19 所示。在V_{AC}的下端為正、上端為負之半週，C_1經D_1而充電至V_{AC}的峰值V_P，極性如C_1所示。於V_{AC}的上端為正下端為負之半週，V_{AC}與C_1上之電壓相串聯，D_1被加上$2V_P$的電壓而截止，但此$2V_P$的電壓卻經D_2而向C_2充電，因此C_2被充上$2V_P$的電壓而令直流輸出電壓$V_{\text{out}} = 2V_P$。亦即R_L很大或C_1與C_2很大時$V_{\text{out}} = 2V_P$。

半波兩倍壓電路各部分之波形如圖 5-20 所示。因為輸出電壓V_{out}的漣波頻率為 60Hz (即交流電源之頻率) 故稱為「半波」兩倍壓電路。

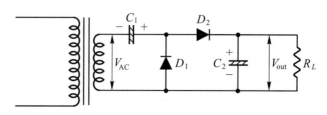

▲ 圖 5-19 半波兩倍壓電路

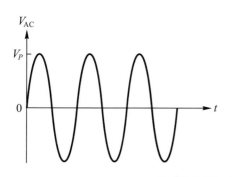
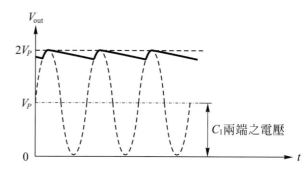

▲ 圖 5-20 半波兩倍壓電路各部分之波形

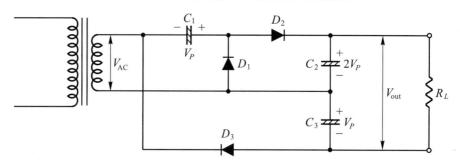

▲ 圖 5-21 三倍壓電路

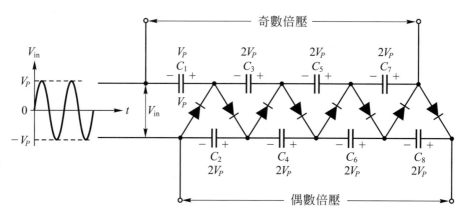

▲ 圖 5-22 萬用倍壓器

9. 三倍壓電路

三倍壓電路由三個二極體與三個電容器組成。在輕載(R_L 很大)或電容量很大時，輸出電壓V_{out} 約為輸入交流電壓峰值的三倍。

三倍壓整流電路如圖 5-21 所示。$C_1 + D_1 + D_2 + C_2$ 與圖 5-19 完全一樣，故C_2 被充上$2V_P$ 的電壓。$D_3 + C_3$ 則為半波整流電路，因此C_3 被充上V_P 的電壓。由於C_2 與C_3 串聯，故輸出電壓 V_{out} 等於兩者之和，亦即 $V_{out} = 2V_P + V_P = 3V_P$。

10. 萬用倍壓器

根據前述倍壓器之工作原理，我們可發展成很多倍的倍壓器。圖 5-22 即為萬用倍壓器之電路，使用二個二極體與二個電容器時輸出電壓$V_{out} = 2V_P$，使用五個二極體與五個電容器可以得到 $5V_P$ 的輸出電壓。依此類推，即可使用適當數量之零件，以獲得我們所需之電壓。

11. 電壓調整率

電子電路，從電源取用之電流時大時小，並非固定的電流值 (例如：收音機隨著音樂或語言，聲音會時大時小，音量大時消耗的電流大，音量小時消耗的電流小)，因此電源之輸出電壓V_{DC} 將隨負載電流而變化，以下我們就來討論這個問題。

(1) 假如我們如圖 5-23(a)所示，在電源與負載R_L (凡是從電源取用電流者皆為負載，於此我們以R_L 表之) 之間串聯一個直流電流表，則可測出負載電流 I_{DC} 之大小。

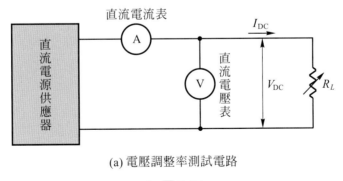

(a) 電壓調整率測試電路

▲ 圖 5-23

(2) 於負載兩端並聯一個直流電壓表，則可測出輸出電壓V_{DC} 之大小。

(3) 電源供給負載之最大電流，稱為「滿載電流」。

(4) 若改變 R_L 之大小，則可測得圖 5-3(b)所示之曲線。此曲線是用以表示 V_{DC} 與 I_{DC} 之關係，因此稱為電壓調整曲線(voltage regulation curve)。

(5) 由圖 5-23(b)可得知負載電流等於零時輸出電壓最大，稱為無載電壓，以 V_{NL} 表之 (NL 是表示無負載 No Load)。

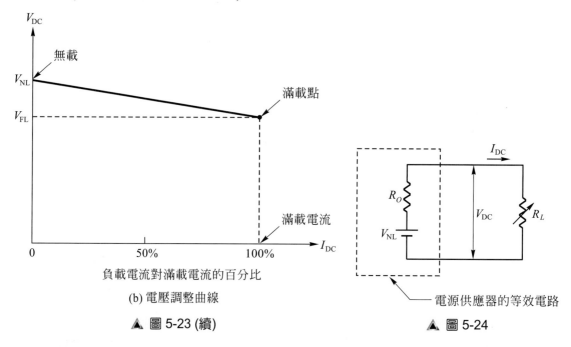

(b) 電壓調整曲線

▲ 圖 5-23 (續)　　　　　　　　▲ 圖 5-24

(6) 滿載電流時輸出電壓最小，稱為滿載電壓，以 V_{FL} 表之 (FL 表示滿載 Full Load)。

(7) 無載與滿載時電壓之變動率稱為「電壓調整率」，定義如下：

$$電壓調整率 = \frac{V_{NL} - V_{FL}}{V_{FL}} \times 100\% \tag{5-2}$$

(8) 輸出電壓 V_{DC} 之所以會隨負載電流之增大而下降，是因為電源電路中，變壓器、二極體、電容器、導線等都有電阻存在的緣故。

(9) 電源供應器之等效電路可用圖 5-24 表示。圖中之 R_O 即為電源供應器之內阻。

$$\because V_{DC} = V_{NL} - R_O \times I_{DC} \tag{5-3}$$

$\therefore I_{DC}$ 增大時 V_{DC} 會下降

(10) 圖 5-24 中之 R_O 可用下式求出：

$$R_O = \frac{V_{\mathrm{NL}} - V_{\mathrm{FL}}}{I_{\mathrm{FL}}} \tag{5-4}$$

式中 V_{NL} = 無載電壓， V_{FL} = 滿載電壓， I_{FL} = 滿載電流。

例題 5-3

一部收音機在關閉時電源等於 DC 9V，但當音量轉至最大時，平均負載電流為 0.1A，電源降至 DC 8V，請問(1)電壓調整率=？ (2)電源的內阻 R_O = ？

解 (1) 負載調整率 $= \dfrac{9\mathrm{V} - 8\mathrm{V}}{8\mathrm{V}} \times 100\% = 12.5\%$

(2) $R_O = \dfrac{9\mathrm{V} - 8\mathrm{V}}{0.1\mathrm{A}} = 10\Omega$

三、實習項目

在本實習中，電源變壓器 PT-12 的一次側會通上 AC110V 的電源，請注意安全，千萬不要觸摸 PT-12 的一次側 (初級)，否則人體會因為觸電而產生危險。

工作一：半波整流電路實驗

1. 接妥圖 5-25 之半波整流電路。本實習中，二極體採用 1N4001~1N4007 任一編號皆可。
2. 確定電路連接正確後，通上 AC110V 之電源。
3. 以三用電表 ACV 檔測得變壓器二次側之電壓 V_{AC} =_____伏特。
4. 以三用電表 DCV 檔測得 R_L 兩端之直流電壓 V_{DC1} =_____伏特。

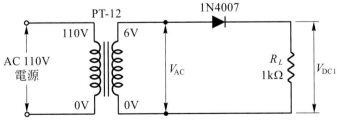

▲ 圖 5-25　半波整流電路實驗

5. 上述測試值 $\dfrac{V_{DC1}}{V_{AC}} = $ ——— = ———

6. 以示波器測量 V_{AC} 之波形，並以藍筆將波形繪於圖 5-26 中。然後以示波器測量 R_L 兩端之直流電壓 V_{DC1} 之波形，並以紅筆將波形繪於圖 5-26 中。

　　註：(1)本實習中，示波器的選擇開關需置於 DC 之位置。

　　　　(2)可以用雙軌跡示波器同時觀測 V_{AC} 及 V_{DC1} 之波形。

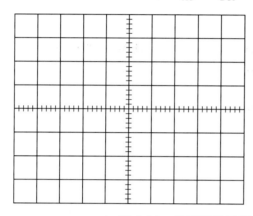

示波器
垂直=——— V/cm
水平=——— ms/cm

▲ 圖 5-26　半波整流電路之波形

7. 在圖 5-25 的 R_L 兩端並聯一個 100μF 的電容器，使之成為圖 5-27 之電路。

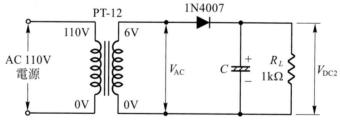

▲ 圖 5-27　半波整流加濾波電路實驗

8. 以三用電表 DCV 量得 R_L 兩端之直流電壓 $V_{DC2} = $ ——————伏特。

9. 上述測試值 $\dfrac{V_{DC2}}{V_{AC}} = $ ——— = ——————。

10. 以示波器測量 R_L 兩端之 V_{DC2} 波形，並以藍筆將波形繪於圖 5-28 中。

11. 將圖 5-27 中之電容器 C 改為 33μF，則 V_{DC2} 波形有何不同呢？以紅筆將 V_{DC2} 波形繪於圖 5-28 中。

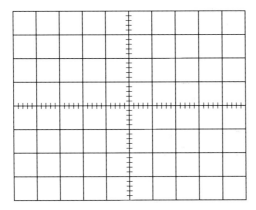

示波器
垂直=_____ V/cm
水平=_____ ms/cm

▲ 圖 5-28　半波整流加濾波電路之波形

12. 由以上實驗可知：

  (1)　濾波電容器的電容量愈小時，漣波電壓愈_____。

  (2)　半波整流電路之漣波頻率 =_____Hz。

工作二：全波整流電路實驗

1.　裝妥圖 5-29 之電路。

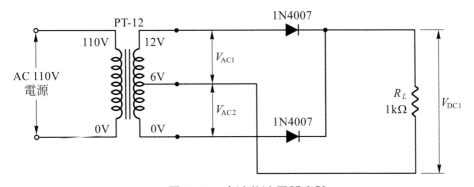

▲ 圖 5-29　全波整流電路實驗

2.　確定電路連接正確後，通上 AC110V 之電源。

3.　以三用電表 ACV 檔量得 V_{AC1} =_____伏特，V_{AC2} =_____伏特。

  $V_{AC1} = V_{AC2}$ 嗎？　答：_____

4.　以三用電表 DCV 檔量得 R_L 兩端之直流電壓 V_{DC1} =_____伏特。

5.　$\dfrac{V_{DC1}}{V_{AC1}}$ = _____　,　$\dfrac{V_{DC1}}{V_{AC2}}$ = _____

6. 以示波器測量 R_L 兩端之 V_{DC1} 波形,並以藍筆繪於圖 5-30 中。

7. 在圖 5-29 的 R_L 兩端並聯一個 100μF 的電容器,使之成為圖 5-31 之電路。

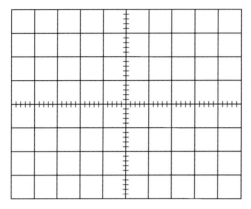

示波器
垂直=_____ V/cm
水平=_____ ms/cm

▲ 圖 5-30　全波整流電路之波形

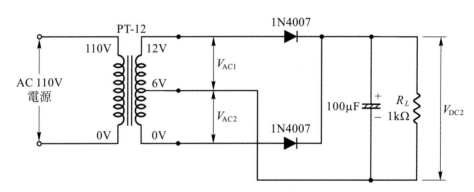

▲ 圖 5-31　全波整流加濾波電路實驗

8. 以三用電表 DCV 檔量得 R_L 兩端之直流電壓 V_{DC2} =_____伏特。

9. $\dfrac{V_{DC2}}{V_{AC1}}$ = _____ , $\dfrac{V_{DC2}}{V_{AC2}}$ = _____ 。

10. 以示波器測量 R_L 兩端之 V_{DC2} 波形,並以紅筆繪於圖 5-30 中。

11. 漣波頻率 =_____Hz。

工作三：橋式整流電路實驗

1. 接妥圖 5-32 之電路。

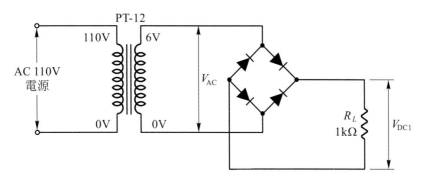

▲ 圖 5-32 橋式整流電路實驗

2. 確定電路連接正確後，通上 AC110V 之電源

3. 以三用電表 ACV 檔量得 V_{AC}=＿＿＿＿＿伏特。

4. 以三用電表 DCV 檔量得 R_L 兩端之直流電壓 V_{DC1}=＿＿＿＿＿伏特。

5. $\dfrac{V_{DC1}}{V_{AC}}$=＿＿＿＿＿。

6. 以示波器測量 R_L 兩端之 V_{DC1} 波形，並以藍筆繪於圖 5-33 中。

7. 在圖 5-32 的 R_L 兩端並聯一個 100μF 之電容器，使之成為圖 5-34 之電路。

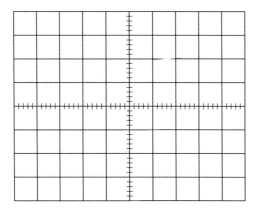

示波器
垂直=＿＿＿＿V/cm
水平=＿＿＿＿ms/cm

▲ 圖 5-33 橋式整流電路之波形

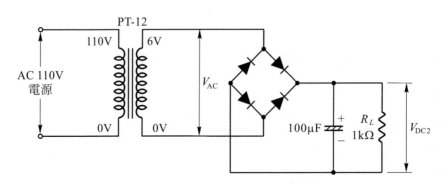

▲ 圖 5-34　橋式整流加濾波電路實驗

8. 以三用電表 DCV 檔量得 R_L 兩端之直流電壓 V_{DC2} =_____伏特。

9. $\dfrac{V_{DC2}}{V_{AC}}$ = _____。

10. 以示波器測量 R_L 兩端之 V_{DC2} 波形，並以紅筆繪於圖 5-33 中。

11. 漣波頻率=_____Hz。

12. 相關知識補充：在整流電路裡，時常會遇到必須把四個二極體接成如圖 5-35(a)所示之情形，因此，為便於裝配起見，廠商將四個二極體如圖 5-35(a)所示接好，然後包裝在同一個外殼裡出售，成為圖 5-35(c)所示之形狀，稱為橋式整流子或橋式整流器。以三用電表測試橋式整流子時，只要將其視為四個二極體而測之即可。

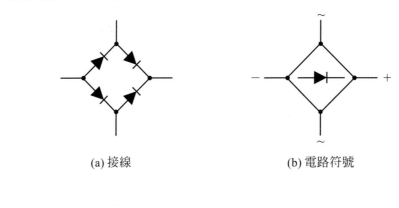

(a) 接線　　　　　　　　　　(b) 電路符號

(c) 外形

▲ 圖 5-35　橋式整流子

工作四：全波兩倍壓電路實驗

1. 接妥圖 5-36 之電路。但是電阻器 R_L 暫時不接。

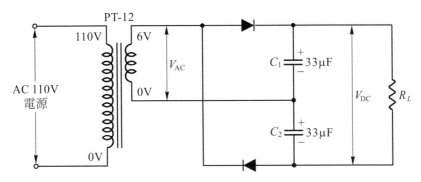

▲ 圖 5-36　全波兩倍壓電路實驗

2. 再檢查一次，確定電路連接正確後，通上 AC110V 之電源。

3. 以三用電表的 ACV 檔測得 V_{AC} = _____ 伏特。

   以三用電表的 DCV 檔測得 V_{DC} = _____ 伏特。

4. 上述測試值 $\dfrac{V_{DC}}{V_{AC}}$ = ——— = _____

5. 拿一個 2.2kΩ 的電阻器裝在圖 5-36 中所示 R_L 的位置。完成圖 5-36。

6. 以示波器測量 R_L 兩端之波形，可得知漣波頻率 = _____Hz。

   (是 60Hz 還是 120Hz？)

   註：示波器的選擇開關置於 AC 之位置，才容易觀察漣波的波形。

7. 把電源 OFF。

工作五：半波兩倍壓電路實驗

1. 接妥圖 5-37 之電路。但是電阻器 R_L 暫時不接。

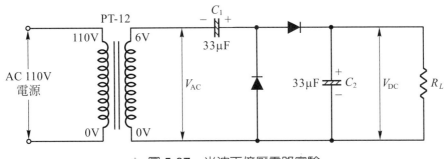

▲ 圖 5-37　半波兩倍壓電路實驗

2. 確定電路連接正確後，通上 AC110V 之電源。

3. 以三用電表的 ACV 檔測得 V_{AC} = _____ 伏特。

   以三用電表的 DCV 檔測得 V_{DC} = _____ 伏特。

4. 上述測試值 $\dfrac{V_{DC}}{V_{AC}}$ = —————— = _____ 。

5. 拿一個 2.2kΩ 的電阻器裝在圖 5-37 中所示 R_L 的位置。完成圖 5-37。

6. 以示波器測量 R_L 兩端之波形，可得知漣波頻率 = _____ Hz。

   (是 60Hz 還是 120Hz？)

   註：示波器的選擇開關置於 AC 之位置，才容易觀察漣波的波形。

7. 把電源 OFF。

四、習題

1. 何謂整流？

2. 圖 5-6 中，若 $V_{AC}=10V$，則 $V_{DC}=?$

3. 圖 5-8 中，若 $V_{AC1}=V_{AC2}=10V$，則 $V_{DC}=?$

4. 圖 5-10 中，若 $V_{AC}=10V$，則 $V_{DC}=?$

5. 圖 5-13 中，若 $V_{in}=AC\ 10V$，則當 $R_L=\infty$ 時 $V_{out}=?$

6. 何謂漣波因數？

7. 你實習時用示波器觀察的結果，漣波是不是正弦波？

8. 圖 5-17 之兩倍壓電路，若 $R_L=\infty$，則當 $V_{AC}=10V$ 時，$V_{out}=?$

9. 全波兩倍壓和半波兩倍壓電路，輸出端之漣波頻率是否相同？若不同，說明其不同處。

10. 當負載 R_L 改變時，對輸出直流電壓(V_{DC})和漣波電壓(V_{ripple})各有何影響？

11. 加大濾波電容器時，漣波電壓會增大或減小？

12. 試繪一個 5 倍壓電路。

13. 一個直流電源，未接負載時為 DC 6V，接上負載時，滿載電流= 0.5A，電源成為 DC5V，試求電壓調整率=？電源的內阻 $R_O=?$

14. 有一個 9V 的乾電池，內阻為 10Ω，則當負載取用 0.1A 的電流時，乾電池的端電壓為幾伏特？

五、問題研討

1. 如何選用適當的電容量？

　　如今我們還未解答的是濾波電容器之電容量應該採用多大才適當呢？若儘可能用較大的電容量，很顯然可以降低漣波電壓，但我們卻必須考慮在負載可容許的最大漣波因數下盡量減少濾波電容器的容量，以求經濟。

　　那麼所需之最小電容量要怎麼求得呢？現在讓我們看看圖 5-38，假設負載電流為 I_{DC}，則

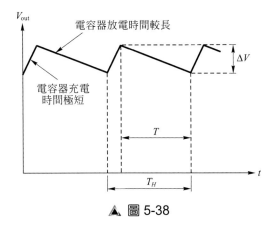

▲ 圖 5-38

　　∵放電電荷 $Q = \Delta V \times C = I_{DC} \times T$

$$\therefore \Delta V = \frac{T}{C} \times I_{DC} \tag{5-5}$$

$$或 \ C = \frac{T}{\Delta V} \times I_{DC} \tag{5-6}$$

　　式中 $T \doteqdot T_H = \dfrac{1}{f_{ripple}}$，半波時 $T = \dfrac{1}{60}$ 秒，全波或橋式時 $T = \dfrac{1}{120}$ 秒。

　　$I_{DC} = $ 直流負載電流，安培。

　　$C = $ 電容量，法拉。

　　$\Delta V = $ 漣波電壓的峰對峰值，V_{P-P}。

　　$f_{ripple} = $ 漣波的頻率。

　　若將式(5-5)化簡可得

全波或橋式 $\Delta V = 8.3 \times I_{\mathrm{DC}} \times \dfrac{1000\mu\mathrm{F}}{C}$ (5-7)

半波 $\Delta V = 16.6 \times I_{\mathrm{DC}} \times \dfrac{1000\mu\mathrm{F}}{C}$ (5-8)

式中 I_{DC} = 直流負載電流，安培。

C = 電容量，$\mu\mathrm{F}$。

ΔV = 漣波電壓的峰對峰值，V_{P-P}。

由於全波及橋式整流電路用的較多，故特將(5-7)式化為圖 5-39，以方便於選用電容器。

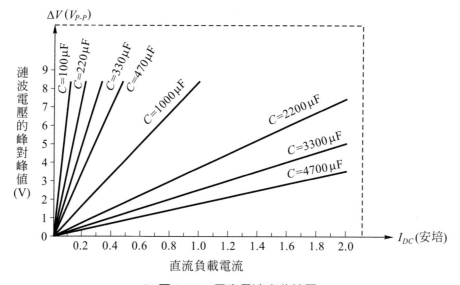

▲ 圖 5-39　電容量速查曲線圖

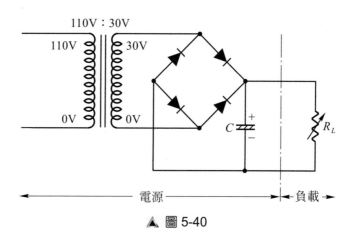

▲ 圖 5-40

例題 5-4

圖 5-40 之電路，若變壓器為 110V：30V，電容器為 1000μF，滿載電流 $I_{FL} = 1A$ ，則於滿載時，輸出直流電壓之波形為何？

解 (1) 充於 C 之峰值電壓 $V_P = 30V \times 1.4 = 42V$ 。

(2) 使用(5-7)式可算得：

連波電壓 $\Delta V = 8.3 \times 1A \times \dfrac{1000\mu F}{1000\mu F} = 8.3V$

(3) 若查圖 5-39，亦可得知 $\Delta V = 8.3V$ 。

(4) 滿載電壓 (滿載時輸出端之直流電壓)

$V_{FL} = V_P - \dfrac{\Delta V}{2} = 42V - \dfrac{8.3V}{2} = 37.85V$

(5) 圖 5- 41 為根據上述值所繪之輸出電壓波形。

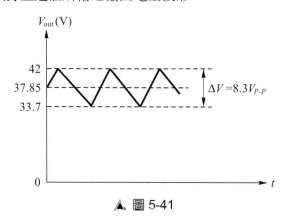

▲ 圖 5-41

例題 5-5

若上例之電路，滿載時欲令連波電壓 $\Delta V \le 5V_{P-P}$ ，則電容器應採用多大者？

解 (1) 在圖 5-39 中，於 1A 處畫一條垂直線，於 $\Delta V = 5V_{P-P}$ 處畫一條水平線，兩者相交於 $C = 1000\mu F$ 與 $C = 2200\mu F$ 之間，故電容量宜採用 2200μF 者。

(2) 若以公式計算則：

$\because 5V = 8.3 \times 1A \times \dfrac{1000\mu F}{C}$

$$\therefore C = 1660 \mu F$$

但電子材料行無法購買 1660μF 者，故採用 2200μF 者。

▼ 表 5-1 各種整流電路之簡要說明

類別		二極體之最低耐壓 (以 PIV 或 V_R 表示)	電容器之最低耐壓 (以 V 或 W V 表之)	輸出直流電壓 (以 V_{DC} 或 V_{out} 表之)
半波 整流	圖 5-6	PIV = V_P		$V_{DC} = 0.45 V_{AC}$
	圖 5-15(a)	PIV = $2V_P$	WV = V_P	$V_{out} \fallingdotseq V_P$
全波 整流	圖 5-8	PIV = $2V_P$		$V_{DC} = 0.9 V_{AC}$
	圖 5-15(c)	PIV = $2V_P$	WV = V_P	$V_{out} \fallingdotseq V_P$
橋式 整流	圖 5-10	PIV = V_P		$V_{DC} = 0.9 V_{AC}$
	圖 5-15(b)	PIV = V_P	WV = V_P	$V_{out} \fallingdotseq V_P$
兩倍壓	圖 5-17	PIV = $2V_P$	WV = V_P	$V_{out} \fallingdotseq 2V_P$
	圖 5-19	PIV = $2V_P$	$C_1 = V_P$ $C_2 = 2V_P$	$V_{out} \fallingdotseq 2V_P$
三倍壓	圖 5-21	PIV = $2V_P$	$C_1 = C_3 = V_P$ $C_2 = 2V_P$	$V_{out} \fallingdotseq 3V_P$

註：$V_P = \sqrt{2} V_{AC}$

2. 零件的耐壓要多大才夠

關於零件的耐壓問題，我們以表 5-1 作為簡要的說明。表中所列為「最低」耐壓，實際設計電路時應預留 20%的餘裕，以使電路能很安全的工作著。換句話說，所購零件之耐壓要大於表 5-1 所列「最低耐壓」的 1.2 倍。

例題 5-6

若圖 5-17 之電路 $V_{AC} = 35V$，則二極體及電容器之耐壓需為多少？

解 (1) 理論上二極體的耐壓

$$PIV = 2V_P = 2\sqrt{2} V_{AC} = 35V \times 2\sqrt{2} = 98 \text{ V} \text{ 即夠。}$$

(2) 實用上需留 20%的安全餘裕，所以

PIV ≥ 98V × 1.2 = 118 V 才可以。

(3) 電容器的耐壓不得低於 V_P，為安全計採用 1.2 倍，即 $35V \times \sqrt{2} \times 1.2 = 59$ V。

六、相關知識補充──電容器的認識

1. 電容器的種類

電容器是在兩片金屬片 (或金屬膜) 之間夾以絕緣物質 (稱為介質) 而成。電容器的介質有很多種：雲母、陶瓷、塑膠膜、紙、空氣、電解質的氧化膜等。電容器的名稱是依介質之名稱而取，例如：以塑膠膜為介質之電容器稱為塑膠膜電容器，以雲母為介質者稱為雲母電容器。

目前最常用的電容器有陶瓷電容器、塑膠膜電容器及電解電容器三種，茲分別說明如下：

1-1 陶瓷電容器

陶瓷電容器如圖 5-42 所示，陶瓷電容器的高頻特性很好，所以常被使用於高頻電路中。

常用陶瓷電容器的電容量多在 0.1μF 以下 (1pF～0.1μF 之間)。一般的陶瓷電容器多沒有標示耐壓值，其耐壓為 50 伏特。耐壓較高的陶瓷電容器都會標示其耐壓值。

由於最近幾年才上市的塑膠膜電容器，其高頻特性優良，容量誤差少，體積小，信賴度高，因此容量不小於 56pF 的陶瓷電容器已有逐漸由塑膠膜電容器取代之趨勢。

▲ 圖 5-42　陶瓷電容器

1-2 塑膠膜電容器

塑膠膜電容器如圖 5-43 所示，電容量 ≥56pF，為目前最常用的小容量電容器。

塑膠膜電容器依塑膠膜材質之不同而分為 PE (Mylar) 電容器、PS 電容器、PP 電容器、MF 電容器。用於特殊用途者有 E 12 電容器 (across-the-line capacitor) 及 MAF 電容器 (fan motor capacitor) 等兩種型式。

▲ 圖 5-43 塑膠膜電容器

目前在電子電路中以 PE 及 PS 電容器使用的最多，分別介紹於下：

(一)聚乙脂膜電容器(polyester capacitors)

聚乙脂電容器，如圖 5-44，是以 PE (或稱 Mylar) 塑膠薄膜為介質製成，故稱為 PE 電容器或 Mylar 電容器。

▲ 圖 5-44 PE (Mylar) 電容器

PE 電容器是目前被使用的最多的塑膠薄膜電容器，其特點如下：

(1) 適用於電子電路中作為旁路電容器、交連電容器、音調控制電路及濾波電容器。

(2) 電容量自 0.001μF～0.47μF，詳見表 5-2。

(3) 容量誤差有：J = ±5%，K = ±10%，M = ±20%三級。

(4) 耐壓有 DC 50V 及 DC 100V 兩種。

　　註：若使用於交流電路，電路中之峰值電壓 peak votage 不得超過電容器之耐壓。

(5) 可在 -40℃ ～ +80℃ 的環境中使用。

(6) 備註：圖 5-44 中之 TSC 是大新公司"Tai Shing Company"之商標。

▼ 表 5-2　PE (Mylar) 電容器 (單位：μF)

.001	.0033	.01	.033	.1	.33
.0012	.0039	.012	.039	.12	.39
.0015	.0047	.015	.047	.15	.47
.0018	.0056	.018	.056	.18	
.0022	.0068	.022	.068	.22	
.0027	.0082	.027	.082	.27	

(二)聚苯乙稀膜電容器 (polystyrene capacitors)

聚苯乙稀簡稱 PS，亦為塑膠之一種。PS 電容器如圖 5-45，其特點如下：

(1) 適用於高頻電路。

(2) 電容量自 56Pf～10000pF，詳見表 5-3。

(3) 容量誤差有：G = ±2%，H = ±3%，J = ±5%，K = ±10%四級。

(4) 額定電壓有：25V (藍)、50V (黃)、125V (紅)、500V (黑) 四種。

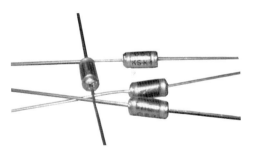

▲ 圖 5-45　PS 電容器

註：PS 電容器的外殼是透明的，所以可以看到內部 PS 塑膠的顏色。

▼ 表 5-3　PS 電容器　　(單位：pF)

56	100	330	1000	3300	10000
68	120	390	1200	3900	
82	150	470	1500	4700	
	180	560	1800	5600	
	220	680	2200	6800	
	270	820	2700	8200	

1-3 電解電容器

電解電容器，如圖 5-46，是以電解質產生氧化膜為介質，故稱為電解電容器。

電解電容器之特點如下：

(1) 容量大，體積小。

(2) 誤差： –10% ～ +150%。

(3) 有極性，正負極不得反接。

　　註：若正負極反接，則電解電容器的介質會被破壞而發熱、膨脹甚而爆炸，使用
　　　　時應特別留意。

(4) 容量、耐壓，接腳的極性均標於外殼上，如圖 5-46 所示。

(5) 電容量自 0.47μF～4700μF，詳見表 5-4。

　　註：超過 4700μF 者需訂購。

(6) 可在 –25℃ ～ +85℃ 的環境中使用。

▲ 圖 5-46　電解電容器

▼ 表 5-4　電解電容器規格表

容量 (μF) ＼ 耐壓 (V)	6.3	10	16	25	35	50	63	100	160	250	350	450
0.47	※	※	※	※	※	※	※	※	※	※	※	※
1	※	※	※	※	※	※	※	※	※	※	※	※
2.2	※	※	※	※	※	※	※	※	※	※	※	※
3.3	※	※	※	※	※	※	※	※	※	※	※	※
4.7	※	※	※	※	※	※	※	※	※	※	※	※
10	※	※	※	※	※	※	※	※	※	※	※	※
22	※	※	※	※	※	※	※	※	※	※	※	※
33	※	※	※	※	※	※	※	※	※	※	※	※
47	※	※	※	※	※	※	※	※	※	※	※	※
100	※	※	※	※	※	※	※	※	※	※	※	
220	※	※	※	※	※	※	※	※	※			
330	※	※	※	※	※	※	※	※				
470	※	※	※	※	※	※	※	※				
1000	※	※	※	※	※	※	※					
2200	※	※	※	※	※	※						
3300	※	※	※	※	※	※						
4700	※	※	※	※	※	※						

註：打※號表示有現貨供應。

1-4　無極性電解電容器 (NP 電容器)

在某些特殊場合，需要容量大、無極性、體積小之電容器。無極性電解電容器乃為此應運而生。無極性電解電容器 (NON-polarized aluminium electrolytic capa-citor) 簡稱為 NP 電容器，外型如圖 5-47。

▲ 圖 5-47 無極性電解電容器

NP 電容器的內部係由兩個電解電容器反向串聯而成,如圖 5-48 所示。其特點如下:

(1) 沒有極性,不虞會因為被加上反向電壓而遭致破壞。

(2) 可在 −25℃ ～ +70℃ 的範圍內使用。

(3) 容量自 0.47μF～47μF,耐壓自 10V～50V,詳見表 5-5。

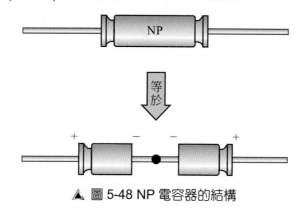

▲ 圖 5-48 NP 電容器的結構

▼ 表 5-5　NP 電容器規格表

容量 (μF) ＼ 耐壓 (V)	10V	16V	25V	35V	50V
0.47	✳	✳	✳	✳	✳
1	✳	✳	✳	✳	✳
2.2	✳	✳	✳	✳	✳
3.3	✳	✳	✳	✳	✳
4.7	✳	✳	✳	✳	✳
6.8	✳	✳	✳	✳	✳
10	✳	✳	✳	✳	✳
22	✳	✳	✳	✳	✳
33	✳	✳	✳	✳	✳
47	✳	✳	✳	✳	✳

註:打✳號表示有現貨供應。

2. 電容量及耐壓的標示方法

(一) 直接標示法

採用直接標示法之電容器，是把與使用上有關之資料直接標明於外殼上。圖 5-46 便是一個最典型的例子，電容器的外殼直接標示了容量、耐壓、極性。

(二) 間接標示法

間接標示法是以表 5-6 或表 5-7 標示電容器的誤差或耐壓。看完底下三個例子，你就明白了。

▼ 表 5-6　電容器的誤差

英文字母	誤差	英文字母	誤差	英文字母	誤差	
B	± 0.1%	H	±3%	N	±30%	
C	± 0.25%	J	±5%	P	+100 −0	%
D	± 0.5%	K	±10%	V	+20 −10	%
F	± 1%	L	±15%	X	+40 −20	%
G	± 2%	M	±20%	Z	+80 −20	%

▼ 表 5-7　電容器的耐壓 (單位：V)

數字 \ 字母耐壓	A	B	C	D	E	F	G	H	I	J
0	1	1.25	1.6	2.0	2.5	3.15	4.0	5.0	6.3	8.0
1	10	12.5	16	20	25	31.5	40	50	63	80
2	100	125	160	200	250	315	400	500	630	800
3	1000	1250	1600	2000	2500	3150	4000	5000	6300	8000

例題 5-7

104M

```
1    0    4    M
↑    ↑    ↑    ↑
第    第    乘    誤
一    二    數
位    位
數    數         差
```

解 (1) 電容量 $= 10 \times 10^4 \text{pF} = 10^5 \text{pF} = 0.1 \mu\text{F}$

(2) 誤差查表 5-6 知 M 表示±20%。

(3) 綜上所述，知 104M 即 0.1μF±20%

例題 5-8

2E

.22K

解 (1) 2E 由數字及英文字母組成，表示耐壓，查表 5-7 知

2E = 250 伏特。

(2) .22 表示電容器為 0.22μF

(3) K 為誤差，查表 5-6 知

K = ±10%

例題 5-9

50V

472J

解 (1) 耐壓爲 50 伏特。

(2) 472 表示電容量爲 $47 \times 10^2 \, \text{pF} = 4700 \text{pF}$ 。

(3) J 爲誤差，查表 5-6 得知

　　$J = \pm 5\%$ 。

(三) V、W V 與 TV，μF、MF 與 MMF 之說明

除了以伏特 V 表示耐壓，以微法拉 μF 表示電容量之外，有的電容器工廠在其產品上以 WV 或 TV 表示耐壓的大小，以 MF 或 MMF 表示電容量，茲分別說明如下：

WV──WV 爲工作電壓 Working Voltage 之縮寫，其意義與 V 相同。例如：一個標示 50WV 或 50V 之電容器均表示其耐壓爲 50 伏特，也就是說電容器可以在 50 伏特的電壓下長期工作而不會損壞。

TV──TV 是測試電壓 Test Voltage 之縮寫，表示電容器可以在「瞬間」加上此高壓而不會損壞，在正常的使用中，必須將 TV 值折半應用。例如：標有 1200TV 之電容器，表示可承受 1200 伏特之瞬間電壓而不會損壞。但此電容器只能長期使用在 1200×0.5 = 600 伏特的電壓下。

MF──MF 是 Micro Fard 之縮寫，其意義與 μF 相同。

MMF──MMF 是 Mili Mili Fard 之縮寫，其意義亦與 μF 相同。

3. 電容器的測試

(1) 電解電容器的容量較大，當三用電表置於 R×1K 檔，如圖 5-49(a)所示測試時，三用電表的指針應向右大量偏轉，然後緩慢的往左 (即逆時針方向) 偏回去，否則即爲不良。

(2) 塑膠薄膜電容器或陶瓷電容器，其電容量較小，故當三用電表置於 R×1K 檔，測試棒接觸到電容器的兩引線之瞬間 (紅、黑兩棒隨意對調沒有關係，因爲此等電容器沒有極性)，三用電表的指針會向右偏轉一點點，然後迅速回至最左邊 (即∞處)，如圖 5-49(b)，否則爲不良品。

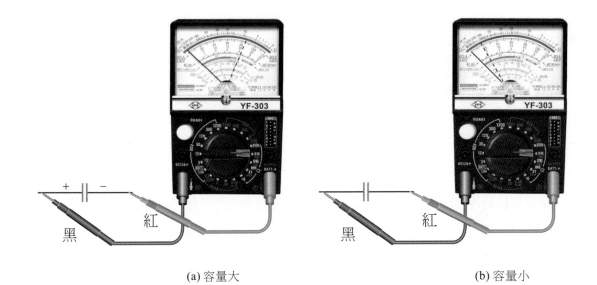

(a) 容量大　　　　　　　　　　　　(b) 容量小

▲ 圖 5-49　用三用電表測試電容器

電晶體的認識與 *V-I* 特性曲線之測量

一、實習目的

(1) 瞭解電晶體之工作原理。

(2) 瞭解 NPN 電晶體與 PNP 電晶體之差異。

(3) 能以三用電表判斷電晶體之良否。

(4) 觀察電晶體 I_B、I_E、I_C 之關係,並測繪其 *V-I* 特性曲線。

(5) 瞭解電晶體之編號及其意義。

二、相關知識

1. 電晶體的構造及特性

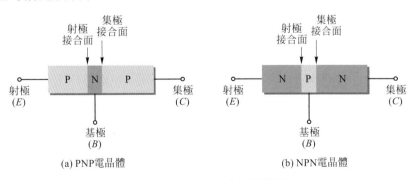

(a) PNP電晶體   (b) NPN電晶體

▲ 圖 6-1 電晶體的結構圖

1-1 電晶體的結構

假如在兩塊 P 型半導體之間夾一片很薄的 N 型半導體，或在兩塊 N 型半導體之間夾一片很薄的 P 型半導體，如圖 6-1，即成為電晶體。

電晶體的三極分別稱為射極 (emitter；E)、基極 (base；B) 及集極 (collector；C)。

1-2 電晶體的特性

如圖 6-2 (a)在 E-B 間加上順向電壓時，只要 V_{BE} 能夠克服 P-N 接合面(射極接合面) 的障壁電位 (Si 約 0.6V，Ge 約 0.2V)，則必有一順向電流流通，且 $I_E = I_B$，與一般二極體之特性一樣。若如圖 6-2 (b)在 B-C 極間加上一個逆向電壓V_{CB}，則因集極接合面為逆向，故 P-N 接合面不導電，$I_B = I_C = 0$。

但是，若把圖 6-2(b) 的 B-E 極間加上順向電壓，成為圖 6-2 (c)，則情形就大為改觀了。此時我們發現 $I_E = I_B + I_C$ 且 $I_C \fallingdotseq I_E \gg I_B$，換句話說，由射極流入之電流幾乎完全由集極流出，而基極電流只是很小的一部分。為什麼會這樣呢？這是因為電晶體的基極很薄且雜質的摻雜程度很低的緣故。在V_{BE} 的驅使下 E 極(P 型半導體) 內之電洞大量進入基極 B (N 型半導體)，但由於基極實在太薄了，因此只有極少數的電洞與基極內之電子結合而造成些微的 I_B，大部分進入基極的電洞還未與電子結合就因為受到V_{CB}的影響而衝入集極 (P 型半導體) 造成大量的 I_C。由圖 6-2 (c)我們可看出

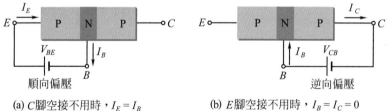

(a) C 腳空接不用時，$I_E = I_B$　　　　(b) E 腳空接不用時，$I_B = I_C = 0$

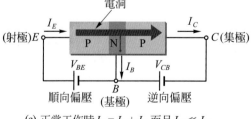

(c) 正常工作時 $I_E = I_B + I_C$ 而且 $I_B \ll I_C$

▲ 圖 6-2　PNP 電晶體的工作情形

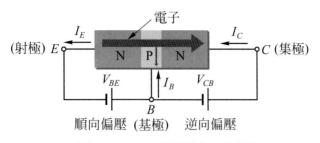

▲ 圖 6-3　NPN 電晶體的工作情形

$$I_E = I_B + I_C \tag{6-1}$$

相同的道理，NPN 電晶體若被加上圖 6-3 所示之電壓，則射極所發射之電子將大量通過基極而進入集極，造成 $I_C \fallingdotseq I_E$ 而 I_B 甚小的情形。I_E、I_B、I_C 之關係則與(6-1)式相同。

在實際應用時，電晶體偏壓的接法如圖 6-4 所示。

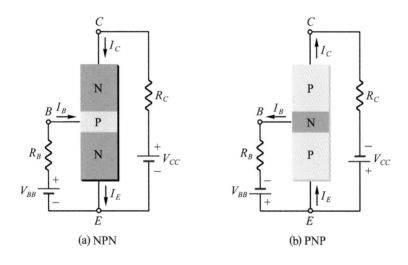

(a) NPN　　　　　　　　(b) PNP

▲ 圖 6-4　電晶體偏壓的接法

1-3　電晶體的 β

比較圖 6-2 (b)和圖 6-2(c)，我們可以發現 I_C 之有無全然是由 V_{BE} 加以控制。若不加 V_{BE} 則 $I_B = 0$，$I_C = 0$，加入適量的 V_{BE} 產生了 I_B 才有 I_C 的產生。

由於 $I_B \ll I_C$，而我們只要控制 I_B 即可控制 I_C，因此電晶體具有放大作用。電晶體的電流放大率以 β 或 h_{FE} 表之，其定義為：

$$\beta = \frac{I_C}{I_B} \tag{6-2}$$

一般電晶體的 $\beta \doteqdot 10 \sim 300$ 左右。$\beta > 300$ 的電晶體比較少。常用電晶體之 β 值,請見 6-18 頁。

由以上的說明,我們也知道了電晶體三極的名稱是有由來的。射極專門發射電子或電洞,而集極大量收集電子或電洞,基極則用以控制電流之大小。

1-4 電晶體的電路符號

電晶體的電路符號如圖 6-5 所示。符號中的箭頭有三大重要意義:

(1) 用以區分 NPN 和 PNP。NPN 的箭頭向外,PNP 的箭頭向內。

(2) 用以區別 E 極和 C 極。E 極有箭頭,C 極沒有畫箭頭。

(3) 箭頭表示電流的流通方向,如圖 6-6 所示。

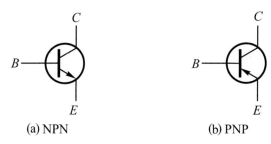

(a) NPN   (b) PNP

▲ 圖 6-5 電晶體之電路符號

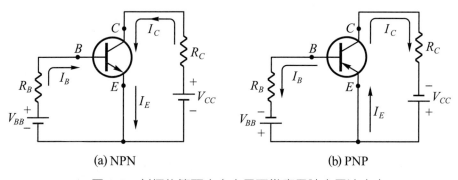

(a) NPN   (b) PNP

▲ 圖 6-6 射極的箭頭方向表示正常應用時之電流方向

1-5　電晶體的 α

除了 β 之外，電晶體還有一種電氣參數稱爲 α，它是用來表示 I_C 與 I_E 的比值。α 亦可使用 h_{FB} 表之，定義如下：

$$\alpha = \frac{I_C}{I_E} \tag{6-3}$$

由於 I_C 略小於 I_E，故 α 略小於 1。

1-6　α 與 β 之關係

由於人們設計或分析電路時，較常用到的是 β，因此在電晶體製造商提供的規格表中都可以查到 β 的大小。偶而遇到要用 α 的場合，我們只好自己計算。α 與 β 的關係爲：

$$\because \alpha = \frac{I_C}{I_E}$$

但 $I_C = \beta I_B$

且 $I_E = I_B + I_C = I_B + \beta I_B = (1 + \beta) I_B$

$$\therefore \alpha = \frac{I_C}{I_E} = \frac{\beta I_B}{(1+\beta) I_B} = \frac{\beta}{1+\beta}$$

$$即 \alpha = \frac{\beta}{1+\beta} \tag{6-4}$$

又因 $I_B = I_E - I_C = I_E - \alpha I_E = I_E(1-\alpha)$

$$\therefore \beta = \frac{I_C}{I_B} = \frac{\alpha I_E}{(1-\alpha) I_E} = \frac{\alpha}{1-\alpha}$$

$$即 \beta = \frac{\alpha}{1-\alpha} \tag{6-5}$$

2.　電晶體的 *V-I* 特性曲線

欲了解一個電子零件的特性，以設計或分析電路，最有效的方法就是詳究其特性曲線。用以表示電晶體的特性，最常用的是 V_{CE} - I_C 特性曲線，其次爲 V_{BE} - I_B 特性曲線。

V_{BE} - I_B 特性曲線是用來描述輸入電流和輸入電壓之間的關係，所以稱爲輸入特性曲線，如圖 6-7 所示。

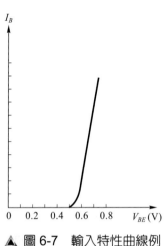

▲ 圖 6-7　輸入特性曲線例

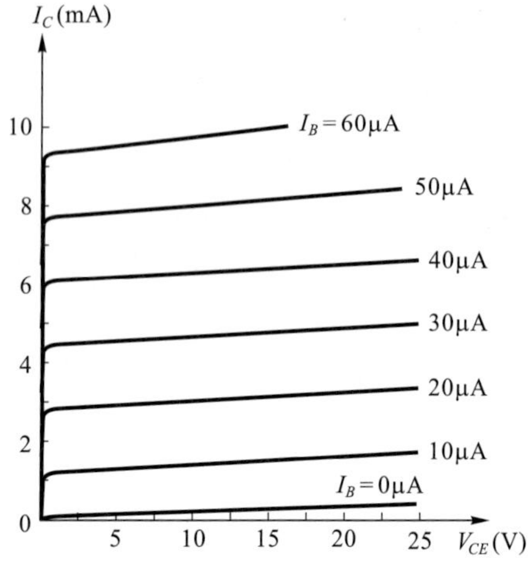

▲ 圖 6-8　輸出特性曲線例

V_{CE} - I_C 特性曲線亦稱為輸出特性曲線，如圖 6-8 所示。它不但描述了 I_B 與 I_C 間之關係，而且告訴我們 V_{CE} 與 I_C 間之關係。V_{CE} - I_C 特性曲線可方便於分析或設計電晶體電路，本實習將練習測繪電晶體之特性曲線，至於特性曲線的應用，我們留待下一個實習討論。

3. 電晶體的編號

目前世界各國對電晶體之編號命名尚無統一規定，各自成為一個體系，我們僅就主要的編號命名法加以說明。

3-1 日本電晶體的編號

日本工業標準 (JIS) 的電晶體命名法如下：

	第一項	第二項	第三項	第四項	第五項
【例】	2	S	B	77	A

(1) 第一項數字之意義為：

　0：光電晶體或光二極體。

　1：二極體。

　2：三極零件，例如電晶體、FET、SCR、UJT。

　3：四極零件，例如雙閘極 FET、SCS。

(2) 第二項文字：

　S 表示半導體 semiconductor 之意。

(3) 第三項文字表示用途及極性：

A：PNP 高頻用電晶體。

B：PNP 低頻用電晶體。

C：NPN 高頻用電晶體。

D：NPN 低頻用電晶體。

註：1. 高頻用或低頻用並無明確界線可劃分，是依照登記廠商的指定用途而定。

　　　2. 以下所列為特種半導體，而非一般電晶體，可供參考。

F：SCR	J：P 通道 FET
G：PUT	K：N 通道 FET
H：UJT	M：TRIAC

(4) 第四項數字：表示電晶體之序號，按照廠商向日本電子機械工會登記的順序編號，由 11 號開始。

(5) 第五項文字：改良品的意思。電晶體的編號最初沒有這個字，由於改良品種的問世，後來才加上 A、B、C、D 等字尾，例如 2SB77A 是 2SB77 的改良品。

3-2　美國電晶體之編號

通常以 1N 表示二極體，2N 表示三極體，3N 表示四極體。至於其用途、極性等只有查閱特性手冊才能知道。

3-3　歐洲電晶體之編號

採用此種編號方式的歐洲國家，以荷蘭、西德及英國為主。其構成順序為文字、文字、數字。

【例】　　　　　B　　　　　　　C　　　　　　546
　　　　　　第一項　　　　　第二項　　　　　第三項

(1) 第一項文字表示製造材料。

A：鍺。

B：矽。

C：金屬氧化物材料。

D：輻射檢波器用材料。

(2) 第二項文字表示用途：

A：小功率二極體。　　　　　　　K：霍爾效應發生器。

C：小功率低頻用電晶體。　　　　L：大功率高頻用電晶體。

D：大功率低頻用電晶體。　　　　S：小功率開關。

E：隧道二極體。　　　　　　　　U：大功率開關。

F：小功率高頻用電晶體。　　　　Y：大功率二極體。

H：電場探示器。　　　　　　　　Z：稽納二極體。

(3) 第三項數字表示登記的序號。

4. 半導體元件之常見外形及接腳圖

圖 6-9 為各種半導體元件之常見外形及接腳圖，可供使用時作為參考。

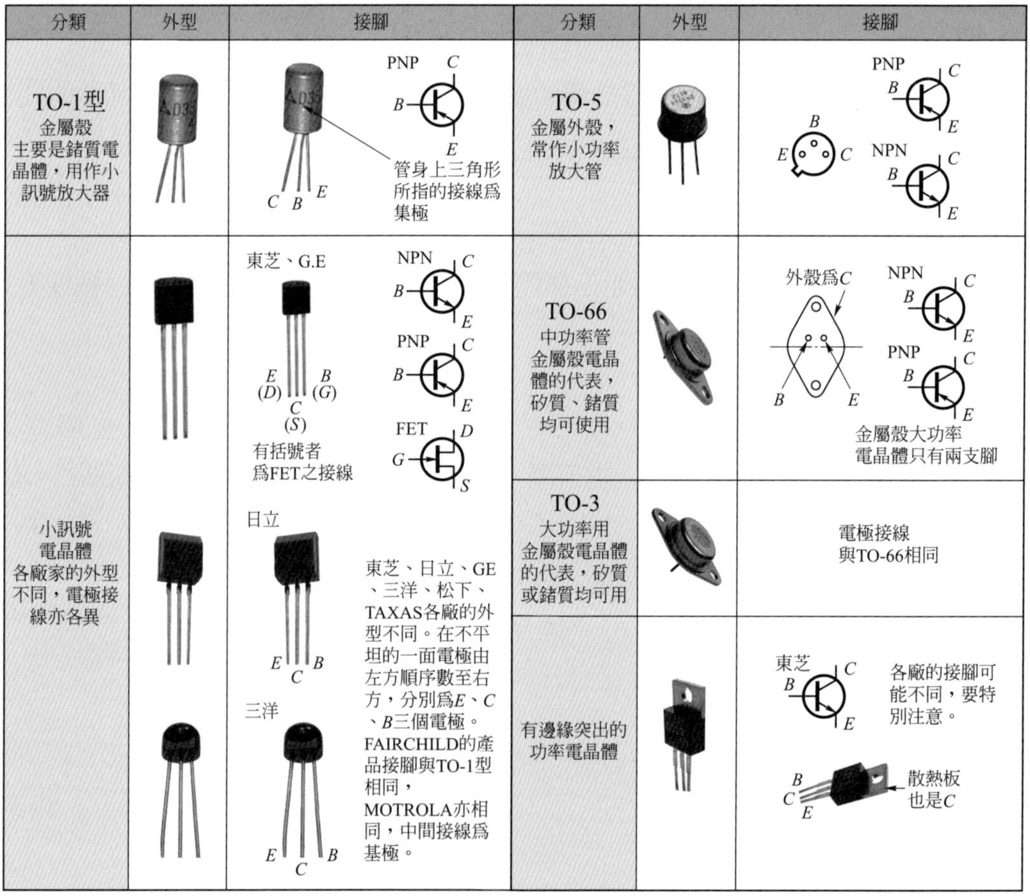

▲ 圖 6-9　各種半導體元件的常見外形及接腳圖

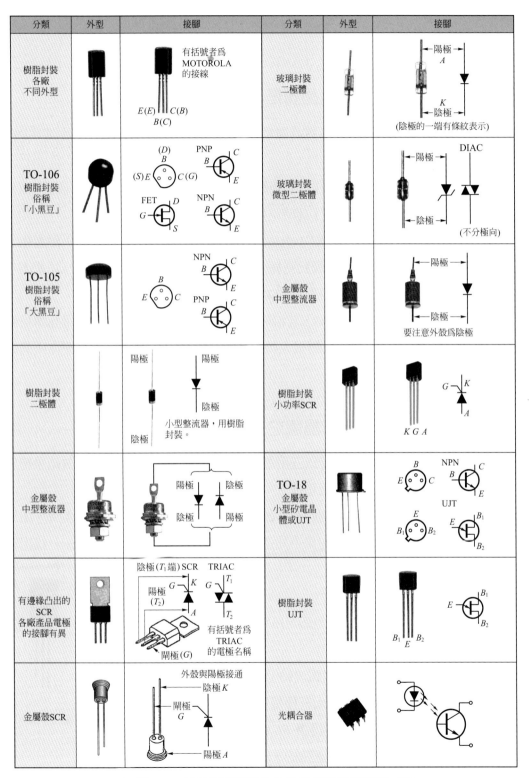

▲ 圖 6-9 各種半導體元件的常見外形及接腳圖 (續)

三、實習項目

工作一：以三用電表判斷電晶體是 PNP 或 NPN

1. 拿數個電晶體，以三用電表判斷電晶體是 PNP 或 NPN。應多做幾次，直至非常熟練。
2. 方法如下：
   (1) 三用電表旋至 $R \times 1K$，然後將試棒順序的接觸在電晶體的任意兩個接腳，直到三用電表的指針產生大偏轉，此時這兩個接腳中必有一為基極 B。
   (2) 任一試棒移至第三接腳 (剛才空著的那個接腳)，若三用電表指針仍然產生大偏轉，則試棒沒動的那個接腳為基極 B。如果試棒移至第三接腳時，三用電表之指針偏動甚小，那麼表示試棒移開的那腳為基極。
   (3) 上述測試，指針偏轉很大時，若接觸在基極的是紅色測試棒，則此電晶體是 PNP 電晶體。反之，若指針偏轉很大時接觸在基極的是黑測試棒，那麼你所測的是 NPN 電晶體。

工作二：以三用電表判斷電晶體之 E、B、C

1. 拿數個不同外形之電晶體，練習以三用電表判斷其 E、B、C 腳。並將測試結果繪於紙上，送請老師檢查測試結果是否正確。
2. 常見的電晶體，其外型及各腳間的關係如圖 6-9 所示。當測試一個電晶體時，如果知道各接腳的關係當然較方便，如果不知道，也不難用三用電表將各接腳一一找出。其方法如下：
   (1) 以工作一之方法找出 B 極。
   (2) 基極已找出來了，再來就是假定所剩的兩腳一為集極 C 一為射極 E，如圖 6-10。
   (3) 以 NPN 電晶體為例，三用電表轉至 $R \times 1K$，把黑棒 (輸出正電壓) 接在假定的集極 C，而紅棒接假定的射極 E，然後用手壓住基極 B 與集極 C，但不得讓 BC 兩極直接接觸。此時指針若有偏轉，則接腳的假設是正確的，若指針在手壓住 BC 兩極時偏轉很少，則你的假設恰與實際相反。為什麼這樣呢？請看圖 6-11 便可明白。

▲ 圖 6-10

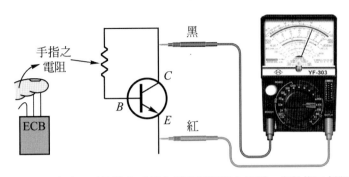

(a) 當假設正確時，電晶體由手指之電阻得到順向偏壓，指針指示低阻值

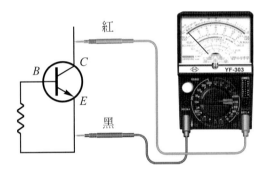

(b) 當假設錯誤時，指針指示高阻值

▲ 圖 6-11　NPN 電晶體之測試

(4) 如果所測的是 PNP 電晶體，那麼情形恰與(3)相反，黑棒需接在假定的射極 E，而紅棒接在假定的集極 C。請參考圖 6-12。

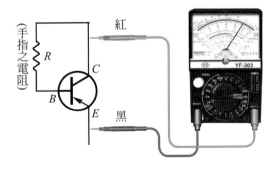

(a) 當假設正確時，電晶體由手指之電阻得到順向偏壓，指針指示低阻值

▲ 圖 6-12　PNP 電晶體之測試

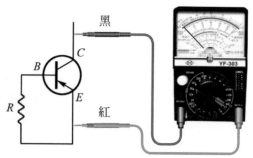

(b) 當假設錯誤時，指針指示高阻值

▲ 圖 6-12 PNP 電晶體之測試 (續)

工作三：以三用電表測量電晶體的 β 值

1. 假如你是使用附有**電晶體測試棒**的**指針型**三用電表，則：

   (1) 將三用電表置於 $\times 10\,(h_{FE})$ 檔、並作 $0\,\Omega$ 調整。

   (2) 若欲測之電晶體為 NPN 型，則把三用電表所附贈之「電晶體測試棒」之「插銷」插於三用電表的「N」插孔。然後把紅色夾子夾在電晶體的集極，黑色夾子 (即內部串聯一個 $24k\Omega$ 電阻器的那個夾子) 夾於基極，如圖 6-13 (a)所示。

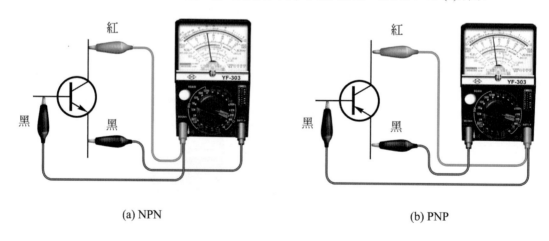

(a) NPN

(b) PNP

▲ 圖 6-13

(3) 若欲測之電晶體為 PNP 型，則把「電晶體測試棒」改插於三用電表的「P」插孔，如圖 6-13 (b)所示。

(4) 電晶體的 β 值直接由標有 $\dfrac{I_c}{I_b}$ 或 h_{FE} 之刻度讀取即可。

　　此電晶體的 β = ＿＿＿＿＿＿ 。

2. 假如你是使用附有**電晶體測試座**的**指針型**三用電表，則：

(1) 拿 NPN 電晶體做測試：

① 將三用電表置於 h_{FE} 檔，並作 0Ω 調整。

② 把電晶體的 E、C、B 腳正確的插入電晶體測試座的插孔。

③ 由 $\dfrac{I_c}{I_b}$ 或 h_{FE} 刻度可得知此電晶體之 h_{FE} (即 β 值) = ＿＿＿＿＿＿ 。

(2) 拿 PNP 電晶體做測試：

① 將三用電表置於 h_{FE} 檔，並作 0Ω 調整。

② 把電晶體的 E、C、B 腳正確的插入電晶體測試座的插孔。

③ 由 $\dfrac{I_c}{I_b}$ 或 h_{FE} 刻度可得知此電晶體之 h_{FE} (即 β 值) = ＿＿＿＿＿＿ 。

3. 假如你是使用附有**電晶體測試座**的**數字型**三用電表，則：

(1) 拿 NPN 電晶體做測試：

① 將三用電表置於 NPN 檔。

② 把電晶體的 E、C、B 腳正確的插入電晶體測試座的插孔。

③ 直接由顯示器上讀取的數值就是 β 值。

　　此電晶體的 β = ＿＿＿＿＿＿ 。

(2) 拿 PNP 電晶體做測試：

① 將三用電表置於 PNP 檔。

② 把電晶體的 E、C、B 腳正確的插入電晶體測試座的插孔。

③ 直接由顯示器上讀取的數值就是 β 值。

　　此電晶體的 β = ＿＿＿＿＿＿ 。

工作四：觀測 I_E、I_B、I_C 之關係

1. 裝妥圖 6-14 所示之電路。

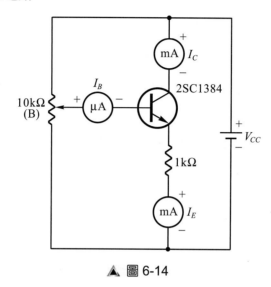

▲ 圖 6-14

2. 實習時電晶體可以使用 2SC1815、2SC1384 等 NPN 電晶體。

3. 圖中的三個電流表可以使用三用電表的 DC A 代替。V_{CC} = DC6 V。

4. 調整10kΩ的可變電阻器，使集極電流 I_C = 2mA。

5. 記下此時之電流值。

   I_B = _____ μA，I_E = _____ mA，I_C = _____ mA。

6. 用下式計算 α 值：

   $$\alpha = \frac{I_C}{I_E} = \underline{\hspace{3em}} = \underline{\hspace{5em}}$$

   此即本電晶體在 I_C = 2mA 時之 α 值。

7. 用下式計算 β 值：

   $$\beta = \frac{I_C}{I_B} = \underline{\hspace{3em}} = \underline{\hspace{5em}}$$

   此即本電晶體在 I_C = 2mA 時之 β 值。

8. $I_B + I_C = I_E$ 嗎？若上式無法成立，試述其原因。

   答：_____

工作五：量測電晶體之輸出特性

1. 接妥如圖 6-15 所示之電路。

　　說明：(1)圖中用來量測 I_B 與 I_C 之電流表 Ⓐ，請以三用電表的 DCA 代替。

　　　　　(2)圖中用來量測 V_{CE} 之電壓表 Ⓥ，請以三用電表的 DCV 代替。

　　　　　(3)圖中的 V_{BB} 為直流電源供應器，V_{CC} 為另一台直流電源供應器。假如你是把一台雙電源型電源供應器拿來當兩台獨立的電源供應器用，請記得把開關置於 INDEPENDENT 位置。

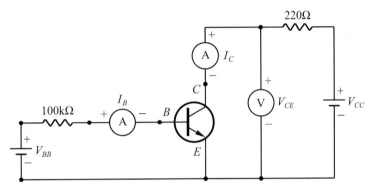

▲ 圖 6-15　集極特性量測電路

2. 電源供應器 V_{BB} 的電源開關置於 OFF，使 $I_B = 0\,\mu A$ 。

3. 電源供應器 V_{CC} 的電源開關置於 ON，然後調整 V_{CC} 使 V_{CE} 依次為 0V → 0.1V → 0.2V → 0.3V → 0.5V → 1V → 2V → 3V → 5V → 10V，並將各 V_{CE} 所對應的 I_C 值記錄在表 6-1 中。

4. 電源供應器 V_{BB} 的電源開關置於 ON 的位置。

5. 調整 V_{BB} 使 $I_B = 20\,\mu A$ ，然後調整 V_{CC} 使 V_{CE} 依次為表 6-2 所列之值，並將各 V_{CE} 所對應的 I_C 值記錄在表 6-2 中。

6. 調整 V_{BB} 使 $I_B = 40\,\mu A$ ，然後調整 V_{CC} 使 V_{CE} 依次為表 6-3 所列之值，並將各 V_{CE} 所對應的 I_C 值記錄在表 6-3 中。

7. 調整 V_{BB} 使 $I_B = 60\,\mu A$ ，然後調整 V_{CC} 使 V_{CE} 依次為表 6-4 所列之值，並將各 V_{CE} 所對應的 I_C 值記錄在表 6-4 中。

8. 電源供應器 V_{BB} 及 V_{CC} 之電源 OFF。

▼ 表 6-1　$I_B = 0\ \mu A$

V_{CE} (V)	0	0.1	0.2	0.3	0.5	1	2	3	5	10
I_C　(mA)	0									

▼ 表 6-2　$I_B = 20\ \mu A$

V_{CE} (V)	0	0.1	0.2	0.3	0.5	1	2	3	5	10
I_C　(mA)	0									

▼ 表 6-3　$I_B = 40\ \mu A$

V_{CE} (V)	0	0.1	0.2	0.3	0.5	1	2	3	5	10
I_C　(mA)	0									

▼ 表 6-4　$I_B = 60\ \mu A$

V_{CE} (V)	0	0.1	0.2	0.3	0.5	1	2	3	5	10
I_C　(mA)	0									

工作六：繪製電晶體的輸出特性曲線

1. 仿照圖 6-8 的形式，利用表 6-1 至表 6-4 之資料，將電晶體之集極特性曲線繪於圖 6-16 中。

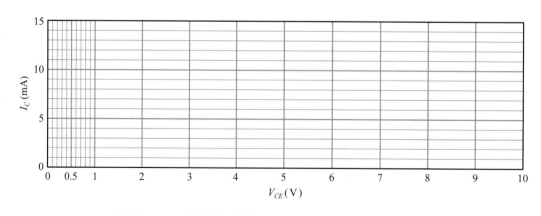

▲ 圖 6-16　電晶體 (編號＿＿＿＿＿＿) 之輸出特性曲線

四、習題

1. 電晶體的 I_E、I_B、I_C 三者之關係為何？

2. 電晶體的 α 與 β 各代表何意義？其相互間之關係如何？

3. 電晶體的 I_B 與 I_C，哪一個電流控制另一個電流？

4. 某電晶體之編號為 2SC1815，試問此電晶體為 PNP 或 NPN？是高頻還是低頻用電晶體？

5. I_B 和 I_C 何者較大？若某電晶體之 $\beta = 50$，則當 $I_C = 25\text{mA}$ 時，$I_B = ?$

6. 電晶體的電路符號中，箭頭有何意義？

※五、相關資料補充：常用電晶體之規格

編號	規格				備註
	V_{cbo}	$I_{C\,(max)}$	$P_{C\,(max)}$	$\beta\,(h_{FE})$	
2SA495	50V	150mA	400mW	70～240	PNP
2SA684	60V	1A	1W	85～340	PNP
2SA733	60V	100mA	250mW	90～600	PNP
2SA1015	60V	150mA	400mW	70～240	PNP
2SC945	60V	100mA	250mW	130～400	NPN
2SC1030	150V	6A	50W	35～200	NPN
2SC1060	50V	3A	25W	35～320	NPN
2SC1384	60V	1A	1W	85～340	NPN
2SC1815	60V	150mA	400mW	70～240	NPN
2SD313	60V	3A	30W	40～320	NPN
2N2955	100V	15A	115W	20～70	PNP
2N3053	60V	700mA	1W	50～250	NPN
2N3055	100V	15A	115W	20～70	NPN
2N3569	80V	500mA	800mW	100～300	NPN
2N4355	80V	500mA	800mW	100～300	PNP

共射極放大電路實驗

一、實習目的

(1) 瞭解電晶體共射極放大電路之基本特性。

(2) 對電晶體之「工作點」有初步的認識。

(3) 探討工作點對放大電路之影響。

二、相關知識

電晶體的基本放大電路共有三種型式：

(1) 共射極放大電路 ————— common emitter，簡稱為 CE 放大器，亦稱為射極接地式放大器或共射極放大器。

(2) 共集極放大電路 ————— common collector，簡稱為 CC 放大器，亦稱為共集極放大器、集極接地式放大器或射極隨耦器。

(3) 共基極放大電路 ————— common base 簡稱為 CB 放大器，亦稱為基極接地式放大器或共基極放大器。

今天，就讓我們先學習三種基本放大電路中用途最廣的「共射極放大電路」。

1. 共射極放大電路之基本特性

共射極放大器之基本電路如圖 7-1 所示。V_{BB} 與 R_B 是用來供給電晶體 *B-E* 極間之順向偏壓，而提供一個適當的 I_B。圖中的接地符號 ⏚ 是表示「公共點」之意，並不是要實際拉一條線去接地。

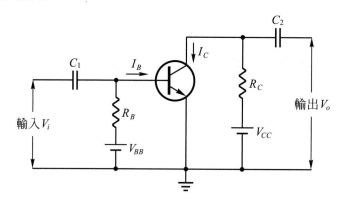

▲ 圖 7-1　共射極放大器之基本電路

在實際的電路中，為了經濟起見，多令 $V_{BB} = V_{CC}$，而只使用一組電源 V_{CC}，圖7-2(a)就是一個典型的例子，I_B 經過 R_B 而由 V_{CC} 供應。

為了讓讀者們容易了解以下的電路分析，我們先介紹兩個名詞：

(1) 偏壓(bias)——所謂偏壓就是使電晶體流過適當的直流電流。

(2) 輸入信號(input signal)——輸入信號泛指輸入放大電路的任何電壓或電流，但通常「信號」一詞都是指「交流電壓」而言。

現在我們一起來看看輸入交流信號 V_i 時，共射極放大器之工作情形：

(1) 輸入信號 $V_i = 0$ 時，工作情形如圖 7-2(a)所示，流入電晶體基極的電流只有虛線所示之 I_B。此時 $V_{CE} = V_{CC} - I_C R_C$，既有 I_B 即有 I_C，故 V_{CE} 介於 V_{CC} 與 0 之間。

(2) 當正半週輸入時，工作情形如圖 7-2(b)所示，流入電晶體基極的電流為 R_B 所供應之 I_B 與輸入信號 V_i 所供應的 I_b 之「和」。此時 I_C 增大，故 V_{CE} 下降 $(V_{CE} \downarrow = V_{CC} - I_C \uparrow R_C)$。

(3) 負半週輸入時，工作情形如圖 7-2(c)所示，流入電晶體基極的電流為 I_B 與 I_b 之「差」$(I_B - I_b)$，此時 I_C 減少，故 V_{CE} 上升。$(V_{CE} \uparrow = V_{CC} - I_C \downarrow R_L)$。

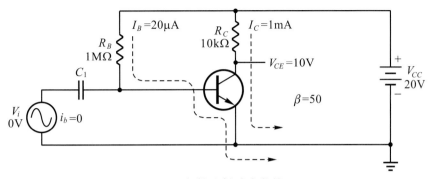

(a) 無輸入信號之狀態

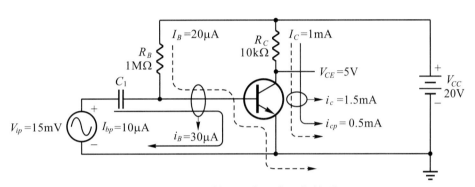

(b) 輸入正半週之工作情形

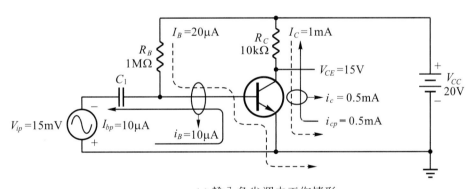

(c) 輸入負半週之工作情形

▲ 圖 7-2 共射極放大器之分析

(4) 各極之波形如圖 7-3 所示。V_{CE} 的變動量 ΔV_{CE} 就是輸出電壓 V_o。

(5) 注意！共射極放大器中，輸出電壓與輸入電壓相差 180 度。

(6) 由圖 7-1 及圖 7-2 皆可看出信號是由基極輸入，由集極輸出，而射極為輸入與輸出所共用，這就是「共射極放大器」名稱的由來。

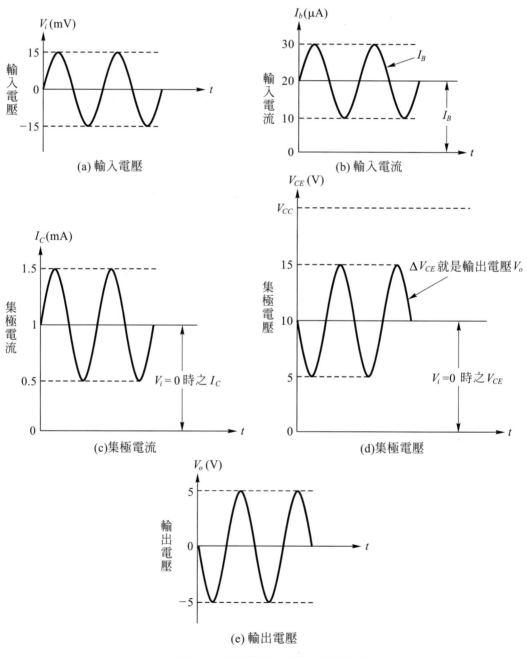

▲ 圖 7-3　共射極放大器之各極波形

(7) 負載電阻器 R_C 之大小會影響放大器的增益 (增益 $= \dfrac{\text{輸出}}{\text{輸入}}$)。一般的情形為：

(a) R_C 的值愈大則電壓增益 A_V 愈大。

(b) R_C 的值愈小則電流增益 A_i 愈大，而以 β 為極限。

(c) R_C 為某中間值時，功率增益 A_P 最大。

(8) 圖中的電容器 C_1 及 C_2 稱為交連電容器或耦合電容器，C_1 用來阻止 I_B 流入信號源 V_i 中，而且信號源若含有直流成份，C_1 也能阻隔信號源的直流成份流入基極，以免影響電晶體電路的偏壓。C_2 用來阻隔 V_{CE} 的直流成份，只讓交流成份傳送至輸出端而成為 V_o。

2. 利用圖解法分析共射極放大器

2-1 電晶體直流負載線的觀念

繪製直流負載線以作圖解分析之步驟如下：

(1) 直流負載線係用以表示一個電路中的輸出電流與輸出電壓的關係。在共射極放大器中為

$$V_{CE} + I_C R_C = V_{CC}$$

由於一個電路中之 V_{CC} 及 R_C 皆為固定值，只有 I_C 與 V_{CE} 為變數，故此方程式為二元一次之直線方程式。

(2) 利用下述方法可定出直線的兩個端點：

① 令 $V_{CE} = 0$，則 $I_C = \dfrac{V_{CC}}{R_C}$ .... (第 1 點)

② 令 $I_C = 0$，則 $V_{CE} = V_{CC}$ .... (第 2 點)

(3) 將上述兩點分別標示在 $V_{CE} - I_C$ 特性曲線上。然後連接這兩點，所得之直線即為直流負載線 (DC load line)。

(4) 從電路中找出 I_B 值。然後在圖上找出對應於此 I_B 值之特性曲線，這條特性曲線與直流負載線的交點稱為「工作點」(quiescent operating point)，又稱工作點為 Q 點，在圖中以 Q 標示之。

例題 7-1

試繪出圖 7-2 之直流負載線,並標出 Q 點。

解 (1) 茲將圖 7-2 重繪於圖 7-4(a)以方便讀者研讀。

(2) 根據上述步驟繪直流負載線:

(a) 先令 $V_{CE} = 0$,則

$$I_C = \frac{V_{CC}}{R_C} = \frac{20\text{V}}{10\text{k}\Omega} = 2\text{mA}$$

2mA 即為圖 7-4(a)中所可能通過的最大集極電流。

(b) 再令 $I_C = 0$,則 $V_{CE} = V_{CC} = 20\text{V}$

20V 即為圖 7-4(a)中所可能達到的最大 V_{CE} 值。

(c) 在 $V_{CE} - I_C$ 特性曲線圖中標出上述兩點,並將兩點連成一條線,即得直流負載線,如圖 7-4(b)所示。

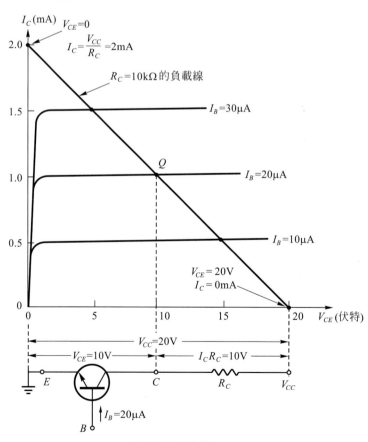

(a)

▲ 圖 7-4

(b) 負載線和工作點

▲ 圖 7-4 繪製共射極放大器的直流負載線(續)

(3) 由於 $I_B = \dfrac{V_{CC}}{R_B} = \dfrac{20\text{V}}{1\text{M}\Omega} = 20\,\mu\text{A}$，故於 $I_B = 20\,\mu\text{A}$ 的特性曲線與直流負載線的交點標上 Q，此點即為工作點。

(4) 從 Q 點作垂直線，即可得知目前的 $V_{CE} = 10$ 伏特。從 Q 點作水平線，可得知 $I_C = 1\text{mA}$。因此圖 7-4 的工作點為 $V_{CE} = 10\text{ V}$，$I_C = 1\text{mA}$。

2-2 利用圖形分析輸入信號時之工作情形

圖 7-2 中，輸入電壓 V_i 能夠產生 $20\mu A_{P-P}$ 的輸入電流，我們以此為例說明圖解分析法。

(1) 我們可將輸入電流繪於圖 7-4 中，而成為圖 7-5 之狀態。

(2) 由圖 7-5 我們可以看出流入基極的電流會隨輸入電流而在 $10\mu A \sim 30\mu A$ 間變動，亦即在負載線上的 $A \sim B$ 兩點間變動。

(3) 於 A 點與 B 點分別繪一條垂直線，可以得知 V_{CE} 在 $5 \sim 15$ 伏特之間變動。亦即輸出電壓的峰對峰值為 $15\text{V} - 5\text{V} = 10\text{V}$。

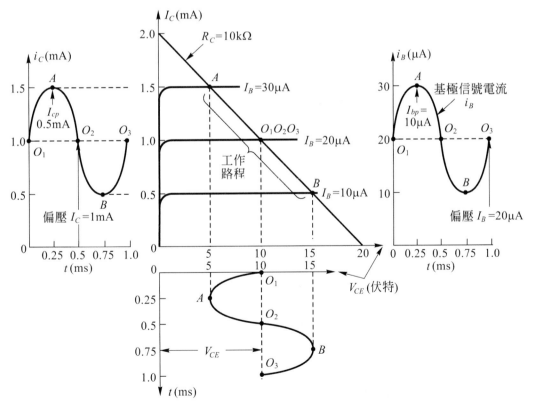

▲ 圖 7-5　共射極電路中信號電壓及電流的圖形分析

(4) 於 A 點與 B 點分別繪一條水平線，可以得知 I_C 在 1.5～0.5mA 之間變動。亦即輸出電流的峰對峰值為 1.5mA − 0.5mA = 1mA 。

(5) 由圖 7-5 可得知輸入電流的峰對峰值為 30μA − 10μA = 20μA，輸出電流的峰對峰值為 1.5mA − 0.5mA = 1mA，所以此電路之電流增益

$$A_i = \frac{1\text{mA}}{20\mu\text{A}} = 50(倍)$$

(6) 於圖 7-2 中 $V_{iP-P} = 30\text{mV}$，而圖 7-5 中 $V_{OP-P} = 10\text{V}$，故電壓增益

$$A_v = \frac{10\text{V}}{30\text{mV}} = 333(倍)$$

(7) 功率增益 $A_P = A_i \times A_v$，故

$$A_P = 50 \times 333 = 16650 \quad (倍)$$

(8) 由以上分析可知共射極放大器不但有不小的電壓增益與電流增益，而且有甚大的功率增益。

(9) 註：圖 7-5 中之時間軸 t 係以輸入信號等於 1kHz 為例說明。

3. Q 點對放大電路的影響

在設計上，Q 點是視輸入信號強度 i_B 之大小而定，如圖7-6所示。由圖7-6得知：

(1) 在輸入信號較強之電路，Q 點必需定在負載線的正中央 (亦即 $V_{CE} = \frac{1}{2}V_{CC}$)，如圖 7-6(a)所示。

(2) 若輸入信號較微弱，則 Q 點可定在較偏上方 (如圖 7-6(b)) 或較偏下方 (如圖 7-6(c)) 的地方。

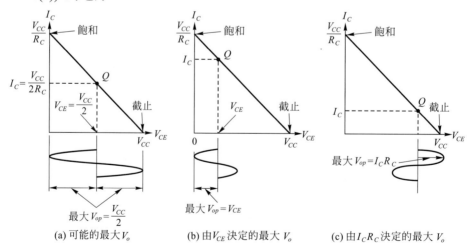

▲ 圖 7-6　工作點 Q 決定最大輸出電壓 V_o。

註：圖中的 V_{op} 表示輸出電壓 V_o 的最大值

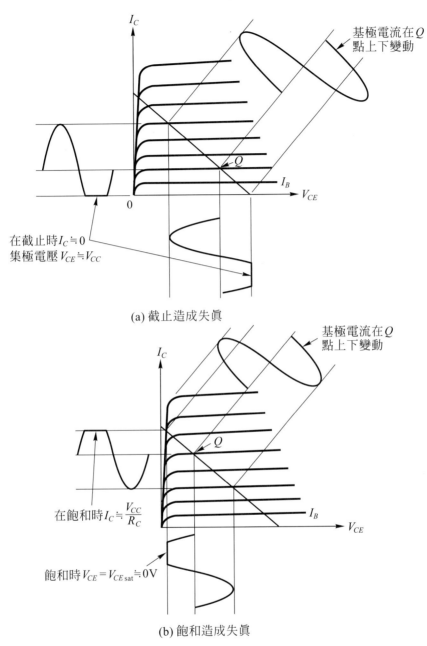

(a) 截止造成失真

(b) 飽和造成失真

▲ 圖 7-7　Q 點不在負載線的正中央，造成輸出之失真

(3) 若 Q 點不設計在負載線的正中央，則當輸入信號較強時，輸出波形會產生圖 7-7(a) 或(b)所示之失真；此種失真，波峰會被削平。

(4) 若輸入信號極大，則雖然 Q 點設計在負載線的正中央，也會產生上下波峰皆被削平的失真，如圖 7-8 所示。欲消除圖 7-8 這種失真，唯一的辦法就是使用電壓較高的 V_{CC} 電源。

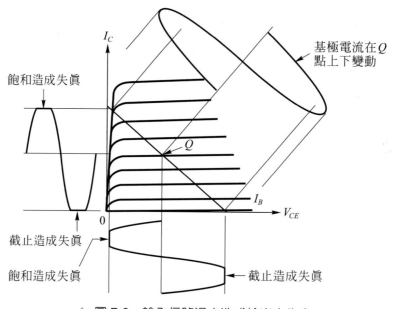

▲ 圖 7-8　輸入信號過大造成輸出之失真

三、實習項目

工作一：共射極放大電路實驗

1. 接妥圖 7-9 之電路。圖中的符號 ⏚ 是表示公共點，必須用一條導線將各 ⏚ 點連接起來，使之相通，請參考圖 7-10。電晶體可使用 2SC1815 或 2SC1384 等 NPN 電晶體。

2. V_{CC} = DC 6 V。

3. 以三用電表 DCV 測量 V_{CC}，V_{CC} = _____ 伏特。

4. 以三用電表 DCV 測量電晶體的集極對地電壓 V_{CE}，並調整 VR 使 $V_{CE} = \frac{1}{2} V_{CC}$。

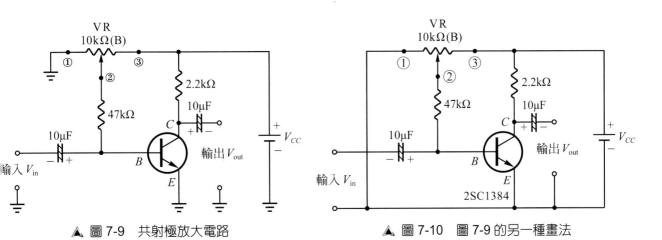

▲ 圖 7-9　共射極放大電路　　　　　▲ 圖 7-10　圖 7-9 的另一種畫法

5. 以三用電表 DCV 測得電晶體的基極對射極電壓 V_{BE} = ＿＿＿＿＿伏特。

是順向或逆向電壓？　答：＿＿＿＿

6. 以三用電表 DCV 測得電晶體的基極對集極電壓 V_{BC} = ＿＿＿＿＿伏特。

是順向或逆向電壓？　答：＿＿＿＿

7. 示波器 (選擇開關置於 AC 的位置) 接到「輸出端」測量輸出電壓 V_{out}。

信號產生器接至「輸入端」做為 V_{in}。如圖 7-11 所示。

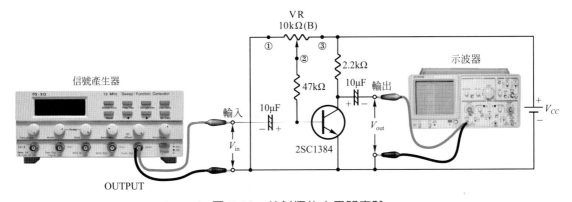

▲ 圖 7-11　共射極放大電路實驗

8. 信號產生器調於 1kHz 正弦波，然後調整信號產生器之輸出電壓，使示波器顯示不失真之最大正弦波，此時 V_{out} 的峰對峰值 = ＿＿＿＿V。

9. 以示波器測得輸入電壓 V_{in} 的峰對峰值 = ＿＿＿＿＿mV。

10. 電壓增益 $A_v = \dfrac{V_{out}}{V_{in}}$ = ＿＿＿＿ = ＿＿＿＿＿。

11. 請用雙軌跡示波器如圖 7-12 所示，同時觀測輸入電壓 V_{in} 及輸出電壓 V_{out} 之波形，以了解其相位關係。V_{out} 與 V_{in} 同相或反相？　答：_____

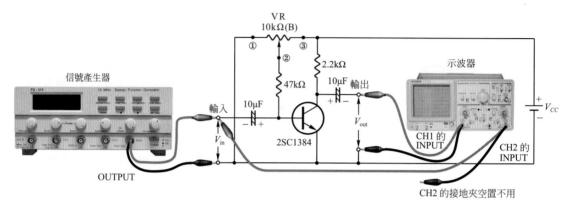

▲ 圖 7-12　觀測 V_{in} 與 V_{out} 的相位關係

註：示波器 CH2 的黑色接地夾空置不用。

12. 把信號產生器之輸出電壓增大，對輸出波形有何影響？　答：_____

13. 調信號產生器使示波器顯示不失真之最大正弦波，然後調 VR 改變工作點，觀察對輸出波形之影響。

　　工作點改變後，輸出波形 V_{out} 是否失真？　答：_____

四、習題

1. 電晶體共射極放大器中，哪一極為輸入與輸出所共有？哪一極為輸入？哪一極為輸出？

2. 共射極放大器的輸出電壓與輸入電壓的相位關係如何？

3. 若共射極放大器之輸出波形產生波峰被削平之失真，試述可能之原因。

4. 欲得不失真之最大輸出電壓，Q 點應設於負載線的何處？此時 V_{CE} 與 V_{CC} 有何關係？

5. 本實習中，信號產生器之輸出頻率為測試電晶體放大器之標準頻率。此頻率等於多少？

6. 電晶體的基本放大電路有哪三種型式？

7. 在圖 7-13(b)中繪一條 $R_C = 3\,\text{k}\Omega$ 之負載線，且工作點定於 $I_B = 150\mu\text{A}$ 處。若輸入之正弦波信號使 $i_b = 100\mu A_{P-P}$，則 I_C 與 V_{CE} 之變化為多少？

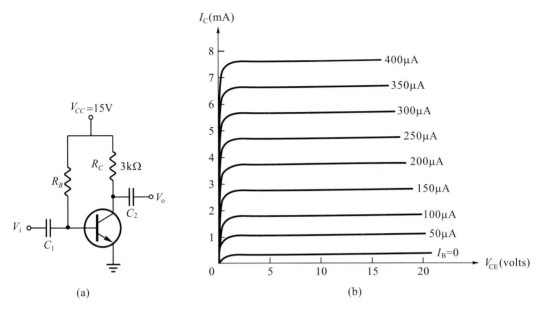

▲ 圖 7-13　共射極放大電路實驗

五、相關知識補充—電晶體的規格說明

　　欲應用電晶體裝配電路或設計電路，一定要對電晶體的規格有所了解才行。於此說明有關電晶體之規格，為下個實習作準備，讀者們務必利用作完實習的時間研讀之。 (若時間許可，請任課老師逐項說明之)。

1.　最大額定值

　　所謂最大額定值(maximun ratings；absolute-maximun values)，就是電晶體在使用時不得超過的限定值。假如超過此一界限，電晶體將會受損而無法正常工作。

　　電晶體規格表內的最大額定值包含下列數項 (皆以週圍溫度 25℃為準) ：

(1)　V_{CBO}——表示當射極開路時(open)，集極與基極間所能承受之最大逆向電壓。

(2) V_{CEO} ——表示基極開路時，集極與射極間所能承受之最大電壓。在應用電晶體時 V_{CEO} 比 V_{CBO} 有用，歐、美之規格表多有列出，但日本製電晶體之規格表則無列出此項規格。

(3) $I_{C\max}$ ——當電晶體的基—射極被加上順向偏壓時，所允許通過之最大集極電流。(當 I_C 稍為大於 $I_{C\max}$ 時，雖然電晶體不一定會立即損壞，但特性會惡化而無法有令人滿意的動作，故宜避免之)。

(4) $P_{C\max}$ ——最大集極功率損耗。 (註：有的規格表是用 P_D 表示最大集極功率損耗。)

(a) 小功率電晶體：$P_{C\max}$ 是指周圍溫度 $25°C$ $(T_a = 25°C)$ 時，電晶體可承受之最大集極消耗功率 $(P_C = V_{CE} \times I_C)$。若使用中讓 $V_{CE} \times I_C > P_{C\max}$，則電晶體將因溫升過高而損壞。

我們可將 $P_{C\max}$ 標在 $V_{CE} - I_C$ 特性曲線上，如圖 7-14 中之虛線所示。設計電路時負載線絕對不可超過 $P_{C\max}$ 的範圍，圖 7-14 的 $P_{C\max} = 150mW$。

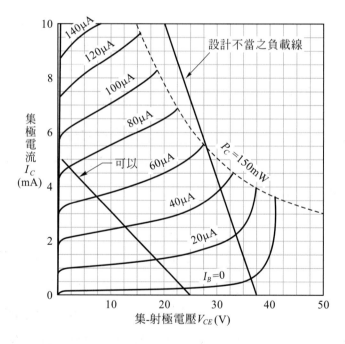

▲ 圖 7-14　虛線為 $P_{C\max} = 150mW$ 之損耗線

(b) 大功率電晶體及中功率電晶體：$P_{C\max}$ 是指在周圍溫度 25℃ 且裝上無限大的
散熱片時所允許之功率消耗。

〔例〕：在規格表中查得
2SC793 的 規 格 為
$P_{C\max} = 60\text{W}$ ($T_C = 25$℃)。
但進一步由廠商提供的詳
細資料如圖 7-15 所示，由
圖 7-15 可以得知不加散熱
片的話它只能承受 5W 的
功率損耗，所加的散熱片愈
大則所能承受之功率損耗
愈大。

功率電晶體必需加上散熱
片（多為鋁質）幫忙散
熱，是使用功率電晶體的最
基本知識。

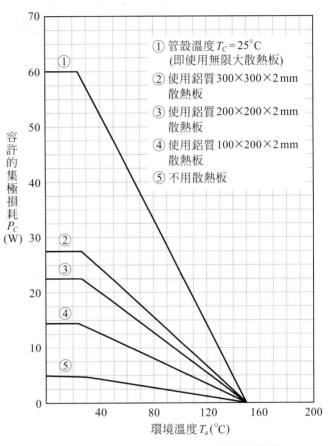

▲ 圖 7-15　2SC793 所允許之集極損耗

(5)　T_j —— 表示電晶體在工作中接合面所能承受之最高溫度。鍺電晶體的 T_j 多為
75℃～100℃，矽電晶體的 T_j 則多為 125℃～200℃，故在耐熱上矽電晶體優於
鍺電晶體。

2. 電氣特性

電氣特性 (亦指周圍溫度 25℃ 的時候) 包含下列各項：

(1) I_{CBO} —— 射極開路時，集極與基極間之逆向漏電電流。矽電晶體極小，鍺電晶體則較大，I_{CBO} 愈小愈好。

(2) h_{FE} —— 直流放大率。$h_{FE} = \dfrac{I_C}{I_B}$，雖然電晶體在放大交流信號時之交流放大率 $h_{fe} = \dfrac{\Delta I_C}{\Delta I_B}$ 與 h_{FE} 略有不同，但極相近，故一般電路中皆以 β 概括 h_{fe} 與 h_{FE}，以簡化運算。

在規格表中所查得之 h_{FE} 只是一個「典型值」實際上 h_{FE} 值會隨溫度及 I_C 而變，圖 7-16 即為一典型之例子。而且，同一編號的不同個電晶體，其 h_{FE} 值可能相差不只 2 倍。

(3) f_a —— 截止頻率 (cut off frequency)。電晶體工作於高頻時放大率會下降，f_a 的意義是指 α 值降至頻率 1kHz 時 α 值的 0.707 倍之頻率，見圖 7-17。

   註：最近也有廠商以 f_T 表示電晶體之高頻能力。f_T 稱為增益帶寬積，f_T 是 h_{fe} 降至 1 時之頻率。f_T 之所以被稱為增益帶寬積是因為高頻時 $f_T = \beta f_\alpha = h_{fe} f_\alpha$。

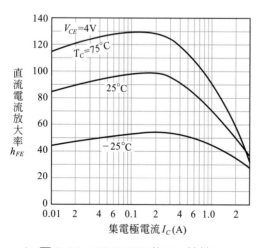

▲ 圖 7-16 2SC1060 的 h_{FE} 特性

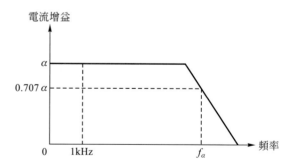

▲ 圖 7-17 高頻時電流增益會下降

實習八

電晶體共射極偏壓電路之設計

一、實習目的

(1) 瞭解不同偏壓方法之優劣。

(2) 使讀者具有分析電路中各點電壓之能力，以方便於檢修電晶體電路。

(3) 培養讀者自行設計電路之能力。

二、相關知識

1. 常用偏壓電路之直流分析

分析電晶體電路有一個要領──由電晶體的輸入端迴路先下手，因為 V_{BE} 是一個固定電壓值，矽電晶體的 $V_{BE} \doteqdot 0.7\mathrm{V}$，鍺電晶體的 $V_{BE} \doteqdot 0.3\mathrm{V}$（最好牢記 V_{BE} 值）。

1-1 固定偏壓電路

1-1-1 電路分析

固定偏壓電路如圖 8-1 所示，是用一高電阻值之 R_B 串聯於基極與電源 V_{CC} 之間，由 V_{CC} 供應一個「固定的 I_B」給電晶體。

固定偏壓電路之基極電流完全由 R_B 決定，茲分析如下：

(1) $I_B = \dfrac{V_{CC} - V_{BE}}{R_B}$

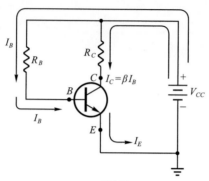

(a) 電路圖

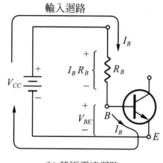

(b) 基極電流迴路

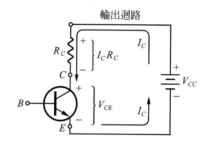

(c) 集極電流迴路

▲ 圖 8-1　固定偏壓電路之直流分析

(2)　若 $V_{CC} >> V_{BE}$ 則 $I_B \doteqdot \dfrac{V_{CC}}{R_B}$

(3)　$I_C = \beta I_B$

(4)　$V_{CE} = V_{CC} - I_C R_C$

(5)　$I_E = I_B + I_C \doteqdot I_C$

例題 8-1

若圖 8-1 中，$V_{CC} = 20\text{V}$，$R_C = 10\text{k}\Omega$，$R_B = 1\text{M}\Omega$，$\beta = 50$，則 $I_C = ?$　　$V_{CE} = ?$

解　① $I_B \doteqdot \dfrac{V_{CC}}{R_B} = \dfrac{20\text{V}}{1\text{M}\Omega} = 20\mu\text{A}$

② $I_C = \beta I_B = 20\mu\text{A} \times 50 = 1\text{mA}$

③ $V_{CE} = V_{CC} - I_C R_C = 20\text{V} - 1\text{mA} \times 10\text{k}\Omega = 20\text{V} - 10\text{V} = 10\text{V}$

④ 由於本題之工作點 $V_{CE} = 10\text{V}$，$I_C = 1\text{mA}$ 位於負載線的中央 (請參考圖 7-5)，故能良好工作。

1-1-2　固定偏壓電路的缺點

固定偏壓電路如處於【例題 8-1】所述之工作點，則這個電路的工作情形將非常良好。但是，若使用不同一個電晶體 (雖然所用電晶體是同一編號，也是同一廠商所生產的，但每個電晶體之 β 值卻不一定相同)，則因 β 之差異，整個電路的工作情形將跟著改觀。無法以同一個 R_B 值做大量的生產，是此種電路的最大缺點。

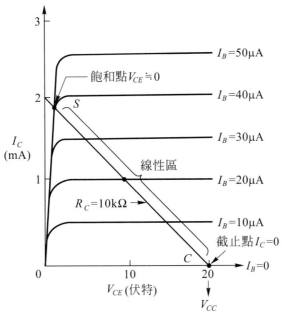

▲ 圖 8-2　負載線上的飽和點與截止點

(S：saturation：飽和)

(C：cut off：截止)

例題 8-2

假如電路零件與【例題 8-1】相同，$V_{CC} = 20\text{V}$ ，$R_C = 10\text{k}\Omega$ ，$R_B = 1\text{M}\Omega$ ，但所用的電晶體 $\beta = 100$ ，則結果如何？

解　① 由於 V_{CC} 與 R_B 完全一樣，故 I_B 仍然與【例題 8-1】一樣是 20μA 。

② $I_C = \beta I_B = 20\mu\text{A} \times 100 = 2\text{mA}$

③ $V_{CE} = V_{CC} - I_C R_C = 20\text{V} - 2\text{mA} \times 10\text{k}\Omega = 20\text{V} - 20\text{V} = 0\text{V}$

④ 電晶體的工作點因 β 之不同而變成 $V_{CE} = 0\text{V}$ ， $I_C = 2\text{mA}$ ，由圖 7-5 可以發現這一點是負載線的末端 (稱為飽和點，參考圖 8-2，飽和就是 I_C 再也無法增大的意思。) 假如輸入信號為一正弦波，則利用圖 7-5 之圖解法可知輸出電壓只剩半波。

⑤ 由以上之討論，可知所用電晶體之 β 值一旦不同，電路將無法良好的工作，這是固定偏壓電路的缺憾。

例題 8-3

若 $V_{CC} = 20\text{V}$ ， $R_C = 10\text{k}\Omega$ ， $\beta = 100$ ，與【例題 8-2】完全一樣，但 R_B 改用 $2\text{M}\Omega$ 則結果如何？

解 ① $I_B \doteqdot \dfrac{V_{CC}}{R_B} = \dfrac{20\text{V}}{2\text{M}\Omega} = 10\mu\text{A}$

② $I_C = \beta I_B = 10\mu\text{A} \times 100 = 1\text{mA}$

③ $V_{CE} = V_{CC} - I_C R_C = 20\text{V} - 1\text{mA} \times 10\text{k}\Omega = 20\text{V} - 10\text{V} = 10\text{V}$

④ 工作點為 $V_{CE} = 10\text{V}$ ， $I_C = 1\text{mA}$ ，顯然與【例題 8-1】一樣，可良好工作。

⑤ 由上述三個例子，我們得知像圖 8-1(a) 這種電路，欲得良好的工作，則需隨 β 值之不同而適當的改變 R_B 值，這在工廠大量生產的場合，將是一件很麻煩的事，所以圖 8-1(a)所示之固定偏壓電路較少被採用。

1-2 集極回授式偏壓電路

1-2-1 電路分析

集極回授式偏壓電路如圖 8-3 所示。與圖 8-1(a)有點相似，但是基極電阻 R_B 不再接至 V_{CC} ，而是接到集極。 R_B 接至集極，可以利用負回授使工作點較穩定。

茲將圖 8-3 分析如下：

(1) $\because V_{CC} = (I_C + I_B)R_C + I_B R_B + V_{BE} = (\beta+1)I_B R_C + I_B R_B + V_{BE}$

$\therefore I_B = \dfrac{V_{CC} - V_{BE}}{(\beta+1)R_C + R_B}$

(2) 通常 $\beta >> 1$，且 $V_{CC} >> V_{BE}$ 所以上式可簡化為：

$$I_B \doteqdot \frac{V_{CC}}{\beta R_C + R_B}$$

(3) $I_C = \beta I_B$

(4) $V_{CE} = V_{CC} - (I_C + I_B)R_C$

因　$I_C >> I_B$

故　$V_{CE} = V_{CC} - I_C R_C$

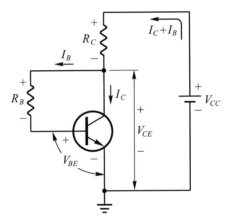

▲ 圖 8-3　集極回授式偏壓電路之直流分析

例題 8-4

若圖 8-3 中，$V_{CC} = 20\text{V}$，$R_C = 10\text{k}\Omega$，$R_B = 500\text{k}\Omega$，$\beta = 50$，則 $I_C = $ ？　$V_{CE} = $ ？

解 ① $I_B \doteqdot \dfrac{V_{CC}}{\beta R_C + R_B} = \dfrac{20\text{V}}{10\text{k}\Omega \times 50 + 500\text{k}\Omega} = \dfrac{20\text{V}}{1\text{M}\Omega} = 20\mu\text{A}$

② $I_C = \beta I_B = 20\mu\text{A} \times 50 = 1\text{mA}$

③ $V_{CE} = V_{CC} - I_C R_C = 20\text{V} - 1\text{mA} \times 10\text{k}\Omega = 20\text{V} - 10\text{V} = 10\text{V}$

1-2-2　集極回授式偏壓電路的優點

圖 8-3 的集極回授式偏壓電路與圖 8-1 的固定偏壓電路相比，到底有何優點呢？讓我們以實例來說明吧。

例題 8-5

若圖 8-3 中 $V_{CC} = 20\text{V}$ ，$R_C = 10\text{k}\Omega$ ，$R_B = 500\text{k}\Omega$ ，但所用電晶體之 $\beta = 100$ ，則結果如何？

解 ① $I_B \doteqdot \dfrac{V_{CC}}{\beta R_C + R_B} = \dfrac{20\text{V}}{10\text{k}\Omega \times 100 + 500\text{k}\Omega} = \dfrac{20\text{V}}{1.5\text{M}\Omega} = 13.3\mu\text{A}$

② $I_C = \beta I_B = 13.3\mu\text{A} \times 100 = 1.33\text{mA}$

③ $V_{CE} = V_{CC} - I_C R_C = 20\text{V} - 1.33\text{mA} \times 10\text{k}\Omega = 20\text{V} - 13.3\text{V} = 6.7\text{V}$

④ 工作點 $V_{CE} = 6.7\text{V}$ ，$I_C = 1.33\ \text{mA}$ ，與上例比較，顯然工作點並未作太大的變動，工作點還是處於負載線的線性區，而能很正常的工作。

⑤ 比較【例題 8-2】與【例題 8-5】之結果，顯然圖 8-3 比圖 8-1 之工作點穩定多了。

⑥ 為何將 R_B 接於電晶體的集極，工作點因 β 的差異而產生的偏移就會大為減輕呢？比較【例題 8-4】與【例題 8-5】可知：當 $\beta = 50$ 時 $I_B = 20\mu\text{A}$ ，$\beta = 100$ 時 I_B 卻自動下降而成為 $13.3\mu\text{A}$ ，就是這種自動調整的作用使電路的穩定性大為改善。

1-3 分壓偏壓電路

分壓偏壓電路如圖 8-4 所示。這種電路在設計好後，工作點即被鎖定 (固定)，幾乎不會因 β 值之差異產生偏移，因此穩定性非常良好。

茲將分壓偏壓電路分析如下：

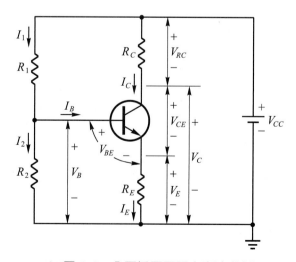

▲ 圖 8-4　分壓偏壓電路之直流分析

(1) $I_1 = I_2 + I_B$，但正常的電路 $I_2 \gg I_B$，因此 I_B 可以忽略不計而認定為 $I_1 = I_2$。

(2) $V_B = V_{CC} \times \dfrac{R_2}{R_1 + R_2}$

(3) $V_E = V_B - V_{BE}$

(4) $I_E = \dfrac{V_E}{R_E}$

(5) $\because I_C = I_E - I_B \fallingdotseq I_E$

$\therefore I_C = \dfrac{V_E}{R_E}$ → 注意！I_C 被 R_E 固定住，而與 β 無關。

(6) $V_C = V_{CC} - I_C R_C$

(7) $V_{CE} = V_{CC} - I_C R_C - I_E R_E \fallingdotseq V_{CC} - I_C(R_C + R_E)$

在上述分析中，一直都沒有出現 "β"，工作點既然與 β 無關，穩定性當然非常良好。

由於分壓偏壓電路之穩定性極為卓越，幾乎已成為偏壓電路的標準型式。

例題 8-6

若圖 8-4 中，$V_{CC} = 12V$，$R_1 = 47k\Omega$，$R_2 = 10k\Omega$，$R_c = 4.7k\Omega$，$R_E = 1k\Omega$，則矽電晶體的 B、E、C 三極對地電壓各為多少？

解 ① $V_B = V_{CC} \times \dfrac{R_2}{R_1 + R_2} = 12V \times \dfrac{10k\Omega}{47k\Omega + 10k\Omega} = 2.1V$ .... 此即基極電壓

② $V_E = V_B - V_{BE} = 2.1V - 0.7V = 1.4V$ .... 此即射極電壓

③ $I_E = \dfrac{V_E}{R_E} = \dfrac{1.4V}{1k\Omega} = 1.4mA$

④ $I_C \fallingdotseq I_E = 1.4mA$

⑤ $V_C = V_{CC} - I_C R_C = 12V - 1.4mA \times 4.7k\Omega = 12V - 6.6V = 5.4V$ .... 此即集極電壓

2. 常用偏壓電路之簡易設計

2-0 設計電路之前應有的認識

設計偏壓電路的最終目的，是要獲得一個動作令人滿意的放大電路。在某些教科書上是使用完整而嚴密的數學公式分析或設計電路，但是在嚴密的計算過程中卻使用了不少的

假設值，以致於計算到最後還是無法在電子材料行買到那麼理想化的東西來達成與電路完全相符的特性。因此一些電路設計人員就利用經驗數據將公式簡化而使求得零件值變的容易，這就是所謂近似解法。本著實用的原則，在這個實習中要介紹給各位讀者的，就是這種簡易實用的近似設計法。

應用近似設計法設計放大電路，有一些基本知識是你必需先知道的：

(1)　V_{CC} ── V_{CC} 通常以採用 6~20V 為原則。特殊情形 (例如袖診型收音機) 才使用低於 6V 之電源。若信號極大則 V_{CC} 可能提高至 30V，但不超過電晶體的 V_{CEO} 才可以。

(2)　I_C ── 一般放大電路 (功率放大及其推動級除外) 之集極電流 I_C 以採用 $I_C = 0.5 \sim 2mA$ 最恰當。I_C 若過小，電晶體的 β 會減小，I_C 若太大則徒然消耗電力。

(3)　R_C ── 集極電阻 R_C 必需符合兩大條件：

①　盡可能大，但最好不要大於 10kΩ 。

②　不得令 I_C 小於 0.5mA

(4)　V_{CE} ── 集極對射極之電壓。以不低於 1V 為原則。

(5)　電阻值一定要採用市面上容易購得之標準電阻值，詳見第 4-26 頁的表 4-6。

(6)　設計中若要用到 β，則採用規格表上之典型值。

2-1 固定偏壓電路設計

參考圖 8-1，設計步驟如下：

(1)　先決定電源電壓 V_{CC} 之大小。

(2)　決定 V_{CE} 值。

$$V_{CE} \doteqdot \frac{1}{2} V_{CC}$$

(3)　採用適當的 R_C 值。

(4)　計算 I_C 的大小。

$$I_C = \frac{V_{CC} - V_{CE}}{R_C}$$

(5)　$I_B = \dfrac{I_C}{\beta}$

(6)　$R_B = \dfrac{V_{CC} - V_{BE}}{I_B}$

若 $V_{CC} \gg V_{BE}$　則 $R_B \doteqdot \dfrac{V_{CC}}{I_B}$

　　經由以上計算即可獲得一個適當的電路。但由於固定偏壓電路的工作點甚易因 β 值之差異而產生大量的偏移，故若是基於經濟原則而不得不採用零件較少的偏壓電路，還是以採用集極回授式偏壓電路較佳。

　　電晶體的 β 值之所以會有差異是因為：

(1) 同一編號之電晶體，β 值也不一定相同。

(2) β 值會受溫度及 I_C 大小的影響，如圖 8-5 所示。

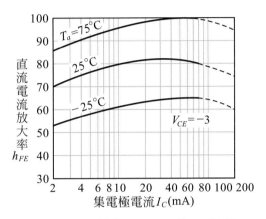

▲ 圖 8-5　日立 2SA565 的 h_{FE} 特性

📷 例題 8-7

　　今欲設計圖 8-1(a)所示之固定偏壓電路，若 V_{CC} 採用 DC 12V，而所用電晶體之 $\beta = 100$，則 $R_C = ?$　　$R_B = ?$

解 ① 　$V_{CC} = 12\text{V}$

② 　$V_{CE} = \dfrac{1}{2} V_{CC} = \dfrac{12\text{V}}{2} = 6\text{V}$

③ 　$R_{C\max} = \dfrac{V_{CC} - V_{CE}}{I_{C\min}} = \dfrac{12\text{V} - 6\text{V}}{0.5\text{mA}} = \dfrac{6\text{V}}{0.5\text{mA}} = 12\text{k}\Omega$

　　$R_{C\min} = \dfrac{V_{CC} - V_{CE}}{I_{C\max}} = \dfrac{12\text{V} - 6\text{V}}{2\text{mA}} = \dfrac{6\text{V}}{2\text{mA}} = 3\text{k}\Omega$

　　換句話說，$R_C = 3\text{k} \sim 12\text{k}\Omega$ 均可。但 R_C 不宜超出 $10\text{k}\Omega$，故宜採用 $3\text{k} \sim 10\text{k}\Omega$，現取 $R_C = 10\text{k}\Omega$。

④　$I_C = \dfrac{V_{CC} - V_{CE}}{R_C} = \dfrac{12\text{V} - 6\text{V}}{10\text{k}\Omega} = \dfrac{6\text{V}}{10\text{k}\Omega} = 0.6\text{mA}$

⑤　$I_B = \dfrac{I_C}{\beta} = \dfrac{0.6\text{mA}}{100} = 6\mu\text{A}$

⑥　$R_B \doteqdot \dfrac{V_{CC}}{I_B} = \dfrac{12\text{V}}{6\mu\text{A}} = 2\text{M}\Omega$

⑦　若 R_C 採用 5.6kΩ，則 R_B＝？請讀者們自己練習計算看看。

2-2　集極回授式偏壓電路設計

參考圖 8-3，設計步驟如下：

(1)　決定 V_{CC} 之大小。

(2)　決定 V_{CE} 值。

$$V_{CE} \doteqdot \dfrac{1}{2}V_{CC}$$

(3)　採用適當的 R_C 值。

(4)　計算 I_C 的大小。

$$I_C = \dfrac{V_{CC} - V_{CE}}{R_C}$$

(5)　$I_B = \dfrac{I_C}{\beta}$

(6)　$R_B = \dfrac{V_{CE} - V_{BE}}{I_B}$

若 $V_{CE} \gg V_{BE}$ 則 $R_B \doteqdot \dfrac{V_{CE}}{I_B}$

例題 8-8

若 $V_{CC} = 12\text{V}$，$\beta = 100$，則圖 8-3 之 R_C＝？　R_B＝？

解　①　R_C 值可如【例題 8-7】的① ～ ③步驟求得，今取 $R_C = 10\text{k}\Omega$。

②　由【例題 8-7】得知 $I_B = 6\mu\text{A}$，故 $R_B = \dfrac{V_{CE}}{I_B} = \dfrac{6\text{V}}{6\mu\text{A}} = 1\text{M}\Omega$

2-3 分壓偏壓電路設計

參考圖 8-4，設計步驟如下：

(1) 決定 V_{CC} 值。

(2) 決定 V_E 值。V_E 愈大，電路的穩定性愈佳，但會使 $V_{RC} + V_{CE}$ 的電壓值減小，所以也不能用的太大，以 0.5～2V 為宜。一般的電路採用：

$$V_E \doteqdot \frac{1}{10} V_{CC}$$

(3) 決定 R_C 值。R_C 以不超出 10kΩ 為佳。

(4) $V_{CC} - V_E$ 之電壓值由 V_{RC} 與 V_{CE} 分擔，R_C 若較大則 V_{RC} 需採用的較大，R_C 若較小則 V_{RC} 採用的較小，但無論如何 V_{RC} 不應小於 V_{CE}，可採用下式計算：

$$V_C \doteqdot (\frac{1}{2} \sim \frac{1}{3}) V_{CC}$$

(5) $I_C = \dfrac{V_{RC}}{R_C} = \dfrac{V_{CC} - V_C}{R_C}$

若所算得之 I_C 小於 0.5 mA，則需酌量減少 R_C，然後重算 I_C 值。

(6) $R_E = \dfrac{V_E}{I_E} \doteqdot \dfrac{V_E}{I_C}$

(7) R_2 採用 R_E 的 10~20 倍。R_2 愈小，則電路的穩定性愈佳。

(8) $V_B = V_E + V_{BE}$

(9) $R_1 = R_2 \times \dfrac{V_{CC} - V_B}{V_B}$

例題 8-9

若圖 8-4 之電路，$V_{CC} = 9V$，電晶體為矽電晶體 (目前電子材料行所售之電晶體多為矽電晶體)，則各電阻值為多少較適當？

解　① $V_{CC} = 9V$

② $V_E \doteqdot \dfrac{V_{CC}}{10} = 0.9V$

③ R_C 暫時取 10kΩ

④ $V_C \doteqdot V_{cc} \times (\frac{1}{2} \sim \frac{1}{3}) = 9V \times (\frac{1}{2} \sim \frac{1}{3}) = 4.5V \sim 3V$

由於 R_C 採用的較大，V_{RC} 也需較大，故 V_C 宜取小，今取 $V_C = 3V$ 。

⑤　$I_C = \dfrac{V_{CC} - V_C}{R_C} = \dfrac{9V - 3V}{10k\Omega} = \dfrac{6V}{10k\Omega} = 0.6mA$

I_C 大於 0.5mA，表示 R_C 採用 10kΩ 可以(R_C 並未過大)。

⑥　$R_E \doteqdot \dfrac{V_E}{I_C} = \dfrac{0.9V}{0.6mA} = 1.5k\Omega$

⑦　$R_2 \doteqdot R_E \times (10 \sim 20) = 1.5k\Omega \times (10 \sim 20) = 15k\Omega \sim 30k\Omega$，今取 $R_2 = 15k\Omega$ 。

⑧　$V_B = V_E + V_{BE} = 0.9V + 0.7V = 1.6V$

⑨　$R_1 = R_2 \times \dfrac{V_{CC} - V_B}{V_B} = 15k\Omega \times \dfrac{9V - 1.6V}{1.6V} = 15k\Omega \times 4.6 = 69k\Omega$

⑩　若採用 $V_C = 4.5V$，而 $R_C = 4.7k\Omega$，則各電阻值應為多少？讀者們練習計算看看。

(建議：請任課老師暫停數分鐘，讓學生們練習計算，以加深印象。)

三、相關知識補充 — 共射極放大電路之交流分析

1. 負載效應

　　一般的單級電路，電壓增益往往不夠實際的需要，因此在實際的電子裝置中，多以數級串聯起來(稱為串級放大電路)。如圖 8-6 所示即為 2 級放大器之電路。然而，第 2 級的輸入電阻 R_{in2} 卻會成為第 1 級的負載，而使第 1 級的電壓增益降低，這就是所謂的「負載效應」。

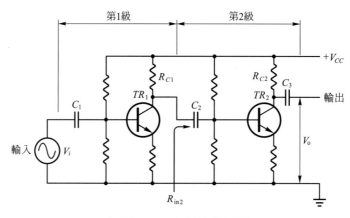

▲ 圖 8-6　串級放大電路

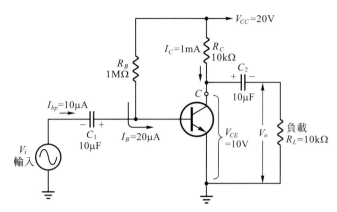

▲ 圖 8-7　交流負載 R_L 加到電晶體放大器上會產生負載效應

我們現在使用圖 8-7 這個具有代表性的簡圖來說明負載 R_L 對放大電路的影響：

(1) 電容器 C_2 的功用是將 V_{CE} 的交流部分 (即 ΔV_{CE}) 送至負載 R_L，並阻隔直流，使直流無法流經 R_L。

(2) 在放大器中，交連電容器 (C_1、C_2) 的電容量皆經適當的選擇，而使其對交流信號的阻抗非常小，故圖中的 C_2 對交流信號而言可視為「短路」。因此跨於 R_C 兩端的交流電壓 (即 ΔV_{CE}) 與 R_L 上之交流電壓相等。

(3) 直流分析：

① 對直流而言，電容器的阻抗為無限大，視為斷路，因此電晶體的直流負載電阻 $R_{DC} = R_C = 10\mathrm{k}\Omega$。

② 根據 $V_{CC} = 20\mathrm{V}$，$R_{DC} = R_C = 10\mathrm{k}\Omega$，可繪出「直流負載線」如圖 8-9 中之虛線。(直流負載線的繪法於實習七已作詳細之說明，於此不再贅述。)

③ 利用 $I_B = 20\mu\mathrm{A}$ 可定出工作點 Q。

(4) 交流分析：

① 電容器 C_2 在交流電路中可視為短路。

② 直流電源 V_{CC} 之內阻甚小，在交流電路中可視為短路。

③ 圖 8-7 的交流等效電路如圖 8-8 所示。

④ 由圖 8-8 可看出電晶體的交流負載既不是 R_C 也不是 R_L，而是 R_C 和 R_L 的並聯，以 R_{ac} 表示如下：

$$R_{ac} = R_C \mathbin{/\mkern-5mu/} R_L = \frac{R_C \times R_L}{R_C + R_L}$$

④ 由圖 8-8 可看出電晶體的交流負載既不是 R_C 也不是 R_L，而是 R_C 和 R_L 的並聯，以 R_{ac} 表示如下：

$$R_{ac} = R_C \mathbin{/\mkern-5mu/} R_L = \frac{R_C \times R_L}{R_C + R_L}$$

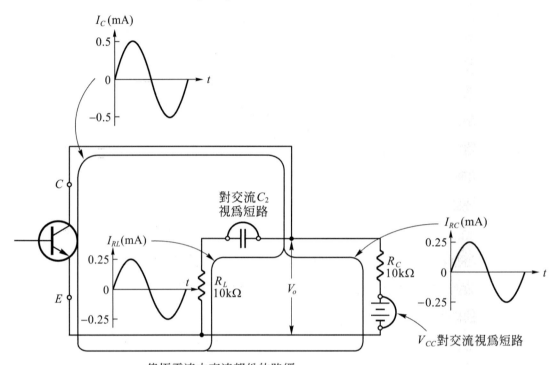

集極電流中交流部份的路徑

▲ 圖 8-8　這是圖 8-7 的交流等效電路

⑤ 圖 8-7 中之 $R_{ac} = R_C \mathbin{/\mkern-5mu/} R_L = 10\text{k}\Omega \mathbin{/\mkern-5mu/} 10\text{k}\Omega = 5\text{k}\Omega$　。

⑥ $V_{CC} = 20\text{ V}$ ，$R_{ac} = 5\text{k}\Omega$，可知電路中所可能通過之最大集極電流為

$$V_{CE} = 0\text{V} \text{ , } I_C = \frac{20\text{V}}{5\text{k}\Omega} = 4\text{mA}$$

⑦ 在電晶體的 $V_{CE} - I_C$ 特性曲線上標出 $V_{CE} = 0\text{V}$ ，$I_C = 4\text{mA}$ 這一點。

⑧ 連接 $V_{CE} = 0\text{V}$，$I_C = 4\text{mA}$ 這一點與 Q 點即得一條直線，這一條直線如圖 8-9 中之實線，稱為「交流負載線」。

⑨ 由圖 8-9 可看出當 $I_{b(P-P)} = 20\mu\text{A}$ 時，輸出電壓的峰對峰值 $V_o = 5\text{V}$ 。

⑩　為什麼繪交流負載線的時候要先繪出直流負載線並找出工作點 Q 呢？這是因為集極信號電流的每一個零點(即 $i_b = 0$ 之瞬間)，必定經過 Q 點，因此我們可以知道 Q 點也必定在交流負載線上。

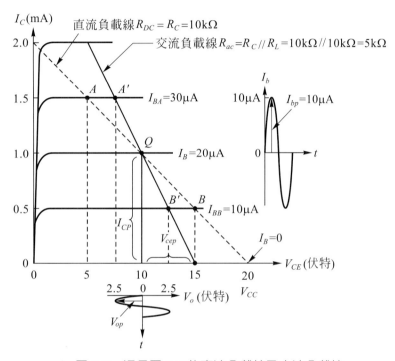

▲ 圖 8-9　這是圖 8-7 的直流負載線及交流負載線

(5)　負載效應：

　　①　當圖 8-7 之電路未加 R_L 時，負載電阻 $R_{ac} = R_{DC} = R_C = 10\text{k}\Omega$，工作路徑為圖 8-9 中之 AQB，故分別由 A 點及 B 點繪一條垂直線可得知輸出電壓的峰對峰值為 10V。(此於圖 7-5 中已作過分析。)

　　②　當圖 8-7 被加上 R_L 時，其負載電阻 $R_{ac} = 5\text{k}\Omega$，工作路徑為圖 8-9(a) 中的 $A'Q\,B'$，故輸出電壓的峰對峰值只剩下 5 V。

　　③　由以上之比較可知加上 R_L 的結果使輸出電壓變小了。在相同輸入信號之下，輸出電壓卻變小了，這也意謂電壓增益 $A_V = \dfrac{V_o}{V_i}$ 被減小了。

　　④　總而言之，負載效應使得放大電路的「輸出電壓」及「電壓增益」都減小了。

2. 利用電晶體的小信號模型作交流分析

小信號放大器的重要特性有：

(1) 輸入電阻 R_{in}——當放大電路被加上輸入信號電壓 V_i 時，必會有一電流 I_i 由信號源流入此放大電路，輸入電阻即為

$$R_{in} = \frac{V_i}{I_i}$$

(2) 電壓增益 A_V——電壓增益就是輸出電壓 V_o 與輸入電壓 V_i 之比。簡言之，

$$A_V = \frac{V_o}{V_i}$$

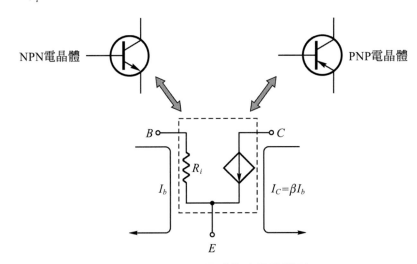

▲ 圖 8-10　電晶體的小信號模型

電晶體工作於交流的情況，若以等效模型來分析，將會使分析的工作較為簡化，而且易於瞭解。

2-1 電晶體的小信號模型

無論電晶體是 NPN 型或 PNP 型，是矽電晶體或鍺電晶體，都一樣採用圖 8-10 所示之模型。存在於 $B\text{-}E$ 極間之電阻以 R_i 表示。$C\text{-}E$ 極間則為受 I_b 控制之電流源 $I_C(I_C = \beta I_b)$

2-2 如何使用小信號模型分析電路

為使讀者容易把握應用小信號模型分析電路之要領，茲以圖 8-11(a)為例，說明其分析步驟如下：

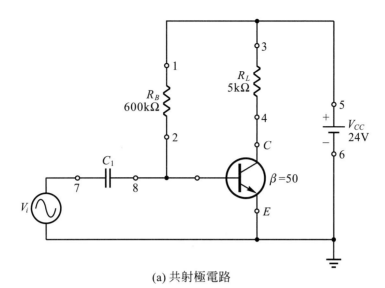

(a) 共射極電路

(b) 交流等效電路

▲ 圖 8-11　將電晶體電路化為交流等效電路

(1)　首先將電晶體的小信號模型繪出。

(2)　V_{CC} 視為短路。

(3)　電容器視為短路。

(4)　將其餘元件配合上述方法繪出，即可得到圖 8-11(b)之等效電路。

(5)　由圖 8-11(b)可以很明顯的看出：輸入端對地為正 (V_i 的正半週) 時，輸出端對地為負 (V_o 為負半週)，輸出電壓恰與輸入電壓反相。

(6) 一旦熟悉電晶體等效電路的繪法後，就不必再將各端點的號碼標出，以省麻煩。
應如圖 8-12(a)所示，只標出電晶體的 E、B、C 三點。

(7) 利用圖 8-12(a)分析電路之 R_{in} 及 A_V 如下：

① R_i 可用 $R_i \doteqdot \dfrac{26\text{mV}}{I_B}$ 概估。

$$\because I_B \doteqdot \frac{24\text{V}}{600\text{k}\Omega} = 40\mu\text{A}$$

$$\therefore R_i = \frac{26\text{mV}}{40\mu\text{A}} = 650\Omega$$

② 本電路之輸入電阻 R_{in} 等於 R_B 並聯 R_i，即

$$R_{in} = R_B /\!/ R_i = \frac{R_B \times R_i}{R_B + R_i} = \frac{600\text{k}\Omega \times 650\Omega}{600\text{k}\Omega + 650\Omega} = 650\Omega$$

註：本題中由於 $R_B \gg R_i$，所以計算的結果 $R_{in} = R_i$

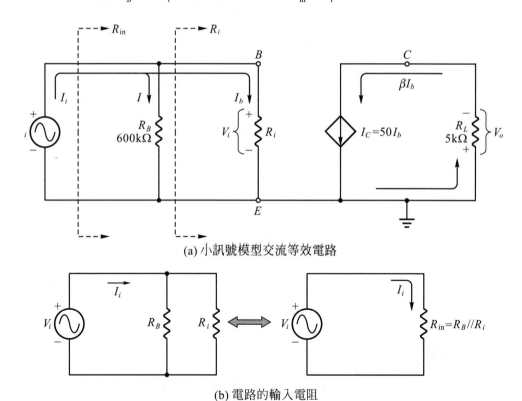

(a) 小訊號模型交流等效電路

(b) 電路的輸入電阻

▲ 圖 8-12　圖 8-11(a)的交流等效電路

③ 電壓增益：

$$A_V = \frac{V_o}{V_i} = \frac{\beta I_b \times R_L}{I_b \times R_i} = \beta \times \frac{R_L}{R_i} = 電流增益 \times \frac{交流負載電阻}{電晶體的輸入電阻}$$

④ 於本例中 $\beta = 50$，$R_L = 5\text{k}\Omega$，$R_i = 650\Omega$

故 $A_V = 50 \times \dfrac{5\text{k}\Omega}{650\Omega} = 385$

(8) 為免除死記輸入電阻、電壓增益等公式的煩惱，最好能培養很快將電晶體電路繪成交流等效電路之能力。

2-3 共射極電路的交流分析

2-3-1 固定偏壓電路分析

(1) 圖 8-13(a)之交流等效電路繪於圖 8-13(b)。若令 $R_{ac} = R_C \mathbin{/\mkern-5mu/} R_L$，等效電路可簡化為圖 8-13(c)。

(2) $I_B \doteqdot \dfrac{V_{CC}}{R_B}$

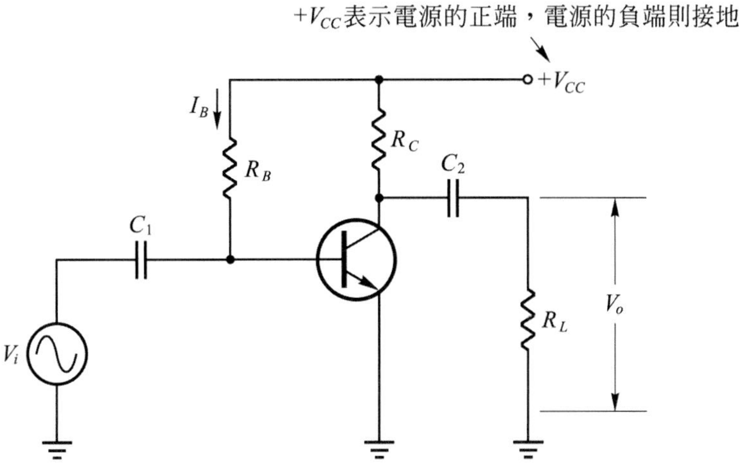

$+V_{CC}$表示電源的正端，電源的負端則接地

(a) 電路圖

▲ 圖 8-13 固定偏壓電路之交流分析

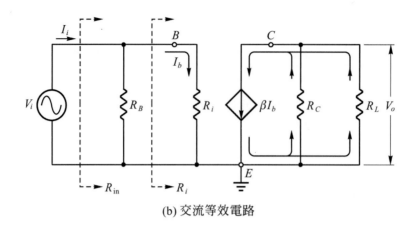

(b) 交流等效電路

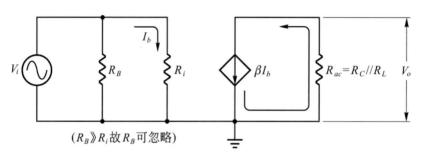

(c) 簡化後的交流等效電路

▲ 圖 8-13　固定偏壓電路之交流分析(續)

(3)　$R_i \doteqdot \dfrac{26\text{mV}}{I_B}$

(4)　輸入電阻 $R_{\text{in}} = R_B \mathbin{/\mkern-5mu/} R_i$

　　但因 $R_B \gg R_i$，故 $R_{\text{in}} \doteqdot R_i$

(5)　電壓增益 $A_V = \dfrac{V_o}{V_i} = \dfrac{\beta I_b \times R_{ac}}{I_b \times R_i} = \beta \times \dfrac{R_{ac}}{R_i}$

　　但式中 $R_{ac} = R_C \mathbin{/\mkern-5mu/} R_L = \dfrac{R_C \times R_L}{R_C + R_L}$

2-3-2　集極回授式偏壓電路分析

(1)　圖 8-14(a)之等效電路繪於圖 8-14(b)。

(2)　由於 R_B 的電阻值甚大，所允許通過之電流極小，因此可將 R_B 忽略不計，而將交流等效電路簡化為圖 8-14(c)。

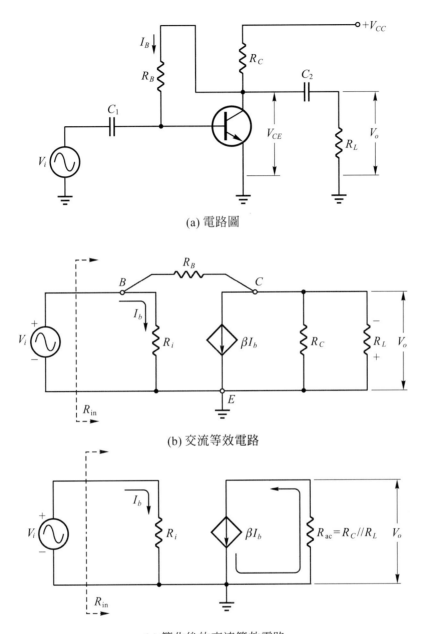

(a) 電路圖

(b) 交流等效電路

(c) 簡化後的交流等效電路

▲ 圖 8-14　集極回授式偏壓電路之交流分析

註：有意詳細研討的同學，可利用在電子學中所學到的密勒定理 (Miller's theorem) 分析，
　　證明 R_B 對交流電路的影響微乎其微。

(3) 由圖 8-14(c)可知輸入電阻 $R_{\text{in}} \doteqdot \dfrac{26\text{mV}}{I_B}$

(4) 電壓增益 $A_V = \dfrac{V_o}{V_i} = \dfrac{\beta I_b \times R_{ac}}{I_b \times R_i} = \beta \times \dfrac{R_{ac}}{R_i}$

(5) 比較圖 8-14 與圖 8-13，可知其電壓增益、輸入電阻幾乎完全一樣。

2-3-3 分壓偏壓電路分析

(1) 圖 8-15(a)之交流等效電路繪於圖 8-15(b)。

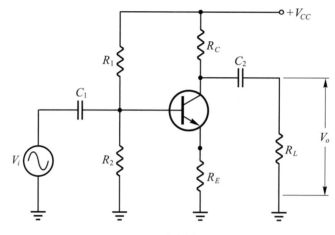

(a) 電路圖

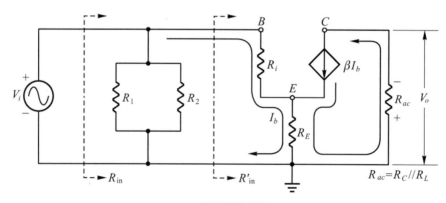

(b) 交流等效電路

▲ 圖 8-15 分壓偏壓電路之交流分析

(2)　因　$V_i = I_b \times R_i + (I_b + \beta I_b) \times R_E$

$\qquad = I_b \times R_i + (\beta + 1)I_b \times R_E$

$\qquad = I_b[R_i + (\beta + 1)R_E]$

且 $R'_{in} = \dfrac{V_i}{I_b}$

故 $R'_{in} = R_i + (\beta + 1)R_E$

(3)　由於 $R_i << (\beta + 1)R_E$

故 $R'_{in} \fallingdotseq (\beta + 1)R_E \fallingdotseq \beta R_E$

(4)　$R_{in} = R_1 \,//\, R_2 \,//\, R'_{in} = R_1 // R_2 // \beta R_E$ ....輸入電阻

(5)　$V_o = \beta I_b \times R_{ac}$

註：$R_{ac} = R_C \,//\, R_L = \dfrac{R_C \times R_L}{R_C + R_L}$

(6)　$A_V = \dfrac{V_o}{V_i} = \dfrac{\beta I_b \times R_{ac}}{I_b[R_i + (\beta + 1)R_E]} = \dfrac{\beta R_{ac}}{R_i + (\beta + 1)R_E}$

(7)　$\because R_i << (\beta + 1)R_E$

$\therefore A_V \fallingdotseq \dfrac{\beta R_{ac}}{(\beta + 1)R_E} \fallingdotseq \dfrac{R_{ac}}{R_E}$ ....電壓增益

(8)　由第(3)步驟所求得之 R'_{in} 可看出：從電晶體的基極看進去時，射極上的 R_E 被放大了 β 倍。

(9)　由第(7)步驟之公式可得知電壓增益與電晶體的特性 (例如 β 之大小) 完全無關，只受電阻值控制，因此圖 8-15(a)之電路特性甚為穩定。

2-3-4　有射極旁路電容器的分壓偏壓電路分析

(1)　圖 8-15 之電路，由於受到種種因素的限制，R_{ac} 無法非常大，R_E 也不能用的非常非常小，因此電壓增益 A_V 被限制於 50 以下。雖然使用如圖 8-6 所示之串級放大電路能使總電壓增益提高甚多，但人們為了經濟起見，常如圖 8-16(a)所示在 R_E 並聯一個電容器 C_E (稱為射極旁路電容器) 而達到提高電壓增益之目的。

(2)　一般的交連電容器大約使用1～10μF。但射極旁路電容器多採用10μF～220μF，以使交流阻抗甚小，令射極在交流電路中如同直接接地一樣。

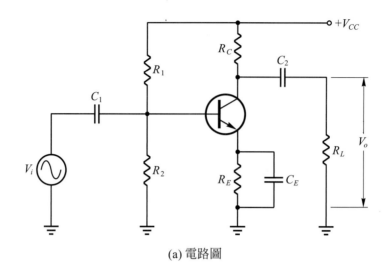

(a) 電路圖

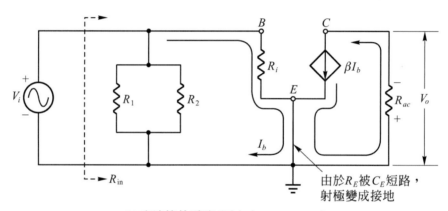

(b) 交流等效電路(圖中之 $R_{ac}=R_C // R_L$)

▲ 圖 8-16　有射極旁路電容器的分壓偏壓電路之交分析

(3) 圖 8-16(a)之交流等效電路如圖 8-16(b)所示。電路中的電容器皆視為短路，故射極已被接地。

(4) 輸入電阻 $R_{in} = R_1 // R_2 // R_i$

但 $R_i \doteqdot \dfrac{26\text{mV}}{I_B}$

(5) 電壓增益 $A_V = \dfrac{V_o}{V_i} = \dfrac{\beta I_b \times R_{ac}}{I_b \times R_i} = \beta \times \dfrac{R_{ac}}{R_i}$

四、實習項目

工作一：固定偏壓電路實驗

1. 接妥圖 8-17 所示之電路。電晶體為 NPN 矽電晶體，如 2SC1815、2SC1384 等。可變電阻器的接法請見 4-29 頁的圖 4-35 之說明。

2. V_{CC} = DC 6V。

3. 以三用電表 DCV 實測，

   V_{CC} =_____伏特。

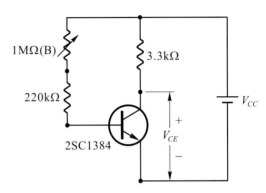

▲ 圖 8-17　固定偏壓電路實驗

4. 以三用電表 DCV 測量 V_{CE}，並旋轉 1MΩ(B)可變電阻器使 $V_{CE} = \dfrac{V_{CC}}{2}$ = _____伏特。

5. 使用另一個電晶體 (可和別組同學調換使用) 代換後，V_{CE} 變成_____伏特。

6. 更換電晶體後由於 β 的差異，V_{CE} 共偏移了_____伏特。

工作二：集極回授式偏壓電路實驗

1. 接妥圖 8-18 所示之電路，所用電晶體最好為「工作一」的第一個電晶體。

2. V_{CC} 與工作一 (圖 8-17) 一樣大小。

3. 調可變電阻器使

   $V_{CE} = \dfrac{V_{CC}}{2}$ =_____伏特。

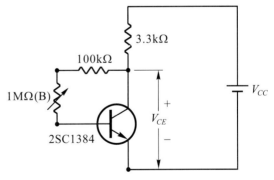

▲ 圖 8-18　集極回授式偏壓電路實驗

4. 換用第 2 個電晶體 (最好為工作一的第 2 個電晶體) 後，V_{CE} 變成_____伏特。

5. 更換電晶體的結果，V_{CE} 共偏移了_____伏特。

6. 與工作一比較之，固定偏壓電路或集極回授式偏壓電路較優良？　答：_____

工作三：分壓偏壓電路實驗

1. 接妥圖 8-19 之電路。所用電晶體與「工作一」相同。

2. 以三用電表 DCV 測得集極對地電壓 $V_C =$ _____ 伏特。

3. 換用第 2 個電晶體後，
   $V_C =$ _____ 伏特

4. 更換電晶體的結果，V_C 共偏移了 _____ 伏特。

5. 圖 8-17 至圖 8-19 中，哪一個圖之電路穩定性較優良？ 答：_____。

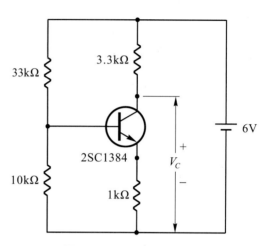

▲ 圖 8-19　分壓偏壓電路實驗

6. 接妥圖 8-20 之電路 (電容器 C_E 暫不接上)。

7. 示波器的選擇開關置於 AC 位置。

8. 信號產生器調於 1kHz 正弦波，然後調整信號產生器之輸出電壓，使示波器顯示不失真之最大正弦波，其輸出電壓的峰對峰值 $V_{out} =$ _____V。

9. 將示波器移去測量輸入信號 V_{in}，測得輸入電壓的峰對峰值 $V_{in} =$ _____V。

10. 電壓增益 $A_V = \dfrac{V_{out}}{V_{in}} =$ _____ 。

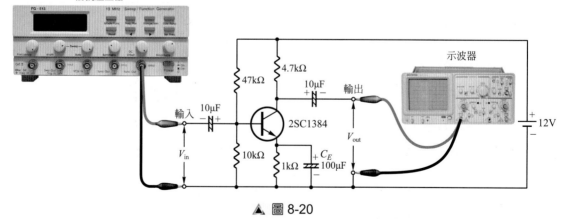

▲ 圖 8-20

11. 把圖 8-20 中之 $C_E = 100\mu F$ 接上。

12. 重作第 8 步驟，測得輸出電壓的峰對峰值 $V_{out} =$ _____ V。

13. 重作第 9 步驟，測得輸入電壓的峰對峰值 $V_{in} =$ _____ mV。

14. 由第 12 及第 13 步驟得知 $A_V = \dfrac{V_{out}}{V_{in}} =$ _____ 。

15. 比較第 10 步驟及第 14 步驟，C_E 加上後對 A_V 有何影響？　答：_____ 。

五、習題

1. 試述圖 8-1 之偏壓電路穩定性不佳的原因。

2. 試述圖 8-3 比圖 8-1 之穩定性佳之原因。

3. 若圖 8-3 之 $V_{CC} = 9V$ ，$R_C = 3.3k\Omega$ ，$\beta = 100$ ，則 R_B 若干為宜？

4. 圖 8-4 中，若 $R_1 = 150k\Omega$ ，$R_2 = 20k\Omega$ ，$R_C = 10k\Omega$ ，$R_E = 1.5k\Omega$ ，$V_{CC} = 20V$ ，電晶體為 $\beta = 100$ 之矽電晶體，則 $V_B = ?$ 　$V_E = ?$ 　$V_C = ?$

5. 圖 8-15 之電路，零件值若與第 4 題完全一樣（$R_L = \infty$），則當輸入電壓峰對峰值 $V_i = 0.5V$ 時，輸出電壓的峰對峰值 $V_o = ?$

6. 圖 8-16 之電路，若發生 C_E 開路之故障，對電路有何影響？

實習九

共集極放大電路實驗

一、實習目的

(1) 暸解共集極放大電路之工作原理。

(2) 暸解共集極放大電路之特性與用途。

(3) 熟練分析共集極放大電路

二、相關知識

1. **共集極放大電路之基本認識**

共集極放大電路如圖 9-1 所示，一共有三種不同的名稱：

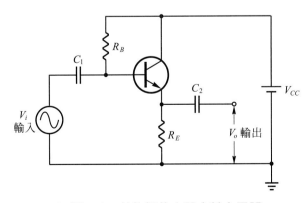

▲ 圖 9-1 共集極放大器之基本電路

(1) 共集極放大電路 —— 信號由基極輸入，由射極輸出，集極為輸入與輸出共用，故稱為共集極放大電路或共集極放大器。

(2) 集極接地放大電路 —— 電晶體的集極接 V_{CC}，但對交流而言 V_{CC} 如同短路，因此對交流信號而言集極等於接地，故稱為集極接地放大電路。

(3) 射極隨耦器 —— 由於射極之輸出電壓會追隨輸入電壓而變，故常被稱為射極隨耦器(emitter follower)。

現在，我們一起來看看輸入交流信號V_i時，圖 9-1 共集極放大器的工作情形：

(1) 輸入信號$V_i = 0$時，工作情形如圖 9-2(a)所示。流入電晶體基極的電流只有 R_B 所供應的 I_B。此時在 R_E 上產生 $I_E \times R_E = (I_B + I_C) \times R_E$ 之電壓。在設計上常令此時之$V_E = \frac{1}{2}V_{CC}$。

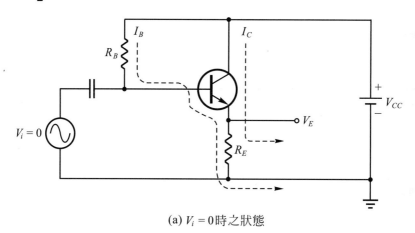

(a) $V_i = 0$時之狀態

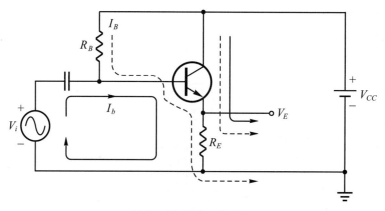

(b) 輸入正半週之工作情形

▲ 圖 9-2　共集極放大電路之分析

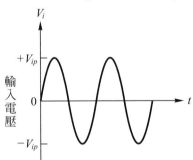

(c) 輸入負半週之工作情形

▲ 圖 9-2　共集極放大電路之分析(續)

(2) 正半週輸入時，工作情形如圖 9-2(b)所示。流入電晶體基極的電流爲 R_B 所供應的 I_B 與 V_i 所供應的 I_b 之和，此時基極電流增大，集極電流增大，故 I_E 亦增大而令 V_E 增大。

(3) 負半週輸入時，工作情形如圖 9-2(c)所示。流入基極的電流爲 $I_B - I_b$，故基極電流減小，集極與射極電流亦減小，V_E 減小。

(4) 輸入與輸出波形繪於圖 9-3 中。V_E 的變動量 ΔV_E 就是輸出電壓 V_o。

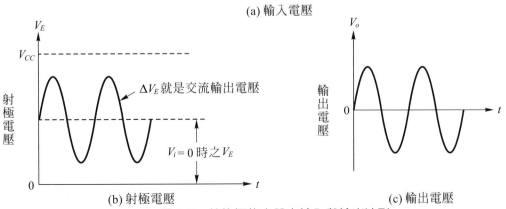

(a) 輸入電壓

(b) 射極電壓

(c) 輸出電壓

▲ 圖 9-3　共集極放大器之輸入與輸出波形

(5) 共集極放大電路有下列幾項特點：

① 輸出與輸入同相。

② 輸出電壓與輸入電壓幾乎完全相等，在實用上可認定 $V_o = V_i$。

③ 輸入電阻很高，所以從信號源所輸入之電流極小。

④ 輸出電阻很小，所以可輸出較大的電流至負載。

⑤ 由於輸入電阻高、輸出電阻低，因此均用於作阻抗之轉換，以驅動低阻抗之負載。

2. 常用偏壓電路之直流分析

2-1 射極回授式偏壓電路

射極回授式偏壓電路如圖 9-4 所示，是使用 R_E 兩端電壓作為回授，而提高工作點之穩定性。茲分析如下：

(1) $\because V_{CC} = I_B R_B + V_{BE} + I_E R_E = I_B R_B + V_{BE} + (\beta + 1) I_B R_E$

$\therefore I_B = \dfrac{V_{CC} - V_{BE}}{R_B + (\beta + 1) R_E} \doteqdot \dfrac{V_{CC}}{R_B + \beta R_E}$

(2) $I_E = I_B + I_C = (\beta + 1) I_B \doteqdot \beta I_B$

(3) $V_E = I_E \times R_E = (\beta + 1) I_B R_E \doteqdot \beta I_B R_E$

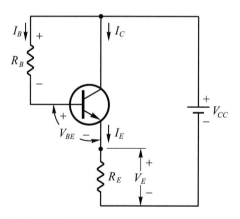

▲ 圖 9-4 射極回授式偏壓電路之直流分析

2-2　分壓偏壓電路之直流分析

分壓偏壓電路如圖 9-5 所示，茲分析如下：

(1)　$V_B = V_{CC} \times \dfrac{R_2}{R_1 + R_2}$

(2)　$V_E = V_B - V_{BE}$

(3)　$I_E = \dfrac{V_E}{R_E}$

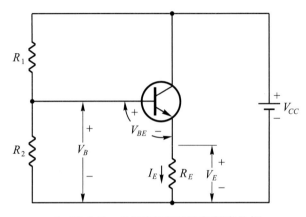

▲ 圖 9-5　分壓偏壓電路之直流分析

上述分析中並沒有出現 β，工作點與 β 無關，所以分壓偏壓電路的穩定性非常良好。

3.　共集極放大電路之交流分析

在實習八我們已經有利用「電晶體的小信號模型」分析放大器之經驗，現將規則列之如下，供你作參考。

(1)　在電路圖上註明 B (基極)、E (射極)、C (集極) 各點，用這些點作為交流等效電路的起點。

(2)　電晶體以小信號模型代替，但保持各點在原電路中之相對位置。

(3)　將電路中的所有零件自實際電路遷移到等效電路上，但保持這些元件的相對位置。

(4)　電路中之直流電壓源以短路代替，直流電流源以斷路代替，電路中之電容器以短路代替。

(5)　應用克希荷夫定律及歐姆定律分析電路。

3-1 射極回授式偏壓電路之交流分析

(1) 圖 9-6(a)之交流等效電路繪於圖 9-6(b)，圖中的 $R_{ac} = R_E \mathbin{//} R_L = \dfrac{R_E \times R_L}{R_E + R_L}$

(2) 因 $V_i = I_b \times R_i + (I_b + \beta I_b) \times R_{ac} = I_b \times R_i + (\beta + 1)I_b \times R_{ac} = I_b[R_i + (\beta + 1)R_{ac}]$

 且 $R'_{in} = \dfrac{V_i}{I_b}$

 故 $R'_{in} = R_i + (\beta + 1)R_{ac}$

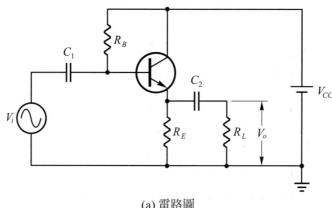

(a) 電路圖

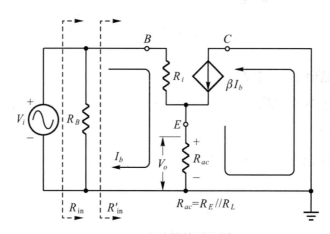

(b) 交流等效電路圖

▲ 圖 9-6　射極回授式偏壓電路之交流分析

(3) 由於 $R_i \ll (\beta + 1)R_{ac}$

 所以 $R'_{in} \doteqdot (\beta + 1)R_{ac} \doteqdot \beta R_{ac}$

(4) $R_{in} = R_B \mathbin{//} R'_{in} = R_B \mathbin{//} \beta R_{ac}$ ....輸入電阻

(5) $V_o = (I_b + \beta I_b) \times R_{ac} = (\beta + 1)I_b R_{ac}$

(6)　$A_V = \dfrac{V_o}{V_i} = \dfrac{(\beta+1)I_b R_{ac}}{I_b[R_i + (\beta+1)R_{ac}]} = \dfrac{(\beta+1)R_{ac}}{R_i + (\beta+1)R_{ac}}$

由於 $R_i << (\beta+1)R_{ac}$

所以 $A_V \fallingdotseq 1$ 而略小於 1.........電壓增益

(7)　由上述分析可知共集極放大電路沒有電壓增益 $(A_V = 1)$，換句話說輸出交流電壓與輸入交流電壓相等 $(V_o = V_i)$。

3-2　分壓偏壓電路之交流分析

(1)　圖 9-7(a)之交流等效電路繪於圖 9-7(b)，圖中的 $R_{ac} = R_E \,//\, R_L$。

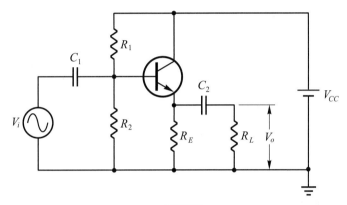

(a) 電路圖

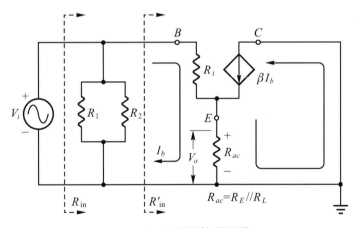

(b) 交流等效電路圖

▲ 圖 9-7　分壓偏壓電路之交流分析

(2) 比較圖 9-7(b)與圖 9-6(b)，我們發現除了 R_B 與 $R_1 /\!/ R_2$ 之差異外，由基極 B 往右看的部分完全相同，換句話說，兩圖的 R'_{in} 相同，即

$$R'_{in} \doteqdot \beta R_{ac}$$

(3) $R_{in} = R_1 /\!/ R_2 /\!/ R'_{in} = R_1 /\!/ R_2 /\!/ \beta R_{ac}$ ....輸入電阻

(4) $V_o = (I_b + \beta I_b) \times R_{ac} = (\beta+1)I_b R_{ac}$

(5) $A_V = \dfrac{V_o}{V_i} = \dfrac{(\beta+1)I_b R_{ac}}{I_b[R_i + (\beta+1)R_{ac}]} = \dfrac{(\beta+1)R_{ac}}{R_i + (\beta+1)R_{ac}}$

$\because R_i << (\beta+1)R_{ac}$

$\therefore A_V \doteqdot 1$ 而略小於 1.........電壓增益

4. 使用共集極放大電路之效益

從前述說明我們得知共集極放大器的電壓增益雖然只有 1，但因具有輸入電阻甚大而輸出電阻極低之特性，所以常被用來串入高阻抗信號源與低阻抗負載之間，以達成阻抗匹配之作用。現舉例說明之，以期各位讀者明白共集極放大器的效益及阻抗匹配作用。

現以圖 9-8 為例說明如下：

(1) 圖 9-8 之共射極放大電路，若把 SW 打開 (不加負載 R_L)，則電壓增益 $A_V \doteqdot \dfrac{R_C}{R_E} = \dfrac{6.8\text{k}\Omega}{220\Omega} \doteqdot 30$ 倍，假如 $V_i = 0.2\text{V}$，則

$$V_o = V_i \times A_V = 0.2\text{V} \times 30 = 6\text{V}$$

(2) 若把 SW 閉合 (即加上負載 R_L)，則電壓增益 $A_V \doteqdot \dfrac{R_{ac}}{R_E} = \dfrac{R_C /\!/ R_L}{R_E} = \dfrac{6.8\text{k}\Omega /\!/ 8\Omega}{220\Omega} = \dfrac{8\Omega}{220\Omega} = 0.04$ 倍

於 $V_i = 0.2\text{V}$ 時 $V_o = V_i \times A_V = 0.2\text{V} \times 0.04 = 0.008\text{V}$

(3) 由於負載 8Ω 甚小於放大器之輸出阻抗 $6.8\text{k}\Omega$，所以因阻抗極度不匹配，而令電壓增益大量下降，負載所獲得之能量極小。

我們若在負載 R_L 與放大器的輸出端之間串入一級共集極放大器，成為圖 9-9，則情形就大為改觀了。

(1) $R_{in2} = R_B \mathbin{/\mkern-5mu/} \beta R_{ac} \doteqdot \beta R_{ac} = 8\Omega \times 10000 = 80\text{k}\Omega$

顯然共射極放大器的負載已由 8Ω 被提升為 $80\text{k}\Omega$ 了。

(2) 電壓增益 $A_V = \dfrac{R_{ac}}{R_E} = \dfrac{6.8\text{k}\Omega \mathbin{/\mkern-5mu/} 80\text{k}\Omega}{220\Omega} = 28.5$ 倍。輸入為 0.2V 時，輸出電壓

$V_o' = 0.2\text{V} \times 28.5 = 5.7\text{V}$。

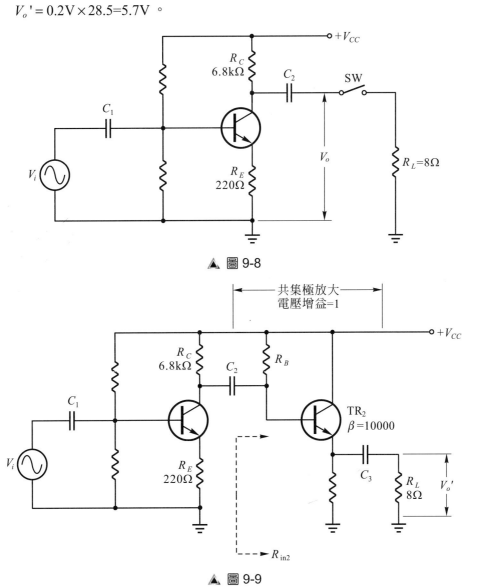

▲ 圖 9-8

▲ 圖 9-9

由以上分析可知共集極放大器之高輸入電阻使負載 ($R_L = 8\Omega$) 對共射極放大器的電壓增益之影響極小。而且，雖然共集極放大器之電壓增益只有 1，但卻使負載 R_L 所獲得的電壓由圖 9-8 的 0.008V 一躍而變爲圖 9-9 的 5.7V，這就是阻抗匹配作用所帶來的效益。

以前我們曾經學過市售電晶體的 β 值超過 300 的較少，那麼圖 9-9 中的 TR$_2$ (TR 是 transistor 的簡寫，TR$_2$ 表示第 2 個電晶體)，β 竟然高達 10000，這不是太不可思議了嗎？其實要令電晶體的 β 提升至數 10000 並不難，等各位讀者學習過「實習十二」的達靈頓電路 (Darlington pair) 就可明白了。

三、實習項目

工作一：共集極放大電路實驗

1. 按圖 9-10 接妥電路，$V_{CC} = 6V$。電晶體使用 2SC1815、2SC1384 等 NPN 電晶體都可以。

2. 以三用電表 DCV 測量，並調 VR 使 V_B 每次升高 1 伏特，將測得之 V_E 記於表 9-1 中。

3. V_B 每升高 (變動) 1 伏特，V_E 是否跟隨著升高 (變動) 1 伏特？ 答：_____。

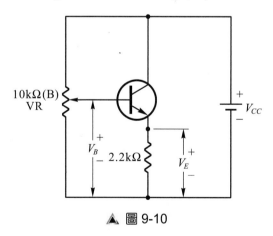

▲ 圖 9-10

▼ 表 9-1

V_B	2V	3V	4V	5V
V_E				

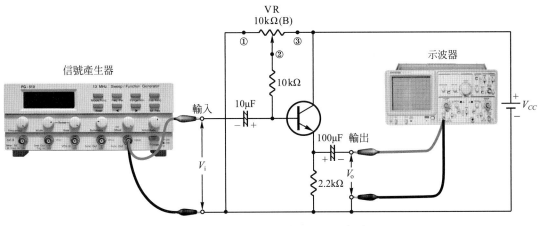

▲ 圖 9-11　共集極放大電路實驗

4. 按圖 9-11 接妥電路 (但聲頻信號產生器暫不接上)，$V_{CC} = 6V$。

5. 調整可變電阻器 VR，使電晶體的射極對地電壓為 $\frac{1}{2} V_{CC}$。

6. 示波器的選擇開關置於 AC 位置，接於輸出端，信號產生器接於輸入端。如圖 9-11 所示。

7. 信號產生器調於 1kHz 正弦波，然後調整信號產生器的輸出電壓，使示波器顯示不失真之最大正弦波，此時輸出電壓的峰對峰值 $V_o = $ _____ V。

8. 以示波器測得輸入電壓 V_i 的峰對峰值 $V_i = $ _____ V。

9. 電壓增益 $A_V = \dfrac{V_o}{V_i} = $ _____。

10. 以雙軌跡示波器如圖 9-12 所示，同時觀測輸入電壓 V_i 與輸出電壓 V_o 之波形。

　　V_o 與 V_i 同相或反相？　答：_____。

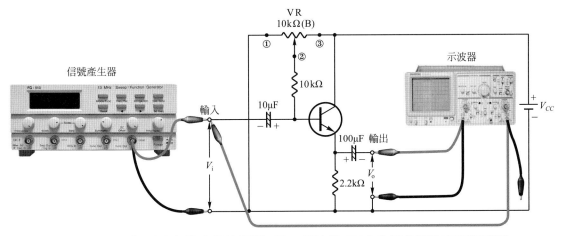

▲ 圖 9-12　觀測 V_i 與 V_o 之相位關係 (註：示波器 CH 2 的黑色接地夾空置不用)

11. 將信號產生器的輸出電壓增大,對輸出波形有何影響?　答:_____。

12. 調信號產生器,使示波器所顯示之輸出波形 V_o 為不失真之最大正弦波,然後調10kΩ

VR 改變工作點,觀察對輸出波形之影響。

工作點改變後,輸出電壓 V_o 是否失真?　答:_____。

四、習題

1. 共集極放大器中,信號由何極輸入?由何極輸出?哪一極為輸入與輸出共用?

2. 共集極放大器又稱為什麼極隨耦器?

3. 共集極放大器之輸出信號與輸入之相位關係如何?

4. 共集極放大器之電壓增益,大還是小?

5. 共集極放大器常被作為阻抗匹配的用途,是因為輸入電阻高或低?輸出電阻高或低呢?

實習十

共基極放大電路實驗

一、實習目的

(1) 瞭解共基極放大電路之特性。

(2) 熟練分析放大電路之技巧。

二、相關知識

1. 共基極放大器之基本認識

共基極放大電路 (CB 放大器) 由於輸入阻抗較小，必須輸入較大的信號電流，因此，除非信號源的電壓極小而且內阻極低，否則低頻電路很少有人使用共基極放大器。共基極放大電路是 CE、CB、CC 三種電晶體基本放大電路中，被使用最少的一種放大器。

共基極放大器之基本電路如圖 10-1 所示。茲說明如下：

(1) 當 $V_i = 0$ 時，電路之狀態如圖 10-1(a)所示，電源 V_{EE} 供給電晶體適當的偏壓，而令電晶體流有適當大小的 I_E、I_B、I_C。此時 $V_C = V_{CC} - I_C R_C \fallingdotseq \dfrac{1}{2} V_{CC}$。

(2) 輸入正半週時之工作情形如圖 10-1(b)所示，此時基極、集極、射極電流均被減小了，因此 R_C 上的壓降減小，V_C 上升。輸出電壓 V_o 為正半週，與輸入電壓 V_i 同相。

(3) 輸入負半週時之工作情形如圖 10-1(c)所示，此時基極、集極、射極電流均被增大，因此 R_C 上之壓降增加，V_C 下降。輸出電壓 V_o 為負半週，與輸入電壓 V_i 同相。

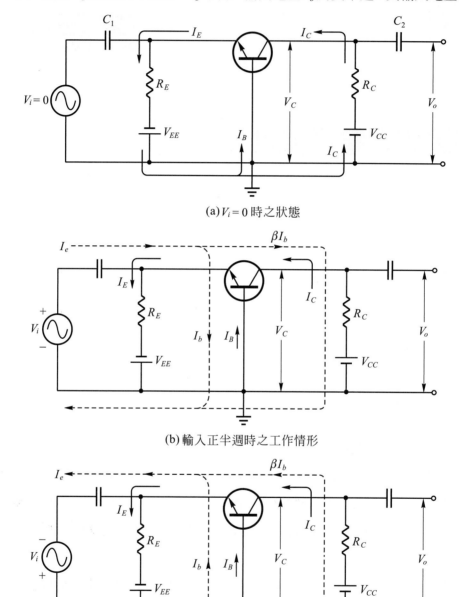

(a) $V_i = 0$ 時之狀態

(b) 輸入正半週時之工作情形

(c) 輸入負半週時之工作情形

▲ 圖 10-1 共基極放大器

(4) 由以上分析可知共基極放大器之輸出電壓V_o與輸入電壓V_i同相。

(5) 請特別留意，圖 10-1 中信號源V_i必須供應之電流為I_e，而以前學過的 CE、CC 放大器只需輸入I_b，這意謂著 CB 放大器所需之輸入電流較大，換句話說，也就是 CB 放大器的輸入電阻較小。

2. 共基極放大電路之直流分析

2-1 雙電源之共基極放大器

(1) 雙電源共基極放大器有兩種畫法，如圖 10-2 所示。

(2) $\because V_{EE} = V_{BE} + I_E R_E$

$\therefore I_E = \dfrac{V_{EE} - V_{BE}}{R_E}$

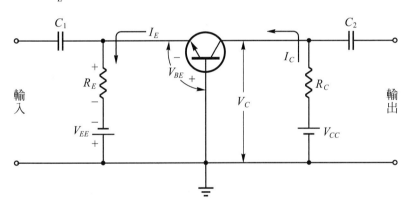

(a) 雙電源CB放大器畫法之一

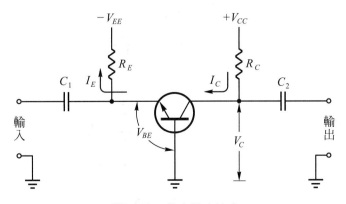

(b) 雙電源CB放大器畫法之二

▲ 圖 10-2

(3) 由於一般電路之 $V_{EE} >> V_{BE}$ 所以 $I_E \fallingdotseq \dfrac{V_{EE}}{R_E}$

(4) 集極對地電壓

$$V_C = V_{CC} - I_C R_C \fallingdotseq V_{CC} - I_E R_C$$

2-2 單電源之共基極放大器

(1) 爲了取得電源的方便，可以採用圖 10-3(a)所示只有一組電源的電路。

(2) 要你自己分析圖 10-3(a)之電路，也許你一時不知要如何著手，但看了圖 10-3(b) 這個經筆者將其整形美容後之電路，相信你已經胸有成竹了。圖 10-3(b)的直流 分析，不就和已學過的圖 8-4 一模一樣嗎？

(3) 圖 10-3 中之電容器 C_B 足夠大，因此對於交流信號而言，基極等於接地。

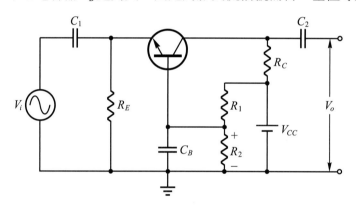

(a) 單電源CB放大器畫法之一

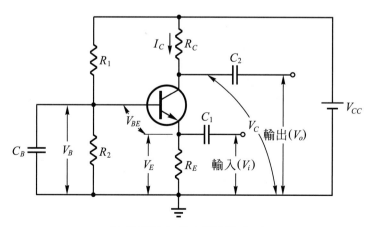

(b) 單電源CB放大器畫法之二

▲ 圖 10-3

(4)　$V_B = V_{CC} \times \dfrac{R_2}{R_1 + R_2}$

(5)　$V_E = V_B - V_{BE}$

(6)　$I_E = \dfrac{V_E}{R_E}$

(7)　$\because I_C \doteqdot I_E \quad \therefore I_C \doteqdot \dfrac{V_E}{R_E}$

(8)　$V_C \doteqdot V_{CC} - I_C R_C$

3.　共基極放大電路之交流分析

3-1　雙電源之共基極放大器

(1)　雙電源之共基極放大器如圖 10-4(a)，其交流等效電路如圖 10-4(b)所示。

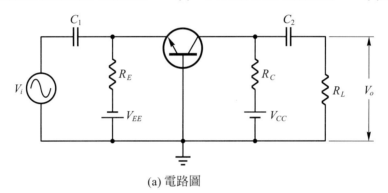

(a) 電路圖

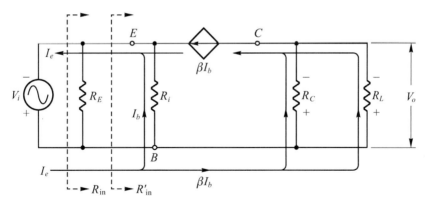

(b) 交流等效電路

▲ 圖 10-4　雙電源共基極放大電路

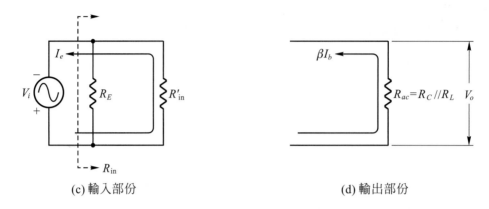

(c) 輸入部份 　　　　　　　　(d) 輸出部份

▲ 圖 10-4　雙電源共基極放大電路 (續)

(2) 輸入部分可簡化爲圖 10-4(c)，由射極看進去之輸入電阻 R'_{in} 爲

$$R'_{in} = \frac{輸入電壓}{輸入電流} = \frac{V_i}{I_e} = \frac{V_i}{I_b + \beta I_b} = \frac{V_i}{(\beta+1)I_b}$$

(3) 由圖 10-4(b)得知 $V_i = I_b \times R_i$

因此 $R'_{in} = \dfrac{V_i}{(\beta+1)I_b} = \dfrac{I_b \times R_i}{(\beta+1)I_b} = \dfrac{R_i}{\beta+1}$

上式說明了一個重要的事實：電晶體從射極端看進去，輸入電阻只有從基極看進去的 $\dfrac{1}{\beta+1}$ 倍。

(4) 我們在實習八已經學得 $R_i \doteqdot \dfrac{26mV}{I_B}$，因此

$$R'_{in} = \frac{R_i}{\beta+1} \doteqdot \frac{26mV/I_B}{\beta+1} = \frac{26mV}{(\beta+1)I_B} = \frac{26mV}{I_E}$$

(5) $R_{in} = R_E \;//\; R'_{in}$

但在實際的電路中 $R'_{in} << R_E$

故 $R_{in} \doteqdot R'_{in} \doteqdot \dfrac{26mV}{(\beta+1)I_B} \doteqdot \dfrac{26mV}{I_E}$ ....輸入電阻

(6) $V_o = \beta I_b \times R_{ac}$

(7) $A_V = \dfrac{V_o}{V_i} = \dfrac{\beta I_b \times R_{ac}}{I_b \times R_i} = \beta \times \dfrac{R_{ac}}{R_i}$ ....電壓增益

(8) 因為 $R_{in} \fallingdotseq R'_{in} = \dfrac{R_i}{\beta+1}$ ，故電壓增益的公式可簡化為

$$A_V \fallingdotseq \dfrac{R_{ac}}{R_{in}}$$ ....電壓增益

3-2 單電源之共基極放大器

(1) 圖 10-5 之單電源共基極放大器，交流等效電路與圖 10-4(b)完全一樣。

(讀者們可拿出紙、筆練習畫圖 10-5 之交流等效電路，然後和圖 10-4(b)核對看看是否相同。)

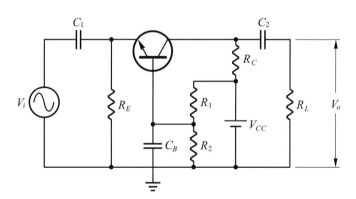

▲ 圖 10-5　單電源共基極放大器

(2) 圖 10-5 之特性與圖 10-4 相同，即

$$R_{in} \fallingdotseq \dfrac{26mV}{(\beta+1)I_B} \fallingdotseq \dfrac{26mV}{I_E}$$ ....輸入電阻

$$A_V = \beta \times \dfrac{R_{ac}}{R_i} \fallingdotseq \dfrac{R_{ac}}{R_{in}}$$ ....電壓增益

例題 10-1

圖 10-3 中，若 $V_{CC} = 12\text{V}$ ， $R_C = 4.7\text{k}\Omega$ ， $R_E = 1\text{k}\Omega$ ， $R_1 = 47k\Omega$ ， $R_2 = 10\text{k}\Omega$ ，矽電晶體之 $\beta = 100$ ，則輸入電阻 $R_{\text{in}} = ?$ 電壓增益 $A_V = ?$

解

① $V_B = V_{CC} \times \dfrac{R_2}{R_1 + R_2} = 12\text{V} \times \dfrac{10\text{k}\Omega}{47\text{k}\Omega + 10\text{k}\Omega} = 2.1\text{V}$

② $V_E = V_B - V_{BE} = 2.1\text{V} - 0.7\text{V} = 1.4\text{V}$

③ $I_E = \dfrac{V_E}{R_E} = \dfrac{1.4\text{V}}{1\text{k}\Omega} = 1.4\text{mA}$

④ $R_{\text{in}} = \dfrac{26\text{mV}}{I_E} = \dfrac{26\text{mV}}{1.4\text{mA}} = 18.6\Omega$

⑤ $A_V = \dfrac{R_{ac}}{R_{\text{in}}} = \dfrac{4.7\text{k}\Omega}{18.6\Omega} = 253$

三、相關知識補充—*CE*、*CC*、*CB* 放大器之特性比較

(1) 共射極放大器：電壓增益、電流增益、功率增益皆高，大部分的放大器均採用共射極放大器；輸出電壓與輸入電壓反相 180°。

(2) 共集極放大器：輸入電阻高、輸出電阻小，都用為阻抗匹配 (阻抗轉換) 電路。電流增益大，但沒有電壓增益。輸出與輸入同相。

(3) 共基極放大器：輸入電阻最小，輸出電阻大，雖有電壓增益但沒有電流增益，輸出與輸入同相位，為三種基本放大電路中被使用的較少之電路組態。

(4) 表 10-1 列出了三種基本放大電路之特性比較，供您參考。

▼ 表 10-1　共射、共集、共基極放大器之特性比較

特　性　　類　別	共射極 (CE)	共集極 (CC)	共基極 (CB)
輸入端	基極	基極	射極
輸出端	集極	射極	集極
共用端	射極	集極	基極
輸入電阻	中	高	低
輸出電阻	中	低	高
電壓增益	大	略小於 1	大
電流增益	大	大	略小於 1
功率增益	最大	大	大
V_i 與 V_o 之 相位關係	180° (反相)	0° (同相)	0° (同相)

四、實習項目

工作一：共基極放大電路實驗

1. 接妥圖 10-6 所示之電路。
   電晶體使用 2SC1815、
   2SC1384……等 NPN 電晶體皆可。

2. V_{CC} = DC 6V。

3. 以三用電表實測
   V_{CC} = ＿＿＿＿ V。

4. 以三用電表 DCV 測量集極對基極
   電壓，並調可變電阻器 VR 使
   $V_{CB} = \dfrac{1}{2}V_{CC} = $ ＿＿＿＿ V。

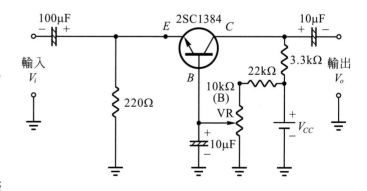

▲ 圖 10-6　共基極放大電路

5. 在圖 10-6 的輸入端接上信號產生器，輸出端接上示波器 (示波器的開關置於 AC 位置)。如圖 10-7 所示。

6. 信號產生器調於1kHz 正弦波，然後調整信號產生器之輸出電壓，使示波器顯示不失真之最大正弦波。此時輸出電壓的峰對峰值$V_o = $ _____ V。

7. 以示波器測得輸入電壓V_i的峰對峰值$V_i = $ _____ mV。

8. 電壓增益 $A_V = \dfrac{V_o}{V_i} = $ ————— = _____ 。

9. 以雙軌跡示波器，如圖 10-8 所示，同時觀察輸入電壓V_i與輸出電壓V_o之波形。V_o與V_i同相或反相？ 答：_____ 。

10. 旋轉 VR 改變工作點，觀察對輸出波形有何影響。

   工作點改變後，輸出電壓V_o是否失真？ 答：_____ 。

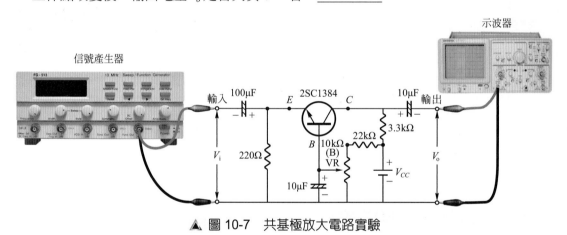

▲ 圖 10-7　共基極放大電路實驗

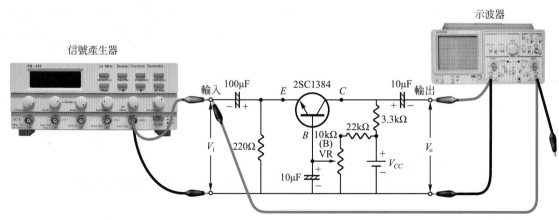

▲ 圖 10-8　觀測V_i與V_o之相位關係 (註：示波器 CH2 的黑色接地夾空置不用)

五、習題

1. 電晶體的三種基本放大電路中，何者之輸入阻抗最低？何者之電流增益最小？

2. 電晶體的三種基本放大電路中，何者之用途最廣？何者較為少用？

3. 圖 10-2 中，若 $V_{CC} = 20\text{V}$ ， $V_{EE} = 10\text{V}$ ， $R_C = 5\text{k}\Omega$ ， $R_E = 10\text{k}\Omega$ ，則

    (1) 輸入電阻 $R_{in} = ?$

    (2) 電壓增益 $A_V = ?$

4. 圖 10-3 中，若 $V_{CC} = 10\text{V}$ ， $R_C = 3\text{k}\Omega$ ， $R_1 = 18\text{k}\Omega$ ， $R_2 = 2\text{k}\Omega$ ， $R_E = 200\Omega$ ， $C_B = 100\mu\text{F}$ ， $\beta = 100$ ，求

    (1) 輸入電阻 $R_{in} = ?$

    (2) 電壓增益 $A_V = ?$

串級放大電路實驗

一、實習目的

(1) 瞭解各種不同的交連 (耦合) 方式。

(2) 進一步瞭解「負載效應」對電路增益之影響。

二、相關知識

前面我們已學過之放大電路，通稱為單級放大。有時候我們需要把一個極微弱的信號放大數千倍才夠，這往往不是單級放大電路所能勝任的，這時候就必需把數個單級放大串接起來使用，使前一級的輸出接到後一級的輸入繼續放大，以獲得所需的增益，像這種數級串接而成的放大電路，稱為「串級放大電路」。

串級放大電路中，把前一級的輸出信號傳送至下一級的方法稱為「交連」或「耦合」 (coupling)。良好的交連元件應具有如下特性：

(1) 它的加入不影響前、後級放大器之原工作點。

(2) 可將前級之輸出信號低損失的傳送至次級。

(3) 失真小。

1. 電阻電容交連 (RC 交連) 放大電路

圖 11-1 所示，即為一 RC 交連放大電路。第 1 級的負載「電阻」器 R_{C1} 所產生的輸出電壓 V_{O1} 經由「電容」器 C_2 傳送至第 2 級，所以稱為「RC」交連放大器。

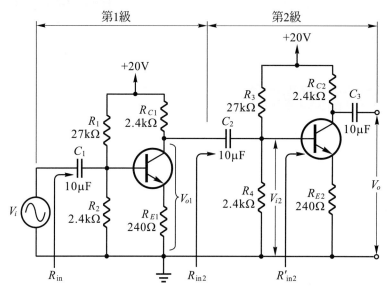

▲ 圖 11-1　RC 交連放大器之一例

由於 C_2 對直流而言為斷路，故不影響兩級之直流工作點。C_2 對交流而言為短路，故可將第 1 級之輸出信號傳送至第 2 級。

茲將圖 11-1 分析如下：

(1) 在串級放大電路中，次一級的輸入電阻會成為前一級的負載，而產生「負載效應」，所以必需由最後一級開始分析。

(2) 第 2 級之交流分析(以 $\beta = 100$ 為例)：

① 電壓增益 $A_{V2} = \dfrac{V_o}{V_{i2}} \doteqdot \dfrac{R_{C2}}{R_{E2}} = \dfrac{2.4\text{k}\Omega}{240\Omega} = 10$

② 由電晶體的基極看進去之輸入電阻

$R'_{\text{in2}} \doteqdot \beta R_E = 240\Omega \times 100 = 24\text{k}\Omega$

③ 第 2 級之輸入電阻

$R_{\text{in2}} = R_3 \mathbin{/\mkern-5mu/} R_4 \mathbin{/\mkern-5mu/} R'_{\text{in2}} = 27\text{k}\Omega \mathbin{/\mkern-5mu/} 2.4\text{k}\Omega \mathbin{/\mkern-5mu/} 24\text{k}\Omega \doteqdot 2\text{k}\Omega$

④ 由以上分析可知第 2 級之輸入電阻為 2kΩ，電壓增益為 10。

(3) 第 1 級之交流分析(以 $\beta = 100$ 爲例)：

① 電壓增益 $A_{V1} = \dfrac{V_{o1}}{V_i} = \dfrac{R_{ac}}{R_E} = \dfrac{R_{C1} /\!/ R_{in2}}{R_E} = \dfrac{2.4\text{k}\Omega /\!/ 2\text{k}\Omega}{240\Omega} = \dfrac{1.1\text{k}\Omega}{240\Omega} = 4.6$

② 第 1 級之零件值與第 2 級完全相同，故輸入電阻 R_{in} 亦爲 2kΩ。

(4) 串級放大電路之總電壓增益等於各級電壓增益之乘積。

總電壓增益 $A_V = \dfrac{V_o}{V_i} = A_{V1} \times A_{V2}$

(5) 圖 11-1 之總電壓增益

$A_V = \dfrac{V_o}{V_i} = A_{V1} \times A_{V2} = 4.6 \times 10 = 46$

(6) 圖 11-1 中，第 1 級和第 2 級所用之零件完全一樣，但 $A_{v2} = 10$，A_{v1} 卻只有 4.6，這就是「負載效應」的結果。

(7) 在實際的串級電路中，各級之偏壓方式及零件值並不一定要一樣，需視需要而定。圖 11-1 中第 1 級和第 2 級完全一樣，只是爲了說明之便。

(8) 設計串級放大電路之要領：

① 根據所需要的放大倍數 (總增益)，將增益分配至每一級上。

② 爲了考慮後一級的輸入電阻會影響前一級的交流負載 (R_{ac})，故電路設計必需由最後一級往前設計。

③ 每一級的偏壓設計，可根據前面的幾個實習中所學得之相關公式計算。

2. 直接交連放大電路

雖然以電容器作爲交連的 RC 交連放大電路是最基本也是使用的較多之電路，但是由於電容器對低頻產生某數值的容抗 (即信號頻率過低時，電容器在交流電路中不能視爲短路)，使低頻之增益降低 (輸出減小)，影響低頻響應，因此在一些要求較苛刻的場合，就必需採用直接交連放大電路。

圖 11-2 所示之電路即爲直接交連放大電路。第 1 級的輸出端 (集極) 「直接」接至第 2 級的輸入端 (基極)，故稱爲直接交連放大電路。

欲分析直接交連放大電路之增益時，爲考慮負載效應，故需由最後一級開始分析。分析方法與前述 RC 交連放大電路相似，總增益亦等於各級增益之乘積。

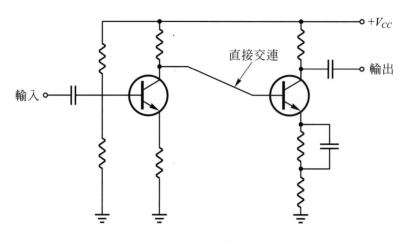

(a) 使用相同型式之電晶體

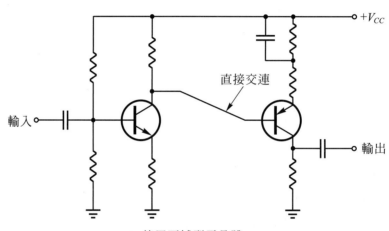

(b) 使用互補型電晶體(NPN+PNP)

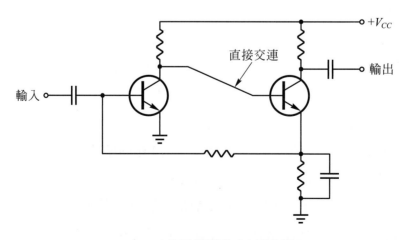

(c) 使用相同型式之電晶體

▲ 圖 11-2　直接交連放大器

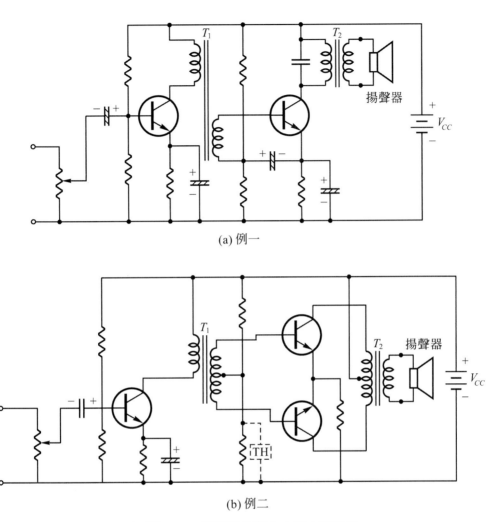

(a) 例一

(b) 例二

▲ 圖 11-3　變壓器交連放大器之電路例

3.　變壓器交連放大電路

在阻抗不匹配時，負載從放大電路所獲得之能量將大為減小，因此，為了得到良好的阻抗匹配，以獲得最大輸出功率，在很多聲頻放大器中會使用聲頻變壓器。

圖 11-3 即為典型的變壓器交連放大電路。聲頻變壓器 T_1 及 T_2 之主要功用為：①信號的傳達。②阻抗匹配。

3-1　聲頻變壓器

各位同學在基本電學已學過變壓器，於此僅作簡單的複習。茲以圖 11-4 說明如下：

(1)　變壓器的工作原理是靠磁力把功率由初級圈（N_1）傳送至次級圈（N_2）。

(2) 電壓與圈數成正比,即 $\dfrac{V_1}{V_2} = \dfrac{N_1}{N_2}$

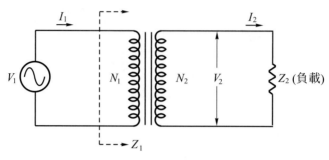

▲ 圖 11-4 變壓器

(3) 根據能量不滅定理,$V_1 I_1 = V_2 I_2$,因此 $\dfrac{V_1}{V_2} = \dfrac{I_2}{I_1}$

換句話說

$$\frac{V_1}{V_2} = \frac{I_2}{I_1} = \frac{N_1}{N_2} \tag{11-1}$$

(4) 初級圈加上交流電源V_1時,輸入電流I_1,故初級圈所呈現之阻抗 $Z_1 = \dfrac{V_1}{I_1}$。

(5) $Z_2 = \dfrac{V_2}{I_2}$

(6) $\dfrac{Z_1}{Z_2} = \dfrac{V_1 / I_1}{V_2 / I_2} = \dfrac{V_1}{V_2} \times \dfrac{I_2}{I_1} = \left(\dfrac{N_1}{N_2}\right) \times \left(\dfrac{N_1}{N_2}\right) = \left(\dfrac{N_1}{N_2}\right)^2$

簡而言之,阻抗比是圈數比的平方。

$$即 \quad \frac{Z_1}{Z_2} = \left(\frac{N_1}{N_2}\right)^2 \tag{11-2}$$

(7) 由於阻抗比是圈數比的平方,因此我們只要採用適當圈數比的變壓器,即可隨心所欲的獲得最佳阻抗值。

(8) 用於聲頻放大器上之變壓器,是工作於聲頻範圍(20Hz～20kHz),故稱為聲頻變壓器。其標示為 _____ Ω : _____ Ω (例如:1kΩ : 8Ω)。

(9) 專門工作於電力公司的供電頻率 (臺灣為 60Hz) 之變壓器,稱為電源變壓器。其標示為 _____ V : _____ V (例如110V : 12V)。

(10) 使用變壓器擔任交連的缺點是頻率響應較差、失真較大、重量較重。

3-2　阻抗匹配作用

茲以實例說明阻抗匹配作用如下：

(1) 當一個輸出阻抗為1kΩ的放大器，輸出 50V 時，若於其輸出端接上一個8Ω的揚聲器 (俗稱喇叭)，如圖 11-5，則：

① $V_L = 50\text{V} \times \dfrac{8\Omega}{1\text{k}\Omega + 8\Omega} = 0.4\text{V}$

② 揚聲器所獲得之功率

$P_L = \dfrac{V_L{}^2}{R_L} = \dfrac{(0.4\text{V})^2}{8\Omega} = 0.02\text{W} = 20\text{mW}$

(2) 若我們採用一個1kΩ：8Ω的聲頻變壓器加於8Ω的揚聲器上，則8Ω之揚聲器即搖身一變而成為1kΩ的揚聲器，如圖 11-6 所示。此時：

① $V_L = 50\text{V} \times \dfrac{1\text{k}\Omega}{1\text{k}\Omega + 1\text{k}\Omega} = 25\text{V}$

② $P_L = \dfrac{V_L{}^2}{R_L} = \dfrac{(25\text{V})^2}{1\text{k}\Omega} = 0.625\text{W} = 625\text{mW}$

(3) 比較圖 11-5 與圖 11-6，由於聲頻變壓器的加入，揚聲器所獲得之功率由 20mW 變成 625mW，所提高的這數 10 倍功率就是變壓器的阻抗匹配作用所帶來的效益。

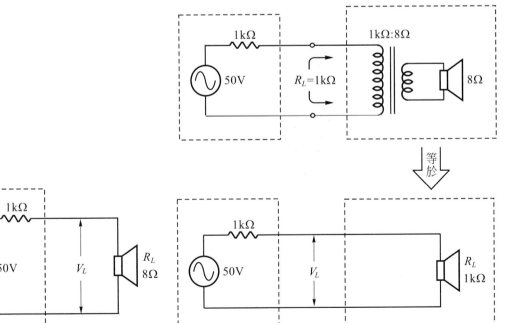

▲ 圖 11-5　放大器直接接至揚聲器　　　▲ 圖 11-6　放大器經變壓器後才接至揚聲器

3-3 使用變壓器交連應注意之事項

當電晶體的集極負載是聲頻變壓器的初級圈時，它的直流電阻很小，所以靜態工作點的 V_{CE} 電壓，幾乎等於電源 V_{CC}。當交流信號輸入時，由於感應電勢的關係，在線圈中將出現自感電壓，這個感應電壓再加上電源電壓，可使「V_{CE} 的最大值達到 $2V_{CC}$」，因此電晶體的耐壓 V_{CEO} 不得小於 $2V_{CC}$。

茲以圖 11-7 為例說明圖解分析的方法如下：

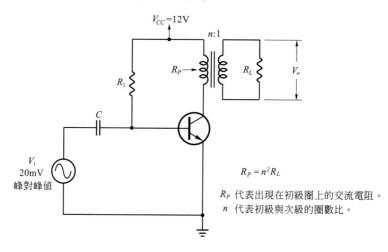

$$R_P = n^2 R_L$$

R_P 代表出現在初級圈上的交流電阻。
n 代表初級與次級的圈數比。

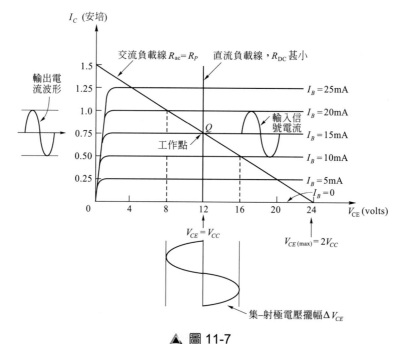

▲ 圖 11-7

(1)　由於變壓器初級圈之直流電阻 R_{DC} 甚小，故可視爲 0Ω，利用 $V_{CC} = 12\text{V}$ 與 $R_{DC} = 0\Omega$ 可畫出直流負載線。

(2)　當交流信號輸入時，電晶體的集極負載爲 R_P，假設 $R_P = 16\Omega$，則利用 $V_{CE(\max)} = 24\text{V}$ 與 $R_P = 16\Omega$ 可以畫出交流負載線。

(3)　直流負載線與交流負載線的交點 Q 即爲工作點。圖 11-7 中，$I_B = 15\text{mA}$，$I_C = 0.75\text{A}$，$V_{CE} = 12\text{V}$ 即爲工作點。

三、實習項目

工作一：RC 交連放大電路實驗

1.　接妥圖 11-8 之電路。TR_1 與 TR_2 均爲 NPN 矽電晶體，可以使用 2SC1815、2SC1384……等。

2.　輸出端接上示波器 (示波器的選擇開關撥在 AC 的位置)，輸入端接上信號產生器。

3.　信號產生器調於 1kHz 正弦波，調整信號產生器之輸出電壓，使示波器顯示不失眞之最大正弦波。

4.　以示波器測得峰對峰值電壓 $V_4 = $ ＿＿＿＿ V，$V_3 = $ ＿＿＿＿ V，$V_2 = $ ＿＿＿＿ V，$V_1 = $ ＿＿＿＿ V。

5.　第 1 級的電壓增益 $A_{V1} = \dfrac{V_2}{V_1} = $ ＿＿＿＿。第 2 級的電壓增益 $A_{V2} = \dfrac{V_4}{V_3} = $ ＿＿＿＿。

兩級的總電壓增益 $A_V = \dfrac{V_4}{V_1} = $ ＿＿＿＿。

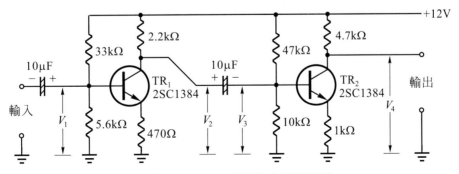

▲ 圖 11-8　RC 交連放大電路實驗

6. $A_V = A_{V1} \times A_{V2}$ 嗎？　答：_____。

7. $V_3 = V_2$ 嗎？。　答：_____。

8. 在 TR_1 的射極以一個 $100\mu F$ 的電容器並聯在 470Ω 的兩端。(電容器的正極接 TR_1 的射極，負極接地。)

9. 重作第 2～第 4 步驟，測得峰對峰值電壓 $V_4 =$ _____ V，$V_3 =$ _____ V，$V_2 =$ _____ V，$V_1 =$ _____ mV。

10. 第 1 級之電壓增益 $A_{V1} = \dfrac{V_2}{V_1} =$ _____。

　　第 2 級之電壓增益 $A_{V2} = \dfrac{V_4}{V_3} =$ _____。

　　兩級之總電壓增益 $A_V = \dfrac{V_4}{V_1} =$ _____。

11. 比較第 10 步驟與第 5 步驟的測試結果，在共射極放大器的射極電阻並聯一個電容器，會使電壓增益變大或變小？　答：_____。

工作二：直接交連放大電路實驗

1. 接妥圖 11-9 之電路。

　　$TR_1 =$ NPN 矽電晶體，可以使用 2SC1815、2SC1384...... 等。

　　$TR_2 =$ PNP 矽電晶體，可以使用 2SA1015、2SA684...... 等。

2. 輸出端接上示波器 (示波器的選擇開關撥在 AC 的位置)，輸入端接上聲頻信號產生器。

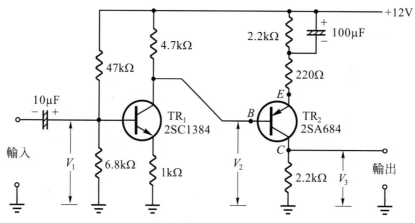

▲ 圖 11-9　直接交連放大電路實驗

3. 信號產生器調於1kHz正弦波，然後調整信號產生器之輸出電壓，使示波器顯示不失眞之最大正弦波。

4. 以示波器測得峰對峰值電壓 V_3 = ＿＿＿＿ V，V_2 = ＿＿＿＿ V，V_1 = ＿＿＿＿V。

5. 第 1 級的電壓增益 $A_{V1} = \dfrac{V_2}{V_1}$ = ＿＿＿＿ 。

   第 2 級的電壓增益 $A_{V2} = \dfrac{V_3}{V_2}$ = ＿＿＿＿ 。

   兩級的總電壓增益 $A_V = \dfrac{V_3}{V_1}$ = ＿＿＿＿ 。

6. $A_V = A_{V1} \times A_{V2}$ 嗎？　答：＿＿＿＿＿ 。

7. 把 TR_2 射極所接的100μF 電容器拆離電路，此時 V_3 變大或變小？答：＿＿＿＿＿＿

8. 重作第 2.～第 4.步驟，測得峰對峰值電壓 V_3 = ＿＿＿＿ V，V_2 = ＿＿＿＿ V，V_1 = ＿＿＿＿V。

9. 第 1 級之電壓增益 $A_{V1} = \dfrac{V_2}{V_1}$ = ＿＿＿＿ 。

   第 2 級之電壓增益 $A_{V2} = \dfrac{V_3}{V_2}$ = ＿＿＿＿ 。

   兩級之總電壓增益 $A_V = \dfrac{V_3}{V_1}$ = ＿＿＿＿ 。

10. 比較第 9.步驟與第 5.步驟之結果，有何不同？　答：＿＿＿＿＿ 。

工作三：聲頻變壓器之測試

1. 接妥圖 11-10 之電路。圖中之 OPT 爲電晶體電路用之輸出變壓器 (一般用紅色表示)，SP 爲8Ω 之揚聲器 (喇叭)。

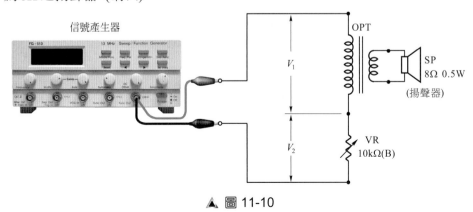

▲ 圖 11-10

2. 信號產生器調於 400Hz 正弦波,信號產生器之輸出電壓調至最大。

   (說明:400Hz 是國際上測試揚聲器阻抗之標準頻率)。

3. 以三用電表 ACV 檔 (或示波器) 測量 V_1 與 V_2。並轉動10kΩ(B) 可變電阻器,使 $V_1 = V_2$。

4. 把10kΩ 可變電阻器拆離電路,以三用電表的 Ω 檔量得之電阻值 = _____ Ω。此電阻值即次級阻抗為8Ω時 OPT 之初級阻抗。

5. 由以上測試可知本輸出變壓器為 _____ Ω:8Ω 之聲頻變壓器。

工作四:變壓器交連放大電路實驗

1. 接妥圖 11-11 之電路。

2. 通上 DC 9V 之直流電源。

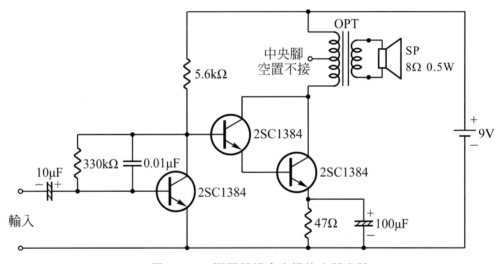

▲ 圖 11-11　變壓器耦合串級放大器實驗

3. 0.01μF 的作用是降低高音的輸出強度,從而顯現較柔和的聲音,用 0.01μF~0.1μF 皆可。

4. 裝好後,通上 DC 9V 之直流電源。

5. 輸入端接上 MP3 播放器或 CD 唱盤,播放音樂,欣賞一下自己的成果。

   註:MP3 播放器或 CD 唱盤的音量不要開太大,以免引起失真。

6. 假如今天你的身邊恰好沒有 MP3 播放器或 CD 唱盤可用，那麼請你如圖 11-12 所示，在輸入端接一個揚聲器 SP$_1$ 當作麥克風用。當你對著 SP$_1$ 講話或唱歌時，聲音即可由 SP$_2$ 傳出。

注意！不要讓 SP$_1$ 與 SP$_2$ 太靠近，以免因為聲音回授而令 SP$_2$ 發出尖叫聲。

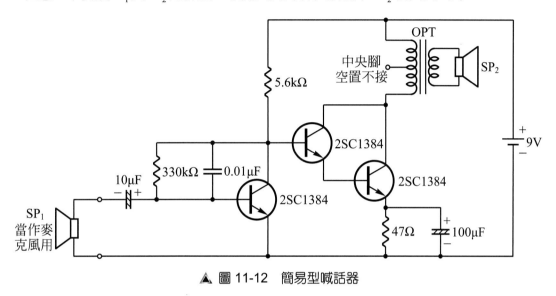

▲ 圖 11-12　簡易型喊話器

四、習題

1. 交連電路有何功用？

2. 常用之交連方式有哪幾種？

3. RC 交連放大器有什麼缺點？

4. 變壓器交連放大器有何優缺點？

5. 揚聲器所標示之阻抗是指多少頻率時之阻抗？

6. 有一輸出變壓器，其圈數比是 10：1，當次級圈接上 8Ω 之負載時，初級圈呈現多少 Ω 之阻抗？

7. 如圖 11-7 所示之電路，電源 $V_{CC} = 12\text{V}$，所用電晶體之耐壓 V_{CEO} 不得小於幾伏特？為什麼？

五、相關知識補充──揚聲器 (喇叭) 與唱盤

1. 揚聲器 (喇叭)

揚聲器(speaker；SP)如圖 11-13 所示，俗稱「喇叭」，是電能與聲能轉換之重要元件。

2. 喇叭箱(cabinet)

揚聲器的紙盆振動之際，正面音波與背面音波的相位相反 (反相 180°)。在正面聆聽時，背面的音波會向正面發生干擾，由於互相抵消而使聲音的放射效率惡化，所以揚聲器裸露鳴響時聲音將變小。此中和現象稱為「短路效應」。

為防止短路效應的發生，所以揚聲器通常都用喇叭箱裝起來，以提高音量，如圖 11-14 所示。為了改善音質，所以通常不但使用大口徑的揚聲器，也配上小口徑的揚聲器。

▲ 圖 11-13　揚聲器 (喇叭)

▲ 圖 11-14　喇叭箱

3. 唱盤

唱盤如圖11-15所示，是用來把唱片上凹凸不平的溝紋轉變成電氣信號的裝置。

當馬達帶動黑膠唱片轉動時，唱針跟隨著唱片上的溝紋而上下左右搖動，唱頭即將此機械振動轉換成電氣信號輸出。

▲ 圖 11-15　唱盤

　　較常用的唱頭有陶瓷式唱頭、動圈式唱頭 (moving coil；MC) 及動磁式唱頭 (moving magnet cartridge；MM) 三種。其中以陶瓷式唱頭使用的最普遍，一般家庭及學校所用之唱頭皆為陶瓷式唱頭。這是因為陶瓷式唱頭的輸出電壓較大 (50～200mV)、不受電磁干擾，而且價格低廉的緣故。陶瓷式唱頭的頻率重現性約為 30Hz～10kHz。MM 唱頭及 MC 唱頭雖然頻率重現性較佳 (約為 20Hz～20Hz)，但輸出電壓小 (小於 5mV)、價昂而且易受電磁干擾，因此一般家庭及學校均不採用之。

4.　CD 唱盤

　　圖 11-16 所示之 CD 唱盤 (雷射唱盤)，是用來把 CD 唱片上極輕微凹凸不平的音紋轉換成電氣信號的裝置。

　　當 CD 唱片被馬達帶動而旋轉時，唱頭上的雷射光會掃描在音軌上的音紋，而將其轉換成音頻信號輸出。由於雷射光與 CD 唱片並沒有磨擦接觸，所以雜音少、音質佳，再加上 CD 唱片及 CD 唱盤都較為輕巧，所以成為歌迷的新寵。

▲ 圖 11-16　CD 唱盤

達靈頓電路實驗

一、實習目的

(1) 瞭解達靈頓電路之特性。

(2) 探討達靈頓電路之應用。

(3) 明瞭以電晶體推動繼電器之方法。

二、相關知識

1. 達靈頓電路

當電路需要具有非常高之輸入阻抗或很大的電流增益時，單一個電晶體很難滿足需求，此時可將兩個電晶體組成達靈頓電路 (稱為 Darlington pair 或 Darling conbination) 以滿足電路之需求。

1-1 達靈頓電路之電流增益

達靈頓電路有圖 12-1 所示四種組態。電路中之電晶體應使用矽電晶體，若使用鍺電晶體則漏電電流甚大、溫度特性不良。

達靈頓電路之輸入電流 I_B 先經過 TR_1 放大後再經 TR_2 放大 (參閱圖 12-2)，故總電流增益約為兩個電晶體電流增益之乘積，即

$$\beta \fallingdotseq \beta_1 \times \beta_2 \qquad\qquad (12\text{-}1)$$

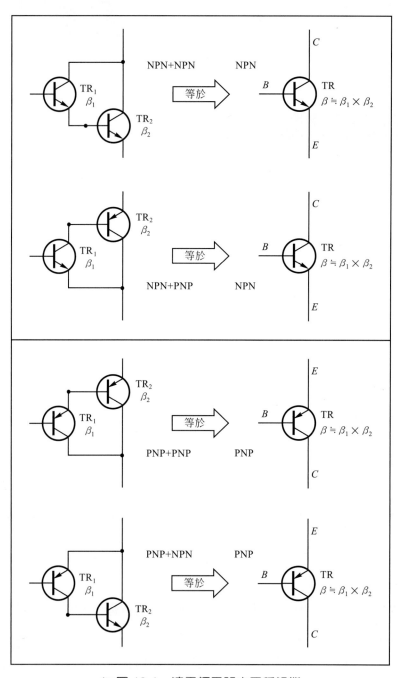

▲ 圖 12-1　達靈頓電路之四種組態

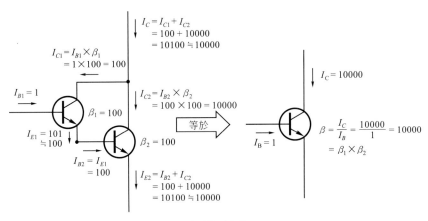

▲ 圖 12-2

　　單一個電晶體之 β 值通常 ≤ 300，但達靈頓電路之 β 值卻可輕易達到數 1000 倍。例如圖 12-2：$\beta = 100$ 的電晶體組成達靈頓電路，則總 $\beta = 100 \times 100 = 10000$ 倍。

1-2 達靈頓電路之輸入阻抗

　　剛才曾提及達靈頓電路之輸入阻抗很高，現以實例證明之。

例題 12-1

如圖12-3之電路，若電晶體的 $V_{BE} = 0.7\text{V}$，負載 R_E 欲得1A 之電流。求

① 所需之輸入電流 $I_B = ?$

② V_{in} 需為多少？

③ 達靈頓電路之輸入阻抗 $R_{in} = ?$

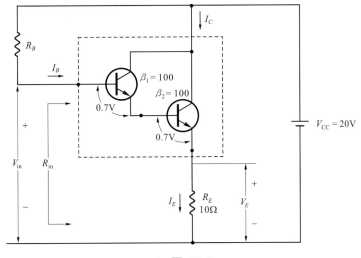

▲ 圖 12-3

解 ① $\because \beta = \beta_1 \times \beta_2 = 100 \times 100 = 10000$

$\therefore I_B = \dfrac{I_C}{\beta} \doteqdot \dfrac{I_E}{\beta} = \dfrac{1\text{A}}{10000} = 0.1\text{mA}$

由此可見，很小的基極電流就可以被放大成很大的電流。

② $\because R_E = 10\Omega$

$\therefore V_E = I_E \times R_E = 1\text{A} \times 10\Omega = 10\text{V}$

則 $V_{\text{in}} = V_E + V_{BE2} + V_{BE1} = 10\text{V} + 0.7\text{V} + 0.7\text{V} = 11.4\text{V}$

③ $R_B = \dfrac{V_{CC} - V_{\text{in}}}{I_B} = \dfrac{20\text{V} - 11.4\text{V}}{0.1\text{mA}} = \dfrac{8.6\text{V}}{0.1\text{mA}} = 86\text{k}\Omega$

④ $R_{\text{in}} = \dfrac{V_{\text{in}}}{I_B} = \dfrac{11.4\text{V}}{0.1\text{mA}} = 114\text{k}\Omega$

⑤ 輸入阻抗 R_{in} 可以簡化為下式：

$$R_{\text{in}} = R_E \times \beta_1 \times \beta_2 \tag{12-2}$$

由以上之例子可看出達靈頓電路具有下列二大特點：

(1) 具有很大的電流增益。

(2) 具有很高的輸入阻抗。

2. 以電晶體推動繼電器

當控制電路中之負載為高電壓或大電流時，欲以電晶體直接加以控制甚為不易，此時人們常借助於繼電器。

電晶體配合繼電器使用，電路簡單而價格低廉，是自動控制中的最佳組合。於此種應用中，電晶體輸出小功率去控制繼電器，再利用繼電器的接點去啟閉負載電路。

2-1 繼電器的認識

繼電器(relay)又稱為電驛，是由線圈、銜鐵、彈簧、銀接點及托架等組成。如圖 12-4 所示。其接點可因用途之不同而設計成不同的組數。

　　繼電器之公用接點以COM (common)表示之。繼電器的線圈未通電時，與COM相通者稱為常閉接點或b接點，以N.C. (normally close)表示之。平常不與COM相通者，稱為常開接點或a接點，以N.O. (normally open)表示之。

　　圖12-4是在平時 (線圈未通電時) 之狀態。N.C.與COM相通，N.O.則與COM成開路狀態。當電流通過線圈時，線圈會產生磁力而把銜鐵吸下，令N.O.與COM相通，N.C.與COM成開路之狀態。如此，我們只要控制線圈之通電與否，即能利用繼電器的接點去控制電路之通斷。

　　繼電器的電路符號如圖12-5所示，(a)圖或(b)圖皆可。圖中是以一組接點為例，但是電路可隨需要而採用適當組接點之繼電器。

　　常用於電晶體電路之繼電器，其額定電壓有DC 3V、 DC 5V、 DC 6V、 DC 12V、 DC 24V、 DC 48V數種。所謂額定電壓，就是線圈加上此電壓時可確實動作，且長時間通電也不致令線圈受損之電壓。通常，繼電器的線圈加上額定電壓的85%～110%，繼電器都能正常動作。

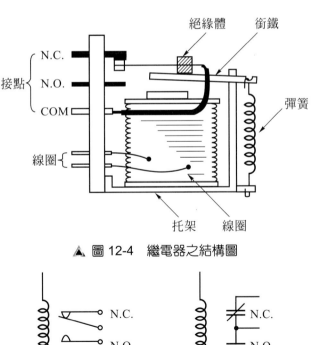

▲ 圖 12-4　繼電器之結構圖

(a) 畫法之一　　　　　(b) 畫法之二

▲ 圖 12-5　繼電器之電路符號

繼電器在自動控制方面扮演了極重要的角色，茲將其優缺點說明如下：

〔優點〕：

①　以小電流輸入即能使其接點動作，將大電流 (或高電壓) 啟閉，且可利用其多組接點同時啟閉許多電路。

②　接點的啟閉確實。接點打開時可認為具有無限大的阻抗，接點閉合時，可認為阻抗為零。

③　接點有耐過電流或過電壓的能力，電子零件則無此能耐。

④　電路簡單，價格便宜。

⑤　透明外殼者，用眼睛即可看出是否有在動作，維護容易。

〔缺點〕：

①　在振動甚大之場合，接點會發生接觸不良之現象。

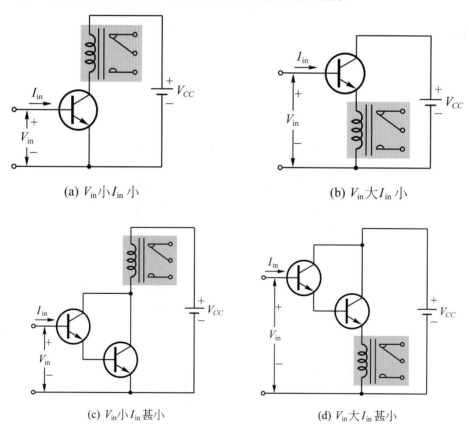

(a) V_{in} 小 I_{in} 小　　　　　(b) V_{in} 大 I_{in} 小

(c) V_{in} 小 I_{in} 甚小　　　　　(d) V_{in} 大 I_{in} 甚小

▲ 圖 12-6　以電晶體驅動繼電器的方法

② 接點啓閉時有火花，接點將因火花而耗損，同時由於機械的磨損而有一定的壽命。一般，接點的啓閉壽命約數 10 萬次。

2-2 以電晶體驅動繼電器的方法

以電晶體驅動繼電器，可以使用單一個電晶體，也可以使用圖 12-1 所示之達靈頓電路。

典型的電路如圖 12-6 所示，圖(c)及圖(d)由於使用達靈頓電路，所以所需之 I_{in} 比圖(a)及圖(b)小。

2-3 電晶體的選用

以電晶體驅動繼電器時，由於電晶體有 $P_C = V_{CE} \times I_C$ 之功率消耗，因此設計電路時，必需謹慎選用電晶體，以免電晶體在使用中受損。

圖 12-7(a)之典型電路，若將 I_C、V_{CE} 與 P_C 之關係繪成曲線，則如圖 12-7(c)所示。由圖中可看出當 $V_{CE} = V_{CC}$ 時，$I_C = 0$，故 $P_C = 0$，於 $I_C = 120\text{mA}$ 時 $V_{CE} = 0$ 因此 P_C 亦為零。可見電晶體在完全 OFF （截止） 與完全 ON （飽和） 時，不會發熱。

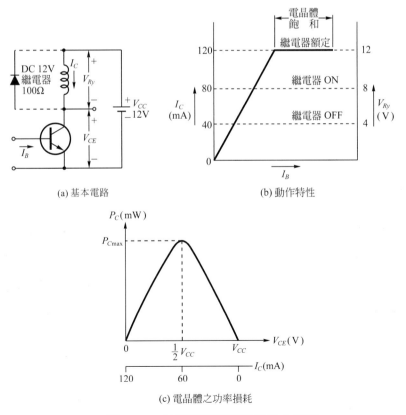

(a) 基本電路　　(b) 動作特性

(c) 電晶體之功率損耗

▲ 圖 12-7　以電晶體驅動繼電器之實例

　　圖 12-7(c)中最值得注意的是 $V_{CE} = \frac{1}{2}V_{CC}$ 的時候，此時 P_C 最大 (等於 P_C max)，電晶體大量發熱，電晶體需能承受此時之功率消耗才行。所幸，消耗爲 P_C max 只是電晶體由 OFF 變成 ON (或由 ON 變成 OFF) 的過程中之一段時間，電晶體並非長時間處於消耗 P_C max 之狀態，因此推動繼電器之電晶體未見有加上散熱片者。

　　茲以實例說明電晶體之選用方法：

例題 12-2

若欲裝置圖 12-7(a)之電路，則應選用何種規格之電晶體？

解　① 　可能通過之最大集極電流 $I_C = \dfrac{電源電壓}{線圈電阻} = \dfrac{12V}{100\Omega} = 120mA$

　　　　故所用電晶體之 I_C 必須大於 120mA 。

　② 　由於電源 $V_{CC} = 12V$，故所用電晶體之 $V_{CEO} > 12V$ 才可以。

　③ 　若電晶體的 $V_{CEO} \le 3V_{CC}$ 則爲了防止繼電器的線圈在斷電之瞬間所產生之感應電勢損及電晶體，需如圖 12-7(a)的虛線所示，在繼電器的線圈兩端並聯一個二極體 (最便宜的 1N4001 即可) 。

　④ 　若所用電晶體之 $V_{CEO} > 3V_{CC}$，則圖 12-7(a)中之二極體省略亦無妨。

　⑤ 　電晶體之最大消耗功率是於

$$V_{CE} = \frac{V_{CC}}{2} = \frac{12V}{2} = 6V$$

$$且\, I_C = \frac{V_{CC}/2}{線圈內阻} = \frac{6V}{100\Omega} = 60mA \; 時$$

　　　　此時 $P_C = 6V \times 60mA = 360mW$，故所用電晶體之 P_C 應大於 360mW 。

　⑥ 　根據以上之說明，只要 $I_C > 120mA$、$V_{CEO} > 12V$、$P_C > 360mW$ 之電晶體即適合圖 12-7(a)使用。若選用 CS9013 則需於繼電器的線圈兩端並聯一個二極體。若選用 2N3569、2N3053、2SC1384 等電晶體，則不加二極體亦可。

3. 應用電路

3-1 光電控制器

依光線之強弱而起反應之控制電路，稱為光電控制器。

在所有的光電檢知元件中，最價廉易購者首推「光敏電阻器」。常用之光敏電阻器是以硫化鎘CdS製成，因此光敏電阻器常被簡稱為CdS。在光線強時 (較亮)，CdS的電阻值變小，光線較弱 (較暗) 時CdS之電阻值會變大。

圖 12-8 為一光電控制器之電路。CdS受光照射時電阻小，V_{in} 小，故繼電器不動作。當照射CdS的光線被遮住時，CdS的電阻值變大，V_{in} 上升，電晶體 TR_1 與 TR_2 大量導電，故繼電器吸持。繼電器的接點則用以控制負載 (例如：產品計數器、自動門之電路、警報器等)。

在實際應用時，為了避免四周的光線產生干擾，CdS必需以一個套管套住，如圖 12-9(a) 所示。若要作長距離之控制，則需如圖 12-9(b)所示加上玻璃透鏡。

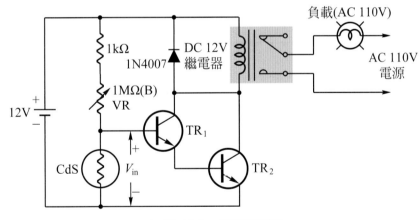

▲ 圖 12-8 光電控制器

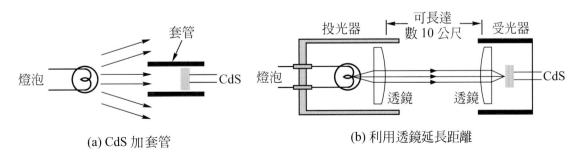

(a) CdS 加套管　　　　(b) 利用透鏡延長距離

▲ 圖 12-9 延長距離的方法

3-2 延時繼電器

　　圖 12-10 為一延時繼電器 (又稱為限時電驛) 之電路。當電源加上 (圖中之開關 SW 閉合) 後，電容器經1kΩ 及 VR 而充電，待 V_{in} 升高後，繼電器即吸持。故本電路是在通電一段時間後繼電器才動作。至於延時之長短則依 VR 之大小而定。 VR 的電阻值大則時間長，VR 的電阻值小則時間短，旋轉可變電阻器 VR 即可改變延時之長短。

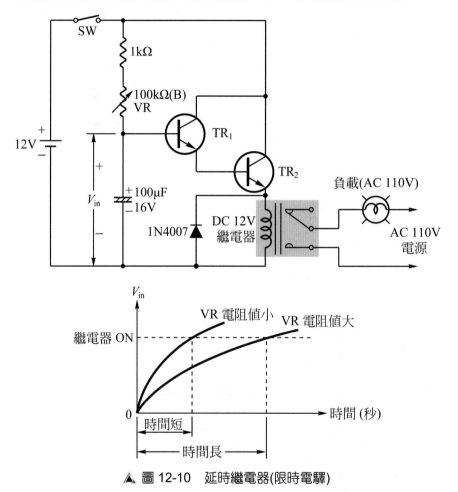

▲ 圖 12-10　延時繼電器(限時電驛)

3-3 液位控制器

　　圖 12-11 是一個液位控制器之典型電路。能維持水塔內之水位 (或容器內之液體) 於 H 與 L 之間。茲說明如下：

(1)　水位低於 L 時，TR_1 與 TR_2 都沒有偏壓($I_B = 0$)，因此處於截止狀態。此時繼電器之常閉接點 N.C.使抽水機之馬達Ⓜ通電運轉。

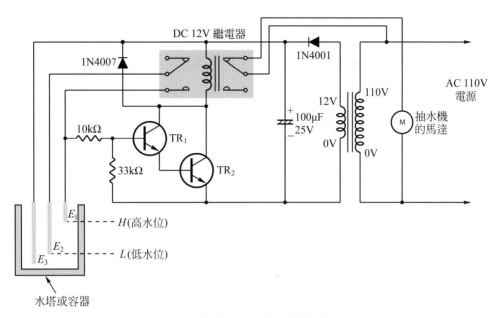

▲ **圖 12-11　液位控制器**

(2)　水位高達 L 後，維持(1)之狀態，馬達繼續運轉。

(3)　水位達到 H 時，電極 (鍍鋅銅棒或不銹鋼棒) E_3 與 E_1 間之水導電，使電晶體獲得偏壓。 TR_1 與 TR_2 大量導電的結果，繼電器吸持。

(4)　由於繼電器動作，使 N.C. 打開而令馬達停止，同時另一組接點 N.O. 閉合，使 E_2 與 E_1 相通。

(5)　因用水而使水位低於 H 時，由於 E_3 與 E_2 間之水導電，因此電路維持於(4) 之狀態。

(6)　當水位低於 L 時，E_3 與 E_2、E_1 間皆沒有水，因此回復(1)所述之狀態。

(7)　以上所述之過程 (1)～(6) 不斷的循環之，水位即保持於 H 與 L 之間。

三、實習項目

工作一：光電控制器實驗

1.　三用電表置於 ×1k 檔，如圖 12-12 所示測試光敏電阻器 CdS：

(1)　當 CdS 向著光源 (例如向著天花板上開亮的日光燈，或向著明亮的窗戶) 時，電阻值＝_____kΩ。

(2) 用手或手帕遮住 CdS 時，電阻值＝ ＿＿＿＿＿＿kΩ。

(3) 註：良好的 CdS，第(2)步驟所測得之電阻值應比第(1)步驟所測得之電阻值大很多。

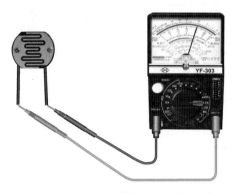

▲ 圖 12-12　光敏電阻器之測試

2. 接妥圖 12-13 之電路。

說明：

(1) 為節省實習的時間，所以圖 12-13 中以 LED 代替圖 12-8 之負載。

(2) 圖中之可變電阻器 1MΩ (B) 只使用第①腳和第②腳即可，第③腳空置不用。請參考圖 12-14。

(3) 圖中繼電器之接點為常開接點。

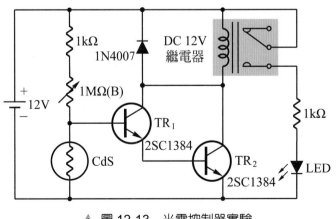

▲ 圖 12-13　光電控制器實驗

▲ 圖 12-14　可變電阻器

3. 通上 DC12V 電源後，旋轉 1MΩ 可變電阻器，使繼電器吸持 (LED 亮) 。然後再反方向慢慢旋轉可變電阻器，直到繼電器剛好跳脫 (LED 熄) 。

4. 以手或手帕遮住 CdS，則 LED 亮或熄？　答：_____

5. 將手或手帕移走後，LED 亮或熄？　答：_____

6. 可重覆第 4.和第 5.步驟，測試光電控制器之動作情形。

7. 將電源 OFF。

工作二：延時繼電器實驗

1. 接妥圖 12-15 之電路。

   說明：

   (1) 為節省實習時間，所以圖 12-15 中以 LED 代替圖 12-10 之負載。

   (2) 圖中之可變電阻器 100kΩ (B) 只使用第①腳和第②腳即可，第③腳空置不用。請參考圖 12-14。

   (3) 圖中繼電器之接點為常開接點。

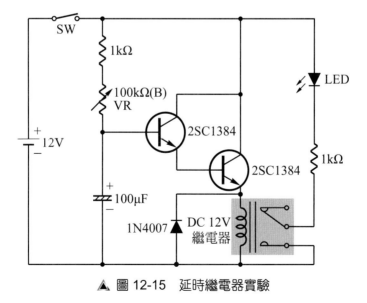

▲ 圖 12-15　延時繼電器實驗

2. 通上 DC12V 電源。

3. 把開關 SW 閉合 (ON) 一段時間後，繼電器是否吸持使 LED 亮？

   答：_____

4. 把開關 SW 打開 (OFF) 。

5. 把可變電阻器依順時針方向旋轉到底。

6. 把開關 SW 閉合 (ON) 後，經過幾秒繼電器吸持使 LED 發亮？

    答：_____秒

7. 把開關 SW 打開 (OFF) 。

8. 把可變電阻器依逆時針方向旋轉到底。

9. 把開關 SW 閉合 (ON) 後，經過幾秒繼電器吸持使 LED 發亮？

    答：_____秒

10. 由第 6.步驟和第 9.步驟可知，本延時繼電器，最短可延時_____秒，

    最長可延時_____秒。

11. 請將電源關閉。

工作三：液位控制器實驗

1. 接妥圖 12-16 之電路。

    說明：

    (1) 為節省實習時間，所以圖 12-16 中以 LED 代替圖 12-11 之抽水機馬達。LED 亮
        表示抽水機馬達通電運轉，LED 熄表示抽水機馬達斷電停止運轉。

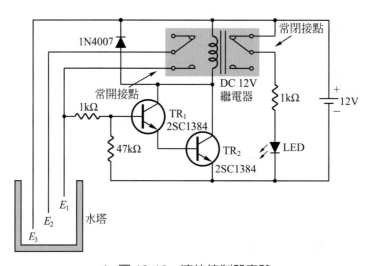

▲ 圖 12-16　液位控制器實驗

(2) 本實習，繼電器必須使用一個常開接點和一個常閉接點，請看清楚後才做正確的接線。

(3) 圖中之電極棒 E_1、E_2 及 E_3 可用三段剝除末端絕緣皮的 $0.6\text{mm}\phi$ PVC 單芯線代替。水塔則用一個茶杯或紙杯代替。

2. 茶杯或紙杯中暫時不放水。

3. 電路通上 DC12V 電源後，LED 亮或熄？ 答：_____

4. 在杯子倒入一些水，使水位高於 E_2，如圖 12-17(a)所示，此時 LED 亮或熄？

   答：_____

5. 再倒入一些水至杯子，使水位上升至 E_1 (或略高於 E_1)，如圖 12-17(b)所示，此時 LED 亮或熄？ 答：_____

   註：可以用自來水或礦泉水，不可以用純水。

6. 用吸管吸走一些水，使水位降至 E_1 以下，如圖 12-17(c)所示，此時 LED 亮或熄？

   答：_____

7. 再用吸管吸走一些水，使水位降至 E_2 以下，如圖 12-17(d)所示，此時 LED 亮或熄？

   答：_____

8. 可重覆第 4.至第 7.步驟，測試液位控制器的動作情形。

9. 實習完畢，請將電源關閉。

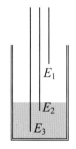 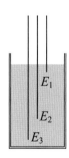 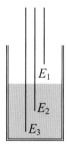 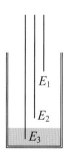

(a) 水位上升至 E_2 以上　(b) 水位上升至 E_1 以上　(c) 水位降至 E_1 以下　(d) 水位降至 E_2 以下

▲ 圖 12-17　水位變化圖

四、習題

1. 達靈頓電路有何特點？

2. 試繪出達靈頓電路之四種組態。

3. 在自動控制電路中時常以繼電器配合電晶體使用。採用繼電器有何優點？

4. 以電晶體驅動繼電器時，在什麼情況下電晶體之消耗功率最大？

5. 熱敏電阻器(thermistor)在溫度高時電阻值小，於溫度低時電阻值大，特性如圖 12-18 所示。今欲使用熱敏電阻器製作一個溫度控制器——溫度高時令電扇轉動，溫度低時令電扇停止。試設計並繪出其電路。　(提示：可參考圖 12-8)

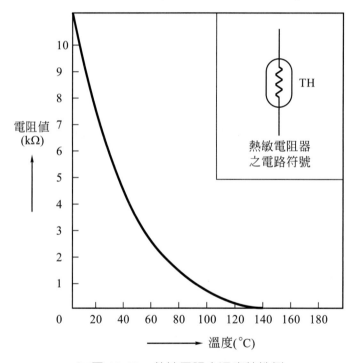

▲ 圖 12-18　熱敏電阻之溫度特性例

實習十三

截波電路與箝位電路實驗

一、實習目的

(1) 瞭解二極體截波電路之工作原理。

(2) 瞭解箝位電路之工作原理。

(3) 觀察二極體加偏壓之截波電路與箝位電路對輸出波形的影響。

二、相關知識

1. 截波電路

截波電路(clipping circuit)又稱為截波器(clipper)，其作用是將輸入波形的某一部分加以截掉，而將輸出波形之振幅限制在某一準位之上或某一準位之下。由於具有振幅的限制作用，所以又稱為限制器(limiter)。

截波電路依二極體與負載串聯或並聯，可分成串聯截波電路與並聯截波電路。分別說明如下：

1-1 串聯二極體截波電路

在分析截波或箝位電路時，二極體可以視為電子開關。當二極體順向導通時，可視為開關閉合；在二極體被加上逆向電壓而截止時，可視為開關打開，如圖 13-1 所示。

圖 13-2 與圖 13-3 所示之串聯二極體截波電路,大家一定覺得很面熟,它就是我們以前學過的半波整流電路。當二極體順向導通時,輸入波形呈現於負載 R_L 兩端,在輸入電壓的極性反轉而使二極體逆向截止時,R_L 上之電壓爲零。圖 13-2 截去輸入波形的負半週,圖 13-3 則截掉輸入波形的正半週。負載上只有半波。

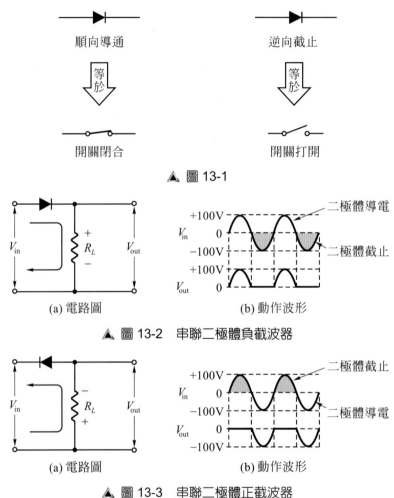

▲ 圖 13-1

(a) 電路圖　　　(b) 動作波形

▲ 圖 13-2　串聯二極體負截波器

(a) 電路圖　　　(b) 動作波形

▲ 圖 13-3　串聯二極體正截波器

1-2　加有偏壓之串聯二極體截波電路

假如希望輸入電壓在達到某一數值才發生截波作用,可借助一直流偏壓。所加偏壓之極性、大小與連接之位置,決定輸入波形被截掉的區域。

圖 13-4(a)中直流偏壓+30V 之極性對二極體爲逆向。因此,只在輸入電壓超過 +30V 時,二極體才獲得順向偏壓而導電;二極體導電時,輸出波形就與輸入波形相同。二極體不導電時,輸出電壓即爲直流偏壓 +30V。輸出波形如圖 13-4(b)所示。

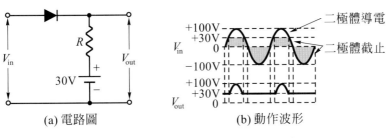

▲ 圖 13-4　串聯二極體正偏壓負截波器

在圖 13-5(a)中，直流偏壓 −30V 之極性對二極體而言是順向偏壓，因此輸入電壓高於 −30V 時，二極體皆處於導電狀態，輸入電壓呈現於輸出端。當輸入電壓低於 −30V 而令二極體截止時，輸出電壓即為直流偏壓 −30V。詳見圖 13-5(b)。

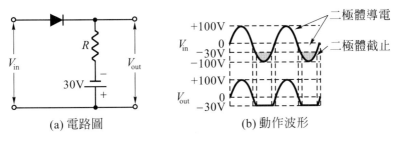

▲ 圖 13-5　串聯二極體負偏壓負截波器

在圖 13-6(a)中，直流偏壓+30V 之極性對二極體而言是順向偏壓，因此輸入電壓在未超過+30V 時，二極體皆處於導電狀態，輸入電壓呈現於輸出端。當輸入電壓超過+30V 而令二極體截止時，輸出電壓即為直流偏壓+30V。詳見圖 13-6(b)。

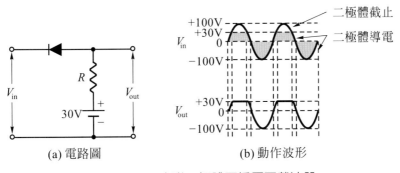

▲ 圖 13-6　串聯二極體正偏壓正截波器

在圖 13-7(a)中，直流偏壓 −30V 之極性對二極體而言是逆向偏壓，因此輸入電壓在低於 −30V 時，二極體才處於導電狀態，使輸入電壓呈現於輸出端。當輸入電壓高於 −30V 而令二極體截止時，輸出電壓即為直流偏壓 −30V。詳見圖 13-7(b)。

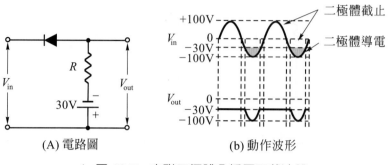

(A) 電路圖　　　　(b) 動作波形

▲ 圖 13-7　串聯二極體負偏壓正截波器

1-3　並聯二極體截波電路

圖 13-8 與圖 13-9 為並聯二極體截波電路，適用於負載電阻 R_L 較大的場合。在二極體順向導電時，輸出端被二極體短路，輸出電壓為零 (此時之輸入電壓全部降在限流電阻 R_S 上)。於二極體逆向截止時，因 $R_S \ll R_L$，故輸入電壓全部呈現於 R_L 兩端。輸出只有半波，詳見圖 13-8(b)及圖 13-9(b)。

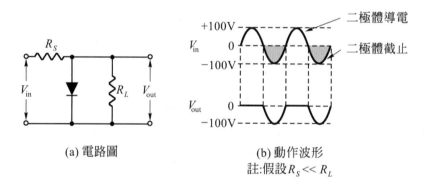

(a) 電路圖　　　　(b) 動作波形
　　　　　　　　註:假設 $R_S \ll R_L$

▲ 圖 13-8　並聯二極體正截波器

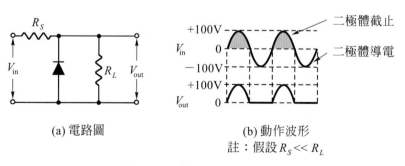

(a) 電路圖　　　　(b) 動作波形
　　　　　　　　註：假設 $R_S \ll R_L$

▲ 圖 13-9　並聯二極體負截波器

1-4　加有偏壓之並聯二極體截波電路

圖 13-10(a)之電路，直流偏壓 30V 對二極體而言為逆向，當輸入未超過 +30V 時，二極體截止，因為 $R_S \ll R_L$ 因此輸入電壓全部呈現於 R_L 兩端。於輸入電壓超過 +30V 時，二極體導電 (猶如一個開關閉合)，因此輸出電壓等於所加之直流偏壓 +30V。如圖 13-10(b)。

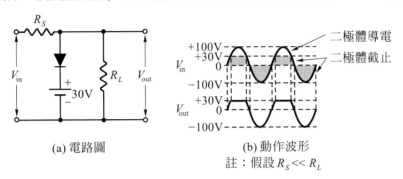

(a) 電路圖　　(b) 動作波形
註：假設 $R_S \ll R_L$

▲ 圖 13-10　並聯二極體正偏壓正截波電路

圖 13-11(a)中，輸入電壓高於 –30V 時，二極體截止，因 $R_S \ll R_L$，故輸入電壓全部呈現於輸出端。輸入電壓低於 –30V 時，二極體導通，輸出電壓 V_{out} 等於直流偏壓 –30V。如圖 13-11(b)。

圖 13-12 係由圖 13-10 與圖 13-11 組合而成。輸入電壓高於 E_1 (圖中以 +30V 為例) 時，二極體 D_1 導通，因此輸出電壓維持於 E_1(即 +30V)。輸入電壓低於 E_2 (圖中以 –30V 為例) 時，二極體 D_2 導電，輸出電壓維持於 E_2(即 –30V)。當輸入電壓為 +30V ～ – 30V 時，D_1 與 D_2 均不導通，因此輸入電壓全部呈現於輸出端 (假設 $R_S \ll R_L$)。如圖 13-12(b)所示。

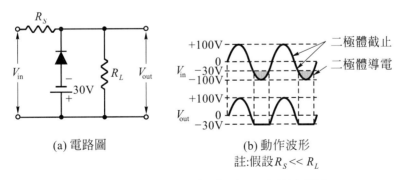

(a) 電路圖　　(b) 動作波形
註:假設 $R_S \ll R_L$

▲ 圖 13-11　並聯二極體負偏壓負截波電路

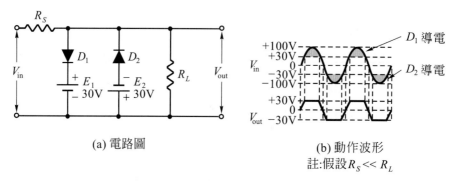

(a) 電路圖　　　　　　(b) 動作波形
註:假設 $R_S \ll R_L$

▲ 圖 13-12　加正負偏壓之雙向截波器

2. 箝位電路

箝位電路 (clamping circuit) 又稱為箝位器 (clamper)。箝位電路的輸出波形及峰對峰值與輸入相同，只是改變了輸入信號的零軸位置而已。由於此種電路能將輸入電壓加上所需要之適當直流準位，所以又稱為直流重置器 (DC restorer)。

能使輸入波形移往參考基準線的上方者稱為正箝位器。反之，將輸入波形移向參考基準線的下方 (即比參考基準電位更負) 者，稱為負箝位器。

2-1 二極體箝位器

圖 13-13 所示之箝位器，在輸入信號的正半週時，二極體導通，電容器 C 被充電至正半週的峰值($10V$)，同時由於二極體將輸出端短路，所以在 V_{in} 之正峰值，V_{out} 為零。輸入信號之負半週時，V_{in} 的 $10V$ 再加上 $V_C = 10V$，使輸出之負峰值成為 $-20V$。V_{out} 與 V_{in} 之波形相同，峰對峰值(V_{P-P} 值)亦相同，但整個 V_{out} 被箝於零軸的下方，故為負箝位器。

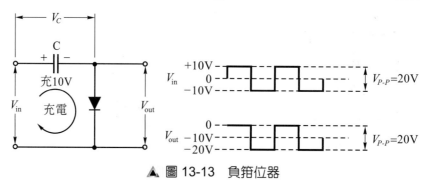

▲ 圖 13-13　負箝位器

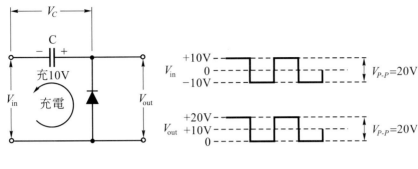

▲ 圖 13-14 正箝位器

將圖 13-13 之二極體反向，則成為圖 13-14 之電路。V_{in} 之負半週峰值被箝於零伏特，正半週時 V_{out} 之峰值成為 20V，整個 V_{out} 被箝於零軸的上方，故為正箝位器。

2-2 加有偏壓之二極體箝位器

圖 13-15 之二極體箝位器，在二極體的陰極接有直流偏壓 $E = 10V$，因此在 V_{in} 之正峰值時，C 可充電 $V_C = 30V - 10V = 20V$，同時由於二極體導電，V_{in} 之正峰值時，V_{out} 被箝於 +10V。當 V_{in} 的負峰值時，$V_{out} = V_{in} + V_C = -30V + (-20V) = -50V$，整個 V_{out} 在 +10V～-50V 之間變化。

圖 13-16 的之負箝位器，在二極體的陰極接有直流偏壓 $E = -15V$，在 V_{in} 的正峰值，電容器可充電至 $V_C = 30V + 15V = 45V$，同時 V_{in} 的正峰值時 V_{out} 被箝於 -15V。當 V_{in} 輸入負峰值時，$V_{out} = V_{in} + V_C = -30V + (-45V) = -75V$，整個 V_{out} 在 -15V～-75V 之間變化。

圖 13-17 之正箝位器，在 V_{in} 的負峰值時，電容器可充電 $V_C = V_{in} + E = 30V + 15V = 45V$，同時輸出被箝於 +15V。當 V_{in} 的正峰值輸入時，$V_{out} = V_{in} + V_C = 30V + 45V = 75V$，因此 V_{out} 在 +15V～+75V 之間變化。

圖 13-18 之正箝位器，在 V_{in} 的負峰值時，電容器可充電 $V_C = V_{in} - E = 30V - 10V = 20V$，同時輸出被箝於 -10V。當 V_{in} 的正峰值輸入時，$V_{out} = V_{in} + V_C = 30V + 20V = 50V$，因此 V_{out} 在 -10V～+50V 之間變化。

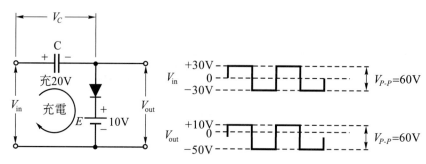

▲ 圖 13-15　加有正偏壓的負箝位器

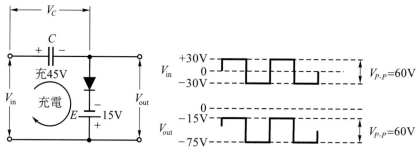

▲ 圖 13-16　加有負偏壓的負箝位器

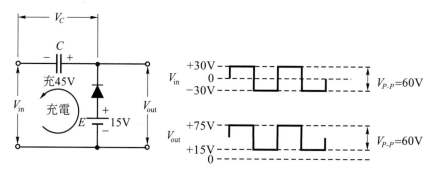

▲ 圖 13-17　加有正偏壓的正箝位器

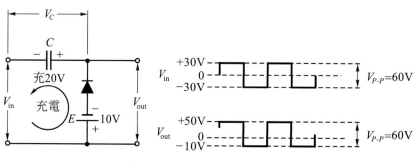

▲ 圖 13-18　加有負偏壓的正箝位器

三、實習項目

工作一：串聯二極體截波電路實驗

1. 接妥表 13-1 中之電路。二極體採用 1N 4001~1N 4007 任一編號皆可。

2. 將聲頻信號產生器調於 1kHz　$V_{P-P}=10\text{V}$ 之正弦波，分別做為各電路之輸入。

3. 示波器的選擇開關置於 DC 之位置。將觀察的結果記錄於表 13-1 中之相對應位置。

▼ 表 13-1

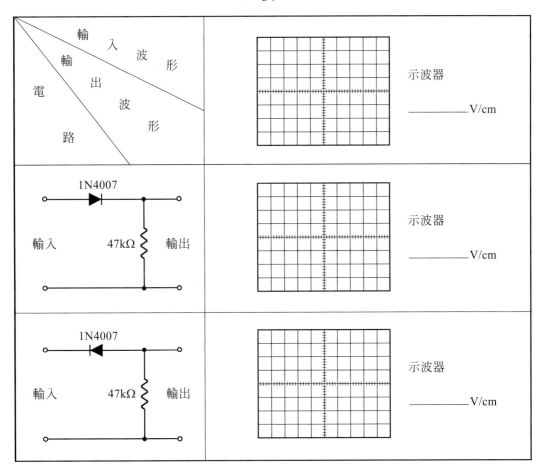

工作二：加有偏壓之串聯二極體截波電路實驗

1. 接妥表 13-2 中之電路。

2. 圖中之直流偏壓 $E = 2V$ ，請用直流電源供應器供應。

3. 聲頻信號產生器調於1kHz $V_{P-P} = 10V$ 之正弦波，做為各電路之輸入。

4. 示波器之選擇開關置於 DC 之位置。將觀察的結果記錄於表 13-2 中之相對應位置。

▼ 表 13-2

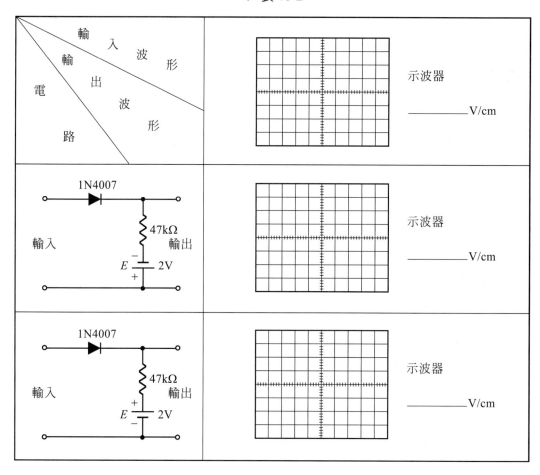

▼ 表 13-2 (續)

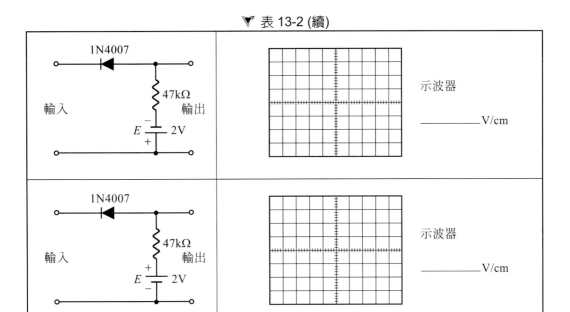

工作三：並聯二極體截波電路實驗

1. 接妥表 13-3 中之電路。

2. 仿照工作一的步驟 2～3 步驟，並將觀察之波形繪於表 13-3 中之相關位置。

▼ 表 13-3

電路 輸入波形 輸出波形	示波器 _____V/cm
47kΩ 輸入 1N4007 輸出	示波器 _____V/cm

▼ 表 13-3 (續)

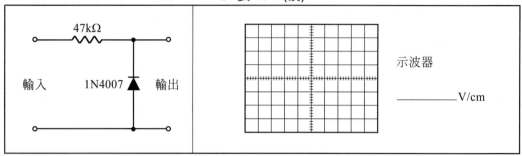

工作四：加有偏壓之並聯二極體截波電路實驗

1. 接妥表 13-4 中之電路。圖中之直流偏壓 $E = 2V$。

2. 仿照工作二的第 3～4 步驟，並將所觀察之波形繪於表 13-4 中之相關位置。

▼ 表 13-4

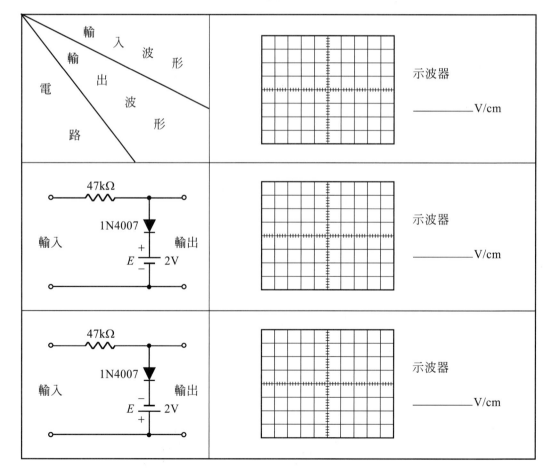

▼ 表 13-4 (續)

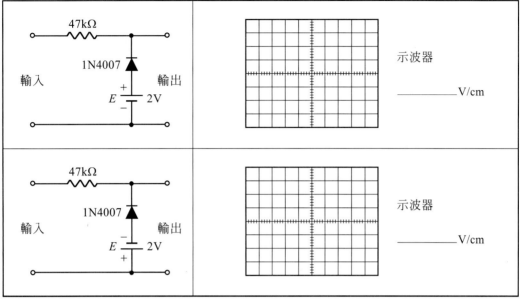

工作五：二極體箝位電路實驗

1. 接妥表 13-5 中之電路。

2. 仿照工作一的第 2～3 步驟，並將所觀察之波形繪於表 13-5 中之相關位置。

▼ 表 13-5

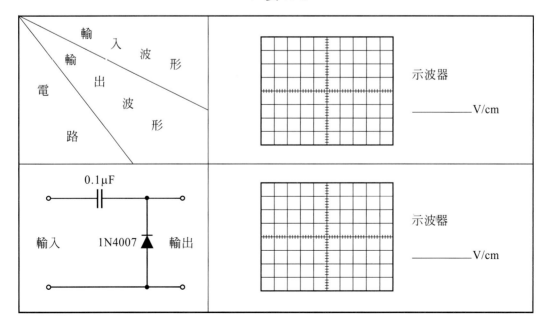

▼ 表 13-5 (續)

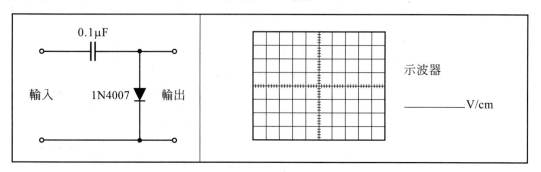

工作六：加有偏壓之二極體箝位電路實驗

1. 接妥表 13-6 中之電路。圖中之直流偏壓 $E = 3V$。

2. 仿照工作二的第 3～4 步驟，並將所觀察之波形繪於表 13-6 中之相關位置。

▼ 表 13-6

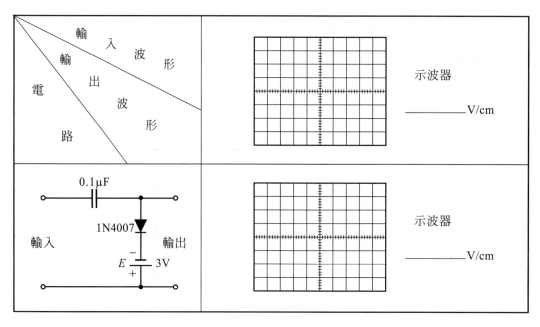

▼ 表 13-6 (續)

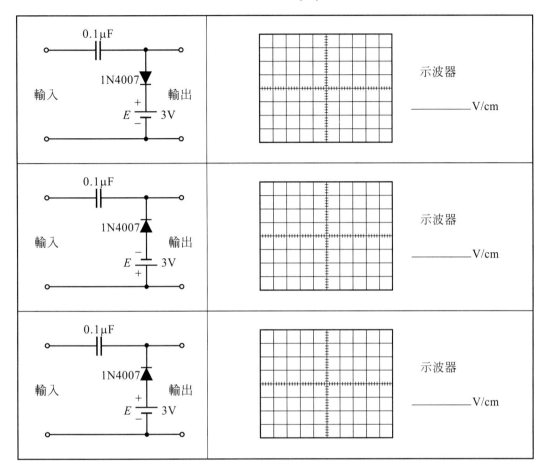

四、習題

1. 若圖 13-4 之直流偏壓改爲 200V，則輸出波形 V_{out} 爲何？

2. 交流信號通過箝位電路後，波形會被改變嗎？

3. 圖 13-8 中，若 $R_S = R_L$，試繪出其輸出(V_{out})波形。

4. 圖 13-17 中，若 $E = 30V$，試繪出其輸出(V_{out})波形。

實習十四

無穩態多諧振盪器實驗

一、實習目的

(1) 瞭解無穩態多諧振盪器的工作原理。

(2) 研究 RC 時間常數與振盪頻率的關係。

(3) 探討無穩態多諧振盪器之應用。

二、相關知識

1.多諧振盪器的種類

多諧振盪器一般可分為三大類：

(1) 無穩態多諧振盪器(astable multivibrator)。

(2) 單穩態多諧振盪器(monostable multivibrator)。

(3) 雙穩態多諧振盪器(bistable multivibrator)。

單穩態及雙穩態必須有外來控制信號加以觸發才能工作。無穩態電路則不需要外來的控制信號，電源通上後即開始振盪而輸出方波或矩形波。

2. 電晶體的工作方式

電晶體依其工作偏壓之不同，可分成三個工作區：

(1) 工作區(active region) —— 當電晶體被用來做為線性放大時 (例如前面討論過的共射極放大器、共集極放大器、共基極放大器) 即工作於工作區。

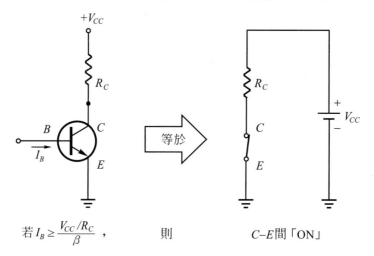

若 $I_B \geq \dfrac{V_{CC}/R_C}{\beta}$ ，　　　則　　　　　C–E間「ON」

▲ 圖 14-1　電晶體飽和

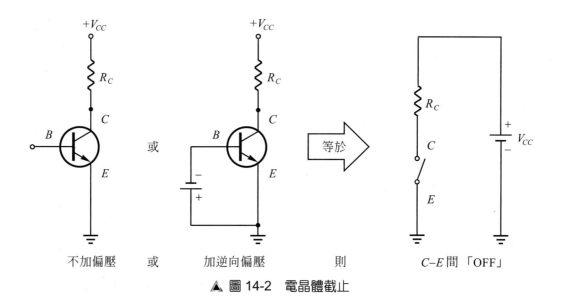

不加偏壓　　或　　加逆向偏壓　　　則　　　　C–E間「OFF」

▲ 圖 14-2　電晶體截止

(2) 飽和區(saturation region) —— 當電晶體如圖 14-1 所示，被加上足夠大的 I_B 時，集極與射極間之電阻非常小，$V_{CE} \fallingdotseq 0.1 \sim 0.2$ 伏特，此時的電晶體處於 ON (飽和) 狀態。

(3) 截止區(cutoff region) —— 若電晶體不加給偏壓或 $B-E$ 間加上逆向偏壓，如圖 14-2 所示，則 $I_C \fallingdotseq 0$，集極與射極間的電阻非常大，$V_{CE} \fallingdotseq V_{CC}$，此時電晶體即處於 OFF (截止) 狀態。

電晶體若工作於飽和區或截止區，則其輸出必為一失真之波形。而多諧振盪器卻令電晶體只工作在 ON 及 OFF 兩種狀態，因此輸出為矩形波。本實習僅就無穩態多諧振盪器加以討論，其餘兩種型式，留待稍後之實習再詳加介紹。

3. 無穩態多諧振盪器

用電晶體組成的無穩態多諧振盪器，如圖 14-3 所示，茲說明如下：

(1) 當電源 V_{CC} 剛接上之瞬間，TR_1 及 TR_2 分別由 R_{B1} 及 R_{B2} 獲得順向偏壓而導電。同時 C_1 及 C_2 亦分別經 R_{C1} 及 R_{C2} 充電，如圖 14-4 所示。

(2) 由於 TR_1 和 TR_2 的特性無法百分之百相同，其中的一個電晶體之電流增益會比另一個電晶體大，因此有一個電晶體會先進入 ON 的狀態。於此我們假設 TR_1 先進入「ON」的狀態。

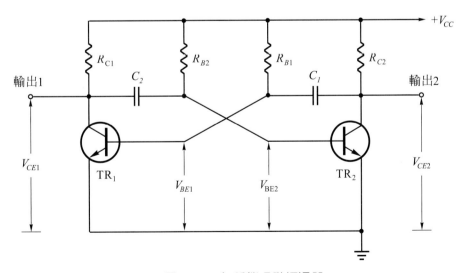

▲ 圖 14-3　無穩態多諧振盪器

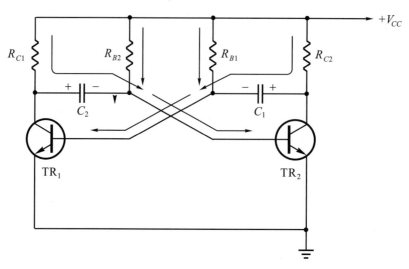

▲ 圖 14-4　電源剛加上時之情形

(3)　TR_1 進入 ON 之狀態，則 TR_1 的 $C-E$ 極間可視為一個開關 ON，如圖 14-5 所示。此時 C_2 的 "＋" 端加於 TR_2 的射極，"—" 端本來就接在 TR_2 的基極，因此 TR_2 被 C_2 加上逆向偏壓而截止，成為「OFF」之狀態。同時 C_1 經 R_{C2} 及 TR_1 的 $B-E$ 極而於短時間內充電至 V_{CC}。

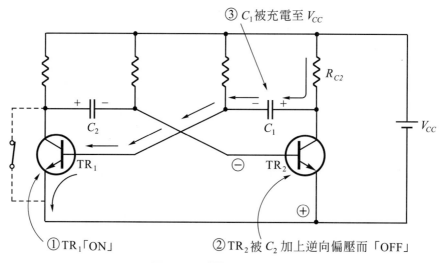

▲ 圖 14-5　TR_1 飽和時之情形

(4) 圖 14-5 之狀態並不會永遠維持下去。因為 C_2 會經圖 14-6 所示之路徑放電，因此 經過 $T_2 = 0.7 R_{B2} C_2$ 秒以後，C_2 即放電完畢而令 TR_2 的 $B - E$ 間逆向偏壓消失，此 時 TR_2 由 R_{B2} 獲得順向偏壓而進入「ON」狀態。

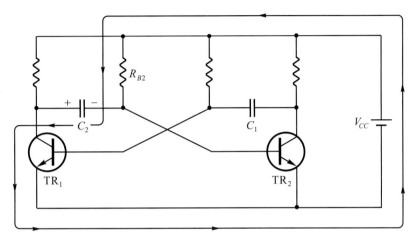

▲ 圖 14-6　C_2 經 $TR_1 \to V_{CC} \to R_{B2}$ 放電

(5) TR_2「ON」則 TR_2 的 $C - E$ 極間可視為一個開關 ON，如圖 14-7 所示，因此 TR_1 被 C_1 加上逆向偏壓而 OFF。同時 C_2 被充電至 V_{CC}。

(6) 圖 14-7 之狀態亦不會永遠維持下去。因為 C_2 會經圖 14-8 所示之路徑放電，因 此 $T_1 = 0.7 R_{B1} C_1$ 秒後，C_1 即放電完畢而令 TR_1 的 $B - E$ 間逆向偏壓消失，此時 TR_1 經 R_{B1} 獲得順向偏壓而進入 ON 之狀態。

(7) 由於第(3)步驟～第(6)步驟不斷循環發生，TR_1 與 TR_2 交互 ON、OFF 動作，因 此由集極輸出方波。

(8) 無穩態多諧振盪器的各點波形如圖 14-9 所示。

(9) 因為 TR_1「OFF」、TR_2「ON」的時間決定於 C_1 通過 R_{B1} 放電的時間 $T_1 = 0.7 R_{B1} C_1$，而 TR_2「OFF」、TR_1「ON」的時間決定於 C_2 通過 R_{B2} 放電的 時間 $T_2 = 0.7 R_{B2} C_2$，因此無穩態多諧振盪器的一個週期為 T_1 與 T_2 之和，即 $T = T_1 + T_2 = 0.7(C_1 R_{B1} + C_2 R_{B2})$。在電路完全對稱時，$TR_1 = TR_2$、$C_1 = C_2 = C$、 $R_{B1} = R_{B2} = R_B$、$R_{C1} = R_{C2}$，因此

方波的週期 $T = 1.4 R_B C$ (14-1)

方波的頻率 $f = \dfrac{1}{T} = \dfrac{1}{1.4 R_B\, C}$ (14-2)

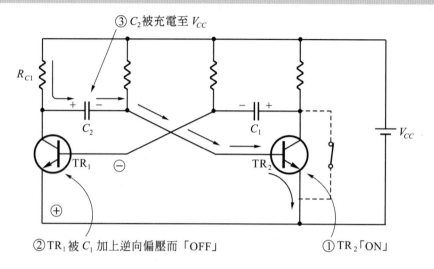

▲ 圖 14-7　TR_2 飽和時之情形

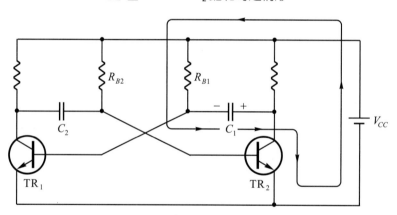

▲ 圖 14-8　C_1 經 $TR_2 \to V_{CC} \to R_{B1}$ 放電

(10) 設計無穩態多諧振盪器之基本公式為：

① $R_C = \dfrac{V_{CC}}{I_C}$

V_{CC} 的大小決定欲輸出方波之振幅，但應低於電晶體的 V_{CEO}，式中的 I_C 亦需在電晶體可承受的 $I_{C\max}$ 以內。

② $R_B = \dfrac{\beta R_C}{X}$ 　　　（但 $X = 2\sim10$）

③ $C = \dfrac{1}{1.4\, R_B\, f}$

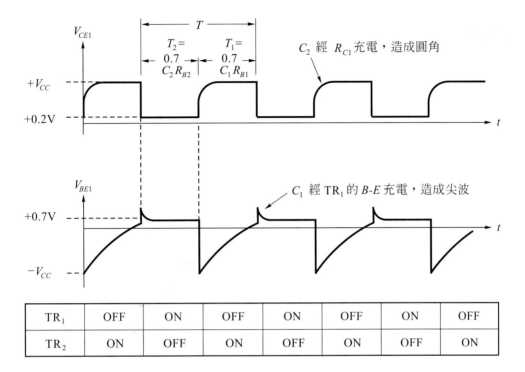

TR$_1$	OFF	ON	OFF	ON	OFF	ON	OFF
TR$_2$	ON	OFF	ON	OFF	ON	OFF	ON

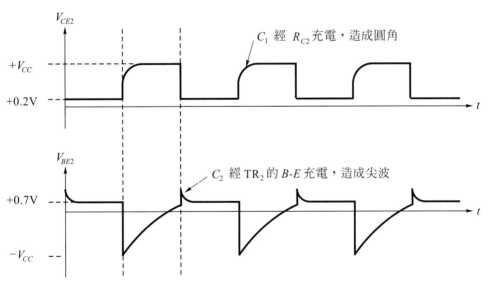

▲ 圖 14-9　無穩態多諧振盪器的各點波形

三、實習項目

工作一：無穩態多諧振盪器實驗

1. 接妥圖 14-10 之電路，但 C_1 及 C_2 暫時不接。圖中的電晶體只要是 NPN 矽電晶體 (2SC1815、2SC1384 等) 皆可。

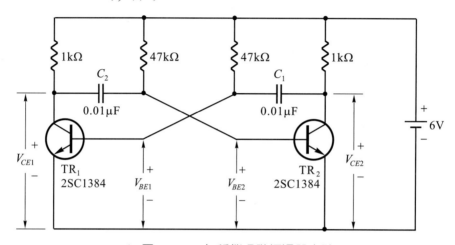

▲ 圖 14-10　無穩態多諧振盪器實驗

2. 通上 DC 6V 之電源。

3 以三用電表 DCV 測量各點電壓並記錄於下：

$V_{CC} =$ _____ 伏特

$V_{CE1} =$ _____ 伏特

$V_{CE2} =$ _____ 伏特

$V_{BE1} =$ _____ 伏特

$V_{BE2} =$ _____ 伏特

4. 以上測試是否 $V_{CE} < 0.3$ 伏特，$V_{BE} \fallingdotseq 0.7$ 伏特呢？若非如此，則為電路接錯或電晶體不良，找出原因並更正之。

5. 把 $C_1 = C_2 = 0.01 \mu F$ 接上。

6. 以三用電表 DCV 測量各點電壓，並記錄於表 14-1 中。

7. 以示波器測量 TR_1 及 TR_2 各點之波形，並記錄於表 14-1 中。

　　註：示波器的輸入開關應置於 DC 位置，繪波形時應將時間軸對齊，並注意其振幅。

▼ 表 14-1

	示波器 垂直＿＿＿＿V/cm，水平＿＿＿＿ ms/cm		三用電表 (DCV)
V_{CE1}			DC ＿＿＿＿＿ 伏特
V_{BE2}			順向或逆向? DC ＿＿＿＿＿ 伏特
V_{CE2}			DC ＿＿＿＿＿ 伏特
V_{BE1}			順向或逆向? DC ＿＿＿＿＿ 伏特

工作二：閃爍燈

1. 圖 14-11 為一閃爍燈電路。若要提高 LED 的亮度，可把圖中的 1kΩ 改為 470Ω。

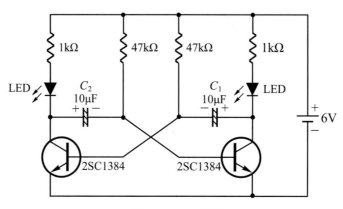

▲ 圖 14-11　閃爍燈

2. 接妥電路後，通上 DC6V 之電源。

3. 兩個 LED 是否會交互明滅？　答：＿＿＿＿＿＿＿＿

四、問題研討

問題 1

圖 14-3 之電路，為何 TR_1 截止的時間 $T_1 = 0.7R_{B1}C_1$，TR_2 的截止時間 $T_2 = 0.7\ R_{B2}C_2$ 呢？

解　當電容器 C_1 放電之瞬間，R_{B1} 兩端的電壓約為 $2V_{CC}$，放電時 R_{B1} 兩端之電壓逐漸減小，當 C_1 放電完畢時 R_{B1} 兩端電壓降低到 V_{CC}，此時 TR_1 立即由截止變為導通，故

$$V_{CC} = 2V_{CC}e^{-\frac{T_1}{R_{B1}C_1}}$$

$$\frac{1}{2} = e^{-\frac{T_1}{R_{B1}C_1}}$$

等式的兩邊取自然對數，得

$$\ln\frac{1}{2} = \ln e^{-\frac{T_1}{R_{B1}C_1}}$$

$$\ln 1 - \ln 2 = -\frac{T_1}{R_{B1}C_1}$$

$$0 - \ln 2 = -\frac{T_1}{R_{B1}C_1}$$

$$T_1 = R_{B1}C_1 \ln 2 = 0.693 R_{B1}C_1 \fallingdotseq 0.7 R_{B1}C_1$$

同理，$T_2 = 0.7 R_{B2}C_2$

五、習題

1.　如圖 14-3 所示之無穩態多諧振盪器，若要使 TR_1 導通的時間為 TR_2 的兩倍，則電路上之零件應如何更改？

2.　如何用三用電表檢查無穩態多諧振盪器是否工作正常？

3.　為何表 14-1 中，以三用電表測得之 $V_{CE1} \fallingdotseq V_{CE2} \fallingdotseq \dfrac{V_{CC}}{2}$ 呢？

4.　若圖 14-11 中之 C_1 與 C_2 改用 3.3μF 的電容器，對電路有何影響？

單穩態多諧振盪器實驗

一、實習目的

(1) 瞭解單穩態多諧振盪器的工作原理。

(2) 觀察單穩態多諧振盪器的閘門時間與 *RC* 時間常數之關係。

(3) 明白單穩態多諧振盪器之用途。

二、相關知識

在自動控制中往往要使用到計時電路(timer)，單穩態多諧振盪器即為一計時電路。

單穩態多振盪器是由兩個電晶體組合而成，當無任何觸發信號輸入時，電路將保持一個電晶體永遠ON，另一個電晶體永遠OFF之「穩定狀態」。若有觸發信號輸入，則原來ON的將變為OFF，而原來OFF者變為ON，經過一段時間 (稱為閘門時間，由 *RC* 時間常數決定) 後，原來ON者恢復ON，原來OFF者恢復OFF。除非有第二個觸發信號輸入，否則電路將永遠保持在穩定狀態。

因為每當外來信號一觸發(trigger)，單穩態多諧振盪器就會輸出一個定時脈波，此種動作情形類似於扣手槍的板機所生之作用，因此單穩態多諧振盪器也被稱為單擊電路(one-shot)。

1. **用正脈衝觸發之單穩態多諧振盪器**

   (1) 圖 15-1 是用正脈衝觸發之單穩態多諧振盪器。

   (2) 當電源 V_{CC} 加上後，由 R_{B2} 供給之偏壓使 TR_2 「ON」，同時 C_B 亦經 $+V_{CC} \rightarrow R_{C1} \rightarrow C_B \rightarrow TR_2$ 的 $B \rightarrow TR_2$ 的 E (即地) 充電。如圖 15-2 所示。

   (3) 由於 TR_2 「ON」後，其 $V_{CE2} < 0.2$ 伏特。此 0.2V 之電壓經 R_{B1} 加至 TR_1 的基極無法令 TR_1 導電 (矽電晶體 $V_{BE1} > 0.6$ 伏特才能導電)，因此 TR_1 「OFF」。

   (4) 若無外來觸發信號，則 TR_1 恆為 OFF，TR_2 恆為 ON，且 C_B 兩端充有大約 V_{CC} 的電壓。

   (5) 當外加觸發方波輸入時，先經過 C_t、R_t 組成的微分電路而形成正負脈衝，再經二極體的截波作用，將正脈衝加至 TR_1 的基極。

   (6) TR_1 的基極被加上正脈衝的瞬間，TR_1 立即由 OFF 變成 ON，因此 TR_2 如圖 15-3 所示被 C_B 加上逆向偏壓而 OFF。此時 TR_2 的集極電壓立刻上升至 V_{CC}，而由 R_{B1} 供應順向偏壓，使 TR_1 保持於 ON。

   (7) TR_1 「ON」、TR_2 「OFF」之狀態並不會長久持續下去。因為 C_B 會經圖 15-4 所示之路徑放電，所以經過 $T = 0.7 R_{B2} C_B$ 秒以後，C_B 即放電完畢而令 TR_2 的 $B - E$ 間逆向電壓消失，此時 TR_2 由 R_{B2} 獲得順向偏壓而回復 ON 之狀態。

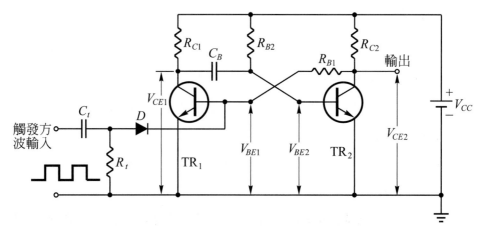

▲ 圖 15-1　用正脈衝觸發之單穩態多諧振盪器

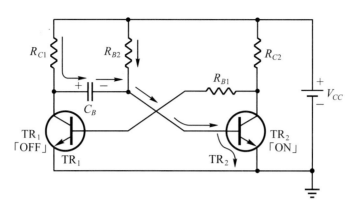

▲ 圖 15-2　電源剛加上時之情形

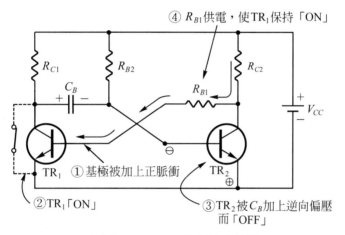

▲ 圖 15-3　TR_1飽和時之情形

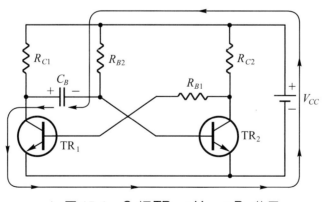

▲ 圖 15-4　C_B經$TR_1 \rightarrow V_{CC} \rightarrow R_{B2}$放電

(8) TR$_2$ 回復 ON 後，$V_{CE2}<0.2$ 伏特不足以使 TR$_1$ 導電(TR$_1$ 必需 $V_{BE1}>0.6$ 伏特才會導電)，所以 TR$_1$「OFF」。此時 C_B 再度充電至兩端大約為 V_{CC} 之電壓。 (動作情形與圖 15-2 相同。)

(9) 除非觸發脈波再度輸入，否則電路會一直保持於 TR$_2$「ON」、TR$_1$「OFF」之穩定狀態。

(10) 利用正脈衝觸發之單穩態多諧振盪器，動作時各點之波形如圖 15-5 所示。

(11) 圖 15-1，電晶體 TR$_2$「OFF」的時間 (即輸出電壓 $V_{CE2}=+V_{CC}$ 之時間) 稱為閘門時間。

閘門時間　$T \doteqdot 0.7R_{B2}C_B$　　　　　　　　　　　　　　　　　　(15-1)

(12) 註：若單穩態應用於閘門時間甚小的場合，可在 R_{B1} 上並聯一個 50pF～250pF 的小電容器，使電晶體 ON $\leftrightarrow$ OFF 之轉換較迅速，此電容器稱為「加速電容器」，其動作原理詳見圖 15-14 至圖 15-16 之說明。

2. 用負脈衝觸發之單穩態多諧振盪器

(1) 圖 15-6 是用負脈衝觸發之單穩態多諧振盪器。

(2) 電源 V_{CC} 接上後，TR$_2$「ON」，TR$_1$「OFF」。而且 C_B 兩端充有大約 V_{CC} 之電壓。動作情形如圖 15-7。

(3) 當外加觸發方波輸入時，先經過 C_t、R_t 組成的微分電路而形成正負脈衝，再經二極體 D 的截波作用，將負脈衝加至 TR$_2$ 的基極，使得 TR$_2$ 的基極形成逆向偏壓，令 TR$_2$ 由 ON 變為 OFF。TR$_2$ 一截止，其集極電壓立即上升至 V_{CC}，而使 TR$_1$ 經 R_{B1} 獲得足夠的基極電流而進入 ON 狀態。如圖 15-8 所示。

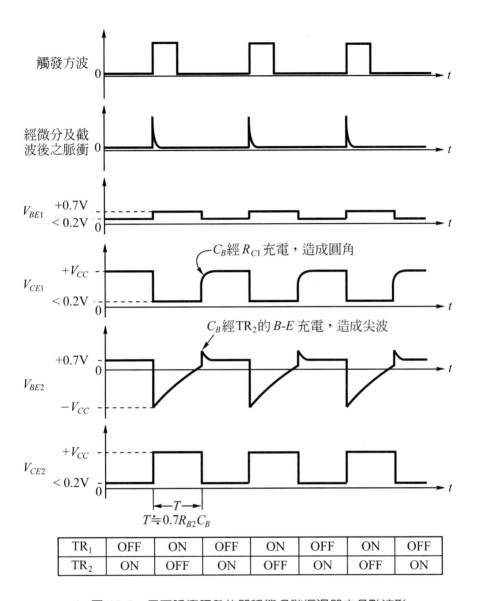

▲ 圖 15-5　用正脈衝觸發的單穩態多諧振盪器之各點波形

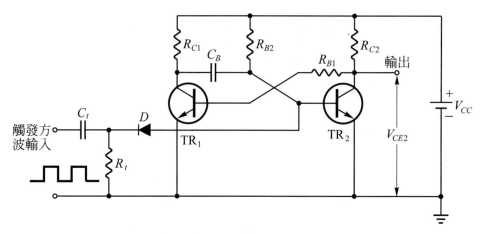

▲ 圖 15-6　用負脈衝觸發之單穩態多諧振盪器

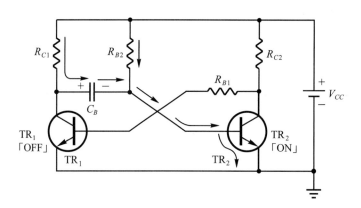

▲ 圖 15-7　電源剛加上時之情形

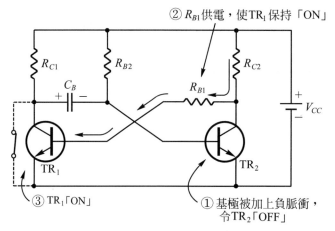

▲ 圖 15-8　TR_2 截止時之情形

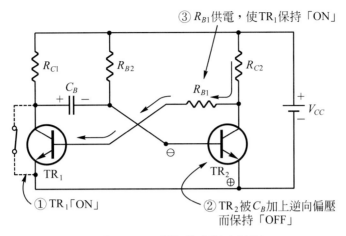

▲ 圖 15-9　TR₁ 飽和時之情形

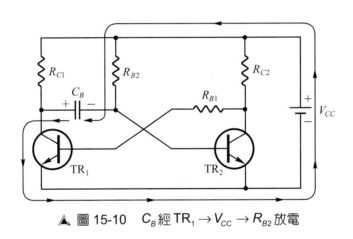

▲ 圖 15-10　C_B 經 TR₁ → V_{CC} → R_{B2} 放電

(4)　TR₁ ON 後，TR₂ 即被 C_B 加上逆向偏壓而保持於 OFF 狀態，如圖 15-9 所示。

(5)　TR₁「ON」，TR₂「OFF」之狀態並不會長久持續下去。因為 C_B 會經圖 15-10 所示之路徑放電，所以經過 $T = 0.7\,R_{B2}\,C_B$ 秒以後，C_B 即放電完畢而令 TR₂ 的 $B-E$ 間之逆向偏壓消失，此時 TR₂ 由 R_{B2} 獲得順向偏壓而回復 ON 之狀態。

(6)　TR₂ 回復「ON」後，$V_{CE2} < 0.2$ 伏特，不足以令 TR₁ 導電，所以 TR₁「OFF」。此時 C_B 再度充電至兩端大約為 V_{CC} 之電壓。（動作情形與圖 15-7 相同。）

(7)　除非觸發脈衝再度輸入，否則電路會一直保持於 TR₂「ON」，TR₁「OFF」之穩定狀態。

(8)　動作時各點之波形如圖 15-11 所示。

(9) 圖 15-6，電晶體 TR_2「OFF」的時間 (即輸出電壓 $V_{CE2} = +V_{CC}$ 之時間)，稱為閘門時間。

閘門時間 $T \fallingdotseq 0.7R_{B2}C_B$ (15-2)

(10) 註：若單穩態應用於閘門時間甚小的場合，可在 R_{B1} 上並聯一個 50pF～250pF 的小電容器，使電晶體 ON ↔ OFF 之轉換較迅速，此電容器稱為「加速電容器」，其動作原理詳見圖 15-14 至圖 15-16 之說明。

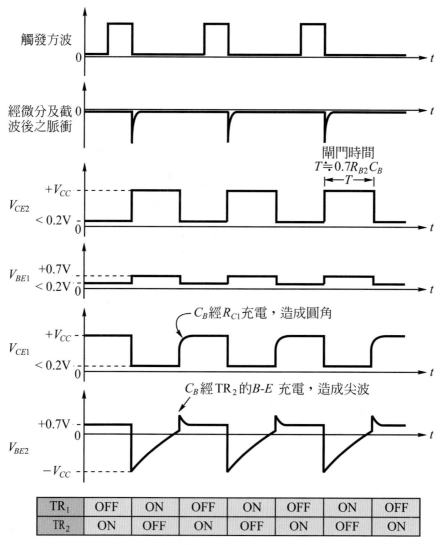

▲ 圖 15-11 用負脈衝觸發的單穩態多諧振盪器之各點波形

3. 單穩態多諧振盪器設計

用電晶體組成的單穩態多諧振盪器，如圖 15-1 或圖 15-6，設計步驟如下：

(1) 決定 V_{CC} 的電壓值。

V_{CC} 的大小決定輸出電壓的振幅。但 V_{CC} 應低於電晶體的耐壓 V_{CEO}。

(2) 令 $R_{C1} = R_{C2} = R_C$

① R_C 值以不超出 $10\text{k}\Omega$ 為佳。

②若 $I_C = \dfrac{V_{CC}}{R_C}$ 小於 0.5mA，則需酌量減少 R_C 值。

(3) 令 $R_{B1} = R_{B2} = \dfrac{\beta R_C}{X}$　　(但 $X = 2\sim10$)

(4) 閘門時間 $T \doteqdot 0.7R_{B2}C_B$，所以

$$C_B \doteqdot \frac{T}{0.7R_{B2}}$$

(5) $R_t \geq R_C \times 10$

(6) $C_t \leq \dfrac{t}{20R_t}$　　(但 t 為觸發信號的週期)

三、實習項目

工作一：用正脈衝觸發之單穩態多諧振盪器實驗

1. 接妥圖 15-12 之電路。

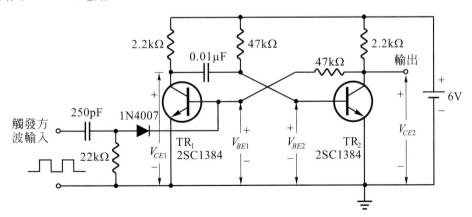

▲ 圖 15-12　用正脈衝觸發之單穩態多諧振盪器實驗

2. 檢查接線無誤後,將 V_{CC} = 6V 接上。

3. 以三用電表 DCV 測量 TR_1 及 TR_2 之各極電壓,並記錄於表 15-1 中。

4. 以示波器測量 V_{CE2} 之波形 (示波器的選擇開關置於 DC 之位置)。並將聲頻信號產生器輸出 1000Hz 方波,接到「觸發方波輸入端」。

▼ 表 15-1　(用三用電表 DCV 測量)

TR_1	TR_2
V_{BE1} = ＿＿＿＿＿ 伏特 V_{CE1} = ＿＿＿＿＿ 伏特 ON 或 OFF?答:＿＿＿＿	V_{BE2} = ＿＿＿＿＿ 伏特 V_{CE2} = ＿＿＿＿＿ 伏特 ON 或 OFF?答:＿＿＿＿
備註:V_{CC} = ＿＿＿＿＿ 伏特	

5. 逐漸增強信號產生器之輸出電壓,直到示波器出現波形。此時 V_{CE2} 之閘門時間

= ＿＿＿＿＿ms

6. 將信號產生器的方波頻率調至 1500Hz 方波,閘門時間 = ＿＿＿＿＿ms。

7. 第 5.步驟與第 6.步驟測得之閘門時間是否相同? 答:＿＿＿＿＿

工作二:用負脈衝觸發之單穩態多諧振盪器實驗

1. 移動二極體的位置,使電路成為圖 15-13。

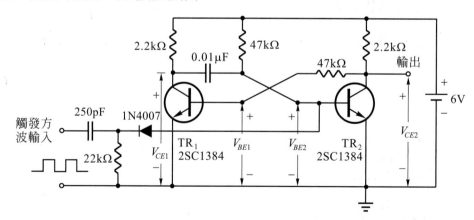

▲ 圖 15-13　用負脈衝觸發之單穩態多諧振盪器實驗

2. 通上直流電源$V_{CC} = 6V$。

3. 在觸發方波輸入端接上聲頻信號產生器，並以示波器測量V_{CE2}之波形。

4. 將信號產生器之頻率調至 1000Hz 方波，並增強信號產生器之輸出電壓，直到示波器出現波形。此時V_{CE2}的閘門時間 = _____ms。

5. 將信號產生器之頻率調至 1500Hz 方波，閘門時間 = _____ms。

6. 第 4.步驟與第 5.步驟測得之閘門時間是否相同？　答：_____

四、問題研討

問題 1

在圖 15-1 與圖 15-6 之說明中曾經提到——若在R_{B1}上並聯一個50pF～250pF 的小電容器可使電晶體 ON↔OFF 的轉換較迅速。為什麼呢？

解 當電晶體被用於電路中擔任 ON 與 OFF 之功能時，是一種非常優良的電子開關。其基本電路如圖 15-14 所示。在電晶體被加上$+V$ 而通過足夠大的I_B 時，電晶體的集－射極間進入 ON 之狀態。若輸入電壓降為 0，則$I_B = 0$，$I_C = 0$，電晶體$C - E$ 間截止。若我們想令電晶體由 OFF 轉為 ON 時之速度增快，可以提高I_B。欲使電晶體由 ON 轉為 OFF 之速度增快，可在電晶體的$B - E$ 極加上一個逆向電壓。改良後之電路如圖 15-15 所示，現在就讓我們來看看C_S 如何達成上述兩大要求。

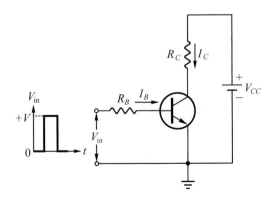

▲ 圖 15-14　電晶體開關之基本電路

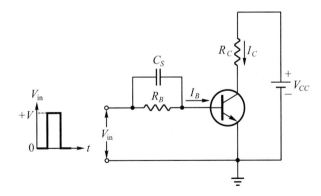

▲ 圖 15-15　電晶體開關之改良電路

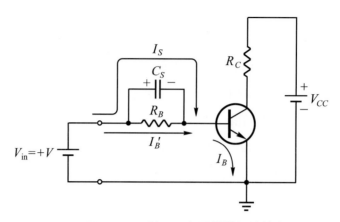

(a) $V_{in}=+V$ 時，I_S 令電晶體加速飽和。

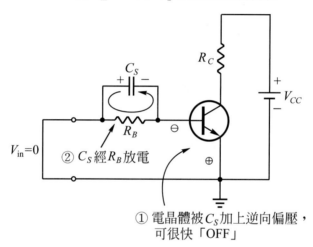

① 電晶體被 C_S 加上逆向偏壓，
可很快「OFF」

(b) $V_{in}=0$ 時，C_S 令電晶體加上逆向偏壓而加速截止。

▲ 圖 15-16 加速電容器 C_S 功能之分析

在圖 15-15 中，當輸入電壓由 0 跳升至 $+V$ 時，不但 R_B 會供應一個電流 $I_B{}'$ 給電晶體，同時 C_S 的充電電流 I_S 亦流經電晶體的 $B-E$ 極，所以在此瞬間通過電晶體的 I_B 甚大（$I_B = I_B{}'+I_S$）而令電晶體很快的由 OFF 變為 ON，如圖 15-16(a)所示。但當輸入電壓由 $+V$ 跳回 0 時，C_S 上所充的電荷即如圖 15-16(b)所示在電晶體的 $B-E$ 極間加上逆向電壓，因此電晶體由 ON 迅速轉換為 OFF。

因為電容器 C_S 能加速電晶體 ON ↔ OFF 之轉換速度，因此稱為加速電容器(speed up capacitor)。

五、習題

1. 單穩態多諧振盪器有何特性？

2. 單穩態多諧振盪器之主要用途為何？

3. 圖 15-1 若使用 PNP 電晶體製作，請繪出電路圖。

雙穩態多諧振盪器實驗

一、實習目的

(1) 瞭解雙穩態多諧振盪器之工作原理。

(2) 探討觸發信號對電路之影響。

二、相關知識

　　雙穩態多諧振盪器又稱為正反器(flip-flop)，此種電路具有兩個穩定狀態，其中任一個電晶體 ON 時，另一個便 OFF，若無觸發信號輸入，此一狀態便恆定不變。若外來信號使原來 ON 的變成 OFF，則原來 OFF 者必轉為 ON，此種狀態會繼續保持下去，直到第二個觸發信號輸入，才能使電路回復到原先的狀態。

　　雙穩態多諧振盪器依其輸入信號形式之不同，可分為 *RS* 正反器及 *T* 型正反器，茲分別說明如下：

1. *RS* 正反器(reset set flip-flop)

    (1) *RS* 正反器如圖 16-1 所示，是最基本的雙穩態多諧振盪器，擁有設置(set)及復置(reset)兩個輸入端子。由於 *RS* 正反器具有記憶作用，因此常在自動控制電路中擔任自保持電路(self hold)。

(2) 縱然在電路中 $R_{C1} = R_{C2}$，$R_{B1} = R_{B2}$，TR_1 和 TR_2 使用相同編號的電晶體，但是由於電路增益之差異，當 V_{CC} 電源接上之瞬間，必有一電晶體會先進入 ON 之狀態。假設 TR_1 先 ON，則 TR_2 即因無法獲得足夠的順向偏壓而被迫處於 OFF 狀態。

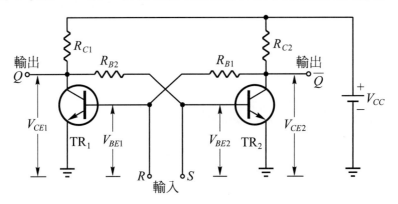

▲ 圖 16-1　雙穩態多諧振盪器之基本電路

(3) 若我們在「R 輸入端」加上一個負電壓 (即令 V_{BE1} 爲逆向偏壓) 或零電壓 (即令 $V_{BE1} = 0$) 則 TR_1 會 OFF，其 V_{CE1} 上升，使 TR_2 由 R_{B2} 獲得順向偏壓而進入 ON 狀態。TR_2「ON」後，V_{CE2} 下降至極低，而將 TR_1 保持於 OFF 狀態。

(4) 同理，若我們在「S 輸入端」加上一個負電壓或零電壓，則能令 TR_2「OFF」，TR_1 轉爲「ON」。

(5) 以圖 16-2 爲例，

　(a) 按 PB_1 時，TR_1「OFF」，TR_2「ON」，放開 PB_1 後，仍然保持此種狀態。

　(b) 按 PB_2 時，TR_2「OFF」，TR_1「ON」，放開 PB_2 後，仍然保持此種狀態。

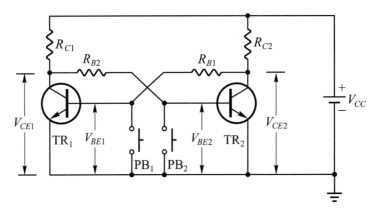

▲ 圖 16-2　RS 正反器之基本電路

(6) 設計電路之基本公式：

$$R_{B1} = \frac{\beta R_{C1}}{X}$$

$$R_{B2} = \frac{\beta R_{C2}}{X} \quad (但\ X = 2\sim10)$$

2. 基極觸發式 T 型正反器

(1) 所謂 T 型正反器，是只有一個輸入端 T (trigger)的雙穩態多諧振盪器。每個觸發信號輸入時，皆能令輸出 Q 和 $\overline{Q}$ 之電位翻轉一次。由於每兩個連續的觸發信號輸入，電路即輸出一個方波，因此 T 型正反器能作除以 2 的工作。

(2) 基本的 T 型正反器如圖 16-3 所示，茲說明如下：

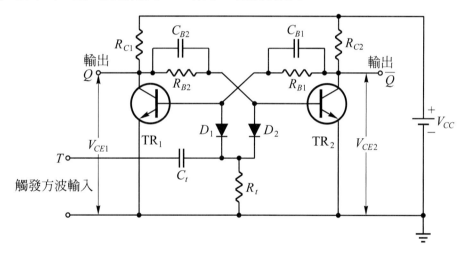

▲ 圖 16-3　基極觸發式 T 型正反器

(a) 若觸發信號未輸入時 TR_1「ON」、TR_2「OFF」，則 C_{B1} 可充電至兩端電壓大約為 V_{CC}，C_{B2} 則因 TR_1「ON」時 V_{CE1} 很低而無法充電。

(b) 第一個輸入信號經 C_t 與 R_t 微分成正負脈衝後，經 D_1 和 D_2 分別接到 TR_1 和 TR_2 的基極，由於二極體的截波作用，只有負脈衝加到電晶體的基極。

(c) 當負脈衝到達兩個基極時，TR_1 和 TR_2 同時 OFF。TR_1 由 ON 變成 OFF 時 V_{CE1} 立即上升至 V_{CC}，此上升之電壓使 C_{B2} 充電，因此充電電流使 TR_2 立即 ON。TR_2「ON」時 V_{CE2} 甚低，因此 TR_1 保持於 OFF。

(d) 在 TR$_1$「OFF」、TR$_2$「ON」的狀態下，C_{B2} 的兩端充電至大約為 V_{CC}，C_{B1} 則經 R_{B1} 放電，以至沒有電荷。

(e) 第二個負脈衝到達兩個電晶體的基極時，TR$_1$ 和 TR$_2$ 同時 OFF。TR$_2$ 由 ON 變成 OFF 時 V_{CE2} 立即上升至 V_{CC}，此上升之電壓使 C_{B1} 充電，因此充電電流 使 TR$_1$ 立即「ON」。TR$_1$「ON」時 V_{CE1} 甚低，因此 TR$_2$ 保持於「OFF」。

(f) 在 TR$_1$「ON」、TR$_2$「OFF」的狀態下，C_{B1} 的兩端充電至大約等於 V_{CC}，C_{B2} 則經 R_{B2} 放電，以至沒有電荷。

(g) 當輸入信號連續不斷輸入時，電路即重接第(c)至(f)步驟而不斷工作。波形如 圖 16-4 所示。

(h) 由圖 16-4 可知輸出頻率 ＝ 輸入頻率÷2

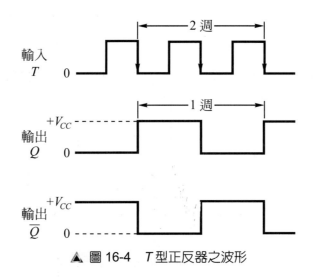

▲ 圖 16-4　T 型正反器之波形

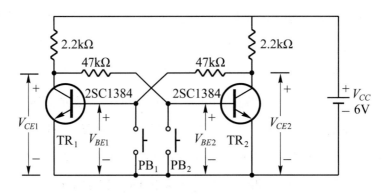

▲ 圖 16-5　RS 正反器實驗

三、實習項目

工作一：RS 正反器實驗

1. 接妥圖 16-5 之電路。圖中的 PB_1 及 PB_2 是小型按鈕 (TACT) 。

2. 通上直流電源 $V_{CC} = 6V$ 。

3. 按一下按鈕 PB_1，然後以三用電表 DCV 分別測量電晶體各極之電壓，並記錄於表 16-1 中。

▼ 表 16-1

電晶體 TR_1	電晶體 TR_2
V_{BE1} = _____ 伏特	V_{BE2} = _____ 伏特
V_{CE1} = _____ 伏特	V_{CE2} = _____ 伏特
ON 或 OFF？答：____	ON 或 OFF？答：____
備註：V_{CC} = _____ 伏特	

4. 按一下按鈕 PB_2，然後用三用電表 DCV 測量電晶體各極之電壓，並記錄於表 16-2 中。

▼ 表 16-2

電晶體 TR_1	電晶體 TR_2
V_{BE1} = _____ 伏特	V_{BE2} = _____ 伏特
V_{CE1} = _____ 伏特	V_{CE2} = _____ 伏特
ON 或 OFF？答：____	ON 或 OFF？答：____

5. 表 16-2 中 TR_1 和 TR_2 的 ON 或 OFF 狀態是否和表 16-1 相反？　　答：_____

   註：若你的答案為"否"則電路未正常動作，檢修後再重作第 1～第 4 步驟。

工作二：基極觸發式 T 型正反器實驗

1. 接妥圖 16-6 之電路。

   二極體採用 1N4001～1N4007 任一編號皆可。

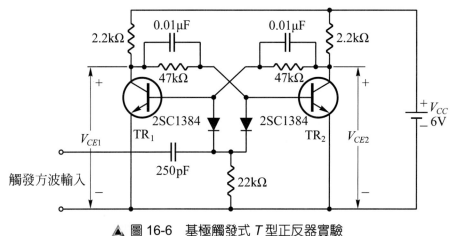

▲ 圖 16-6　基極觸發式 T 型正反器實驗

2. 通上直流電源 $V_{CC} = 6V$。

3. 聲頻信號產生器調至 1kHz 方波，接於圖 16-6 的「觸發方波輸入端」。

4. 將示波器接於 TR$_1$ 的集極，測量 V_{CE1}，漸漸增加信號產生器之方波振幅，使示被器的螢幕上出現方波。

   註：示波器的選擇開關置於 DC 之位置。

5. 示波器所顯示之方波為_____Hz。

   是否為輸入方波 (1kHz) 的一半？　答：_____

6. 示波器改測 V_{CE2}，則方波之頻率為_____Hz 。

   是否亦為輸入方波 (1kHz) 的一半？　答：_____

7. 信號產生器調至 2kHz，則此時示設器所顯示之方波，頻率為_____Hz 。

8. 由以上實驗可知 T 型正反器的輸出頻率與輸入頻率有何關係？　答：_____

四、習題

1. 被稱爲正反器的是哪一種多諧振盪器？

2. 若輸入 T 型正反器之方波頻率爲 3kHz，則輸出之方波頻率爲多少 Hz？

3. 圖 16-7 中，爲何要在 TR_2 的 $B-E$ 極並聯一個 10μF 的電容器？

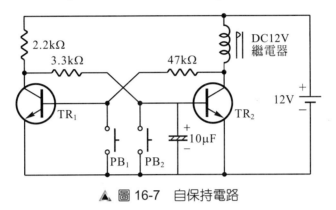

▲ 圖 16-7　自保持電路

史密特觸發器實驗

一、實習目的

(1) 瞭解史密特觸發器的工作原理。

(2) 觀測史密特觸發器的波形整形作用。

(3) 探討史密特觸發器之用途。

二、相關知識

1. 史密特觸發器之基本電路

圖 17-1 所示為基本的史密特觸發器 (schmitt trigger circuit)。當一個電晶體處在飽和 (ON) 狀態時，另一個電晶體必處於截止 (OFF) 狀態。而電晶體之 ON、OFF 狀態是由輸入電壓 (V_i) 之大小決定，茲說明如下：

(1) 當沒有輸入電壓 ($V_i = 0$) 時，TR_1「OFF」、TR_2「ON」。此時在 R_E 上會有一個電壓 $V_{E2} = I_{E2} \times R_E \fallingdotseq V_{CC} \times \dfrac{R_E}{R_{C2} + R_E}$ 產生。

註：此時 $I_{E1} = 0$。

(2) 當輸入電壓V_i大於V_{ON}時 ($V_{ON}=V_{E2}+V_{BE1}$) TR$_1$進入 ON 狀態。

TR$_1$「ON」時集極電壓V_{C1}大量下降，因此V_{B2}下降至小於V_E，TR$_2$受到逆向偏壓而截止。輸出電壓$V_o=V_{CC}$。

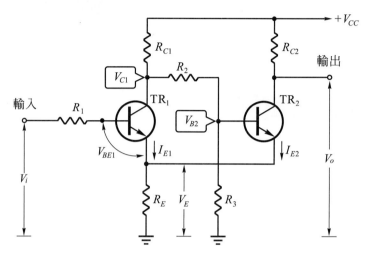

▲ 圖 17-1　史密特觸發器之基本電路

(3) 在 TR$_1$「ON」、TR$_2$「OFF」的情況下，R_E兩端的電壓$V_{E1}=I_{E1}\times R_E \doteqdot V_{CC}\times$

$$\frac{R_E}{R_{C1}+R_E}$$

註：此時$I_{E2}=0$。

(4) 當輸入電壓V_i小於V_{OFF}時($V_{OFF}=V_{E1}+V_{BE1}$)，TR$_1$才轉為 OFF 狀態。此時V_{C1}上升，令 TR$_2$「ON」。輸出電壓$V_o \doteqdot V_{CC}\times \dfrac{R_E}{R_{C2}+R_E}$

(5) 由於電路的設計條件為$V_{ON}>V_{OFF}$，亦即$V_{E2}>V_{E1}$，因此電路中的R_{C1}必需大於R_{C2}才能確保電路正常工作。

(6) 綜合上述說明，我們可以瞭解史密特電路之工作情形為：

(a) 無輸入電壓時，TR$_1$經常處於 OFF 狀態，TR$_2$經常處於 ON 狀態。

(b) 當輸入電壓V_i高於V_{ON}時，TR$_1$轉為 ON，TR$_2$轉變為 OFF 狀態。

(c) 當輸入電壓V_i小於V_{OFF}時，TR$_1$回復 OFF 狀態，TR$_2$也回復 ON 狀態。

(d) 為確保$V_{ON}>V_{OFF}$，所以令電路中之$R_{C1}>R_{C2}$。

(7) 交流電壓輸入史密特觸發器時，輸入電壓與輸出電壓之關係如圖 17-2 所示。

(8) 若史密特電路欲工作於頻率很高的場合，可在 R_2 兩端並聯一個 50pF～250pF 的電容器，此電容器稱為加速電容器。

2.　加有偏壓之史密特觸發器

(1) 由圖 17-2(c)可看出：當交流信號輸入時，史密特電路將輸出一連串等振幅之矩形波 (不對稱的方波)。

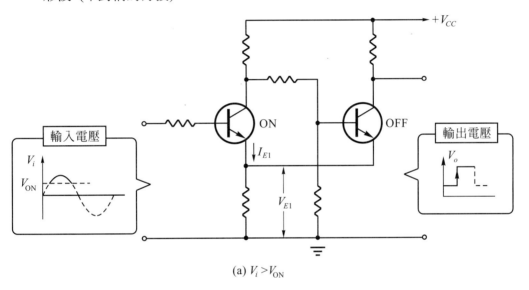

(a) $V_i > V_{ON}$

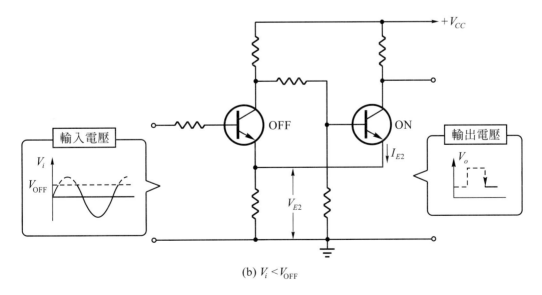

(b) $V_i < V_{OFF}$

▲ 圖 17-2　史密特觸發器之動作分析

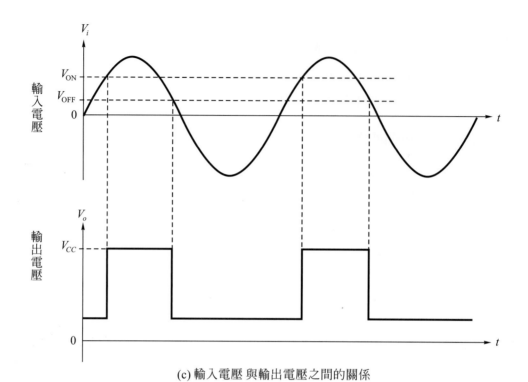

(c) 輸入電壓 與 輸出電壓 之間的關係

▲ 圖 17-2 史密特觸發器之動作分析 (續)

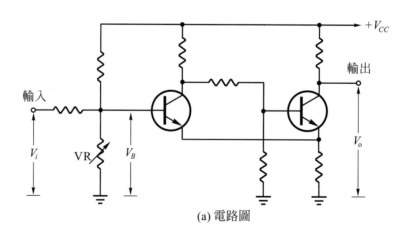

(a) 電路圖

▲ 圖 17-3 加有偏壓之史密特觸發器

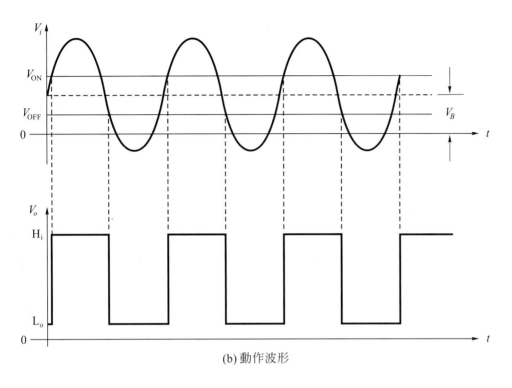

(b) 動作波形

▲ 圖 17-3　加有偏壓之史密特觸發器 (續)

(2) 若想要得到對稱之方波，需如圖 17-3 所示，在輸入端加上一個適當的直流偏壓 V_B。

(3) 只要調整可變電阻器 VR，使史密特電路獲得適當的偏壓 V_B，則輸出波形將如圖 17-3(b)所示，是一連串等振幅之對稱方波。

(4) 可變電阻器係用以調整輸出方波之對稱性，因此稱為對稱控制器(symmetry control)。

三、實習項目

工作一：史密特觸發器之基本電路實驗

1. 接妥圖 17-4 之電路。圖中的 TR_1 和 TR_2 可以使用 2SC1815、2SC1384 等 NPN 矽電晶體。

2. 調整信號產生器使 V_i 為 1kHz 之正弦波。

3. 示波器的開關置於 DC 之位置，然後接到TR$_2$的集極測量V_o之波形。

4. 調整信號產生器，改變V_i電壓之大小，能在示波器上顯示對稱的方波嗎？

   答：_____

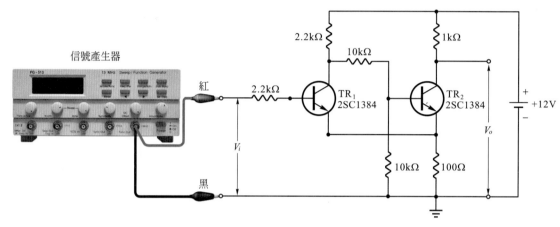

▲ 圖 17-4 史密特觸發器實驗

工作二：加有偏壓之史密特觸發器實驗

1. 接妥圖 17-5 之電路。TR$_1$ 及 TR$_2$ 可使用 2SC1815、2SC1384 等 NPN 電晶體。可變電阻器 VR 只使用第①腳和第②腳即可，請參考圖 12-14。

2. 以示波器測量輸入電壓V_i，然後調整信號產生器，使V_i為1 kHz $V_{P-P}=15V$ 之正弦波。

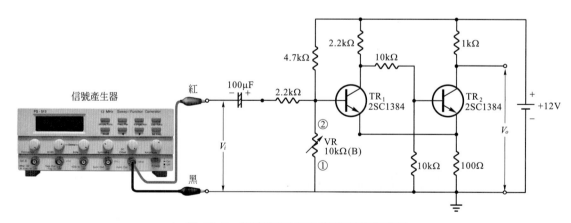

▲ 圖 17-5 加有偏壓之史密特觸發器實驗

3. 示波器的選擇開關置於 DC 之位置，測量 V_o，並旋轉可變電阻器 VR，使示波器顯示對稱的方波。

4. 旋轉 VR，使 TR_1 的偏壓增大，則方波會變成不對稱嗎？　答：＿＿＿＿＿＿

5. 反方向旋轉 VR，使 TR_1 的偏壓小於第 3.步驟之偏壓，此時之方波亦為不對稱嗎？
答：＿＿＿＿＿＿

四、問題研討

問題 1

史密特觸發器由於具有 $V_{ON} > V_{OFF}$ 之滯壓特性，所以在控制電路中用途極廣，其主要用途為何？

解 史密特電路之主要用途為：

(1) 波形的整形：當一個控制信號在長距離傳送時，極易受雜波及電路中 R、L、C 等之影響而變成高低起伏不定之波形，結果在接收端所得之波形將與發送端之波形相異，而使得控制電路無法明確工作。假如我們在接收端使用一個史密特電路加以整形，即能將信號還原為 Hi-Lo 變化明確之信號。詳見圖 17-6。

(2) 由於史密特電路具有 $V_i > V_{ON}$ 時 TR_2「OFF」，$V_i < V_{OFF}$ 時 TR_2「ON」之特性，因此在一些控制電路中常被作為電壓偵檢器。

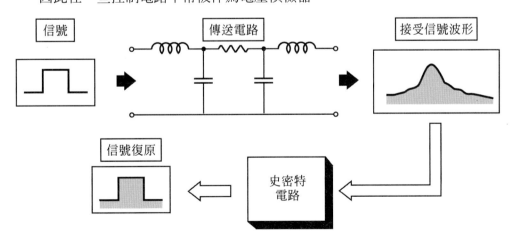

（通過史密特電路整形後能夠復原）

▲ 圖 17-6　使用史密特電路做波形的整形

五、習題

1. 史密特電路中，直流偏壓V_B之大小對輸出波形有何影響？

2. 若史密特電路之輸入波形如圖 17-7(b)所示，試於圖 17-7(a)繪出其輸出波形。

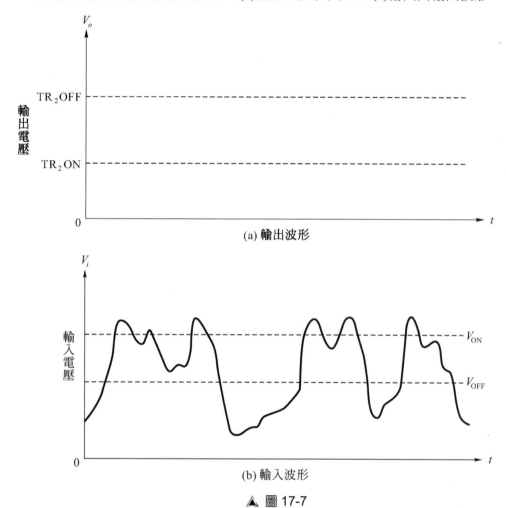

(a) 輸出波形

(b) 輸入波形

▲ 圖 17-7

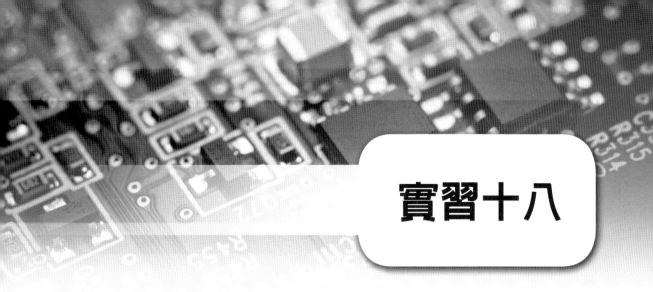

正弦波振盪器實驗

一、實習目的

(1) 瞭解放大器加上足夠大的正回授即成為振盪器。

(2) 瞭解 RC 相移振盪器的工作原理。

(3) 觀察 RC 相移振盪器之輸出波形。

(4) 瞭解韋恩電橋振盪器的工作原理。

(5) 觀察韋恩電橋的 RC 值與頻率之關係。

二、相關知識

1. 振盪器

只需加入直流電源,不需外加輸入信號就能輸出週期性波形的電路,稱為振盪器 (oscillator)。

2. 回授

將一個電路 (例如放大器) 的輸出信號,經由適當的網路送回該電路的輸入端,稱為回授(feedback)。如圖 18-1 所示,把輸出信號 V_o 的 B 倍($V_o \times B = V_f$)送回輸入端,則此放大器即被加上回授。

回授可分為正回授(positive feedback) 與負回授(negative feedback)兩種。若回授信號 V_f 與輸入信號 V_i 相助(即 $V_{\text{in}} = V_i + V_f$) 則稱為正回授。假如 V_f 與 V_i 相減(即 $V_{\text{in}} = V_i - V_f$)則為負回授。

當放大器被加上負回授時，其失真減小，穩定度提高，頻率響應良好，因此大部分的放大器都加有適量的負回授。放大器加上負回授的唯一缺點是輸出 V_o 會減小 (即不加 V_f 時之 V_o 較大，加上 V_f 後 V_o 較小) 。

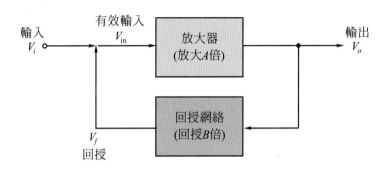

▲ 圖 18-1　加有回授之放大器

依據巴克豪生準則(barkhausen criterion)，若放大器被加上正回授且放大器之放大倍數為 A，回授係數為 B，則：

(1)　當 $A \times B < 1$ 時，電路不會振盪。

(2)　$A \times B = 1$ 時，電路產生振盪，且輸出波形 V_o 可以是正弦波。

(3)　$A \times B > 1$ 時，電路會振盪，但輸出波形是失真的正弦波。

(4)　$A \times B \gg 1$ 時，電路會振盪，且輸出波形成為方波。

由以上敘述可知一個放大器只要加上足夠大的正回授，使 $A \times B \geq 1$，即可成為振盪器。

由於放大器的電源 V_{CC} 剛接上之瞬間，電晶體之偏壓由無而有，電晶體之電流亦由無而有，此變動即為一個瞬間輸入信號 V_i，所以實際的振盪器如圖 18-2 所示，不必外加輸入信號 V_i 即可正常振盪。

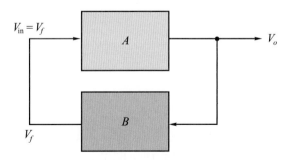

▲ 圖 18-2　振盪器 (振盪條件 $A \times B \geq 1$)

3. *RC* 相移振盪器

一個振盪器，若是使用 *RC* 相移電路產生正回授，以維持振盪者，稱為 *RC* 相移振盪器 (RC phase-shift oscil1ator)，簡稱為相移振盪器。

3-1 相位領前型 *RC* 相移振盪器

若欲將一個共射極放大電路加上正回授使之成為振盪器，則由於共射極放大電路的基極輸入電壓與集極輸出電壓之間反相180°，因此必需如圖 18-3 所示，使用能夠移相180°的回授網路才行。

假如我們使用電阻器和電容器作為回授網路，則在基本電學中我們已經學過，像圖 18-4(a)之電路，其輸入電壓V_o與輸出電壓V_f間之相位差θ絕對小於 90°，因此若要使用 *RC* 網路相移180° 至少需使用三節 *RC* ，如圖 18-5 所示。

由於圖 18-5 中，V_f 之相位領前 (lead) 於V_o，因此稱為「相位領前型 *RC* 相移網路」。

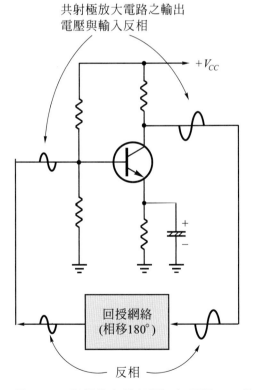

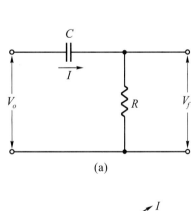

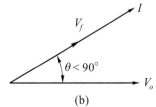

▲ 圖 18-3　反相放大器必須加上移相 180°的
　　　　　回授網路，才可組成振盪器

▲ 圖 18-4　一節相位領前型 *RC* 相移網路

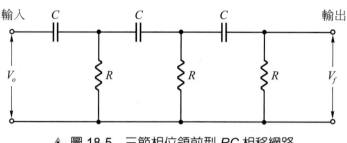

▲ 圖 18-5　三節相位領前型 RC 相移網路

圖 18-5 所示之三節 RC 相移網路，於頻率 $f_o = \dfrac{1}{2\pi\sqrt{6}RC}$ 時，V_f 恰與 V_o 相差 $180°$，因此，當圖 18-5 加入圖 18-3 中而成為圖 18-6 之電路時，圖 18-6 所示之「相位領前型 RC 相移振盪器」之振盪頻率將等於

$$f_o = \frac{1}{2\pi\sqrt{6}RC} \tag{18-1}$$

式中　　$f_o =$ 振盪頻率，Hz

$\pi = 3.1416$

$R =$ 電阻值，Ω

$C =$ 電容量，F （法拉）

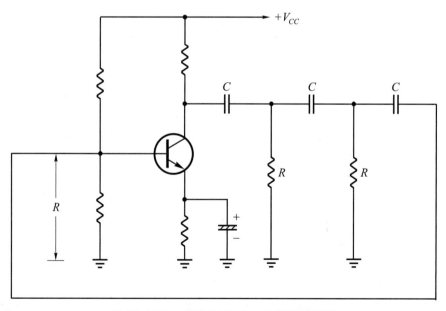

▲ 圖 18-6　相位領前型 RC 相移振盪器

由於圖 18-5 之 RC 相移網路，於頻率 f_o 時，$B = \dfrac{V_f}{V_o} = -\dfrac{1}{29}$ （負號表示 V_f 與 V_o 反相），

因此欲滿足巴克豪生準則 $A \times B = 1$ 使圖 18-6 產生振盪並輸出正弦波，則共射極放大電路之電壓增益應等於 29 倍。

3-2 相位滯後型 RC 相移振盪器

電阻、電容器若接成圖 18-7 所示之電路，也可以產生相移。但 V_f 與 V_o 之相位差 θ 亦絕對小於 $90°$，故欲令 RC 網路相移 $180°$，至少需要三節 RC，如圖 18-8 所示。

由於圖 18-8 之 RC 相移網路，V_f 滯後(lag)於 V_o，因此稱爲「相位滯後型相移網路」。

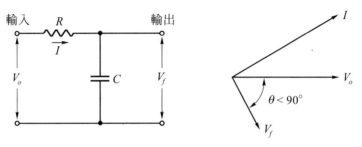

▲ 圖 18-7　一節相位滯後型 RC 相移網路

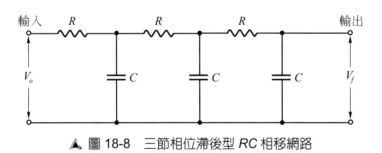

▲ 圖 18-8　三節相位滯後型 RC 相移網路

圖 18-8 所示之三節 RC 相移網路，於頻率 $f_o = \dfrac{\sqrt{6}}{2\pi RC}$ 時 V_f 恰與 V_o 相差 $180°$，因此，

將圖 18-8 加入圖 18-3 中而成爲圖 18-9 所示之電路時，圖 18-9 所示之「相位滯後型 RC 相移振盪器」之振盪頻率將等於

$$f_o = \frac{\sqrt{6}}{2\pi RC} \tag{18-2}$$

式中　　f_o = 振盪頻率，Hz（赫）

　　　　$\pi = 3.1416$

　　　　R = 電阻值，Ω

　　　　C = 電容量，F（法拉）

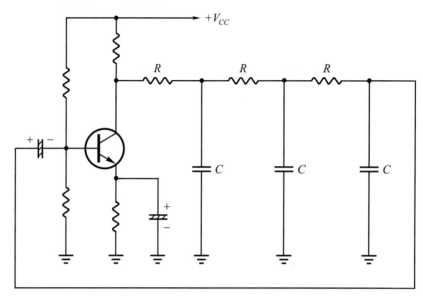

▲ 圖 18-9　相位滯後型 *RC* 相移振盪器

由於圖 18-8 之 *RC* 相移網路於頻率 f_o 時，$B = \dfrac{V_f}{V_o} = -\dfrac{1}{29}$，故只要放大器的電壓增益等於 29，即可產生振盪並輸出正弦波。

4.　韋恩電橋振盪器

用以產生正弦波的振盪電路，除了上述 *RC* 相移振盪器之外，最常用的就是韋恩電橋振盪器(wien-bridge oscil1ator)。

圖 18-10 所示之同相放大器（輸入電壓與輸出電壓同相），欲使之成為振盪器，回授網路必需具有「零相移」之特性才能造成正回授。若採用圖 18-11 所示之韋恩電橋作為回授網路，則此振盪器稱為「韋恩電橋振盪器」。

韋恩電橋的兩個基本橋臂如圖 18-12 所示，由於電容器的容抗 X_c 隨頻率而變，因此只有在某一特定頻率 f_o 時，V_a 與 V_o 同相，且 V_a 最大。

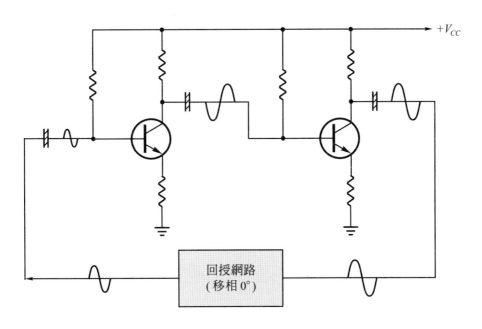

▲ 圖 18-10　同相放大器必須加上移相 0° 的回授網路，才可組成振盪器

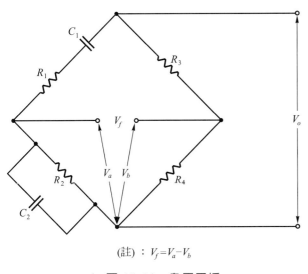

(註)：$V_f = V_a - V_b$

▲ 圖 18-11　韋恩電橋

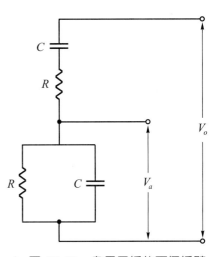

▲ 圖 18-12　韋恩電橋的兩個橋臂

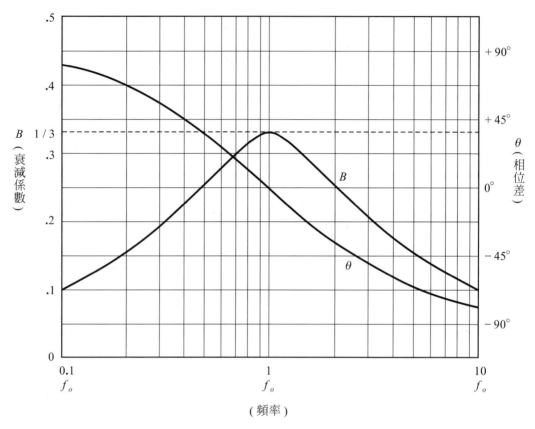

▲ 圖 18-13 韋恩電橋之特性

若令 $f_o = \dfrac{1}{2\pi RC}$ ，$B = \dfrac{V_a}{V_o}$，則圖 18-12 之特性如圖 18-13 所示。由圖 18-13 可以看出

當頻率等於時 f_o 時，V_a 與 V_o 之相位差恰為 0°(即 V_a 與 V_o 同相)，且網路之衰減係數

$\dfrac{V_a}{V_o} = B = \dfrac{1}{3}$。因此若把圖 18-12 所示之網路加入圖 18-10 中，則放大電路的電壓增益只要

達到 3 倍，即符合 $A \times B \geq 1$ 之條件而產生振盪。

由於兩級共射極放大器之電壓增益甚大於 3，因此若只把圖 18-12 之網路加入圖 18-10

中作回授網路，則 $A \times B \gg 1$，會輸出方波，而不是正弦波。為此，韋恩電橋是如圖 18-11

所示，使用兩個電阻器 R_3 和 R_4 產生分壓 V_b，而令 $V_f = V_a - V_b$ 作為正回授，以滿足 $A \times B = 1$

(此時之 $B = \dfrac{V_a - V_b}{V_o} = \dfrac{V_f}{V_o}$) 之條件而輸出正弦波。

在實際的電路中，由於零件的誤差，放大器之增益無法百分之百掌握，因此 R_3 多如圖 18-14 所示，使用可變電阻器，以便可以調整到韋恩電橋振盪器之輸出恰為漂亮的正弦波。

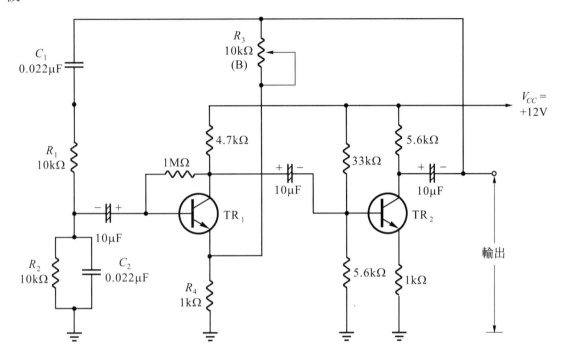

▲ 圖 18-14 韋恩電橋振盪器

三、實習項目

工作一：相位領前型 RC 相移振盪器實驗

1. 接妥圖 18-15 之電路。電晶體可使用 2SC1815 或 2SC1384。
2. 接上 DC12V 電源後，以示波器觀察輸出波形，並調整 10kΩ 可變電阻器，使輸出波形為一最大之不失真正弦波。
3. 用示波器算得正弦波之頻率為_____Hz。

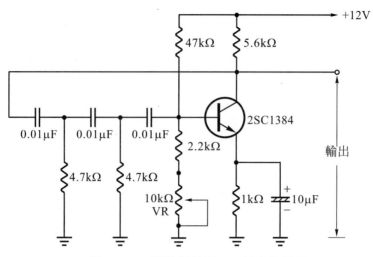

▲ 圖 18-15　相位領前型 *RC* 相移振盪器

工作二：相位滯後型 *RC* 相移振盪器實驗

1. 接妥圖 18-16 之電路。電晶體可使用 2SC1815 或 2SC1384。

2. 接上 DC12V 電源後，以示波器觀察輸出波形，並調整10kΩ 可變電阻器，使輸出波形為一最大之不失真正弦波。

3. 用示波器算得正弦波之頻率為_____Hz。

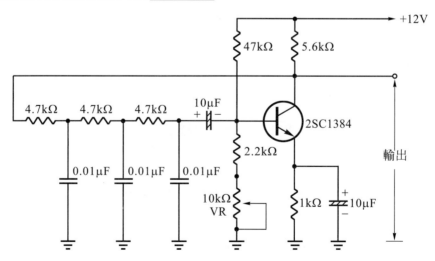

▲ 圖 18-16　相位滯後型 *RC* 相移振盪器

工作三：韋恩電橋振盪器實驗

1. 接妥圖 18-14 之電路。電晶體可使用 2SC1815 或 2SC1384。

2. 加上 $V_{CC} = DC12V$ 電源，然後以示波器觀察輸出波形。

3. 細心調整 $10k\Omega$ 可變電阻器(即 R_3)，使示波器顯示不失真之正弦波。

4. 正弦波之週期 = _____ ms ，頻率 = _____ Hz。

四、問題研討

問題 1

圖 18-5 所示之 RC 相移網路，為何於 $f_o = \dfrac{1}{2\pi\sqrt{6}RC}$ 時 V_f 恰與 V_o 反相 180°呢？又為何此時之 $B = \dfrac{V_f}{V_o} = -\dfrac{1}{29}$ 呢？

解 (1) 利用迴路分析法(loop analysis method)分析三節 RC 相移網路，可假設每一個迴路之電流分別為 I_1、I_2 與 I_3，如圖 18-17 所示。

(2) 利用迴路分析法可得下列三個方程式：
$$\begin{cases} I_1(-jX_C) + (I_1 - I_2)R = V_o \\ (I_2 - I_1)R + I_2(-jX_C) + (I_2 - I_3)R = 0 \\ (I_3 - I_2)R + I_3(-jX_C) + I_3R = 0 \end{cases}$$

(3) 解上述方程式得
$$I_3 = \frac{V_o R^2}{R^3 - 5RX_C^2 - j(6R^2 X_C - X_C^3)}$$

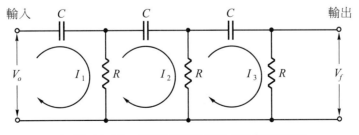

▲ 圖 18-17　三節相位領前型 RC 相移網路

(4) $\because V_f = I_3 R$

$\therefore V_f = \dfrac{V_o R^3}{R^3 - 5RX_C^2 - j(6R^2 X_C - X_C^3)}$

當 V_f 與 V_o 同相時，上式中之虛數部分應為零，

即 $6R^2 X_C - X_C^3 = 0$

但 $X_C \neq 0$

故 $6R^2 = X_C^2 = (\dfrac{1}{2\pi f_o C})^2$

則 $f_o = \dfrac{1}{2\pi \sqrt{6} RC}$

(5) 將 $6R^2 = X_C^2$ 代入 V_f 之方程式得

$V_f = \dfrac{V_o R^3}{R^3 - 5RX_C^2} = \dfrac{V_o R^3}{R^3 - 5R \cdot 6R^2} = \dfrac{V_o R^3}{R^3 - 30R^3} = -\dfrac{1}{29} V_o$

(6) $\because B = \dfrac{V_f}{V_o}$

$\therefore B = -\dfrac{1}{29}$ (負號表示 V_f 與 V_o 反相)

(7) 由以上討論可得知：在頻率 $f_o = \dfrac{1}{2\pi \sqrt{6} RC}$ 時 V_f 恰與 V_o 反相，且 $B = \dfrac{V_f}{V_o} = -\dfrac{1}{29}$。

問題 2

圖 18-8 之 RC 相移網路，為何於 $f_o = \dfrac{\sqrt{6}}{2\pi RC}$ 時 V_f 恰與 V_o 反相 $180°$ 呢？又為何此時之 $B = \dfrac{V_f}{V_o} = -\dfrac{1}{29}$ 呢？

解 (1) 利用迴路分析法分析此相移網路，可假設每一迴路之電流分別為 I_1、I_2 與 I_3 如圖 18-18 所示。

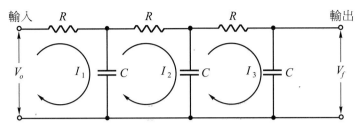

▲ 圖 18-18 三節相位滯後型 *RC* 相移網路

(2) 由廻路分析法得下列三個方程式

$$\begin{cases} I_1R + (I_1 - I_2)(-jX_C) = V_o \\ (I_2 - I_1)(-jX_C) + I_2R + (I_2 - I_3)(-jX_C) = 0 \\ (I_3 - I_2)(-jX_C) + I_3R + I_3(-jX_C) = 0 \end{cases}$$

(3) 解上述方程式得

$$I_3 = \frac{V_o X_C^2}{R^3 - 6RX_C^2 + j(5R^2 X_C - X_C^3)}$$

(4) $\because V_f = I_3 \cdot (-jX_C)$

$$\therefore V_f = \frac{-jV_o X_C^3}{R^3 - 6RX_C^2 + j(5R^2 X_C - X_C^3)}$$

$$= \frac{V_o X_C^3}{(X_C^3 - 5R^2 X_C) + j(R^3 - 6RX_C^2)}$$

當 V_f 與 V_o 同相時，上式中之虛數部分應為零，

即　$R^3 - 6RX_C^2 = 0$

但　$R \neq 0$

故　$R^2 - 6X_C^2 - 6(\dfrac{1}{2\pi f_o C})^2$

則　$f_o = \dfrac{\sqrt{6}}{2\pi RC}$

(5) 將 $R^2 = 6X_C^2$ 代入 V_f 之方程式得

$$V_f = \frac{V_o X_C^3}{X_C^3 - 5R^2 X_C} = \frac{V_o X_C^3}{X_C^3 - 5 \cdot (6X_C^2) \cdot X_C}$$

$$= \frac{V_o X_C^3}{X_C^3 - 30X_C^3} = -\frac{1}{29} V_o$$

(6) $\because B = \dfrac{V_f}{V_o}$

$\therefore B = -\dfrac{1}{29}$ (負號表示V_f與V_o反相)

(7) 由以上討論可得知：在頻率 $f_o = \dfrac{\sqrt{6}}{2\pi RC}$ 時 V_f 與 V_o 反相，且 $B = \dfrac{V_f}{V_o} = -\dfrac{1}{29}$ 。

問題 3

圖 18-12 所示之 RC 網路，爲何於 $f = \dfrac{1}{2\pi RC}$ 時 V_a 恰與 V_o 同相呢？又爲何此時 $B = \dfrac{V_a}{V_o} = \dfrac{1}{3}$ 呢？

解 公式的推導，請見實習二十八的 28-4 頁。

五、習題

1. 只需加入直流電源，不需輸入信號就能輸出週期性波形的電路，稱爲什麼？
2. 某一放大器，若加上正回授，回授係數 B = 0.1，則欲使其振盪，放大器的電壓增益 A 應不小於多少？
3. 正弦波振盪器應具備什麼條件？
4. RC 相移振盪器中之 RC 相移網路爲何不能少於三節？
5. 若將圖 18-14 所示之韋恩電橋振盪器之10kΩ可變電阻器拆離電路，對輸出波形有何影響？何故？

穩壓電路與定電流電路實驗

一、實習目的

(1) 暸解稽納二極體的特性。

(2) 暸解稽納二極體在電路上之應用及簡單的穩壓電路。

(3) 暸解可調穩壓電路之工作原理。

(4) 暸解限流保護裝置之工作原理。

(5) 探討定電流電路之原理及其應用。

二、相關知識

1. 稽納二極體

基本的穩壓電路都由稽納二極體 (zener diode 簡稱為 ZD) 組成。稽納二極體的電路符號如圖 19-1 所示，是 PN 接合矽二極體的一種。

稽納二極體的特性如圖 19-2 所示。順向時和一般整流二極體一樣。但逆向時，當逆向電壓達到崩潰電壓 V_{BR} 後，通過稽納二極體之逆向電流便大量增加。

由於 I_Z 在 I_{ZK} 與 I_{ZM} 之間時，稽納二極體兩端之電壓保持於 V_Z，穩定不變，因此 ZD 可以作為穩壓之用。

在 I_Z 小於 I_{ZK} 時，稽納二極體會工作於特性曲線的彎曲處，無法提供穩壓作用，若 I_Z 大於 I_{ZM} 則稽納二極體會燒燬，故必須在 ZD 串聯一個適當的電阻器，使 I_Z 介於 I_{ZK} 與 I_{ZM} 之間而得良好的工作。

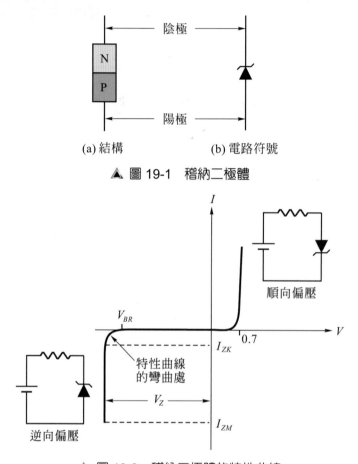

(a) 結構　　　　　　　(b) 電路符號

▲ 圖 19-1　稽納二極體

▲ 圖 19-2　稽納二極體的特性曲線

稽納二極體之規格除了 V_Z 以外，還有最大消耗功率 $P_{Z\,max}$，由 V_Z 與 $P_{Z\,max}$ 我們就可得知 I_{ZM}，

$$\because \qquad P_{Z\,max} = I_{ZM} \times V_Z$$

$$\therefore \qquad I_{ZM} = \frac{P_{Z\,max}}{V_Z}$$

一般稽納二極體的 I_{ZK} 大約等於 3mA。

例題 19-1

有一個 6V 500mW 之稽納二極體，試計算該 ZD 所允許通過的最大電流。

解 $I_{ZM} = \dfrac{500\text{mW}}{6\text{V}} = 83\text{mA}$

亦即 I_Z 若超過 83mA，此 6V 500mW 之稽納二極體就會因為熱度過高而燒燬。

2. 基本穩壓電路

穩壓電路如圖 19-3 所示，就是當電源 E 變動或負載電流 I_L 變動時，輸出電壓 V_o 維持固定不變之電路。

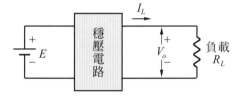

▲ 圖 19-3 穩壓電路 V_o 穩定不變

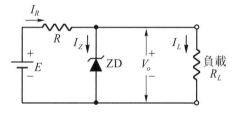

▲ 圖 19-4 最基本的穩壓電路

最基本的穩壓電路如圖 19-4 所示，由電源 E、限流 (降壓) 電阻器 R 及稽納二極體 ZD 組成。此種電路之必要條件為 E 必須足夠大，以便使 ZD 工作於崩潰區而產生穩壓作用。茲以實例說明之：

例題 19-2

圖 19-4，若 $E = 12\text{V}$，ZD 為 6V 之稽納二極體，$R = 500\Omega$，負載 $R_L = 1\text{k}\Omega$，則 $I_R = ?$
$I_Z = ?$ $I_L = ?$

解 $I_R = \dfrac{E - V_o}{R} = \dfrac{12\text{V} - 6\text{V}}{500\Omega} = 12\text{mA}$

$I_L = \dfrac{V_o}{R_L} = \dfrac{6\text{V}}{1\text{k}\Omega} = 6\text{mA}$

$I_Z = I_R - I_L = 12\text{mA} - 6\text{mA} = 6\text{mA}$

例題 19-3

若圖 19-4 中 R、ZD、R_L 和【**例題 19-2**】完全一樣,但 E 升高為16V,則動作情形如何?

解　$I_R = \dfrac{E - V_o}{R} = \dfrac{16\text{V} - 6\text{V}}{500\Omega} = 20\text{mA}$

$I_L = \dfrac{V_o}{R_L} = \dfrac{6\text{V}}{1\text{k}\Omega} = 6\text{mA}$

$I_Z = I_R - I_L = 20\text{mA} - 6\text{mA} = 14\text{mA}$

例題 19-4

若圖 19-4 中,E、R、ZD 和【**例題 19-2**】完全一樣,但 R_L 變成2kΩ,則動作情形如何?

解　$I_R = \dfrac{E - V_o}{R} = \dfrac{12\text{V} - 6\text{V}}{500\Omega} = 12\text{mA}$

$I_L = \dfrac{V_o}{R_L} = \dfrac{6\text{V}}{2\text{k}\Omega} = 3\text{mA}$

$I_Z = I_R - I_L = 12\text{mA} - 3\text{mA} = 9\text{mA}$

由以上三個例子,我們可看出當電源電壓 E 變動或負載 R_L(亦即 I_L)發生變動時,由於 I_Z 的大小自動調整,因此可以令負載兩端的電壓 V_o 維持不變。

3. 簡單穩壓電路

圖 19-4 所示之基本穩壓電路,當負載 I_L 電流變動時,I_Z 將自動調整,以維持穩壓作用,故當 I_L 的變化量極大時,必須使用大功率的稽納二極體才可以。

由於大功率之稽納二極體較難購得,因此當負載電流可能大量變動的場合,我們就如圖 19-5 所示,加上一個電晶體,由電晶體供應負載所需之電流。此時之負載電壓 $V_o = V_Z - V_{BE}$,R 與 ZD 組成之穩壓電路只需供應電晶體的基極電流 I_B 即可。

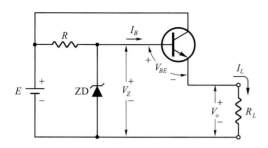

① $V_o = V_Z - V_{BE}$
② E 必需大於 V_Z「2 伏特以上」，電路才能正常
　工作。

▲ 圖 19-5　加上電晶體的穩壓電路

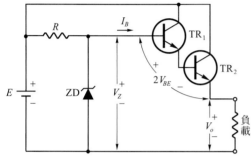

① $V_o = V_Z - 2V_{BE}$
② TR_2 需採用大功率電晶體，且加散熱片。
③ E 必需大於 V_Z「2 伏特以上」，電路才能正常
　工作。

▲ 圖 19-6　加上達靈頓電路的穩壓電路

　　當負載電流之變化量極大 (例如數安培) 時，我們可以將兩個電晶體接成達靈頓放大電路，成為圖 19-6 所示之電路。

4.　可調穩壓電源供應器

　　一個理想的直流電源供應器，其輸出電壓必需可隨需要而改變。此種電源供應器即為本節所要說明的可調穩壓電源供應器。

　　圖 19-7 為一基本的可調穩壓器，E 經 R 與 ZD 獲得穩定之電壓 V_Z，再利用可變電阻器 VR 控制電晶體 TR 之基極電壓 V_B，由於 $V_o = V_B - V_{BE}$，而 $V_B = 0 \sim V_Z$，故轉動 VR 即可改變 V_o 之大小。

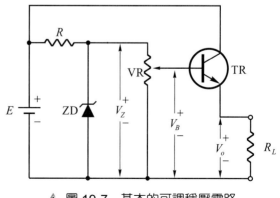

▲ 圖 19-7　基本的可調穩壓電路

圖 19-8 是使用電晶體組成之可調穩壓器。

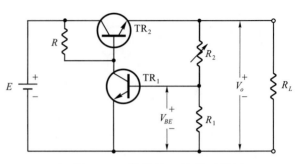

因為

$$V_{BE} = V_o \times \frac{R_1}{R_1 + R_2}$$

所以

$$V_o = V_{BE} \times \frac{R_1 + R_2}{R_1} = V_{BE} \times (\frac{R_2}{R_1} + 1)$$

▲ 圖 19-8　簡易的可調穩壓電路

由上式可知我們只要改變 R_2 對 R_1 之電阻比，即可獲得所需之電壓。

圖 19-9 是使用差動放大電路組成之可調穩壓電源供應器。茲分析如下：

因為　　　$V_E = V_Z - V_{BE1}$

　　　　　$V_B = V_E + V_{BE2} = V_Z - V_{BE1} + V_{BE2}$

所以當 TR_1 和 TR_2 使用相同編號之電晶體，使

　　　　　$V_{BE1} = V_{BE2}$ 時， $V_B = V_Z$

但是　　　$V_B = V_o \times \frac{R_1}{R_1 + R_2}$

因此　　　$V_o = V_B \times \frac{R_1 + R_2}{R_1} = V_B \times (\frac{R_2}{R_1} + 1)$

由於　　　$V_B = V_Z$

所以　　　$V_o = V_Z \times (\frac{R_2}{R_1} + 1)$

由以上分析可知欲改變輸出電壓 V_o 時，只要改變 R_2 對 R_1 之電阻比即可。

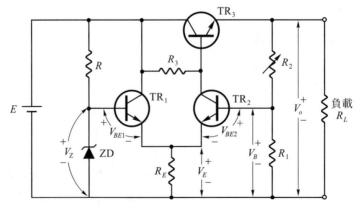

▲ 圖 19-9　使用差動放大電路組成的穩壓電路

TR_1 與 TR_2 組成之電路,稱為差動放大電路,其特點為───── TR_2 的基極電壓 (V_B) 會自動追蹤 TR_1 的基極電壓 (V_Z)。

5. 有限流保護之穩壓電源供應器

圖 19-5 至圖 19-9 所介紹的這些有使用電晶體的穩壓電源供應器,當輸出過載(即 I_L 過大) 或不小心被短路(即 $R_L = 0\Omega$) 時,電晶體有燒燬之虞。故穩壓電源供應器中常需加上限流保護電路。

圖 19-10 即為一附有限流保護裝置之穩壓電源供應器。它是將圖 19-8 加上 R_S 及 TR_3 而成。

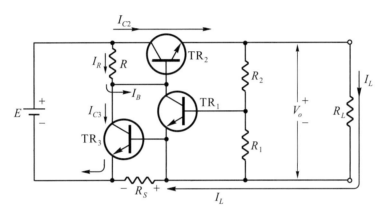

▲ 圖 19-10　有限流保護之穩壓電路

平時 TR_3 不工作,但當負載電流 I_L 在 R_S 上產生之電壓達到 0.6 伏特,TR_3 即被加上足夠的偏壓而導電,因此 I_R 有一部分 (I_{C3}) 被 TR_3 旁路掉,I_B 即被限制住,以至於 TR_2 的集極電流、射極電流均被壓抑 (亦即 I_L 被限制住) 而無法更大。

換句話說,當 R_L 過小或短路時,穩壓電源供應器之輸出電流 $I_{L\max}$ 會被限制於

$$I_{L\max} = \frac{0.6\text{V}}{R_S}$$

6. 定電流電路

定電流電路又稱為恆流源。無論負載 R_L 如何改變,通過負載之電流 I_L 保持不變。如圖 19-11 所示。

定電流電路的用途很廣,除了被用以產生直線性鋸齒波之外,在工業上諸如電鍍、蓄電池充電等皆常使用到它。

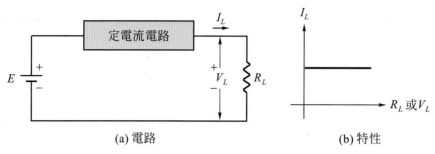

(a) 電路   (b) 特性

▲ 圖 19-11　定電流電路 I_L 穩定不變

定電流電路之基本電路如圖 19-12 所示，圖中

(1)　V_Z 爲固定不變之電壓。

(2)　$V_E = V_Z - V_{BE}$

由於電晶體的 V_{BE} 爲固定值，故 V_E 爲固定值。

(3)　$I_E = \dfrac{V_E}{R_E}$

(4)　$\because I_L = I_C \doteqdot I_E$

$\therefore I_L = \dfrac{V_E}{R_E}$

(5)　由(4)可知 R_E 若爲固定值，則 I_L 恆定不變。

(6)　欲得到不同的恆流值，只要變更 R_E 之大小即可。 R_E 小則 I_L 大， R_E 大則 I_L 小。

(7)　若電源 E 爲穩定不變之電壓，則稽納二極體 ZD 可使用一個電阻器取代，如圖 19-13 所示，將更經濟。

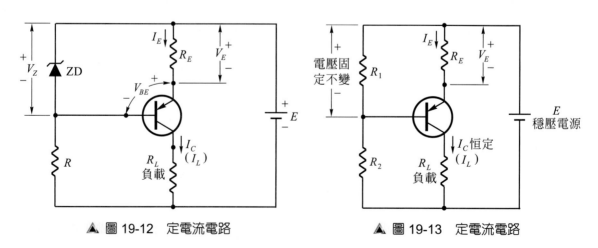

▲ 圖 19-12　定電流電路   ▲ 圖 19-13　定電流電路

三、實習項目

工作一：稽納二極體之逆向特性實驗

1. 接妥圖 19-14 之電路。圖中的 E 是直流電源供應器。
2. 將電源 E 由 0 伏特逐漸上升至 12 伏特，並將以三用電表 DCV 測得之 V_o 記錄於表 19-1 中的 V_o 位置。
3. 使用公式 $I_Z = \dfrac{E - V_o}{R}$ 計算 I_Z 值，並填入表 19-1 中的對應位置。
4. V_o 上升至幾伏特即不再上升？此電壓即 V_Z，$V_Z =$ _____ 伏特。
5. 根據表 19-1 將稽納二極體之特性曲線繪於圖 19-15。

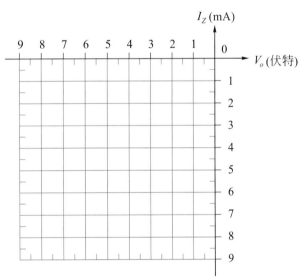

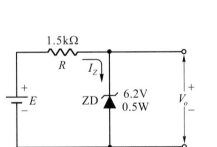

▲ 圖 19-14　稽納二極體之逆向特性實驗　　　　▲ 圖 19-15　ZD 之逆向特性曲線

▼ 表 19-1

E (伏特)	0	3	6	9	12
V_o (伏特)					
I_Z(mA)					

工作二：基本穩壓電路實驗

1. 接妥圖 19-16 之電路。

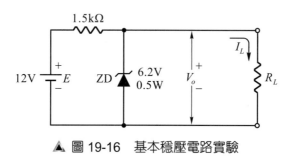

▲ 圖 19-16　基本穩壓電路實驗

2. 使用表 19-2 中不同的 R_L 值做實驗，並將以三用電表 DCV 測得之 V_o 記錄於表 19-2 中的 V_o 位置。

3. 使用公式 $I_L = \dfrac{V_o}{R_L}$ 計算 I_L 值，並填入表 19-2 中的對應位置。

▼ 表 19-2

$R_L(\Omega)$	10kΩ	4.7kΩ	2.2kΩ	1kΩ	470Ω	330Ω
V_o(V)						
I_L(mA)						

4. V_o 一直維持不變嗎？是否 R_L 過小時 V_o 就降低呢？　答：＿＿＿＿＿＿

工作三：簡單穩壓電路實驗

1. 接妥圖 19-17 之電路。

2. 使用表 19-3 中不同的 R_L 值做實驗，並將以三用電表 DCV 測得之 V_o 記錄於表 19-3 中的 V_o 位置。

3. 使用公式 $I_L = \dfrac{V_o}{R_L}$ 計算 I_L 值，並填入表 19-3 中的對應位置。

4. V_o 是否維持固定不變？　答：＿＿＿＿＿＿

5. 比較表 19-2 和表 19-3，可知加上電晶體的結果，可允許供應較大的負載電流 I_L 而維持 V_o 穩定不變，是嗎？　答：＿＿＿＿＿＿＿

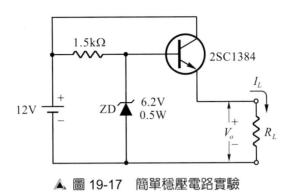

▲ 圖 19-17 簡單穩壓電路實驗

▼ 表 19-3

$R_L(\Omega)$	10kΩ	4.7kΩ	2.2kΩ	1kΩ	470Ω	330Ω
$V_o(V)$						
$I_L(mA)$						

工作四：簡易式可調穩壓電路實驗

1. 接妥圖 19-18 之電路。

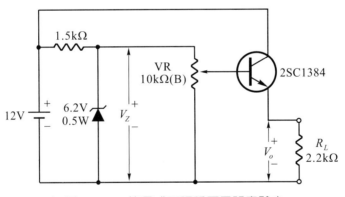

▲ 圖 19-18 簡易式可調穩壓電路實驗之一

2. 以三用電表 DCV 測得圖 19-18 中之 V_Z = _____ 伏特。

3. 理論上輸出電壓的最小值 $V_{o\min}$ = _____ 伏特，輸出電壓的最大值 $V_{o\max}$ = _____ 伏特。

4. 以三用電表 DCV 測得 $V_{o\min}$ = _____ 伏特，$V_{o\max}$ = _____ 伏特。

5. 轉動可變電阻器 VR 使 V_o = 3 伏特。

6. 將 E 由 12 伏特升高至 15 伏特，此時 V_o = _____ 伏特。

7. 第 5.步驟和第 6.步驟之 V_o 相等嗎？　答：_____

8. 將 R_L 改為 1kΩ，則 V_o = _____ 伏特。是否和第 5 步驟之 V_o 相等？　答：_____

9. 由以上實驗得知當電源 E 或負載 R_L 改變時，穩壓電路之輸出電壓 V_o 是否有改變？

　答：_____

10. 接妥圖 19-19 之電路。

　可變電阻器只使用第①腳和第②腳，請參考圖 12-14。

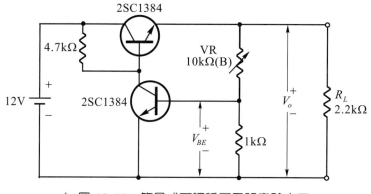

▲ 圖 19-19　簡易式可調穩壓電路實驗之二

11. 加上 12 伏特電源。

12. 以三用電表 DCV 測得 V_{BE} = _____ 伏特。

13. 理論上 $V_{o\min}$ = _____ 伏特，$V_{o\max}$ = _____ 伏特。

14. 以三用電表 DCV 實測得 $V_{o\min}$ = _____ 伏特，$V_{o\max}$ = _____ 伏特。

15. 第 13.步驟和第 14.步驟之電壓值相同嗎？　答：_____

工作五：使用差動放大電路之穩壓電路實驗

1. 接妥圖 19-20 之電路。

　可變電阻器只使用第①腳和第②腳，請參考圖 12-14。

2. 檢查一次，確定接線無誤後，通上 15V 電源。

3. 以三用電表測得 V_Z = _____ 伏特。

4. 理論上 $V_B = V_Z$ = _____ 伏特。

5. 以三用電表 DCV 實測的結果 V_B = _____ 伏特。

6. 第 4.步驟和第 5.步驟的 V_B 相等嗎？　答：＿＿＿＿＿

7. 理論上 $V_{o\min}$ = ＿＿＿＿ 伏特，$V_{o\max}$ = ＿＿＿＿ 伏特。

8. 以三用電表 DCV 實測的結果 $V_{o\min}$ = ＿＿＿＿ 伏特，$V_{o\max}$ = ＿＿＿＿ 伏特。

9. 第 7.步驟之電壓值與第 8.步驟相等嗎？　答：＿＿＿＿＿

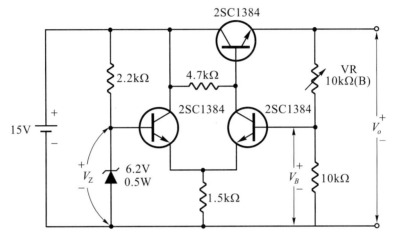

▲ 圖 19-20　使用差動放大電路之穩壓電路實驗

工作六：有限流保護之穩壓電路實驗

1. 接妥圖 19-21 之電路。

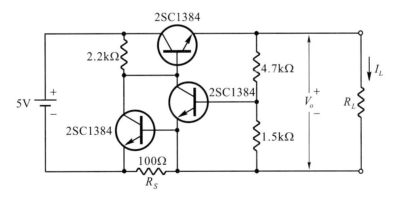

▲ 圖 19-21　有限流保護之穩壓電路實驗

2. 確信接線正確後，接上 5V 電源。R_L 的值請見表 19-4。

3. 依表 19-4 作實驗，以三用電表 DC mA 串聯於 R_L，測量 I_L 之大小，並將 I_L 記錄在表 19-4 中。

4. 使用公式 $V_o = I_L \times R_L$ 計算 V_o 之大小，並將 V_o 記錄在表 19-4 中。

5. 依照公式計算，I_L 在 _____mA 以內時，限流保護電路不起作用。

6. 由表 19-4 可看出 I_L 達到 _____mA 時即不再上升。此即表示限流保護電路已開始工作。

7. 由表 19-4 可看出 R_L 過小，以致限流保護電路開始工作後，V_o 有何變化？ 答：_____

▼ 表 19-4　有限流保護之穩壓電路實驗記錄

$R_L(\Omega)$	10kΩ	5.6kΩ	1kΩ	330Ω	220Ω	0Ω
$I_L(mA)$						
$V_o(V)$						

工作七：定電流電路實驗

1. 接妥圖 19-22 之電路。

2. 通上 12V 電源。R_L 的值請見表 19-5。

3. 以三用電表 DC mA 串聯於 R_L 測量 I_L 之大小。

4. 照表 19-5 作實驗。

5. 表 19-5 之 I_L 是否隨 R_L 之減小而增大呢？ 答：_____

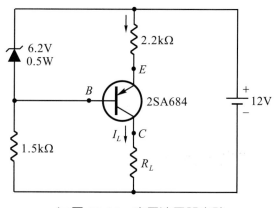

▲ 圖 19-22　定電流電路實驗

▼ 表 19-5　定電流電路之實驗記錄

$R_L(\Omega)$	1kΩ	330Ω	220Ω	100Ω	0Ω
$I_L(mA)$					

四、習題

1. 圖 19-4 所示之電路，若 $E = 12V$，　$R = 1k\Omega$，$R_L = 470\Omega$，ZD=6V 稽納二極體，則 ZD 是否能正常工作？此時之 V_o 等於多少？

2. 圖 19-23 是一個穩壓電路還是定電流電路？圖中的可變電阻器 VR 有何功用？

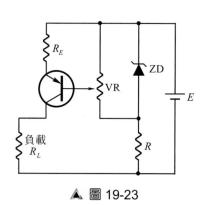

▲ 圖 19-23

3. 圖 19-24 是一個電路雖然簡單卻頗實用之可調穩壓電源供應器。試回答下列問題：

(a)$TR_1 \sim TR_4$ 中哪一個電晶體需加散熱片？　答：＿＿＿＿＿＿

(b)輸出電壓的最小值 $V_{o\,min}$ = ＿＿＿＿＿＿ 伏特。

(c)輸出電壓的最大值 $V_{o\,max}$ = ＿＿＿＿＿ 伏特。

(d)此電路是否有限流保護功能？　答：＿＿＿＿＿＿

(e)若有限流保護功能，則當輸出端被不小心短路時，短路電流有幾安培？　答：＿＿＿

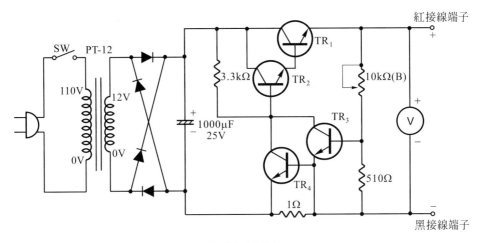

▲ 圖 19-24

4. 圖 19-25 是一個可調穩壓電路，試回答下列問題：

(a)V_B = ＿＿＿＿＿ 伏特。

(b)最大輸出電壓 $V_{o\,max}$ = ＿＿＿＿＿＿ 伏特。

(c)最小輸出電壓 $V_{o\,min}$ ＿ ＿＿＿＿＿＿ 伏特。

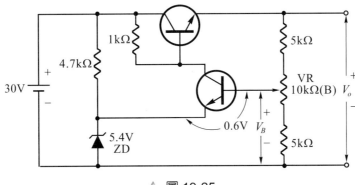

▲ 圖 19-25

實習二十

印刷電路之製作

一、實習目的

(1) 瞭解印刷電路板之結構。

(2) 瞭解印刷電路之設計方法與製作程序。

二、相關知識

1. **印刷電路板之結構**

印刷電路板 (printed circuit board) 簡稱為 PCB。是絕緣基板與導電板 (銅箔) 結合而成，如圖 20-1 所示。

常用之絕緣基板有電木板 (淺棕色，不透明，較便宜) 及玻璃纖維板 (白色，半透明，較貴) 兩種，其標準厚度有 $\frac{1}{64}$，$\frac{1}{32}$，$\frac{3}{64}$，$\frac{1}{16}$，$\frac{3}{32}$，$\frac{1}{8}$，$\frac{3}{16}$，$\frac{1}{4}$ 吋等八種。

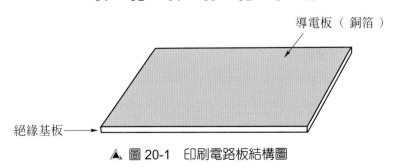

▲ 圖 20-1 印刷電路板結構圖

最常用之導電板則為銅箔。應用最廣的銅箔厚度為 0.0014 吋 (每平方呎重 1 英兩) 與 0.0027 吋 (每平方呎重 2 英兩)，英兩又稱為盎斯，故前者又稱為 1 盎斯銅箔，後者稱為 2 盎斯銅箔。

2. 印刷電路板之優點

PCB 廣為電子產品 (例如：收音機、錄音機、電視機、微電腦、手機……等) 所採用，因為它具有下列各項優點：

(1) 減少配線的麻煩，可大量生產，以降低產品的價格。

(2) 人為的接線錯誤可減少，節省了檢修的時間。

(3) 零件的配置較密集，可減輕重量，並減小產品的體積。

(4) 各零件配置之相關位置固定，電路的特性不會受到分佈 (雜散) 電容之影響，因此產品的特性均一，品管容易。

(5) 若將插妥零件之 PCB 浸入銲錫爐中，一次即可完成全部的銲接工作，不但銲接快速，而且美觀，最適宜產品之大量生產。

3. 印刷電路的設計

3-1 印刷電路之設計步驟

(1) 購齊所需之零件。 (如此才有辦法按照實物之尺寸設計印刷電路)。

(2) 按電路圖將所用零件依電路之方式在方格紙 (最好用 0.1 吋方格紙) 上作實體排列。

(3) 繪出各零件之接線線條。當全部繪好並移去零件以後，即獲得一印刷電路之草圖。如圖 20-2 所示。

(4) 將草圖作必要之修改，即完成設計藍圖。如圖 20-3 所示。我們就是根據此設計藍圖來裁切 PCB。

3-2 設計印刷電路之注意事項

設計時最重要的是要按電路圖的次序，各零件間的引線不能錯亂，按步就班去計劃。設計時雖然是從輸入方面開始，但零件的排列都以電晶體為中心而向外展開，故電晶體位置的決定，在印刷電路板的設計上頗為重要。將電晶體置於印刷電路板之中心，在其上下

左右就有空間，容易安排其他零件與引線，但要注意，實際裝配銲接時，電晶體是在 PCB 的基板那邊。

　　凡是屬於接地的零件 (如射極電阻等) 應與屬於電源方面的零件 (如集極電阻等)，分別安裝於上、下方的空間，引線的走法要考慮到信號和漣波電路 (濾波電路、反交連電路等) 的通路，兩者不能有下列的錯誤出現：

(1) 接地線不能接成環狀，如圖 20-4 所示──地線若呈環狀時，容易受到變壓器等的外部感應，產生環流，有使 S／N 惡化的可能。(S／N 是表示信號／噪音比)。

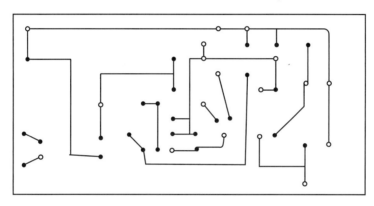

▲ 圖 20-2　草圖之一例

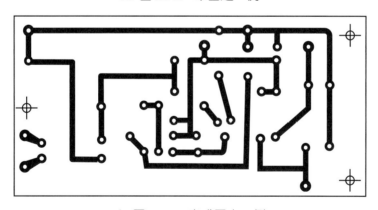

▲ 圖 20-3　完成圖之一例

(2) 輸出和輸入線不能靠近──輸出信號的一部分會漏進輸入端，有引起振盪等之慮。

(3) 輸入電路盡量沿著地線前進──具有屏蔽效應。

(4) 漣波電流不能流過輸入電路附近──如圖 20-5 所示，輸入端會拾取漣波，有受其干擾之慮。

(5) 在一電路上要容納二個頻道時，如立體聲電路，引線排列應相對稱——兩頻道對稱排列可減低串音出現。

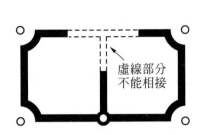

▲ 圖 20-4　如令銅箔接成環狀，將會發生線圈作用

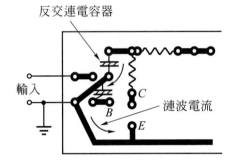

▲ 圖 20-5　錯誤的設計例，漣波混入輸入信號，易生雜音

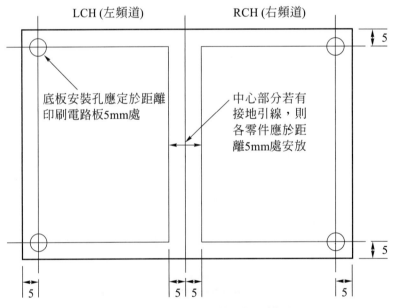

▲ 圖 20-6　兩個頻道要對稱排列

(6) 地線的接線頭應設計在輸入端。

(7) 電路板固定用的螺絲不要與接地線相碰。設計 PCB 安裝孔 (俗稱"螺絲孔") 的地方，宜如圖 20-6 所示，在距離 PCB 尺寸內側 5mm 的一條線上。

　　以上所說各點，並不一定會對電路發生不良的影響，但為獲得較優良之電路特性，還是避免為宜。

4. 抗蝕劑的塗佈

在 PCB 上塗抗蝕劑 (耐酸油墨、奇異墨水或油漆等) 是爲了待會兒把 PCB 投入氯化鐵溶液時，只把不要的銅箔部分溶掉，而把需要的銅箔部分保留下來。

4-1 少量製作之塗佈方法

(1) PCB 上的銅箔，由於與空氣的長期接觸，在銅箔的表面會形成一層氧化層，同時銅箔也可能染有油污，這些氧化層或油污都會妨害腐蝕的進行，所以應事先以細砂紙將銅箔擦亮。

(2) 在擦亮銅箔後，即可將已經設計好的電路藍圖轉繪於銅箔上面。我們可以將一張複寫紙蓋在銅箔上，然後把線路藍圖覆蓋在複寫紙上，用迴紋針或膠帶把藍圖固定，然後用鉛筆或原子筆跟著藍圖描一遍，就可把電路印在銅箔上了。

　　　註：若同一份藍圖欲重複用數次，或 PCB 設計圖是印在書刊雜誌上的，可先影印數份備用。

(3) 校對一次，保證銅箔上的圖與藍圖完全一樣，絕不能有漏繪之處。

(4) 以奇異墨水筆細緻均勻的塗在欲保留之銅箔部分， (以圖 20-3 爲例，畫黑色的部分就是需要保留的部分)。

(5) 爲了美觀起見，抗蝕劑 (奇異墨水) 乾了之後，要以美工刀或雕刻刀修飾一番，若配合一支小鋼尺則修刮直線更爲便捷。

(6) 塗抗蝕劑所形成的接點之優劣，可參考圖 20-7。

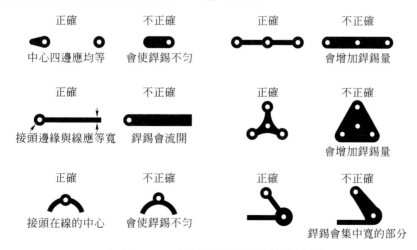

▲ 圖 20-7　印刷電路正確銲接點範例

4-2 大量生產之塗佈方法

(1) 廠商欲大量生產 PCB，首先必須把設計好的電路藍圖 (即繪製完成的電路板完稿) 拿去照相製版。

註：所謂照相製版就是利用照相的方法，拍攝成與實物之大小完全一樣的底片。

(2) 把底片拿去製成網板。製好的網板，有藥膜的部分油墨沒有辦法滲透過去，沒有藥膜的地方即容許油墨通過。

(3) 利用網版印刷機大量的以耐酸油墨印刷。圖 20-8 是小型網版印刷機之印刷程序圖。

(4) 若所製作之印刷電路較精密，則不能採用網版印刷的方法，而需改用「直接感光抗蝕法」。詳見圖 20-9。

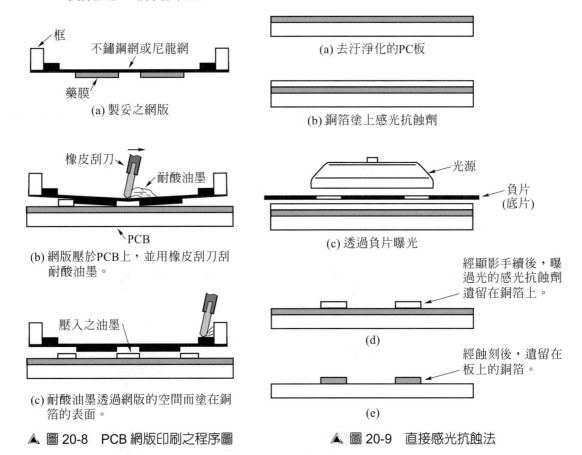

▲ 圖 20-8　PCB 網版印刷之程序圖　　　　▲ 圖 20-9　直接感光抗蝕法

5. 如何洗 PCB？

把 PCB 上不要的銅箔部分除掉，只留下所需要的銅箔部分，稱為蝕刻電路板，俗稱「洗電路板」。其步驟如下：

(1) 準備氯化鐵溶液：可以去電子材料行購買瓶裝氯化鐵溶液回來使用，也可以到化學原料行去購買黃棕色的塊狀氯化鐵回來泡水 (約 80%的濃度)。

(2) 將氯化鐵溶液置於塑膠盆內備用。 (氯化鐵具有腐蝕性，不得使用金屬容器)。

(3) 把抗蝕劑已經乾燥之 PCB 投入氯化鐵溶液中。

(4) 為了提高腐蝕的速度，氯化鐵溶液最好能加熱至 $50\sim60℃$，同時不斷將其攪動或搖動。只要浸上 5~10 分鐘即可把不要的銅箔部分腐蝕掉。

(5) 待 PCB 上不要的銅箔部分已完全蝕去，就可以拿出來用清水沖洗乾淨了。這時必須仔細檢查一遍，看看是否有些地方還未蝕透，如果很多，則投入再蝕，如果只有少許，可用雕刻刀把多餘的小銅箔粒點刮去。

(6) 用一塊布沾汽油把 PCB 上之抗蝕劑抹掉。一塊閃著銅的光澤，整齊而美觀的印刷電路板已大功告成。圖 20-10 為 PCB 之製作程序圖。

(7) 若欲避免閃亮潔淨的銅箔長久置於大氣中產生氧化，可在電路板上塗一層很薄的松香液 (把松香溶於酒精中，即成松香液)。

(8) 進行銲接、裝配工作以前，必須在 PCB 鑽孔。一般零件腳用 lmm 之鑽頭鑽孔。PCB 安裝孔則以 $\frac{1}{8}$ 吋之鑽頭鑽孔。

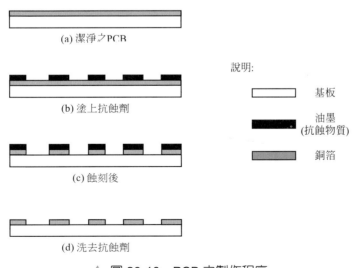

(a) 潔淨之PCB

(b) 塗上抗蝕劑

(c) 蝕刻後

(d) 洗去抗蝕劑

說明:

基板

油墨
(抗蝕物質)

銅箔

▲ 圖 20-10　PCB 之製作程序

三、問題研討

問題 20-1

設計印刷電路時，銅箔的寬度是否可隨心所欲的繪製？

解 (1) 銅箔所能通過之安全電流量係與銅箔之寬度成正比，故銅箔之寬窄係以所需流通之電流大小為準，加以繪製。見圖 20-11。

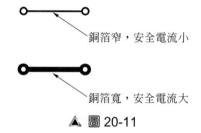

▲ 圖 20-11

(2) 印刷電路板上之銅箔由於表面積大，散熱較佳，因此與等銅量之導線相比，有較大的安全電流。圖 20-12 可用以決定所需銅箔之寬度。一般 PCB 之最大允許溫升是 40℃。在任何情況下，盡量把銅箔用寬點。最好不要小於 $\frac{1}{16}$ 吋。

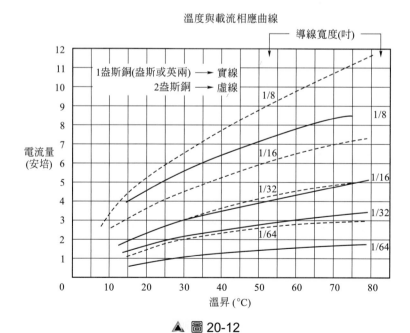

▲ 圖 20-12

問題 20-2

設計印刷電路時，銅箔與銅箔間之間隔是否必須加以考慮？

解 兩銅箔間之間隔與所能承受之擊穿電壓有關，如圖 20-13 所示。若電路之工作電壓 $\leq 50V$，則兩銅箔之間隔應 ≥ 0.015 吋，每超出 10V 應增加間隔 0.001 吋。

 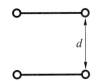

(a) 間隔 d 小，銅箔　　　(b) 間隔 d 大，銅箔
　　間所能承受之電　　　　　間所能承受之電
　　位差小　　　　　　　　　位差大

▲ 圖 20-13

問題 20-3

零件間之間隔是否有何規定？

解 (1) 零件間之間隔並沒有硬性規定。例如圖 20-14(a)和圖 20-14(b)有相同的功能。

 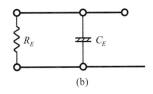

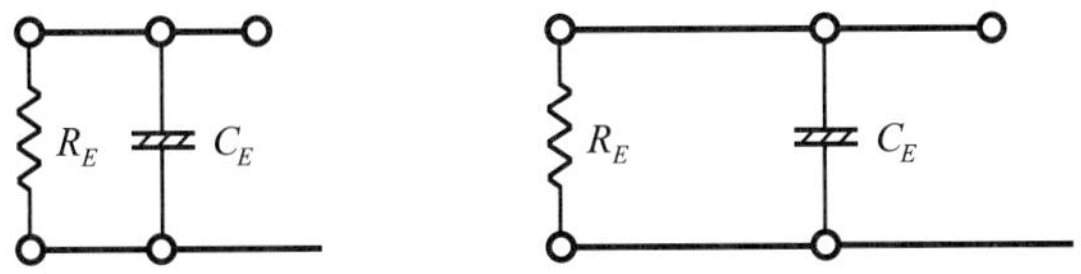

(a)　　　　　　　　　(b)

▲ 圖 20-14

(2) 但零件擺的太密或太疏均非所宜。有的公司是採用如下之規則：把相鄰兩元件之最大直徑或最大厚度相加後再四捨五入，即為適當之間隔。

例如：圖 20-15 中，若 $X = 2.3mm$，$Y = 3.3mm$，則 $X + Y = 5.6mm$，四捨五入後之適當間隔 (中心至中心之距離 t) 為 6mm。

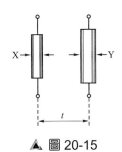

▲ 圖 20-15

問題 20-4

用鋸片鋸切 PCB，如果經驗不足，很不容易得到整齊的邊緣，是否有其他好方法？

解 (1)　你可以把一段廢鋸片用砂輪機磨成圖 20-16 所示之 PCB 切割刀。

(2)　用 PCB 切割刀在 PCB 的兩面各刮下一條深溝，然後輕輕一折，就可把 PCB 折斷，同時斷邊很整齊。見圖 20-17。

鋼鋸片　　　　　　　　經過打磨　　　　　　　　刀嘴

▲ 圖 20-16　PCB 切割刀之製作

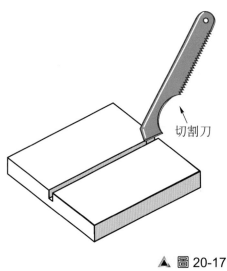

切割刀　　在電路板的兩面分別刮一深溝紋，然後略為用力將之拗為兩截

▲ 圖 20-17

四、實習項目

工作一：PCB 之設計與製作

1. 由老師指定一個電路圖或由學生自行找尋一個適當的電路圖。
2. 學生將印刷電路設計好後，利用奇異墨水筆與氯化鐵溶液製作完成電路板。

   注意！若皮膚沾到氯化鐵，必須立即沖洗。若眼睛沾到氯化鐵，必須立即用大量清水沖洗，並迅速就醫。
3. 鑽孔並裝上零件使電路能正常動作後，送請老師評分。
4. 建議：請老師對學生之作品作個講評，並讓同學們互相觀摩，以提高製作技巧。

五、習題

1. 設計印刷電路時，為何需先購齊所需之零件？
2. 設計印刷電路時，若令地線接成環狀，有何缺點？
3. PCB 在塗上抗蝕劑之前，為何需先將銅箔擦拭潔淨？
4. 圖 20-18 為某一放大器之 PCB 設計圖，試指出有何缺點需加以改進。

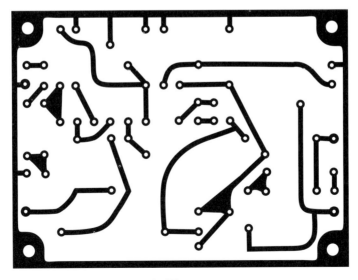

▲ 圖 20-18

六、相關知識補充──自製精密 PCB 的方法

　　爲使喜歡自己動手做印刷電路板的讀者們能快速製作漂亮又精密的印刷電路板,台北市光華商場的金金電子有限公司 (金電子電料行) 特別發行了正性感光電路板,規格如表 20-1 所示。在全省各大電子材料行均可購得。茲將其用法說明於下,以供參考:

1. 準備印刷電路之透明稿

　　若 PCB 設計圖是印在書刊雜誌上的,用影印機以適當的比例影印至透明片 (投影片) 上,即可獲得所需之透明稿。假如 PCB 設計圖需自己繪製,則以針筆繪製在描圖紙上,即成所需之透明稿 (雖然描圖紙只半透明,但已夠用)。

▼ 表 20-1　金電子正性感光材料

品　　　名	規　　　　　格	備註
正性感光 電　路　板	10 公分×15 公分×0.16 公分	每片
	15 公分×30 公分×0.16 公分	每片
顯　像　劑	50 克	每包

2. 曝光

(1) 在室內,將金電子正性感光電路板之包裝袋剪開。

(2) 如圖 20-19 所示,在感光電路板上覆蓋透明稿,再蓋上一片透明玻璃,使其密接。

(3) 置於日光燈下約 5 公分處曝光10～15 分。如圖 20-20(a)。

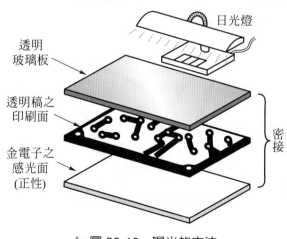

▲ 圖 20-19　曝光的方法

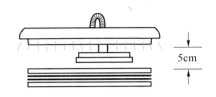

(a) 曝光 10~15分

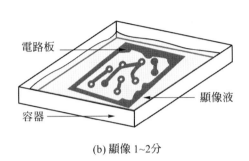

電路板

顯像液

容器

(b) 顯像 1~2分

氯化鐵
溶液

(c) 腐蝕 5~15分

▲ 圖 20-20　正性感光電路板之製作程序

3. **顯像**

(1)　把顯像劑溶解在自來水中，即成顯像液。

(2)　將 PCB 曝光後的銅箔面朝上，放入顯像液中浸泡1~2分。

(3)　註：顯像所需之時間與顯像液的濃度有關，請詳細看顯像劑的包裝袋上之說明。

4. **蝕刻**

把顯像完畢之 PCB 放入氯化鐵熔液中浸5~15分，使不要的銅箔部分腐蝕掉。

5. **清洗、鑽孔**

將 PCB 清洗乾淨並鑽孔，漂亮的 PCB 即大功告成。

場效電晶體 FET 的認識與應用

一、實習目的

(1) 瞭解 JFET 的特性。

(2) 認識 JFET 的應用電路。

二、相關知識

1. JFET 的構造

接面場效電晶體 (junction field effect transistor) 簡稱為 JFET，以其構造分為 N 通道 JFET 和 P 通道 JFET 兩種，如圖 21-1 與圖 21-2 所示。

在 N 型半導體 (做為電流的通道) 之中央部分擴散 P 型區域，如圖 21-1(a)所示者稱為 N 通道 JFET。N 型通道兩端之引線分別稱為源極 (source；簡稱 S)與汲極(drain；簡稱為 D)，P 型區域之引線稱為閘極 (gate；簡稱 G)。兩個 P 型區域都連至閘極，為了簡化圖形，圖中只顯示一個 P 型區域連接到閘極。

至於 P 通道 JFET 則以 P 型半導體為通道，以 N 型區域為閘極 (恰與 N 通道 JFET 相反)，如圖 21-2(a)所示。在應用上 P 通道 JFET 與 N 通道 JFET 的工作原理完全相同，但兩者所加之電源極性則恰好相反。

　　由於 N 通道之特性較優，因此使用的較為普遍，本實習即以 N 通道 JFET 為主加以說明。

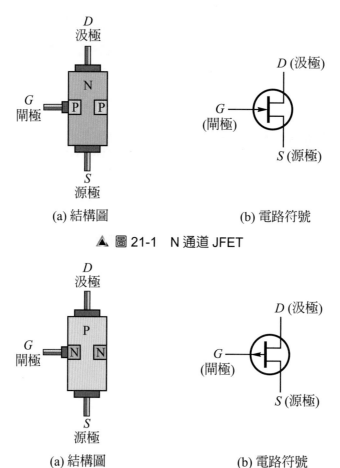

| (a) 結構圖 | (b) 電路符號 |

▲ 圖 21-1　N 通道 JFET

| (a) 結構圖 | (b) 電路符號 |

▲ 圖 21-2　P 通道 JFET

2. JFET 的特性

　　N 通道 JFET 在正常使用時，汲極 D 要加正而源極 S 加負，閘極 G 則加上逆向偏壓，如圖 21-3 所示。由於 V_{GS} 為逆向偏壓所以沒有閘極電流。

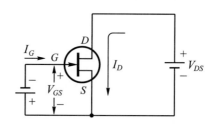

▲ 圖 21-3　N 通道 JFET 加電壓之方式

在 D 和 S 之間所通過之電流 I_D 之大小受到逆向偏壓 V_{GS} 之控制，如圖 21-4 所示。茲將 N 通道 JFET 之特性曲線說明如下：

(1) 當 $V_{GS} = 0V$ 時，I_D 最大。(當 $V_{GS} = 0V$ 時，在定電流區的 I_D 稱為夾止電流 I_{DSS})

(2) 若 V_{GS} 愈大，則 I_D 愈小。

(3) 當 V_{GS} 達到某特定值時，$I_D = 0$，此時之 V_{GS} 稱為截止電壓 (cut off voltage)，以 $V_{GS(OFF)}$ 表之。圖 21-4 之 $V_{GS(OFF)} = -3$ 伏特。

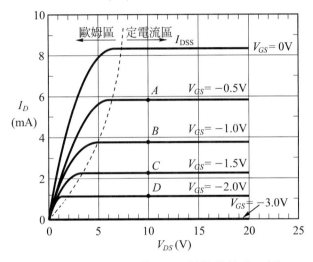

▲ 圖 21-4　N 通道 JFET 特性曲線之一例

假如選定一個 V_{DS}，而將 V_{GS} 與 I_D 之關係以曲線表示者，稱為轉換特性曲線 (transfer characteristis curve)。若在圖 21-4 選定 $V_{DS} = 10$ 伏特，則可畫出此 JFET 之轉換特性曲線如圖 21-5 所示。

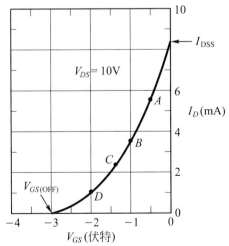

▲ 圖 21-5　N 通道 JFET 轉換特性曲線之一例

當 V_{GS} 改變時，JFET 通道之變化情形如圖 21-6 所示。

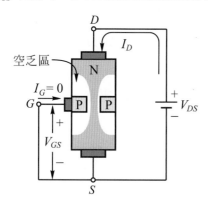

(a) $V_{GS} = 0$，空乏區最小，通道最大，
   DS 間電流 I_D 最大。

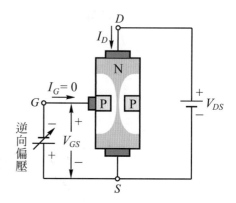

(b) $V_{GS} =$ 逆向偏壓，空乏區加大，
   通道減小，I_D 減小。

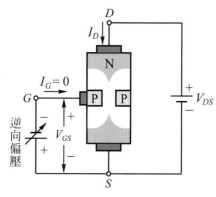

(c) 當 V_{GS} 高達 $V_{GS(OFF)}$ 時，空乏區
   甚大，通道阻塞，$I_D = 0$。

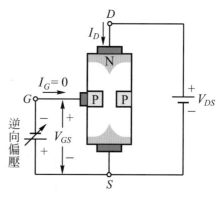

(d) 當 V_{GS} 逆向偏壓大於 $V_{GS(OFF)}$ 時，
   空乏區延伸，$I_D = 0$。

▲ 圖 21-6　V_{GS} 改變時，N 通道 JFET 通道的變化情形

在不同 V_{DS} 的情形下，JFET 的 $V_{DS} - I_D$ 特性曲線可分成兩大區域：

(1) 歐姆區 (Ohmic area)：

在 V_{DS} 較小之區域，I_D 大小隨 V_{DS} 而變，呈現電阻器之特性，因此稱為歐姆區 (或稱為電阻區)。圖 21-4 中，虛線的左邊部分即為歐姆區。在歐姆區中，D 與 S 之間的電阻受 V_{GS} 控制，$V_{GS} = 0$ 時 R_{DS} 最小，只有數百歐姆；而當 V_{GS} 達到 $V_{GS(OFF)}$ 時，R_{DS} 高達數 MΩ 以上，稱為 R_{off}。圖 21-7 即為 JFET 作為 VVR (電壓控制電阻器，voltage-controlled variable resistor) 之特性。

(2) 定電流區

(Constant-current area)：

JFET 特性曲線在 V_{DS} 大至某程度以上時，I_D 維持定值，不隨 V_{DS} 而變，曲線呈水平，此區城稱為定電流區或稱為恆流區。圖 21-4 中，虛線右邊之區域即為定電流區。在定電流區裡，I_D 只受 V_{GS} 控制，而與 V_{DS} 無關。

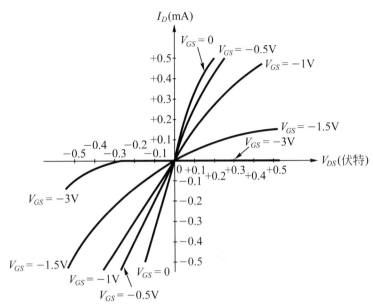

▲ 圖 21-7　JFET 在小值 V_{DS} (原點附近) 時 $V_{DS} - I_D$ 特性之一例

3. 常用 JFET 之特性資料

目前價廉易購使用最普遍之 JFET 首推 2SK30A，圖 21-8 即為其特性資料。圖 21-9 則為 2SK40 之特性資料。

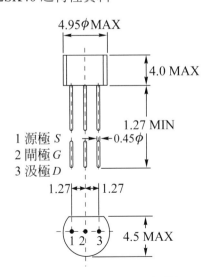

分　　　類	I_{DSS} (mA)	
	最　小	最　大
2SK30A-R	0.30	0.75
2SK30A-O	0.60	1.40
2SK30A-Y	1.20	3.00
2SK30A-GR	2.60	6.50

▲ 圖 21-8　2SK30A 之特性資料

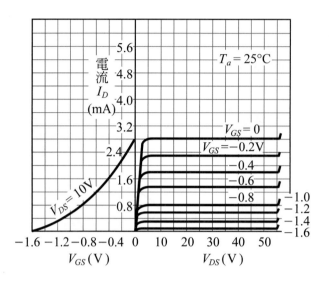

▲ 圖 21-8　2SK30A 之特性資料 (續)

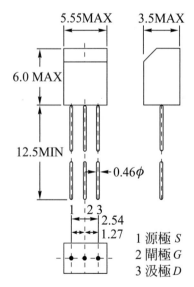

分　　類	I_{DSS} (mA)	
	最　小	最　大
2SK40-A	0.3	0.8
2SK40-B	0.6	1.4
2SK40-C	1.2	3.0
2SK40-D	2.6	6.5

1 源極 S
2 閘極 G
3 汲極 D

▲ 圖 21-9　2SK40 之特性資料

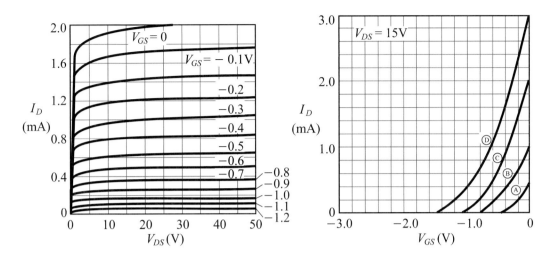

▲ 圖 21-9　2SK40 之特性資料 (續)

4. JFET 之應用

4-1 共源極放大器

JFET 處於定電流區時 (只要 V_{DS} 不太小，JFET 即處於定電流區)，I_D 只受 V_{GS} 控制而不受 V_{DS} 影響，此種特性使 JFET 甚適合於擔任放大的工作。尤其是閘極為逆向偏壓(V_{GS} 為逆向偏壓)，使閘極之輸入阻抗甚高，不需輸入閘極電流，令 JFET 放大器比電晶體放大器更為出色。

JFET 之基本放大電路如圖 21-10 所示，稱為共源極放大器。茲說明如下：

(1) 共源極放大器的輸出電壓 V_{out} 與輸入電壓 V_{in} 反相180度。

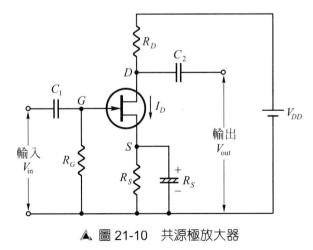

▲ 圖 21-10　共源極放大器

(2) JFET 所需之偏壓 V_{GS} 係由 R_S 產生。由於電流 I_D 通過 R_S 時會在 R_S 產生壓降，R_S 上端為正，下端為負，因此恰好正極接 S，負極經過 R_G 接 G 極。

$$V_{GS} = -(I_D \times R_S) \qquad (21\text{-}1)$$

(3) R_G 一般採用 100kΩ ～ 數 MΩ。

(4) JFET 有一項很重要的參數，稱為互導。互導 g_m 之定義為：V_{DS} 保持不變時，V_{GS} 對 I_D 之影響，亦即

$$g_m = \left.\frac{\Delta I_D}{\Delta V_{GS}}\right|_{\Delta V_{DS} = 0} \qquad (21\text{-}2)$$

(5) 圖 21-10 之電路，因為 $V_{in} = \Delta V_{GS}$，$V_{out} = -(\Delta I_D \times R_D)$，故其電壓增益

$$A_V = \frac{V_{out}}{V_{in}} = -g_m R_D \qquad (21\text{-}3)$$

(6) 由(21-3)式可得知 JFET 的 g_m 愈大時，電壓增益愈大。若使用較大的 R_D，則輸出電壓 V_{out} 亦較大。

4-2 定電流電路

使用 JFET 作為定電流電路，電路非常簡潔。圖 21-11(a)因為 $V_{GS} = 0$，所以電流維持於 I_{DSS}。圖 21-11(b)之電路，只需改變 R_S，即能得到所需之定電流。

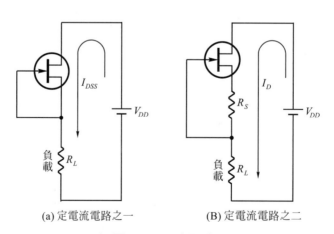

(a) 定電流電路之一   (B) 定電流電路之二

▲ 圖 21-11 定電流電路

5. 以三用電表測試 JFET

以三用電表測試 JFET 之步驟如下所述：

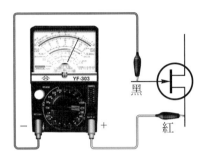

(a) 順向，指針大量偏轉

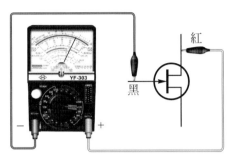

(b) 順向，指針大量偏轉

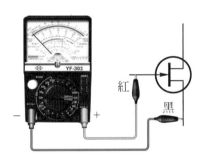

(c) 逆向，指針不偏轉

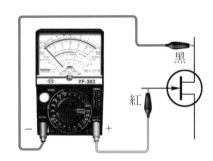

(d) 逆向，指針不偏轉

▲ 圖 21-12　判斷 JFET 的閘極 G

(1) 三用電表置於 $R \times 1k$ 檔測量，
$G - S$ 間具有二極體之性質，
$G - D$ 間亦具有二極體之性質。
詳見圖 21-12。

(2) 三用電表置於 $R \times 10$ 檔測量，
DS 間猶如一個數 100Ω 以上之
電阻器。將三用電表之紅、黑棒
對調時，所測之電阻值不變。詳
見圖 21-13。

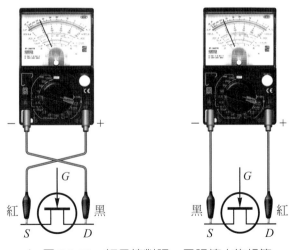

▲ 圖 21-13　紅黑棒對調，電阻值大約相等

(3) 大部分 JFET 的 D、S 可以互換使用，但有的 JFET 在 D、S 互換使用時增益較低，可使用下法判斷 D 和 S：三用電表置於 $R \times 10$ 檔，紅、黑測試棒分別接於 JFET 的 G 極除外之兩腳，以手指壓住黑棒與閘極，此時三用電表的指針會往低電阻的方向移動。然後將紅、黑兩測試棒對調，再將手指壓住黑棒與閘極，此時三用電表的指針也會往低阻值的方向移動。在兩次測試中，三用電表的指針偏轉較大的，黑棒所接者為 D 極，紅棒所接者為 S 極。詳見圖 21-14。

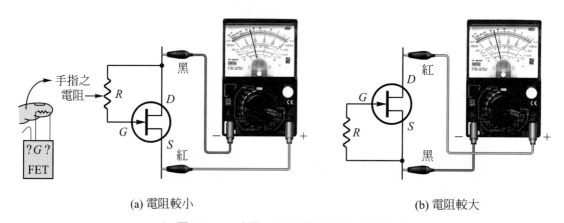

(a) 電阻較小　　　　　　　　　　　　　　(b) 電阻較大

▲ 圖 21-14　判斷 JFET 的汲極 D 與源極 S

三、實習項目

工作一：以三用電表測量 JFET

1. 所用 JFET 之編號為＿＿＿＿＿＿。
2. 以三用電表 $R \times 1k$ 檔測量 JFET，找出 G 極。
3. 以三用電表 $R \times 10$ 檔測量 D、S 間之電阻值＝＿＿＿＿＿Ω。將紅、黑兩測試棒互換再測，D、S 間之電阻值有無變化？　答：＿＿＿＿＿
4. 所用之 JFET 若非 2SK30A，用圖 21-14 之方法判斷出何腳為 D？何腳為 S？並繪 JFET 之實體圖註明三腳各為何極。

工作二：測量 JFET 的靜特性

1. 裝妥圖 21-15 之電路。

    說明：

    (1) 圖中用來測量 I_D 之電流表 Ⓐ ，請以三用電表的 DCA 代替。

    (2) 圖中用來測量 V_{GS} 之電壓表 Ⓥ ，請以三用電表的 DCV 代替。

    (3) 圖中的 V_{DS} 為電源供應器，V_{GS} 為另一台電源供應器。假如你是把一台雙電源型電源供應器拿來當兩台獨立的電源供應器用，請記得把開關置於 INDEPENDENT (獨立) 位置。

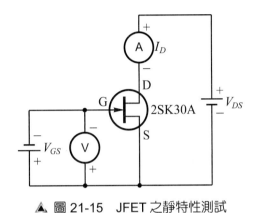

▲ 圖 21-15　JFET 之靜特性測試

2. 把電源供應器的電源 ON。

3. 調整電源供應器，使 $V_{DS} = 10$ 伏特。

4. 調整電源供應器，使 $V_{GS} = 0$ 伏特。此時電流表 Ⓐ 之指示值為 I_{DSS}，

    $I_{DSS} = $ _____ mA。

5. 調整電源供應器使 V_{GS} 慢慢的上升，直至 Ⓐ 的指示值 I_D 恰好降至 0mA，此時之

    $V_{GS} = $ _____ 伏特，此電壓值即為所測 JFET 的截止電壓 $V_{GS\,(OFF)}$。

6. 調整電源供應器，使 V_{GS} 分別為表 21-1 所示之值，並將 Ⓐ 指示之 I_D 值記錄在表 21-1 中之相對應位置。

7. 把電源供應器的電源 OFF。

▼ 表 21-1

V_{GS} (伏特)	0	−0.2	−0.4	−0.6	−0.8	−1.0	−1.2	−1.4	−1.6	−1.8
I_D (mA)										

V_{GS} (伏特)	−2.0	−2.2	−2.4	−2.6	−2.8	−3.0	−3.2	−3.4	−3.6	−3.8
I_D (mA)										

8. 將表 21-1 之測量結果標示在圖 21-16 中，然後把這些點連接起來，成爲像圖 21-5 那種曲線，這就是所測 JFET 在 V_{DS} = 10 伏特時之轉換特性曲線。

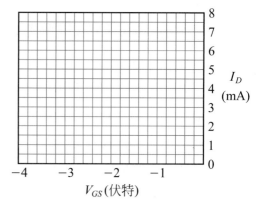

▲ 圖 21-16　所測 JFET 之轉換特性曲線

工作三：共源極放大器實驗

1. 接妥圖 21-17 之電路。示波器的選擇開關置於 AC 之位置。

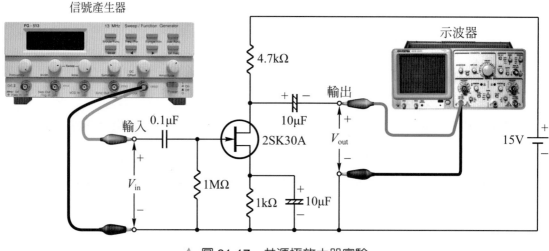

▲ 圖 21-17　共源極放大器實驗

2. 信號產生器調於 1kHz 正弦波，徐徐增加信號產生器之輸出電壓，使示波器顯示不失眞之最大正弦波。此時輸出電壓的峰對峰值 V_{out} = _____ V。

3. 將示波器之測試棒移至 JFET 的閘極，測得輸入電壓的峰對峰值 V_{in} = _____ V。

4. 電壓增益 $A_V = \dfrac{V_{out}}{V_{in}}$ = ———— = _____。

5. 請用雙軌跡示波器，如圖 21-18 所示同時觀測輸入電壓 V_in 及輸出電壓 V_out 之波形，以了解其相位關係。

V_out 與 V_in 同相或反相？　答：_____

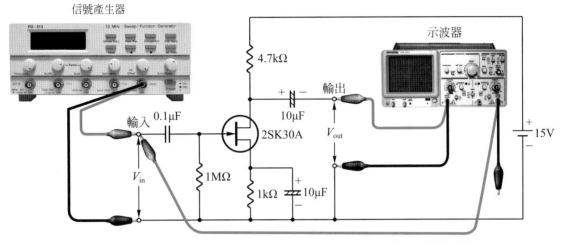

▲ 圖 21-18 觀測 V_in 與 V_out 之相位關係 (註：示波器 CH2 的黑色接地夾空置不用)

工作四：定電流電路實驗

1. 接妥圖 21-19 之電路。電流表 (mA) 可使用三用電表的 DC mA 代替。

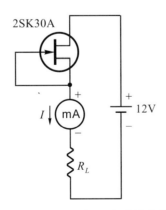

▲ 圖 21-19 定電流電路實驗

2. 依表 21-2 使用不同的 R_L 值做實驗，並將所測得之電流值 I 記錄於表 21-2 中之相對應位置。

3. 表 21-2 之實驗結果，負載 R_L 變動時電流是否維持恆定不變？　答：＿＿＿＿＿

▼ 表 21-2

R_L(Ω)	0 Ω	100 Ω	470 Ω	1 kΩ	1.5 kΩ
I(mA)					

四、習題

1. JFET 的閘極需加上順向偏壓或逆向偏壓？

2. JFET 的輸入阻抗大或小？何故？

3. 何謂 I_{DSS}？

4. 何謂截止電壓 $(V_{GS(\text{OFF})})$？

5. 在 JFET 的資料中有一參數稱為「互導」，其定義為何？

6. 以三用電表測量 JFET，哪兩腳之間猶如一個電阻器？

7. 共源極放大器的輸出電壓與輸入電壓同相或反相？

第三篇
線性積體電路實驗

實習二十二

反相放大器與同相放大器實驗

一、實習目的

1.　認識運算放大器的特性。

2.　認識運算放大器的規格。

3.　瞭解運算放大器之基本應用電路。

二、相關知識

1.　**何謂積體電路**

　　積體電路(integrated circuit)簡稱為 IC。IC 是把許多電晶體、電阻器……等電子元件密集的裝在同一個外殼裡而成。IC 的內部可能是一個完整的電子電路，一加上電源就可工作；也可能不是完整的電路，必須在 IC 的外面再接一些零件才能正常工作。使用 IC 的好處是配線可以簡化，而且電路的體積可以縮小。本實習所用之運算放大器就是 IC 的一種。

2. 運算放大器的基本認識

2-1 理想的運算放大器之特性

運算放大器(operational amplifier)簡稱為 OP-Amp 或 OPA，是一個具有極高電壓增益之差動放大器。因為當初開發這種高增益放大器的目的是為了製作類比計算機(analog computer)以完成各種數學運算 (例如：加法、減法、微分、積分)，因此將其稱為"運算"放大器。由於積體電路 (IC) 製造技術的進步，運算放大器不但性能優良而且體積小巧、價格低廉，因此被廣泛應用於各種電子電路裡。

運算放大器的電路符號如圖 22-1 所示，是具有兩個輸入端及一個輸出端之放大器。當標有「＋」號之輸入端被加上信號電壓時，會在輸出端產生同相的輸出電壓 (請參考圖 22-2)，因此「＋輸入端」被稱為「同相輸入端」(noninverting input，又稱為非反相輸入端，以正號表示)。若在標有「－」號之輸入端加上信號電壓，則會在輸出端產生反相的輸出電壓 (請參考圖 22-3)，因此「－輸入端」被稱為「反相輸入端」(inverting input，以負號表示)。只要巧妙的利用「＋」「－」兩個輸入端，即可構成各種不同功能的電子電路。

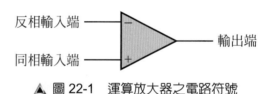

▲ 圖 22-1　運算放大器之電路符號

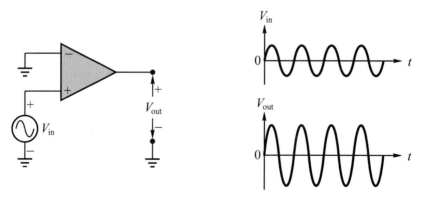

▲ 圖 22-2　信號由「＋」端輸入是同相放大

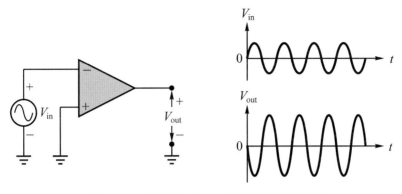

▲ 圖 22-3 信號由「－」端輸入是反相放大

理想的運算放大器具有下列各項特性 (請參考圖 22-4) ：

(1) 電壓增益為無限大。亦即 $A_V = V_{out} / V_d = \infty$。

(2) 輸入阻抗為無限大。亦即 $Z_{in} = \infty$，因此不需輸入電流。

(3) 輸出阻抗為零。亦即 $Z_o = 0\Omega$。

(4) 沒有任何偏差電壓存在，亦即當 $V_1 = V_2$ 時 (此時 $V_d = 0$) 輸出電壓 V_o 恰為零伏特。

(5) 頻帶寬度為無限大。也就是對任何頻率之輸入信號皆具有相同的電壓增益。

(6) 共模拒斥比 (common mode rejection ratio，CMRR) 為無限大。亦即 CMRR $= \infty$，排斥共模雜訊的能力非常強。

(7) 上列六項特性不會因溫度之影響而產生劣化。

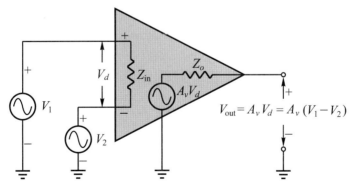

▲ 圖 22-4 運算放大器之等效電路

實際的運算放大器之特性雖然無法做到像上面所說的那樣完美，但是對於大部分的應用而言，目前的運算放大器之特性已極接近上述理想狀況，因此在分析運算放大器的應用電路時，都將運算放大器視爲理想的運算放大器。

2-2 虛接地

由於運算放大器的電壓增益爲無限大，因此欲得到任何輸出電壓時 (輸出電壓絕對不會大於運算放大器之電源電壓，而一般運算放大器的電源很少會超過 30 伏特) 所需之信號電壓 V_d 幾乎爲零，亦即

$$V_d = \frac{V_{out}}{A_V} = \frac{V_{out}}{無限大} = 0$$

所以就輸入端而言，當運算放大器被用來擔任放大作用時「反相輸入端」與「同相輸入端」之間爲同電位，兩輸入端有如虛短路。

運算放大器在擔任放大作用 (輸出端與 "－" 輸入端間接有負回授元件) 時，若如圖 22-5 所示將其「＋」輸入端接地，則「－」輸入端亦等於地電位 (對地爲零伏特)，此種特性稱爲運算放大器的虛接地(virtual ground)。

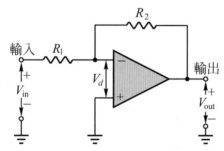

▲ 圖 22-5 輸出端與 "－" 輸入端間接有負回授元件 R_2 之電路，$V_d \fallingdotseq 0$

在分析運算放大器所構成的線性放大電路時，「反相輸入端的電壓會等於同相輸入端的電壓」的觀念對我們有很大的幫助。

3. 運算放大器的基本應用電路

3-1 反相放大器

運算放大器的應用很廣，圖 22-6 所示之反相放大器(inverting amplifier)為其最基本之應用電路。由於"＋"輸入端被接地，所以"－"輸入端為虛接地，與地同電位。即：

$$I_1 = \frac{V_{in} - V_d}{R_1} = \frac{V_{in} - 0}{R_1} = \frac{V_{in}}{R_1}$$

$$I_2 = \frac{V_{out} - V_d}{R_2} = \frac{V_{out} - 0}{R_2} = \frac{V_{out}}{R_2}$$

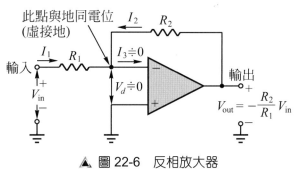

▲ 圖 22-6　反相放大器

由於運算放大器的輸入電阻極大，輸入電流 I_3 幾乎為零，故 $I_1 = -I_2$ (負號表示 I_1 與 I_2 的電流方向相反)，亦即

$$\frac{V_{in}}{R_1} = -\frac{V_{out}}{R_2}$$

輸出電壓 $V_{out} = -\dfrac{R_2}{R_1} V_{in}$ (22-1)

電壓增益 $A_V = \dfrac{V_{out}}{V_{in}} = -\dfrac{R_2}{R_1}$ (22-2)

由上式可知圖 22-6 所示之反相放大器，其電壓增益完全由 R_1 與 R_2 之電阻比決定。式中之負號表示輸出電壓 V_{out} 與輸入電壓 V_{in} 反相。

凡是用運算放大器構成之線性放大電路都有一個共同的特徵，即有一外加負回授元件 (例如電阻器或電容器) 接在輸出端與 "－" 輸入端之間 (在圖 22-6 中是 R_2)。在此類電路中之 "－" 輸入端均可視爲與 "＋" 輸入端同電位。

3-2 反相器

若令圖 22-6 之電阻 $R_1 = R_2 = R$，則成爲圖 22-7 之電路。此時由(22-1)式及(22-2)式可得知

$$輸出電壓\ V_{out} = -\frac{R}{R}V_{in} = -V_{in} \tag{22-3}$$

$$電壓增益\ A_V = -\frac{R}{R} = -1 \tag{22-4}$$

這種「輸出電壓 V_{out} 與輸入電壓 V_{in} 恰好大小相等，相位相反」的電路稱爲反相器 (inverter)。

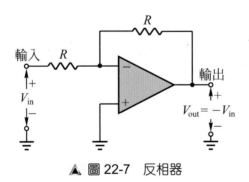

▲ 圖 22-7　反相器

3-3 同相放大器 (非反相放大器)

圖 22-8 所示之同相放大器(noninverting amplifier，又稱爲非反相放大器)，信號 V_{in} 是加在 "＋" 輸入端，因爲輸出端與 "－" 輸入端間接有負回授元件 R_2，故 $V_d \fallingdotseq 0$，$V_{R1} = V_{in}$，圖 22-8 可分析如下：

$$I_1 = \frac{V_{R1}}{R_1} = \frac{V_{in}}{R_1}$$

$$I_2 = \frac{V_{out} - V_{R1}}{R_2} = \frac{V_{out} - V_{in}}{R_2}$$

但運算放大器之輸入電流 $I_3 \doteqdot 0$，

故 $I_1 = I_2$，亦即 $\dfrac{V_{in}}{R_1} = \dfrac{V_{out} - V_{in}}{R_2}$

整理上式可得

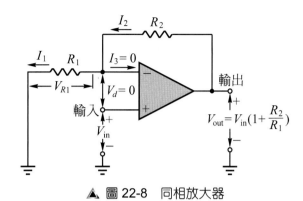

▲ 圖 22-8　同相放大器

輸出電壓 $V_{out} = V_{in} \left(\dfrac{R_1 + R_2}{R_1} \right) = V_{in} \left(1 + \dfrac{R_2}{R_1} \right)$ (22-5)

電壓增益 $A_V = \dfrac{V_{out}}{V_{in}} = \dfrac{R_1 + R_2}{R_1} = 1 + \dfrac{R_2}{R_1}$ (22-6)

上面的公式指出 V_{out} 與 V_{in} 同相，而且電壓增益完全由電阻值控制。

3-4　電壓隨耦器

若令圖 22-8 之電阻 $R_1 = \infty$，$R_2 = 0\,\Omega$，則成為圖 22-9 之電路，此時由(22-5)及(22-6)式可得知

輸出電壓 $V_{out} = V_{in}$ (22-7)

電壓增益 $A_V = 1$ (22-8)

這種輸出電壓 V_{out} 與輸入電壓 V_{in} 完全一樣的電路，稱為電壓隨耦器(voltage follower)。運算放大器之優良特性使電壓隨耦器具有「輸入電阻非常大，輸出電阻非常小」之特點。

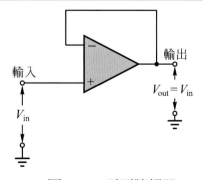

▲ 圖 22-9　電壓隨耦器

4. 運算放大器的最大額定值及參數

目前較常用的運算放大器有 μA741、μA747、CA3130、CA3140、LM324、TL081、TL082、TL084 等，其最大額定值、參數、接腳圖等均可由廠商發行的資料手冊(data book)查得。表 22-1 是目前最價廉、易購的運算放大器 μA741 之規格表，可供參考。

▼ 表 22-1　μA741 之規格表

25℃時之最大額定值：

電源電壓	±18V
消耗功率	310mW
輸入電壓	±15V
差動輸入電壓	±30V
儲存溫度範圍	−55℃至 150℃
應用溫度範圍	0℃至 70℃

25℃時之參數：

註：下表是在電源電壓±V_{CC}＝±15V 時之測試結果

參數	最小	典型	最大	單位	測試條件
大信號電壓增益	50000	200000			$R_L \geq 2k\Omega$，$V_{out(P-P)} = 10V$
輸入電阻	0.3	2.0		MΩ	
輸入電容		1.4		pF	
輸出電阻		75		Ω	
輸入偏壓電流		80	500	nA	
輸入偏移電流		20	200	nA	
輸入偏移電壓		1.0	5.0	mV	$R_s \leq 10k\Omega$
偏移電壓調整範圍		±15		mV	
輸出短路電流		25		mA	
轉動率		0.5		V/μs	$R_L \geq 2k\Omega$
輸入電壓範圍	±12	±13		V	$\pm V_{CC} = \pm 15V$
輸出電壓擺動範圍	±12	±14		V	$R_L \geq 10k\Omega$
	±10	±13		V	$R_L \geq 2k\Omega$
共模拒斥比	70	90		dB	$R_S \leq 10k\Omega$
供應電流		1.7	2.8	mA	
消耗功率		50	85	mW	

4-1 最大額定值

規格表中之最大額定值(absolute maximum ratings)是該零件所能承受的最大極限值。一旦應用狀況超出最大額定值，該元件即損毀。例如 μA741 若被加上±15V 以上之輸入信號就會損壞 (請參考表 22-1)。

4-2 運算放大器的參數

茲將運算放大器之重要參數說明於下：

(1) 大信號電壓增益(large signal voltage gain)：在 $R_L \geq 2k\Omega$，$V_{out\,(P\text{-}P)}$ = 10V 時運算放大器之電壓增益，又稱為開迴路增益(open loop voltage gain)。

(2) 輸入電阻(input resistance)：兩輸入端之間的電阻值。

(3) 輸入電容(input capacitance)：兩輸入端之間的電容量。

(4) 輸出電阻(output resistance)：輸出端與地之間的電阻。

(5) 輸入偏壓電流(input bias current)：兩輸入端的輸入電流之平均值。

(6) 輸入偏移電流(input offset current)：當輸出電壓為 0V 時，兩輸入端輸入電流的差。

(7) 輸入偏移電壓(input offset voltage)：當輸出電壓為 0V 時，在兩輸入端間之電壓差。

(8) 輸出短路電流(output short circuit current)：輸出端被短路至地時，由輸出端流出之電流。

(9) 轉動率(slew rate)：當輸入電壓變化時，輸出電壓的最大改變率，簡稱 SR。

(10) 共模斥拒比(common mode rejection ratio)：差動信號的放大率與共模信號的放大率之比值，簡稱 CMRR。

5. 實習前應具有之基本知識

(1) 本書的實習項目所用之運算放大器全部為 μA741，其接腳如圖 22-10 所示。

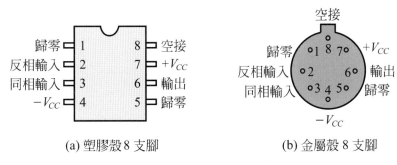

(a) 塑膠殼 8 支腳　　　　　(b) 金屬殼 8 支腳

▲ 圖 22-10　μA741 之頂視圖

(2) 在電路圖中爲了繪圖方便起見,運算放大器大多不繪出電源的接線,但在實際運用時不要忘了如圖 22-11(b)所示加上電源。

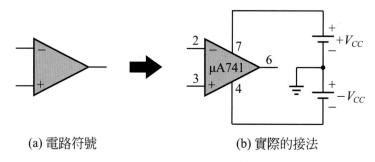

(a) 電路符號   (b) 實際的接法

▲ 圖 22-11 μA741 之供應電源

(3) 由於 μA741 在一般的應用中需要雙電源,因此實習時你必須參考下述方法取得所需之電源:

① 用兩個 9V 之乾電池串聯起來供電,如圖 22-12(a)所示。

② 以圖 22-12(b)之整流電路獲得所需之直流電源。

③ 由市售電源供應器得到±9V～±16V 之直流電源。

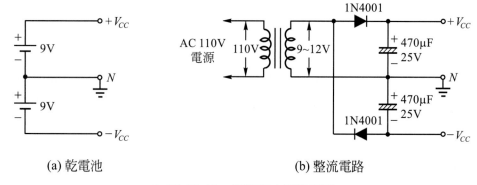

(a) 乾電池   (b) 整流電路

▲ 圖 22-12 運算放大器的電源

(4) μA741 的第 1 腳和第 5 腳是作爲歸零(offset null)之用，如圖 22-13 所示接線，可把輸出端之電壓調整爲零伏特。

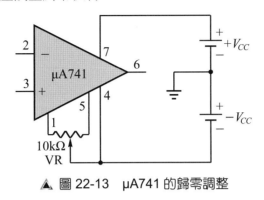

▲ 圖 22-13　μA741 的歸零調整

(5) 欲將運算放大器插入免焊萬用電路板 (麵包板) 或 IC 座時，必須先把電源關掉。要將運算放大器拆離電路之前也必須先關掉電源。

三、實習項目

工作一：反相放大器實驗

1. 接妥圖 22-14 之電路。$R_2 = 20k\Omega$。運算放大器爲 μA741。圖中的 $R_3 \sim R_4$ 電阻器要用 $\frac{1}{2}$ W 的。

2. 通上雙電源 $\pm V_{CC} = \pm 9V \sim \pm 16V$ 皆可。

3. 以三用電表 DCV 測試，調整 1kΩ 可變電阻器使輸入電壓 V_{in} 分別等於–2.0V～+2.0V，並將輸出電壓 V_{out} 記錄於表 22-2 中之相對應位置。

4. 把表 22-2 中的 V_{out} 除以 V_{in}，填入表 22-2 中之相對應位置。此即反相放大器在 $R_1 = 10k\Omega$，$R_2 = 20k\Omega$ 時之電壓增益。

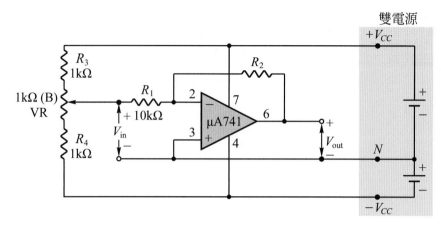

▲ 圖 22-14　反相放大器實驗

▼ 表 22-2　反相放大器 (R_1 = 10kΩ，R_2 = 20kΩ) 之實驗記錄

V_{in} (伏特)	−2.0	−1.5	−1.0	−0.5	+0.5	+1.0	+1.5	+2.0
V_{out} (伏特)								
$\dfrac{V_{out}}{V_{in}}$								

工作二：反相器實驗

1. 將圖 22-14 之 R_2 改為 10kΩ。

2. 以三用電表 DCV 測試，調整 1kΩ 可變電阻器使輸入電壓 V_{in} 分別等於−2.0V～+2.0V，並將輸出電壓 V_{out} 記錄於表 22-3 中之相對應位置。

3. 把表 22-3 中之 V_{out} 除以 V_{in}，填入表 22-3 中之相對應位置。此即反相器之電壓增益。

▼ 表 22-3　反相器 (R_1 = 10kΩ，R_2 = 10kΩ) 之實驗記錄

V_{in} (伏特)	−2.0	−1.5	−1.0	−0.5	+0.5	+1.0	+1.5	+2.0
V_{out} (伏特)								
$\dfrac{V_{out}}{V_{in}}$								

工作三：同相放大器 (非反相放大器) 實驗

1. 接妥圖 22-15 之電路。$R_2 = 10k\Omega$。運算放大器為 μA741。圖中的 $R_3\sim R_4$ 電阻器要用 $\frac{1}{2}$ W 的。

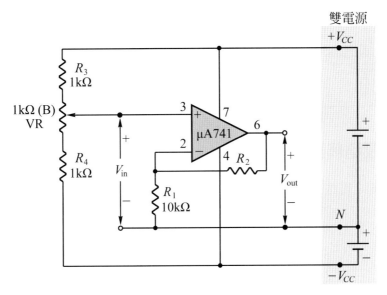

▲ 圖 22-15　同相放大器實驗

2. 通上雙電源 $\pm V_{CC} = \pm 9V \sim \pm 16V$ 皆可。

3. 以三用電表 DCV 測試，調整 1kΩ 可變電阻器使 V_{in} 分別等於–2.0V～+2.0V，並將 V_{out} 記錄於表 22-4 中之相對應位置。

▼ 表 22-4　同相放大器 ($R_1 = 10k\Omega$，$R_2 = 10k\Omega$) 之實驗記錄

V_{in} (伏特)	–2.0	–1.5	–1.0	–0.5	+0.5	+1.0	+1.5	+2.0
V_{out} (伏特)								
$\dfrac{V_{out}}{V_{in}}$								

4. 把表 22-4 中的 V_{out} 除以 V_{in}，填入表 22-4 中之相對應位置。此即同相放大器於 $R_1 = R_2$ 時之電壓增益。

5. 將 R_2 改為 20kΩ。

6. 重複第 3 步驟,並將 V_{out} 記錄於表 22-5 中之相對應位置。

7. 把表 22-5 中之 V_{out} 除以 V_{in},填入表 22-5 中之相對應位置。此即同相放大器於 $R_2 = 2R_1$ 時之電壓增益。

▼ 表 22-5　同相放大器 ($R_1 = 10k\Omega$,$R_2 = 20k\Omega$) 之實驗記錄

V_{in} (伏特)	−2.0	−1.5	−1.0	−0.5	+0.5	+1.0	+1.5	+2.0
V_{out} (伏特)								
$\dfrac{V_{out}}{V_{in}}$								

工作四:電壓隨耦器實驗

1. 接妥圖 22-16 之電路。運算放大器為 μA741。圖中的 $R_3 \sim R_4$ 電阻器要用 $\dfrac{1}{2}$ W 的。

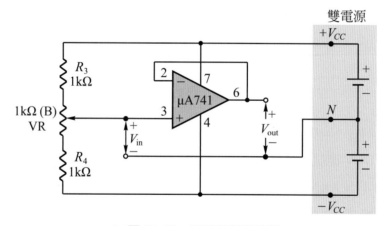

▲ 圖 22-16　電壓隨耦器實驗

2. 通上雙電源 $\pm V_{CC} = \pm 9V \sim \pm 16V$。

3. 以三用電表 DCV 測試,調整 $1k\Omega$ 可變電阻器使輸入電壓 V_{in} 分別等於−2.0V～+2.0V,並將 V_{out} 記錄於表 22-6 中之相對應位置。

4. 把表 22-6 中之 V_{out} 除以 V_{in},填入表 22-6 中之相對應位置。此即電壓隨耦器之電壓增益。

▼ 表 22-6　電壓隨耦器之實驗記錄

V_{in} (伏特)	–2.0	–1.5	–1.0	–0.5	+0.5	+1.0	+1.5	+2.0
V_{out} (伏特)								
$\dfrac{V_{out}}{V_{in}}$								

四、習題

1. 理想的運算放大器，電壓增益、輸入阻抗、輸出阻抗各為多少？

2. 運算放大器的輸入端所標示之 " ＋ " 及 " － " 各代表何意義？

3. 若運算放大器在應用時於輸出端與 " － " 輸入端間接有負回授元件，則 " ＋ " " － " 輸入端之電壓差等於多少？

4. 使用 IC 製作電路，有何好處？

加法器與減法器實驗

一、實習目的

1. 了解電壓和放大器及加法器。
2. 認識電壓差放大器及減法器。

二、相關知識

1. 電壓和放大器

電壓和放大器(voltage summing amplifier)又稱爲同相加法放大器，簡稱爲和放大器，與同相放大器之工作原理相似，只是電壓和放大器有兩個 (或兩個以上) 的輸入端。圖 23-1 即爲兩個輸入端之電壓和放大器。

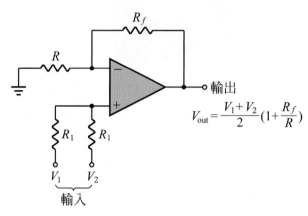

▲ 圖 23-1　電壓和放大器

欲分析兩個 (或兩個以上) 的電壓在電路中所產生之效應，必須使用重疊定理：

(1) 考慮 V_1 之作用時，將 V_2 短路，成為圖 23-2(a)。

　① 「＋輸入端」之電壓 $V_{(+)} = V_1 \times \dfrac{R_1}{R_1 + R_1} = \dfrac{V_1}{2}$ 。

　② 由圖 22-8 可知此時之輸出電壓 $V_{o1} = \dfrac{V_1}{2}\left(1 + \dfrac{R_f}{R}\right)$ 。

(2) 考慮 V_2 之作用時，將 V_1 短路，成為圖 23-2(b)。

　① 「＋輸入端」之電壓 $V_{(+)} = V_2 \times \dfrac{R_1}{R_1 + R_1} = \dfrac{V_2}{2}$ 。

　② 由圖 22-8 可知此時之輸出電壓 $V_{o2} = \dfrac{V_2}{2}\left(1 + \dfrac{R_f}{R}\right)$ 。

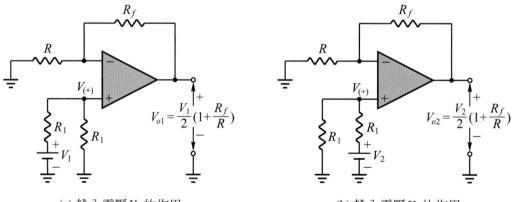

(a) 輸入電壓 V_1 的作用　　　　　　　　(b) 輸入電壓 V_2 的作用

▲ 圖 23-2　電壓和放大器之電路分析

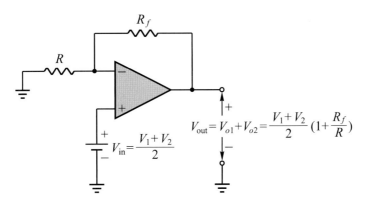

(c) V_1 及 V_2 之綜合作用

▲ 圖 23-2　電壓和放大器之電路分析 (續)

(3)　當輸入電壓 V_1 及 V_2 同時加入時，在輸出端所產生之電壓

$$V_{\text{out}} = V_{o1} + V_{o2} = \frac{V_1 + V_2}{2}\left(1 + \frac{R_f}{R}\right) \tag{23-1}$$

2.　加法器

若令圖 23-1 之電阻 $R_f = R$，則成為圖 23-3 之電路。此時由(23-1)式可得知

$$V_{\text{out}} = \frac{V_1 + V_2}{2}\left(1 + \frac{R}{R}\right) = V_1 + V_2 \tag{23-2}$$

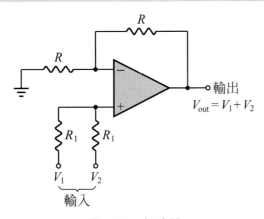

圖 23-3　加法器

由於此種電路之輸出電壓恰為兩個輸入電壓相加之結果，因此被稱為加法器(adder)。

3. 電壓差放大器

電壓差放大器 (voltage difference amplifier) 又稱為減法放大器或稱為差動放大器，電路如圖 23-4 所示。可說是綜合同相放大器及反相放大器之特點而構成，茲以「重疊定理」將其分析如下：

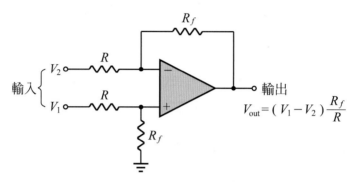

▲ 圖 23-4 電壓差放大器

(1) 考慮 V_1 之作用時，將 V_2 短路，成為圖 23-5(a)。

 (a) 「＋輸入端」之電壓 $V_{(+)} = V_1 \times \dfrac{R_f}{R + R_f}$

 (b) 圖 23-5(a)是一個同相放大器，由圖 22-8 可得知輸出電壓

 $$V_{o1} = V_{(+)}\left(1 + \frac{R_f}{R}\right) = \left(V_1 \frac{R_f}{R + R_f}\right)\left(1 + \frac{R_f}{R}\right) = V_1 \frac{R_f}{R}$$

(2) 考慮 V_2 之作用時，將 V_1 短路，成為圖 23-5(b)。

 (a) 圖 23-5(b)的「＋輸入端」被電阻器接地，與被直接接地一樣，「＋輸入端」為地電位，而信號 V_2 卻由「－輸入端」加入，可明顯看出圖 23-5(b)是一個反相放大器。

 (b) 根據圖 22-6 可得知圖 23-5(b)之輸出電壓 $V_{o2} = -V_2 \dfrac{R_f}{R}$ 。

(3) 當輸入電壓 V_1 及 V_2 同時加入時，在輸出端所產生之輸出電壓

$$V_{\text{out}} = V_{o1} + V_{o2} = (V_1 - V_2)\frac{R_f}{R} \tag{23-3}$$

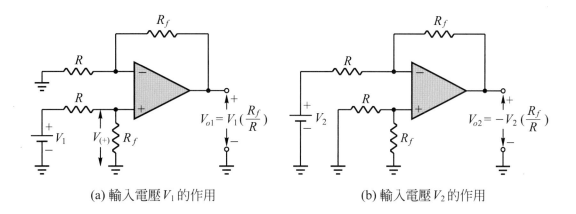

(a) 輸入電壓 V_1 的作用 　　　　　　　(b) 輸入電壓 V_2 的作用

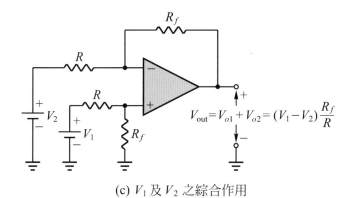

(c) V_1 及 V_2 之綜合作用

▲ 圖 23-5　電壓差放大器之電路分析

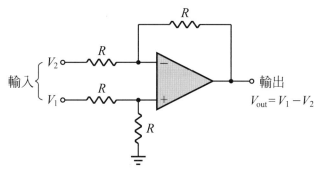

▲ 圖 23-6　減法器

4. 減法器

若令圖 23-4 之電阻 $R_f = R$，則成為圖 23-6 之電路。此時由(23-3)式可得知

$$V_{\text{out}} = (V_1 - V_2)\frac{R}{R} = V_1 - V_2 \tag{23-4}$$

由於此種電路之輸出電壓恰為兩個輸入電壓相減之結果，因此被稱為減法器 (subtractor)。

三、實習項目

工作一：電壓和放大器實驗

1. 接妥圖 23-7 之電路。電阻器 $R_f = 30\text{k}\Omega$。運算放大器為 μA741。電阻器 $R_1 \sim R_4$ 都是 $1\text{k}\Omega$ $\frac{1}{2}$ W。

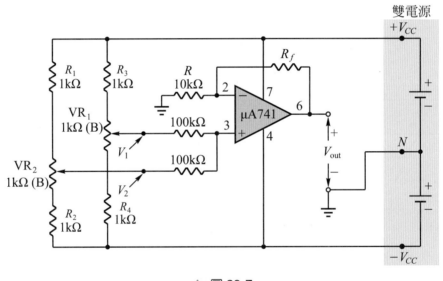

▲ 圖 23-7

2. 通上雙電源 $\pm V_{CC} = \pm 9\text{V} \sim \pm 16\text{V}$ 皆可。

3. 以三用電表 DCV 測試，調整 $1\text{k}\Omega$ 可變電阻器 VR_1 及 VR_2 使輸入電壓 V_1 及 V_2 分別等於表 23-1 所示之值，並將輸出電壓 V_{out} 記錄於表 23-1 中之相對應位置。

   註：上述 V_1、V_2、V_{out} 均指對地之電壓。

4. 把表 23-1 中的 $V_{out} \div (V_1 + V_2)$ 填入表 23-1 中之相對應位置。此即電壓和放大器於 $R = 10\text{k}\Omega$，$R_f = 30\text{k}\Omega$ 時之電壓增益。

▼ 表 23-1　電壓和放大器 ($R = 10\text{k}\Omega$，$R_f = 30\text{k}\Omega$) 之實驗記錄

V_1 (伏特)	–2.0	–2.0	–2.0	0.0	+1.0	+2.0	+2.0	+2.0	+2.0
V_2 (伏特)	+2.0	+1.0	0.0	+1.0	+1.0	+1.0	0.0	–1.0	–2.0
V_{out} (伏特)									
$\dfrac{V_{out}}{V_1 + V_2}$									

工作二：加法器實驗

1. 將圖 23-7 之電阻器 R_f 改為 10kΩ。

2. 以三用電表 DCV 測試，調整 1kΩ 可變電阻器 VR$_1$ 及 VR$_2$ 使輸入電壓 V_1 及 V_2 分別等於表 23-2 所示之值，並將輸出電壓 V_{out} 記錄於表 23-2 中之相對應位置。

　　註：上述 V_1、V_2、V_{out} 均指對地之電壓。

3. 把表 23-2 中的 $V_{out} \div (V_1 + V_2)$ 填入表 23-2 中之相對應位置。此即加法器之電壓增益。

▼ 表 23-2　加法器之實驗記錄

V_1 (伏特)	–2.0	–2.0	–2.0	0.0	+1.0	+2.0	+2.0	+2.0	+2.0
V_2 (伏特)	+2.0	+1.0	0.0	+1.0	+1.0	+1.0	0.0	–1.0	–2.0
V_{out} (伏特)									
$\dfrac{V_{out}}{V_1 + V_2}$									

工作三：電壓差放大器實驗

1. 接妥圖 23-8 之電路。電阻器 $R_f = 20\text{k}\Omega$。運算放大器爲 μA741。電阻器 $R_1 \sim R_4$ 都是 $1\text{k}\Omega$ $\dfrac{1}{2}\text{W}$。

2. 通上雙電源 $\pm V_{CC} = \pm 9\text{V} \sim \pm 16\text{V}$ 皆可。

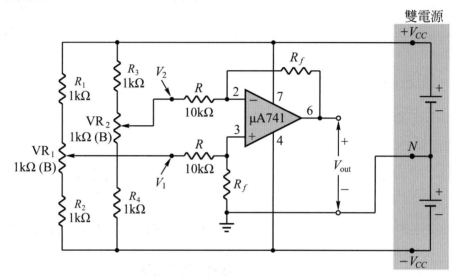

▲ 圖 23-8

3. 以三用電表 DCV 測試，調整 1kΩ 可變電阻器 VR_1 及 VR_2 使輸入電壓 V_1 及 V_2 分別等於表 23-3 所示之值，並將輸出電壓 V_{out} 記錄於表 23-3 中之相對應位置。

   註：上述 V_1、V_2、V_{out} 均指對地之電壓。

4. 把表 23-3 中的 $V_{out} \div (V_1 - V_2)$ 填入表 23-3 中之相對應位置，此即電壓差放大器於 $R = 10\text{k}\Omega$，$R_f = 20\text{k}\Omega$ 時之電壓增益。

▼ 表 23-3　電壓差放大器 $(R = 10\text{k}\Omega, R_f = 20\text{k}\Omega)$ 之實驗記錄

V_1 (伏特)	+2.0	+2.0	+2.0	+2.0	+2.0	+1.0	0.0	−1.0	−1.0
V_2 (伏特)	+2.0	+1.0	0.0	−0.5	−1.0	+2.0	+2.0	+1.0	−1.0
V_{out} (伏特)									
$\dfrac{V_{out}}{V_1 + V_2}$									

工作四：減法器實驗

1. 將圖 23-8 之電阻器 R_f 改爲 10kΩ。

2. 以三用電表 DCV 測試，調整 1kΩ 可變電阻器 VR₁ 及 VR₂ 使輸入電壓 V_1 及 V_2 分別等於表 23-4 所示之值，並將輸出電壓 V_{out} 記錄於表 23-4 中之相對應位置。

   註：上述 V_1、V_2、V_{out} 均指對地之電壓。

3. 把表 23-4 中的 $V_{out} \div (V_1 - V_2)$ 填入表 23-4 中之相對應位置。此即減法器之電壓增益。

▼ 表 23-4　減法器之實驗記錄

V_1 (伏特)	+2.0	+2.0	+2.0	+2.0	+2.0	+1.0	0.0	−1.0	−2.0
V_2 (伏特)	+2.0	+1.0	0.0	−1.0	−2.0	+2.0	+2.0	+2.0	+2.0
V_{out} (伏特)									
$\dfrac{V_{out}}{V_1 + V_2}$									

四、習題

1. 圖 23-1 所示之電壓和放大器，若 $V_1 = 2V$，$V_2 = -3V$，$R_f = 5R$，則輸出電壓 V_{out} 爲多少？

2. 若圖 23-3 所示之加法器，兩輸入電壓 $V_1 = 3V$，$V_2 = -2V$，則輸出電壓 V_{out} 等於多少？

3. 圖 23-4 之電壓差放大器，若 $R = 10kΩ$，$R_f = 100kΩ$，$V_1 = 8V$，$V_2 = 7.5V$，則輸出電壓 V_{out} 等於多少？

4. 若圖 23-6 所示之減法器，兩輸入電壓分別爲 $V_1 = 3V$，$V_2 = -2V$，則輸出電壓 V_{out} 爲多少？

定電壓電路與定電流電路實驗

一、實習目的

1. 認識定電壓電路的工作原理。
2. 了解定電流電路之工作原理。

二、相關知識

1. 定電壓電路

定電壓電路又稱為穩壓電路，能對負載提供一個固定不變之電壓，而與負載電流 (或負載的電阻值) 之大小無關，如圖 24-1 所示。

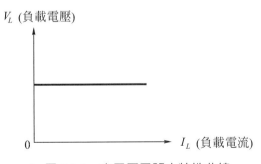

▲ 圖 24-1　定電壓電路之特性曲線

圖 24-2 即為定電壓電路。其基本電路就是圖 22-8 之同相放大器，由於"＋"輸入端的電壓是由稽納二極體(zener diode)所產生之穩定電壓 V_Z，因此輸出電壓

$$V_L = V_Z \left(1 + \frac{R_2}{R_1} \right) \tag{24-1}$$

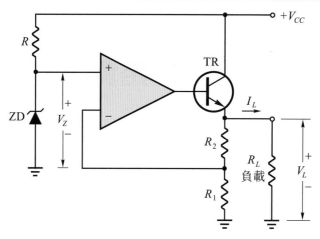

▲ 圖 24-2 定電壓電路

若將電阻器 R_2 改成可變電阻器，則輸出電壓 V_L 可依需要而適當調整之。於 $R_2 = 0\Omega$ 時，輸出電壓 V_L 恰好與 V_Z 相等。假如負載所需要之電流 I_L 甚大，則可將圖 24-2 中之電晶體 TR 改為實習十二已學過的"達靈頓電路" (Darlington pair) 。

2. 定電流電路

定電流電路又稱為恆流源，能對負載提供一個固定不變的電流，而與負載電阻之大小無關，如圖 24-3 所示。

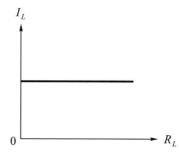

▲ 圖 24-3 定電流電路之特性曲線

　　圖 24-4 是基本的定電流電路。由於"－"輸入端爲虛接地點，故 $I_1 = V_Z \div R_1$，但"－"輸入端之輸入電流 I_2 爲零，因此 $I_1 = I_L$，亦即

$$I_L = \frac{V_Z}{R_1} \tag{24-2}$$

由(24-2)式可得知負載電流 I_L 爲一固定值，與負載電阻 R_L 之大小無關。

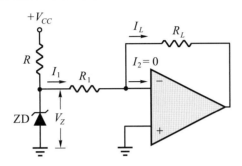

▲ 圖 24-4　定電流電路之一

圖 24-5 爲另一定電流電路，其特點爲負載 R_L 的一端可以接地。茲將其分析如下：

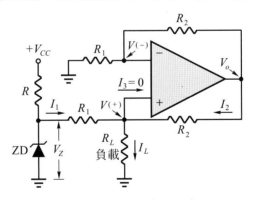

▲ 圖 24-5　定電流電路之二

(1)　由於

$$V_{(-)} = V_o \times \frac{R_1}{R_1 + R_2}$$

而 $V_{(+)} = V_{(-)}$

故 $V_{(+)} = V_o \times \frac{R_1}{R_1 + R_2}$

(2) 則 $I_1 = \dfrac{V_Z - V_{(+)}}{R_1} = \dfrac{V_Z - V_o \dfrac{R_1}{R_1 + R_2}}{R_1}$

$I_2 = \dfrac{V_o - V_{(+)}}{R_2} = \dfrac{V_o - V_o \dfrac{R_1}{R_1 + R_2}}{R_2}$

(3) 由於 $I_3 = 0$，所以 $I_L = I_1 + I_2$

亦即 $I_L = \dfrac{V_Z - V_o \dfrac{R_1}{R_1 + R_2}}{R_1} + \dfrac{V_o - V_o \dfrac{R_1}{R_1 + R_2}}{R_2}$

$= \dfrac{V_Z}{R_1} - \dfrac{V_o}{R_1 + R_2} + \dfrac{V_o}{R_2} - \dfrac{V_o R_1}{(R_1 + R_2)R_2}$

$= \dfrac{V_Z}{R_1} - \dfrac{V_o R_2}{(R_1 + R_2)R_2} + \dfrac{V_o (R_1 + R_2)}{R_2 (R_1 + R_2)} - \dfrac{V_o R_1}{(R_1 + R_2)R_2}$

$= \dfrac{V_Z}{R_1} + \dfrac{V_o[-R_2 + (R_1 + R_2) - R_1]}{(R_1 + R_2)R_2}$

$= \dfrac{V_Z}{R_1} + 0$

$= \dfrac{V_Z}{R_1}$

$$I_L = \dfrac{V_Z}{R_1} \tag{24-3}$$

由(24-3)式可看出負載電流 I_L 為一固定值，與負載電阻 R_L 之大小無關。

三、實習項目

工作一：定電壓電路實驗

1. 接妥圖 24-6 之電路。圖中之 ZD 為 6.2V 500mW 之稽納二極體。本書所用之運算放大器為 μA741。

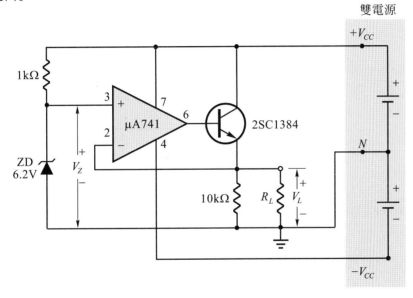

▲ 圖 24-6　定電壓電路實驗

2. 通上雙電源 $\pm V_{CC} = \pm 9V \sim \pm 16V$。

3. 使用不同的 R_L 值，並將以三用電表 DCV 測得之 V_L 記錄於表 24-1 中之相對應位置。

4. 表 24-1 中之 V_L 是否維持不變？　答：＿＿＿＿＿＿

▼ 表 24-1　定電壓電路之實驗記錄

負載電阻 R_L	10kΩ	4.7kΩ	1kΩ	470Ω
負載電壓 V_L	＿＿＿＿伏特	＿＿＿＿伏特	＿＿＿＿伏特	＿＿＿＿伏特
註：以三用電表 DCV 測得 $V_Z = $ ＿＿＿＿伏特。				

工作二：定電流電路實驗

1. 接妥圖 24-7 之電路。圖中之 ZD 為 6.2V 500mW 之稽納二極體，Ⓐ 為三用電表之 DC mA 檔。

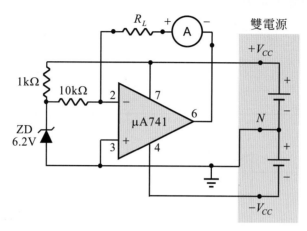

▲ 圖 24-7　定電流電路實驗之一

2. 通上雙電源 $\pm V_{CC} = \pm 9V \sim \pm 16V$。
3. 使用不同的 R_L 值，並將電流表 Ⓐ 之指示值記錄在表 24-2 中之相對應位置。
4. 表 24-2 中之負載電流值 Ⓐ 是否固定不變？　答：＿＿＿＿＿

▼ 表 24-2　圖 24-7 之實驗記錄

負載電阻 R_L	0Ω	100Ω	470Ω	1kΩ	4.7kΩ
負載電流 Ⓐ	＿＿＿mA	＿＿＿mA	＿＿＿mA	＿＿＿mA	＿＿＿mA

5. 接妥圖 24-8 之電路，圖中之 ZD 為 6.2 伏特之稽納二極體，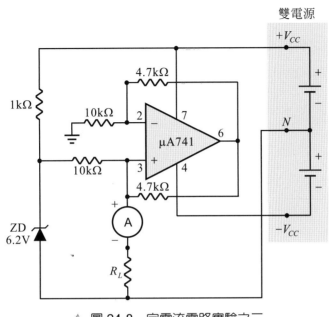 為三用電表之 DC mA 檔。

▲ 圖 24-8　定電流電路實驗之二

6. 通上雙電源 ±V_{CC} = ±9V～±16V。

7. 使用不同的 R_L 值，並將電流表 Ⓐ 之指示值記錄在表 24-3 中之相對應位置。

8. 表 24-3 中之負載電流值 Ⓐ 是否固定不變？　答：_____

▼ 表 24-3　圖 24-8 之實驗記錄

負載電阻 R_L	0Ω	100Ω	470Ω	1kΩ	4.7kΩ
負載電流 Ⓐ	_____mA	_____mA	_____mA	_____mA	_____mA

四、習題

1. 定電壓電路有什麼特性？

2. 試述定電流電路之特性。

3. 若圖 24-2 中之 $V_Z = 6V$，$R_1 = R_2 = 1k\Omega$，則 V_L 等於多少？

微分器與積分器實驗

一、實習目的

1. 了解微分器的工作原理。
2. 認識積分器的工作原理。

二、相關知識

1. **微分器**

圖 25-1 之電路稱為微分器(differentiator)。微分器有下列五大特點：

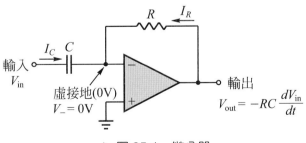

▲ 圖 25-1　微分器

(1) 以電容器做為輸入端元件，以電阻器作為輸出端元件。
(2) 輸出電壓與輸入信號的電壓變化率成比例。

(3) RC 時間常數不能用得太大，否則輸出電壓會因運算放大器飽和，而使輸出波形的波峰被削平而失去微分作用。

(4) 正弦波通過微分電路後，波形並不會被改變，只是會產生相移。

(5) 非正弦波 (例如：方波、矩形波、三角波、……等) 經過微分電路後，輸出波形與輸入波形不一樣。例如方波經過微分後會成爲脈衝波，三角波微分後會成爲方波。

圖 25-1 之微分器，由於運算放大器的「＋」輸入端被接地，且運算放大器的輸出端與「－」輸入端之間接有負回授元件 R，因此「－」輸入端爲虛接地點，與地同電位。換句話說，電容器 C 兩端之電壓等於 $(V_{in} - V_-) = V_{in} - 0 = V_{in}$，電阻器 R 兩端之電壓等於 $(V_{out} - V_-) = V_{out} - 0 = V_{out}$。 (以圖 25-1 之電流方向爲參考)

當 V_{in} 爲交流信號時，將有一電流通過電容器，其值爲

$$I_C = \frac{dQ}{dt} = \frac{dCV_{in}}{dt} = C\frac{dV_{in}}{dt} \qquad \text{(電容器 } C \text{ 兩端之電壓等於 } V_{in})$$

通過電阻器的電流則爲

$$I_R = \frac{V_{out}}{R} \qquad \text{(電阻器 } R \text{ 兩端之電壓等於 } V_{out})$$

由於運算放大器之輸入電流爲零，因此

$$I_R = -I_C \qquad \text{(負號是表示 } I_R \text{ 與 } I_C \text{的電流方向相反)}$$

亦即 $\dfrac{V_{out}}{R} = -C\dfrac{dV_{in}}{dt}$

$$V_{out} = -RC\frac{dV_{in}}{dt} \tag{25-1}$$

由(25-1)式可知圖 25-1 之微分器，其輸出電壓 V_{out} 爲輸入電壓 V_{in} 的微分與 RC 時間常數的乘積再倒相 180 度。

2. 微分器的實用電路

如圖 25-1 所示之微分器，因爲電容器 C 在高頻時之電容抗 $X_C = \dfrac{1}{2\pi f C}$ 很小，所以高頻電壓增益 $A_V = \dfrac{V_{out}}{V_{in}} = -\dfrac{R}{-jX_C} = \dfrac{R}{j\dfrac{1}{2\pi f C}} = -j2\pi f C R$ 很大，很容易受到高頻雜訊的干擾。

　　實用的微分器電路為了避免高頻雜訊的干擾，通常會在輸入端如圖 25-2 所示串聯一個電阻器 R_2，把高頻電壓增益的最大值限制在 $A_{V(\max)} = -\dfrac{R}{R_2}$。但為避免 R_2 影響正常的微分作用，所以都令 R_2 比 R 小。

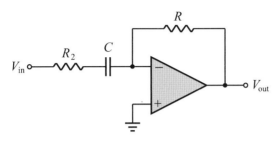

▲ 圖 25-2　微分器的實用電路

3. 積分器

　　圖 25-3 之電路稱為積分器(integrator)。積分器有下列五大特點：

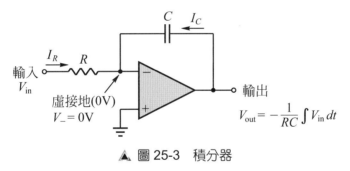

▲ 圖 25-3　積分器

(1) 以電阻器做為輸入端元件，以電容器作為輸出端元件。

(2) 輸出電壓與輸入信號的電壓及時間成比例。

(3) RC 時間常數不能用得太小，否則電容器充飽後會令輸出電壓飽和而失去積分作用。

(4) 正弦波通過積分電路後，其波形並不會被改變，只是會產生相移。

(5) 非正弦波 (例如：方波、三角波、矩形波、……) 經過積分電路後，輸出波形與輸入波形不一樣，例如方波經過積分後會成為三角波。

　　在圖 25-3 中，由於「＋」輸入端被接地，且運算放大器的輸出端與「－」輸入端間接有負回授元件 C，故「－」輸入端為虛接地點，

則　$I_R = \dfrac{V_{in}}{R}$　　　　（電阻器 R 兩端之電壓等於 V_{in}）

且　$Q = CV_{out}$　　　　（電容器 C 兩端之電壓等於 V_{out}）

$I_C = \dfrac{dQ}{dt} = \dfrac{dCV_{out}}{dt} = C\dfrac{dV_{out}}{dt}$

但　$I_R = -I_C$

故　$\dfrac{V_{in}}{R} = -C\dfrac{dV_{out}}{dt}$

$\dfrac{dV_{out}}{dt} = -\dfrac{V_{in}}{RC}$

$dV_{out} = -\dfrac{V_{in}}{RC}dt$

$$V_{out} = -\frac{1}{RC}\int V_{in}\,dt \tag{25-2}$$

(25-2)式告訴我們圖 25-3 之積分器，其輸出電壓 V_{out} 為輸入電壓 V_{in} 的積分與增益常數 $\dfrac{1}{RC}$ 之乘積再倒相 180 度。

4.　積分器的實用電路

假如在積分器所採用的運算放大器，其輸入級是用電晶體 BJT 製成，則在 $V_{in} = 0$ 時，反向輸入端的偏壓電流 (雖然很小) 還是會持續不斷的通過電容器 C，而對 C 充電，所以 V_{out} 會逐漸往飽和偏移。

為了消除偏壓電流的影響，實際的積分器採取兩個措施：

(1)　如圖 25-4 所示，在電容器 C 兩端並聯一個電阻器 R_2，將偏壓電流旁路。但為避免 R_2 影響正常的積分作用，所以 R_2 通常比 R 大很多。

(2)　如圖 25-4 所示，在同相輸入端與地之間接一個 R_3，並且令 $R_3 = R /\!/ R_2$，使兩個輸入端的對地電阻相同，令兩個輸入端的對地電壓相等。

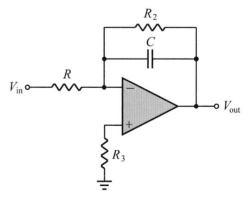

▲ 圖 25-4　積分器的實用電路

三、實習項目

工作一：微分器實驗

1. 接妥圖 25-5 之電路。運算放大器爲 μA741。

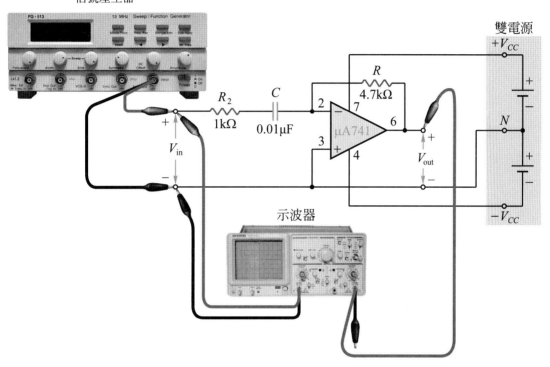

▲ 圖 25-5　微分器實驗

2. 通上雙電源 $\pm V_{CC} = \pm 9\text{V} \sim \pm 16\text{V}$。

3. 以雙軌跡示波器同時觀察 V_{in} 及 V_{out} 之波形。（示波器的選擇開關置於 DC 之位置）

4. 調整信號產生器使 V_{in} 為 $V_{P\text{-}P} = 2V$ 之 1000Hz 方波。

5. 將示波器所顯示之波形繪於圖 25-6。

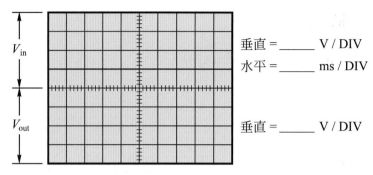

垂直 = _____ V / DIV

水平 = _____ ms / DIV

垂直 = _____ V / DIV

▲ 圖 25-6 方波之微分

6. 調整信號產生器使 V_{in} 為 $V_{P\text{-}P} = 2V$ 之 1000Hz 正弦波。

7. 把示波器所顯示之波形繪於圖 25-7。

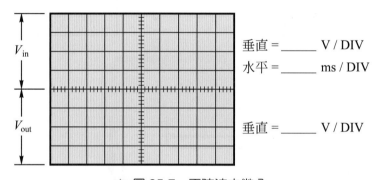

垂直 = _____ V / DIV

水平 = _____ ms / DIV

垂直 = _____ V / DIV

▲ 圖 25-7 正弦波之微分

8. 由圖 25-7 可看出，正弦波經過微分器後，V_{out} 會超前或落後於 V_{in} 呢？ 答：_____

工作二：積分器實驗

1. 接妥圖 25-8 之電路。運算放大器為 μA741。

2. 通上雙電源 $\pm V_{CC} = \pm9V \sim \pm16V$。

3. 以雙軌跡示波器同時觀察 V_{in} 及 V_{out} 之波形。 (示波器的選擇開關置於 DC 之位置)

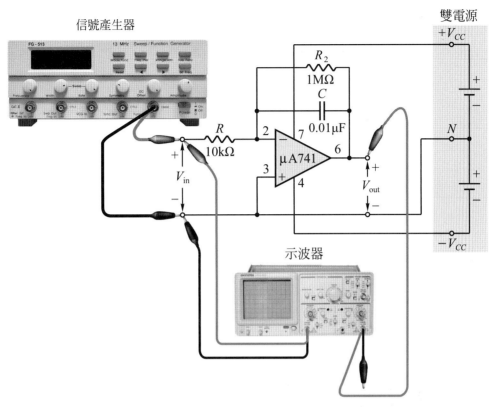

▲ 圖 25-8　積分器實驗

4. 調整信號產生器使 V_{in} 為 $V_{P-P} = 2V$ 之 1000Hz 方波。

註：目前市售信號產生器所輸出之方波，依機型之不同而異，有圖 25-9(a)及(b)兩種。若你所測得之 V_{in} 波形如圖 25-9(b)所示，則 V_{out} 將是一直線而無任何變化，必須更換能輸出圖 25-9(a)之信號產生器才能作積分器之實驗。

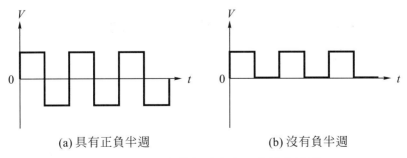

(a) 具有正負半週　　　　　　　(b) 沒有負半週

▲ 圖 25-9　市售信號產生器之輸出波形

5. 將示波器所顯示之波形繪於圖 25-10。

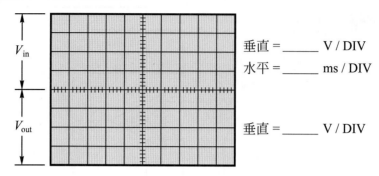

垂直 = _____ V / DIV

水平 = _____ ms / DIV

垂直 = _____ V / DIV

▲ 圖 25-10　方波之積分

6. 調整信號產生器使 V_{in} 為 $V_{P-P} = 2V$ 之 1000Hz 正弦波。

7. 把示波器所顯示之波形繪於圖 25-11。

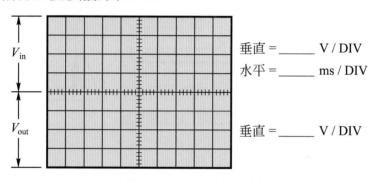

垂直 = _____ V / DIV

水平 = _____ ms / DIV

垂直 = _____ V / DIV

▲ 圖 25-11　正弦波之積分

8. 由圖 25-11 可看出，正弦波經過積分器後，V_{out} 會超前或落後於 V_{in} 呢？　答：_____

四、習題

1. 輸出電壓與「輸入電壓的變化率」成比例的是哪一種電路？

2. 哪一種波形通過微分器或積分器時波形不會改變？

實習二十六

比較器與史密特觸發器實驗

一、實習目的

1. 瞭解比較器的工作原理。
2. 探討史密特電路之動作原理。

二、相關知識

1. 比較器

比較器之電路如圖 26-1 所示。由於「輸出端」與「輸入端」之間未接上任何負回授元件，因此輸出電壓 $V_o = V_d A_V = (V_1 - V_2) A_V$，但運算放大器本身的開迴路電壓增益 A_V 非常大 (理想的 A_V 為無限大，實際的運算放大器例如 μA741 則 A_V 大於 50000 倍)，因此

(1) 當 $V_1 - V_2$ 為正時，$V_{out} = + V_{sat}$。

(2) 當 $V_1 - V_2$ 為負時，$V_{out} = - V_{sat}$。

(3) 註：V_{sat} 是運算放大器所可能產生之最大輸出電壓，比電源 V_{CC} 略小。由表 22-1 可知 μA741 在電源電壓 $\pm V_{CC} = \pm 15V$ 時，輸出電壓擺動範圍 V_{sat} 約為 $\pm 13V$。

(4) 參考表 26-1 更容易明白。

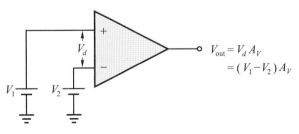

▲ 圖 26-1　比較器

▼ 表 26-1　比較器之動作狀態表

輸入		輸出	實例		
V_1	V_2	V_{out}	V_1	V_2	V_{out}
正 (大)	正 (小)	正 V_{sat}	+2V	+1V	+13V
正 (小)	正 (大)	負 V_{sat}	+1V	+2V	−13V
負	正	負 V_{sat}	−1V	+1V	−13V
正	負	正 V_{sat}	+1V	−1V	+13V
負 (大)	負 (小)	負 V_{sat}	−2V	−1V	−13V
負 (小)	負 (大)	正 V_{sat}	−1V	−2V	+13V
註：V_{sat} 為運算放大器所可能產生之最大輸出電壓，僅比電源電壓 V_{CC} 略小。			註：上述 V_{out} 值係以電源電壓等於 ±15V 為例。		

　　假如把運算放大器的「−」輸入端接地，而在「＋」輸入端加上輸入信號，如圖 26-2(a) 所示，則當輸入電壓 V_{in} 稍微高於零伏特時，輸出電壓 $V_{out} = + V_{sat} \fallingdotseq +V_{CC}$；反之，若輸入電壓 V_{in} 稍低於零伏特，則輸出電壓 $V_{out} = − V_{sat} \fallingdotseq − V_{CC}$，波形如圖 26-2(b)所示。比較器的此種用法稱為零交叉檢知器 (Zero-Crossing detector)，它可讓我們輕易的獲得方波。

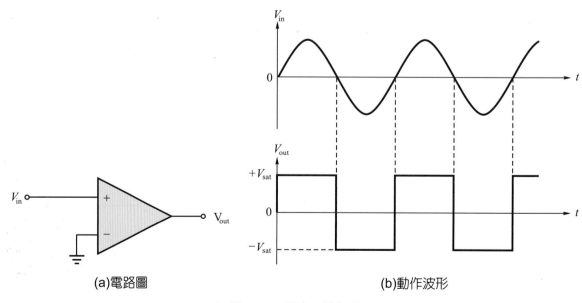

(a)電路圖　　　　　　　　　　(b)動作波形

▲ 圖 26-2　零交叉檢知器

2.　史密特觸發器

在實習十七我們已得知史密特觸發器由於具有滯壓特性，可將變化遲緩的輸入信號轉變成高態與低態很明確的信號輸出，所以在自動控制電路中用途極廣。本實習將為您介紹以運算放大器組成的史密特觸發器。

用運算放大器組成的反相史密特觸發器，如圖 26-3 所示，是在運算放大器的輸出端與「＋輸入端」之間加上由電阻器 R_1 與 R_2 組成的正回授網路而成。由於輸出端與「－輸入端」之間沒有接任何負回授元件，所以運算放大器在這裡是擔任比較器的功能。加至「＋輸入端」之電壓 V_+ 與加至「－輸入端」之電壓 V_{in} 做比較，輸出電壓 V_{out} 為：

(1)　當 $V_+ - V_{in}$ 為正時，$V_{out} = +V_{sat}$。

(2)　當 $V_+ - V_{in}$ 為負時，$V_{out} = -V_{sat}$。

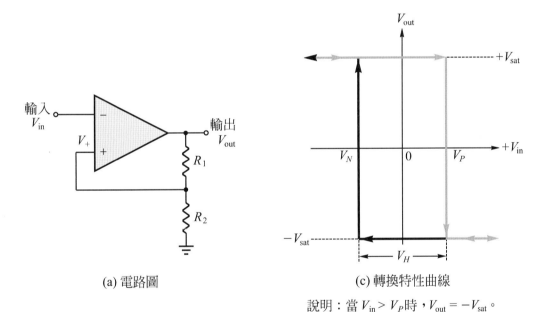

(a) 電路圖　　　　　　　(c) 轉換特性曲線

說明：當 $V_{in} > V_P$ 時，$V_{out} = -V_{sat}$。
當 $V_{in} < V_N$ 時，$V_{out} = +V_{sat}$。
$V_H = V_P - V_N$。

▲ 圖 26-3　史密特觸發器

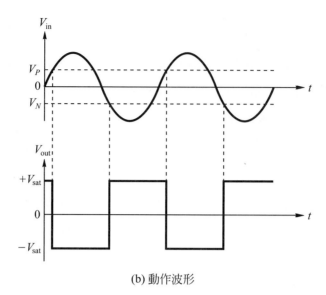

(b) 動作波形

▲ 圖 26-3　史密特觸發器 (續)

茲將圖 26-3(a)之反相史密特觸發器說明如下：

(1)　無論輸入電壓 V_{in} 是大或小，運算放大器「＋輸入端」之電壓 V_+ 永遠為

$$V_+ = V_{out} \times \frac{R_2}{R_1 + R_2}$$

(2)　若剛開始時 V_{in} 很低，令 $V_{out} = +V_{sat}$，則此時

$$V_+ = (+V_{sat}) \times \frac{R_2}{R_1 + R_2}$$

於此狀態下，若欲令輸出電壓 V_{out} 產生轉態，勢必令 V_{in} 稍大於 V_+ 才可以，因此正觸發臨界電壓(positive trigger threshold voltage)V_P 為

$$V_P = (+V_{sat}) \times \frac{R_2}{R_1 + R_2} \tag{26-1}$$

(3)　當 $V_{in} > V_P$ 時電路發生轉態，而令 $V_{out} = -V_{sat}$，此時「＋輸入端」之電壓 V_+ 成為

$$V_+ = (-V_{sat}) \times \frac{R_2}{R_1 + R_2}$$

於此狀態下，若欲令輸出電壓 V_{out} 產生轉態，勢必令 V_{in} 略小於 V_+ 才可以，因此負觸發臨界電壓(negative trigger threshold voltage)V_N 為

$$V_N = (-V_{sat}) \times \frac{R_2}{R_1 + R_2} \tag{26-2}$$

(4)　V_P 與 V_N 之電壓差稱為滯壓(hysteresis voltage，V_H)。滯壓 V_H 等於 $V_P - V_N$，因此

$$V_H = V_P - V_N = [(+V_{sat}) - (-V_{sat})] \times \frac{R_2}{R_1 + R_2} \tag{26-3}$$

(5)　動作波形如圖 26-3(b)所示。轉換特性曲線則如圖 26-3(c)。

(6)　正觸發臨界電壓 V_P 又稱為上觸發臨界電壓(upper trigger threshold voltage，V_U)或上觸發點(upper trigger point，UTP)。

　　　負觸發臨界電壓 V_N 又稱為下觸發臨界電壓(lower trigger threshold voltage，V_L)或下觸發點(lower trigger point，LTP)。

三、實習項目

工作一：比較器實驗

1.　裝妥圖 26-4 之電路。運算放大器為 μA741。電阻器 $R_1 \sim R_4$ 為 1kΩ $\frac{1}{2}$ W。

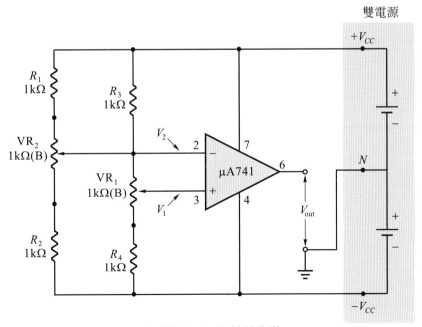

▲ 圖 26-4　比較器實驗

2. 通上雙電源 ±V_{CC} = ±9V～±16V。

3. 以三用電表 DCV 測試，調整 1kΩ 可變電阻器 VR$_1$ 及 VR$_2$，使輸入電壓 V_1 及 V_2 分別等於表 26-2 所示之值，並將輸出電壓 V_{out} 記錄於表 26-2 中之相對應位置。

　　註：上述 V_1、V_2、V_{out} 均指對地之電壓。

▼ 表 26-2　比較器的實驗記錄

V_1 (伏特)	+1.0	+1.0	+1.0	+1.0	−1.0	−1.0	−1.0	−1.0
V_2 (伏特)	+2.0	+1.1	+0.9	−2.0	+2.0	−0.9	−1.1	−2.0
V_{out} (伏特)								

註：以三用電表 DCV 測得電源電壓 ±V_{CC} = ±_____伏特

4. 裝妥圖 26-5 之電路。運算放大器為 µA741。

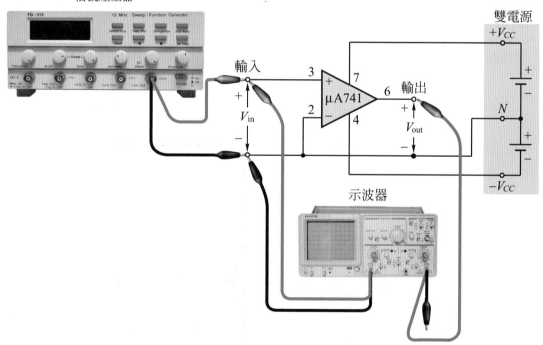

▲ 圖 26-5　零交叉檢知器實驗

5. 通上雙電源 ±V_{CC} = ±9V～±16V。

6. 以雙軌跡示波器同時觀察 V_{in} 及 V_{out} 之波形。（示波器的選擇開關置於 DC 之位置）

7. 調整信號產生器，使 V_{in} 為 1kHz V_{P-P} = 2V 之正弦波。

8. 將 V_{in} 及 V_{out} 之波形記錄在圖 26-6 中。

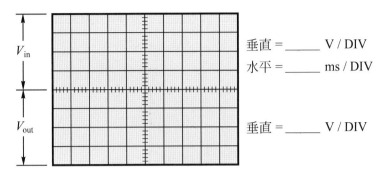

垂直 = _____ V / DIV

水平 = _____ ms / DIV

垂直 = _____ V / DIV

▲ 圖 26-6　零交叉檢知器之實驗記錄

9. V_o 是正弦波還是方波？　答：_____

工作二：史密特觸發器實驗

1. 裝妥圖 26-7 之電路。運算放大器為 µA741。

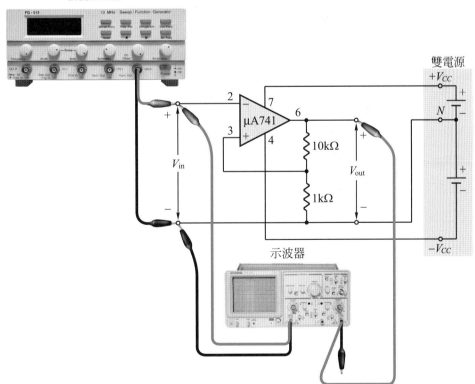

▲ 圖 26-7　史密特觸發器實驗

2. 通上雙電源 $\pm V_{CC} = \pm 9V \sim \pm 16V$。

3. 以雙軌跡示波器同時觀察 V_{in} 及 V_{out} 之波形。 (示波器的選擇開關置於 DC 之位置)

4. 調整信號產生器，使 V_{in} 為 500Hz　$V_{P\text{-}P} = 8V$ 之正弦波。

5. 將 V_{in} 及 V_{out} 之波形繪於圖 26-8 中。

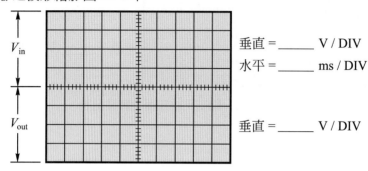

垂直 = _____ V / DIV

水平 = _____ ms / DIV

垂直 = _____ V / DIV

▲ 圖 26-8　史密特觸發器之實驗記錄

6. 由圖 26-8 可得知 V_{out} 是正弦波還是方波？　答：_____

四、習題

1. 試述比較器與放大器之相異點。

2. 圖 26-1 之比較器，若 $\pm V_{sat}$ $= \pm 6V$，則當 $V_1 = 3V$，V_2 $= 3.1V$ 時，V_{out} 等於幾伏特？

3. 圖 26-3(a)之史密特觸發器，若輸入波形如圖 26-9(a)所示，試於圖 26-9(b)繪出其輸出波形。

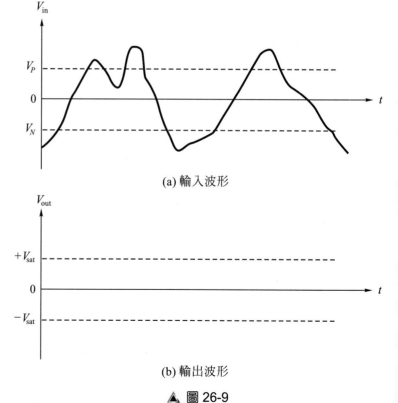

(a) 輸入波形

(b) 輸出波形

▲ 圖 26-9

無穩態多諧振盪器實驗

一、實習目的

1. 了解無穩態多諧振盪器之工作原理。

二、相關知識

在實習十四，各位同學已了解無穩態多諧振盪器是一種不需任何輸入信號，只要通上電源即能不斷輸出方波的電路。圖 27-1 是以運算放大器組成的無穩態多諧振盪器。

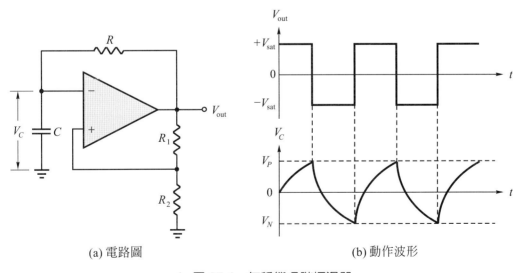

    (a) 電路圖   (b) 動作波形

▲ 圖 27-1　無穩態多諧振盪器

於圖 27-1 中，運算放大器與 R_1、R_2 就是我們在圖 26-3(a)見過的史密特觸發器，因此其動作情形是當 $V_C > V_P$ 時輸出電壓 $V_{out} = -V_{sat}$，若 $V_C < V_N$ 則 $V_{out} = +V_{sat}$，茲說明如下：

(1) 剛通電時 $V_C = 0V$，若此時之 $V_{out} = +V_{sat}$，則 C 即經 R 而充電，如圖 27-2(a)所示。

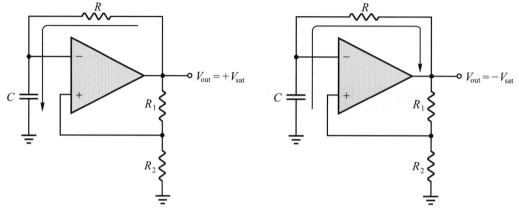

(a) 當 $V_{out} = +V_{sat}$ 時，C 經 R 充電　　　　(b) 當 $V_{out} = -V_{sat}$ 時，C 經 R 逆向充電

▲ 圖 27-2　無穩態多諧振盪器之動作情形

(2) 當電容器 C 不斷充電而使 $V_C > V_P$ 時，輸出發生轉態而令 $V_{out} = -V_{sat}$，因此 C 經 R 而逆向充電，如圖 27-2(b)所示。

(3) 當 V_C 下降至小於 V_N 時，輸出會發生轉態而令 $V_{out} = +V_{sat}$，故 C 再度經 R 而充電，如圖 27-2(a)所示。

(4) 第(2)～第(3)步驟反覆循環之，即能令 V_{out} 不斷的成為+V_{sat} 或 $-V_{sat}$，動作波形如圖 27-1(b)所示。

(5) 圖 27-1 所示之無穩態多諧振盪器，振盪器頻率為

$$f = \frac{1}{2RC\ln\left(1+\dfrac{2R_2}{R_1}\right)} \tag{27-1}$$

由(27-1)式可知無穩態多諧振盪器之振盪頻率不僅與 RC 時間常數有關，而且與 R_1 及 R_2 的電阻值有關。

三、實習項目

工作一：無穩態多諧振盪器實驗

1. 接妥圖 27-3 之電路。運算放大器爲 μA741。

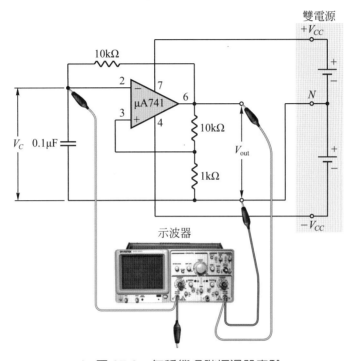

▲ 圖 27-3　無穩態多諧振盪器實驗

2. 通上雙電源 $\pm V_{CC} = \pm 9V \sim \pm 16V$。

3. 以雙軌跡示波器同時觀察 V_C 及 V_{out} 之波形。 (示波器的選擇開關置於 DC 之位置)

4. 將 V_C 及 V_{out} 之波形繪於圖 27-4 中。

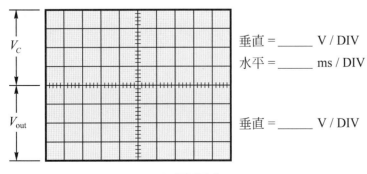

垂直 = ＿＿＿ V / DIV

水平 = ＿＿＿ ms / DIV

垂直 = ＿＿＿ V / DIV

▲ 圖 27-4

四、習題

1. 試說明圖 27-5 之動作情形。

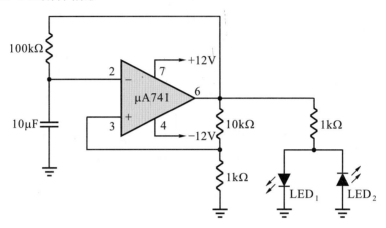

▲ 圖 27-5 無穩態多諧振盪器的應用例

五、問題研討

問題 27-1

為什麼圖 27-1 用運算放大器組成的無穩態多諧振盪器,振盪頻率為

$$f = \frac{1}{2RC\ln\left(1 + \dfrac{2R_2}{R_1}\right)}$$ 呢?

解 (1) 首先要複習一下電容器的充電公式。當一個已經充了 V_1 電壓的電容器,如圖 27-6(a)所示,要用電源 V_2 對其充電,則在開關 SW 閉合 (ON) 時,其等效電路如圖 27-6(b)所示,此時電容器兩端的電壓 V_C 會如圖 27-6(c)所示變化,以公式表示,則

$$V_C = V_1 + (V_2 - V_1)\left(1 - e^{-\frac{t}{RC}}\right) \tag{27-2}$$

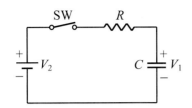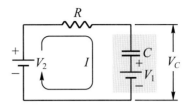

(a) RC 充電電路　　　　　　　　　(b) 這是(a)圖的 SW 閉合時之等效電路

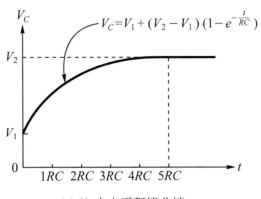

(c) V_C 之充電暫態曲線

▲ 圖 27-6　RC 之充電電路

(2)　將圖 27-1 重繪為圖 27-7，以方便說明。

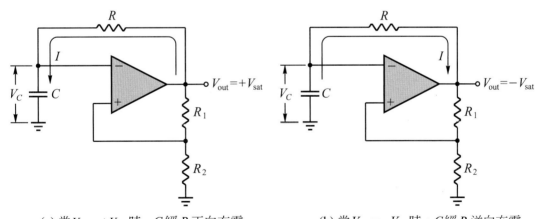

(a) 當 $V_{out} = +V_{sat}$ 時，C 經 R 正向充電　　　　(b) 當 $V_{out} = -V_{sat}$ 時，C 經 R 逆向充電

▲ 圖 27-7　這是圖 27-1 之動作分析

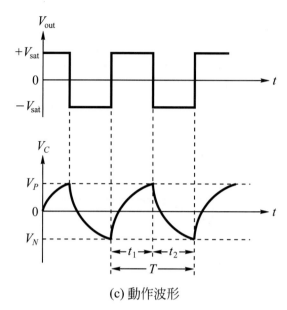

(c) 動作波形

▲ 圖 27-7 這是圖 27-1 之動作分析 (續)

(3) 雖然實際的運算放大器，$|+V_{sat}|$ 與 $|-V_{sat}|$ 可能略有差異，但為方便起見，在推導公式時，假設

$$|+V_{sat}| = |-V_{sat}| = V_{sat}$$

(4) 假如令 $B = \dfrac{R_2}{R_1 + R_2}$

則 $V_P = (+V_{sat}) \left(\dfrac{R_2}{R_1 + R_2} \right) = (+V_{sat})(B)$

$V_N = (-V_{sat}) \left(\dfrac{R_2}{R_1 + R_2} \right) = (-V_{sat})(B)$

(5) 於圖 27-7(c)的 t_1 期間，電容器 C 經 R 充電，如圖 27-7(a)所示。經過 t_1 的時間，V_C 會由 V_N 充電至 V_P，等效電路如圖 27-8 所示，所以由(27-2)式可得知

$$V_P = V_N + (V_{out} - V_N) \left(1 - e^{-\frac{t_1}{RC}} \right)$$

即 $(+V_{sat})(B) = (-V_{sat})(B) + [(+V_{sat}) - (-V_{sat})(B)] \left(1 - e^{-\frac{t_1}{RC}} \right)$

$$V_{sat}(B) = (-V_{sat})(B) + [V_{sat}(1+B)] \left(1 - e^{-\frac{t_1}{RC}} \right)$$

$$2V_{\text{sat}}(B) = [V_{\text{sat}}(1+B)]\left(1 - e^{-\frac{t_1}{RC}}\right)$$

$$2B = (1+B)\left(1 - e^{-\frac{t_1}{RC}}\right)$$

$$\frac{2B}{1+B} = 1 - e^{-\frac{t_1}{RC}}$$

$$e^{-\frac{t_1}{RC}} = 1 - \frac{2B}{1+B} = \frac{1-B}{1+B}$$

把等式的左右兩邊都取自然對數，則

$$\ln\left(e^{-\frac{t_1}{RC}}\right) = \ln\left(\frac{1-B}{1+B}\right)$$

$$-\frac{t_1}{RC} = \ln\frac{1-B}{1+B}$$

$$\frac{t_1}{RC} = -\ln\frac{1-B}{1+B} = \ln\frac{1+B}{1-B}$$

$$t_1 = RC\ln\frac{1+B}{1-B}$$

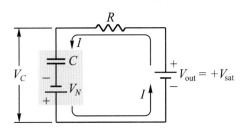

▲ 圖 27-8　經過 t_1 時間，V_C 會由 V_N 變成 V_P

(6) 於圖 27-7(c)的 t_2 期間，電容器 C 經 R 逆向充電，如圖 27-7(b)所示。經過 t_2 的時間，V_C 會由 V_P 充電至 V_N，等效電路如圖 27-9 所示，所以由(27-2)式可得知

$$V_N = V_P + (V_{\text{out}} - V_P)\left(1 - e^{-\frac{t_2}{RC}}\right)$$

即 $(-V_{\text{sat}})(B) = (+V_{\text{sat}})(B) + [(-V_{\text{sat}}) - (+V_{\text{sat}})(B)]\left(1 - e^{-\frac{t_2}{RC}}\right)$

$$(-V_{\text{sat}})(B) = (+V_{\text{sat}})(B) - [V_{\text{sat}}(1+B)]\left(1 - e^{-\frac{t_2}{RC}}\right)$$

$$-2V_{\text{sat}}(B) = -V_{\text{sat}}(1+B)\left(1 - e^{-\frac{t_2}{RC}}\right)$$

$$2B = (1+B)\left(1 - e^{-\frac{t_2}{RC}}\right)$$

$$\frac{2B}{1+B} = 1 - e^{-\frac{t_2}{RC}}$$

$$e^{-\frac{t_2}{RC}} = 1 - \frac{2B}{1+B} = \frac{1-B}{1+B}$$

把等式的左右兩邊都取自然對數，則

$$\ln\left(e^{-\frac{t_2}{RC}}\right) = \ln\left(\frac{1-B}{1+B}\right)$$

$$-\frac{t_2}{RC} = \ln\frac{1-B}{1+B}$$

$$\frac{t_2}{RC} = -\ln\frac{1-B}{1+B} = \ln\frac{1+B}{1-B}$$

$$t_2 = RC\ln\frac{1+B}{1-B}$$

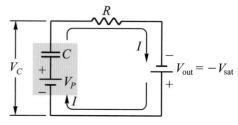

▲ 圖 27-9　經過 t_2 時間，V_C 會由 V_P 變成 V_N

(7)　週期 $T = t_1 + t_2$，所以

$$T = t_1 + t_2 = \left(RC\ln\frac{1+B}{1-B}\right) + \left(RC\ln\frac{1+B}{1-B}\right) = 2RC\ln\frac{1+B}{1-B}$$

因為 $B = \dfrac{R_2}{R_1 + R_2}$

因此 $T = 2RC\ln\dfrac{1+B}{1-B} = 2RC\ln\dfrac{1+\dfrac{R_2}{R_1+R_2}}{1-\dfrac{R_2}{R_1+R_2}}$

$$= 2RC\ln\frac{\dfrac{R_1+2R_2}{R_1+R_2}}{\dfrac{R_1}{R_1+R_2}} = 2RC\ln\frac{R_1+2R_2}{R_1}$$

$$= 2RC\ln\left(1+\frac{2R_2}{R_1}\right)$$

(8)　振盪頻率 $f = \dfrac{1}{T}$，所以

$$f = \frac{1}{T} = \frac{1}{2RC\ln\left(1+\dfrac{2R_2}{R_1}\right)}$$

實習二十八

韋恩電橋振盪器實驗

一、實習目的

(1) 了解韋恩電橋振盪器的工作原理。

二、相關知識

在實習十八，我們已知一個放大器要做成正弦波振盪器，依據巴克豪生準則必須符合下列兩大條件：

(1) 要加上正回授。

(2) 要令 $A \times B = 1$。 (亦即令放大器的電壓增益 A 與回授係數 B 的乘積等於 1)

一個振盪器若是使用韋恩電橋做正回授網路，即稱為韋恩電橋振盪器。由圖 18-13 可知當頻率 $f_0 = \dfrac{1}{2\pi RC}$ 時，圖 18-12 的 V_a 與 V_o 之相位差恰為 $0°$，且 $B = \dfrac{V_a}{V_o} = \dfrac{1}{3}$，因此放大器的電壓增益只要達到 3 倍，即可符合 $A \times B = 1$ 的條件而產生振盪。

用運算放大器組成的韋恩電橋振盪器如圖 28-1 所示。圖 28-1 所用之同相放大器，在實習二十二已經學過，電壓增益 $A = 1 + \dfrac{R_2}{R_1}$。因此，要令電壓增益 $A = 3$，只要令

$$R_2 = 2R_1 \tag{28-1}$$

即可。換句話說，圖 28-1 之韋恩電橋振盪器，只要令 $R_2 = 2R_1$ 即可產生振盪，而且

振盪頻率 $f_0 = \dfrac{1}{2\pi RC}$ (28-2)

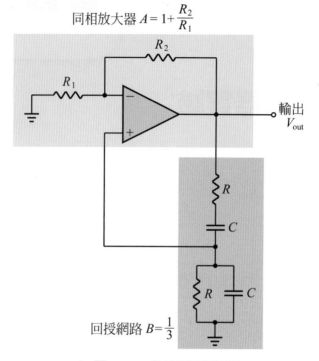

▲ 圖 28-1　韋恩電橋振盪器

圖 28-1 可重繪成圖 28-2 的形式。由 R、C、R_1 及 R_2 組成的網路，稱為韋恩電橋。在實際的電路中，R_2 多使用可變電阻器，以便可以調整到韋恩電橋振盪器之輸出電壓恰為漂亮的正弦波。

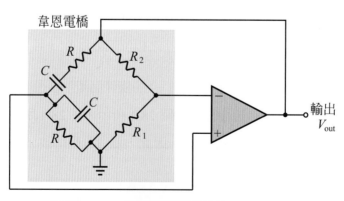

▲ 圖 28-2　韋恩電橋振盪器的另一種畫法

三、實習項目

工作一：韋恩電橋振盪器實驗

1. 接妥圖 28-3 之電路。運算放大器為 µA741。

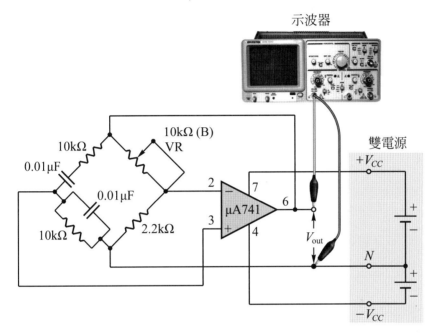

▲ 圖 28-3 韋恩電橋振盪器實驗

2. 通上雙電源 $\pm V_{CC} = \pm9V \sim \pm16V$。

3. 以示波器觀察輸出端 V_{out} 之波形。

4. 細心調整 10kΩ 可變電阻器，使示波器顯示不失真之正弦波。

5. 正弦波之週期=_____ms，頻率=_____Hz。

四、習題

1. 正弦波振盪器應具備什麼條件？

2. 韋恩電橋振盪器是採用同相放大器還是反相放大器組成？

3. 韋恩電橋振盪器正常工作時，其放大器之電壓增益必須等於多少？

4. 韋恩電橋振盪器，若要產生振盪，則回授網路相移角度為多少？

五、問題研討

問題 28-1

圖 28-4 所示之 RC 網路，為何於 $f = \dfrac{1}{2\pi RC}$ 時 V_a 恰與 V_{out} 同相呢？又為何此時之

$B = \dfrac{V_a}{V_{\text{out}}} = \dfrac{1}{3}$ 呢？

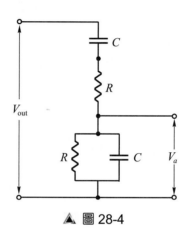

▲ 圖 28-4

解 (1) 利用分壓定理可得知

$$V_a = V_{\text{out}} \times \frac{\dfrac{R \times (-jX_c)}{R + (-jX_c)}}{[R + (-jX_c)] + \left[\dfrac{R \times (-jX_c)}{R + (-jX_c)}\right]}$$

亦即

$$\frac{V_a}{V_{\text{out}}} = \frac{\dfrac{-jRX_c}{R - jX_c}}{(R - jX_c) + \left(\dfrac{-jRX_c}{R - jX_c}\right)} \tag{28-3}$$

(2) 整理(28-3)式可得

$$\frac{V_a}{V_{out}} = \frac{-jRX_c}{(R-jX_c)(R-jX_c)+(-jRX_c)} = \frac{-jRX_c}{(R^2-2jRX_c-X_c^2)+(-jRX_c)}$$

$$= \frac{-jRX_c}{R^2-3jRX_c-X_c^2} = \frac{RX_c}{jR^2+3RX_c-jX_c^2} = \frac{RX_c}{3RX_c+j(R^2-X_c^2)}$$

亦即

$$\frac{V_a}{V_{out}} = \frac{RX_c}{3RX_c+j(R^2-X_c^2)} \qquad (28\text{-}4)$$

(3) 要令 V_a 與 V_{out} 同相，則(28-4)式中的虛數部分必須為零，所以 $R^2-X_c^2=0$

但 $X_c = \dfrac{1}{2\pi fC}$，故 $R^2 - \left(\dfrac{1}{2\pi fC}\right)^2 = 0$

亦即 $f^2 = \left(\dfrac{1}{2\pi RC}\right)^2$

$$f = \frac{1}{2\pi RC} \qquad (28\text{-}5)$$

(4) 當頻率 $f = \dfrac{1}{2\pi RC}$ 時，(28-4)式的虛數部分為零，所以(28-4)式可簡化為

$$\frac{V_a}{V_{out}} = \frac{RX_c}{3RX_c+j(R^2-X_c^2)} = \frac{RX_c}{3RX_c+0} = \frac{RX_c}{3RX_c} = \frac{1}{3}$$

亦即

$$\frac{V_a}{V_{out}} = \frac{1}{3} \qquad (28\text{-}6)$$

(5) 由以上討論可得知圖 28-4 之 RC 網路，於頻率 $f = \dfrac{1}{2\pi RC}$ 時，其輸出電壓 V_a 與輸入電壓 V_{out} 間之相位差為零度，且輸出衰減至 $\dfrac{1}{3}$ 倍。

相移振盪器實驗

一、 實習目的

(1) 了解相移振盪器的工作原理。

二、相關知識

於實習十八，我們已知欲獲得 180°的相移至少需要使用三節的 RC，無論是使用圖 18-5 之相位領前型 RC 相移網路或使用圖 18-8 之相位滯後型 RC 相移網路，均具有下列特點：

(1) 三節 RC 相移網路即能產生 180°的相移。

(2) 信號經過三節 RC 相移網路後，輸出電壓只有輸入電壓的 $-\dfrac{1}{29}$。

因此，只要把三節之 RC 相移網路加至電壓增益等於 -29 的反相放大器，即能產生正弦波振盪。

1. 相位領前型相移振盪器

用運算放大器組成的相位領前型相移振盪器，如圖 29-1 所示。由於反相放大器的 "—"輸入端為一虛接地點，與地同電位，故反相放大器的輸入端電阻器 R_1 可以代替最後一節 RC 相移網路的 R，實用上取 $R_1 = R$，則振盪頻率即為 $f = \dfrac{1}{2\pi\sqrt{6}RC}$。

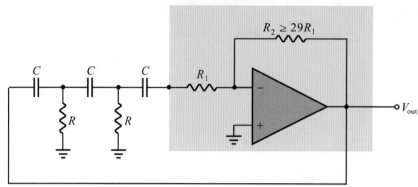

▲ 圖 29-1　相位領前型相移振盪器

2. 相位滯後型相移振盪器

　　使用運算放大器組成的相位滯後型相移振盪器，如圖 29-2 所示。由於反相放大器的 " − " 輸入端為一虛接地點，與地同電位，故反相放大器的輸入端電阻器 R_1 會與最後一節 RC 相移網路的 C 並聯，使得振盪頻率不會恰好等於 $f = \dfrac{\sqrt{6}}{2\pi RC}$ ，欲減少此種影響，可提高 R_1 之電阻值。

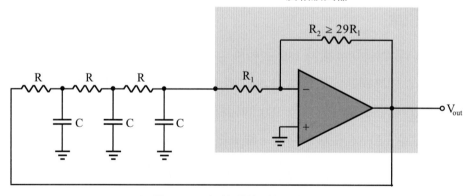

▲ 圖 29-2　相位滯後型相移振盪器

三、實習項目

工作一：相位領前型相移振盪器實驗

1. 接妥圖 29-3 之電路。運算放大器為 μA741。

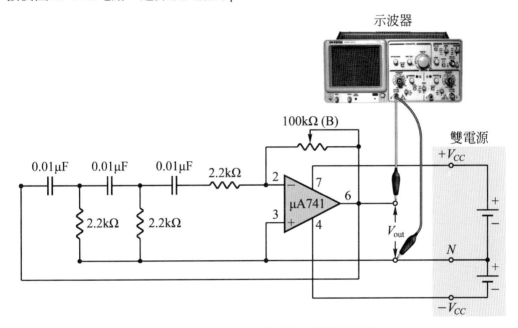

▲ 圖 29-3　相位領前型相移振盪器實驗

2. 通上雙電源 $\pm V_{CC} = \pm 9V \sim \pm 16V$。

3. 以示波器觀察輸出端 V_{out} 之波形。

4. 細心調整 100kΩ 可變電阻器，使示波器顯示不失眞之正弦波。

5. 正弦波之週期=_____ms，頻率=_____Hz。

四、習題

1. 如圖 29-1 所示之相移振盪器，若 $R_1 = R = 1k\Omega$，則 R_2 應不小於多少才會振盪？

2. 若要用 RC 電路來產生 180°相移，至少應使用幾節的 RC 電路？

3. 圖 29-2 所示之相位滯後型相移振盪器，選用 R_1 之電阻值時有何應注意之處？

第四篇
數位積體電路實驗

實習三十

TTL 基本閘的認識

一、實習目的

1. 瞭解 TTL 的特性。
2. 認識基本閘。

二、相關知識

1. 數位 IC 的基本認識

1-1 數位 IC 的族類

在數位電路中，通常以"1"代表"有"，以"0"代表"無"。由於半導體製造技術的突破，大量生產的結果使數位 IC 的價格甚為低廉，所以現在一談到數位電路，便自然而然的指採用數位 IC 做成的數位電路。

數位 IC 依其構造和特性可以分成很多種類，但是經過多年來人類的使用結果，未被淘汰而廣泛被採用的是 TTL 和 CMOS 兩種。TTL 為 transistor transistor logic 的縮寫，係採用電晶體為主體做成的。CMOS 為 complementary metal oxide semiconductor 的縮寫，係以具有絕緣閘極之金屬氧化半導體 (即有絕緣閘的 FET) 為主體製成之 IC。

實際的電路很少只使用一個 IC，通常都是數個 IC 配合使用而組成所需的電路，因此廠商製造 IC 時就將電源電壓、特性相同的 IC 歸成一個族類(family)，以便可將多個 IC 混在一起使用。

世界最有名的數位 IC 有三大族類：①Texas Instruments（TI）公司的 SN7400 系列，這是 TTL IC 族的代表作。②RCA 公司的 CD4000 系列，這是很有名的 CMOS IC 族。③Motorola 公司的 MC14500 系列，亦為有名的 CMOS IC 族。

世界上有很多廠商也製造和上述系列的特性完全相同的族類，稱為第二來源(second source)。由於第二來源製品的編號、性能都和原廠 IC 相似，所以我們選購 IC 時，雖然製造商不同，只要 IC 的編號相同，就可互換使用。例如：Motorola 公司製造的 MC14011 及 TI 公司製造的 TP4011 以及東芝公司製造的 TC4011 都可以代替 RCA 公司製造的 CD4011。

1-2 數位 IC 的接腳

數位 IC 採用的雙排直線型包裝(dual in-line package，簡稱 DIP)，接腳的算法如圖 30-1 所示。

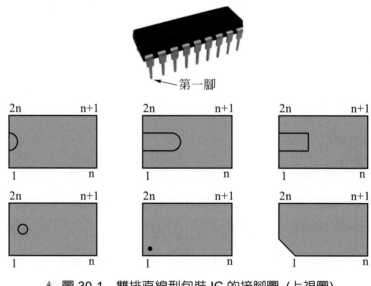

▲ 圖 30-1 雙排直線型包裝 IC 的接腳圖（上視圖）

1-3　IC 的密集度

IC 依其在同一個外殼內所容納的邏輯閘(gate)之多寡而如下稱呼：

SSI ── small-scale IC (小規模積體電路) 含有 1～12 個 gate。

MSI ── medium-scale IC (中規模積體電路) 內部含有 13～99 個 gate。

LSI ── large-scale IC (大規模積體電路) 內部含有 100～999 個 gate。

VLSI ── very-large-scale IC (超大規模積體電路) 內部含有 1000～10000 個 gate。

ULSI ── ultra-large-scale IC (極大型積體電路) 內部包含有 10000 個以上的 gate。

2.　基本閘的功能

數位電路能做邏輯運算 (即能將 "0" 與 "1" 做適當的處理)，因此又稱為邏輯電路。邏輯電路可分為基本閘、正反器、計數器……等等，但是再複雜的電路還是能夠由基本閘所組成。

欲說明各種基本閘之特性，以使用眞值表(truth table)最為簡明、方便且易於瞭解。茲分別說明於下：

2-1　反相器 (NOT Gate；inverter)

反相器(inverter)只有一個輸入端和一個輸出端，其輸出狀態與輸入狀態相反，又稱為反閘 (NOT gate)，如圖 30-2 所示。

輸入	輸出
A	F
0	1
1	0

(a) 眞值表　　　　(b) 電路符號

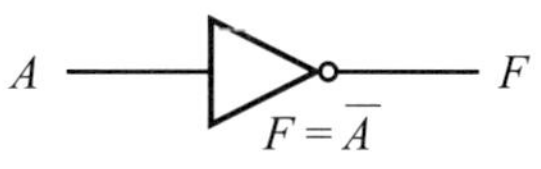

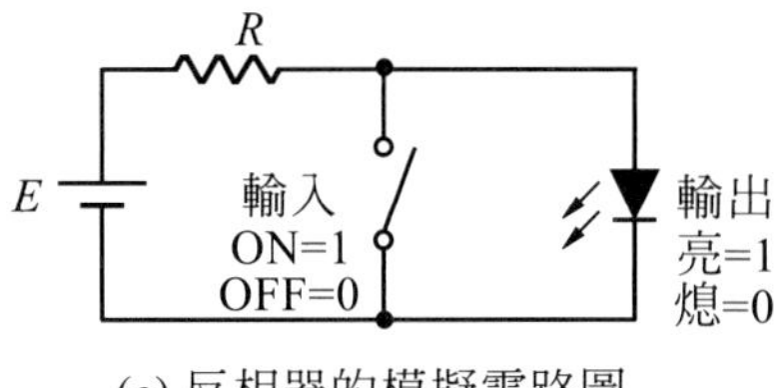

$F = \overline{A}$

(c) 反相器的模擬電路圖

輸入 ON=1 OFF=0　輸出 亮=1 熄=0

▲ 圖 30-2　反相器

我們可用圖 30-2(c)模擬反相器之工作狀態。當開關打開時 (輸入="0")，LED 亮 (輸出="1")，開關閉合時 (輸入="1")，LED 熄 (輸出="0")。

2-2 及閘 (AND Gate)

及閘有兩個以上的輸入，只有全部輸入都是"1"的時候，輸出才為"1"，若有任一輸入為"0"，則輸出為"0"。詳情可參考圖 30-3。

輸入		輸出
A	B	F
0	0	0
0	1	0
1	0	0
1	1	1

(a) 真值表

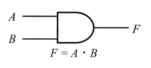

$$F = A \cdot B$$

(b) 電路符號

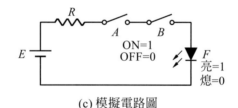

(c) 模擬電路圖

▲ 圖 30-3　及閘 (AND Gate)

由圖 30-3(c)之模擬圖可看出：僅當開關 A "及" B 都閉合時，LED 才會"亮"。

2-3 反及閘 (NAND Gate)

反及閘可說是在及閘的輸出端再串聯一個反相器而成。其電路符號及真值表如圖 30-4 所示，只有全部輸入都是"1"的時候，輸出才為"0"，若有任一輸入為"0"，輸出即為"1"。

由圖 30-4(c)可看出：僅當開關 A "及" B 都閉合時，LED 才"熄"。

輸入		輸出
A	B	F
0	0	1
0	1	1
1	0	1
1	1	0

(a) 真值表

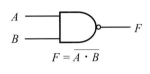

$$F = \overline{A \cdot B}$$

(b) 電路符號

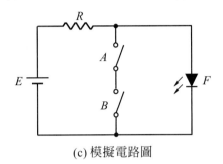

(c) 模擬電路圖

▲ 圖 30-4　反及閘 (NAND Gate)

2-4　或閘 (OR Gate)

或閘有兩個以上的輸入，只要其中任一輸入為"1"時輸出就為"1"。只有全部輸入都是"0"時輸出才為"0"。詳見圖 30-5。

輸入		輸出
A	B	F
0	0	0
0	1	1
1	0	1
1	1	1

(a) 真值表

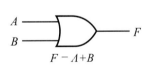

$$F = A + B$$

(b) 電路符號

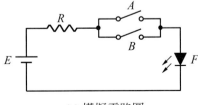

(c) 模擬電路圖

▲ 圖 30-5　或閘 (OR Gate)

由圖 30-5(c)可看出：開關 A "或" B 閉合時，LED 均會"亮"。

2-5　反或閘 (NOR Gate)

　　反或閘可說是在或閘的輸出端再串加一個反相器而成。其電路符號及眞值表如圖 30-6 所示。由眞值表可知只要其中任一輸入爲 "1"，輸出就爲 "0"。只有各輸入均爲 "0" 時輸出才爲 "1"。

輸入		輸出
A	B	F
0	0	1
0	1	0
1	0	0
1	1	0

(a) 眞值表

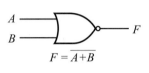

$$F = \overline{A+B}$$

(b) 電路符號

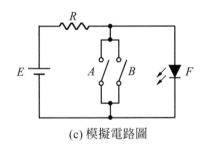

(c) 模擬電路圖

▲ 圖 30-6　反或閘 (NOR Gate)

2-6　互斥或閘 (XOR Gate)

　　互斥或閘(exclusive OR gate)簡寫爲 XOR gate。互斥或閘有兩個以上的輸入，只在輸入有奇數個 "1" 的時候，輸出才爲 "1"；若輸入爲偶數個 1 或零個 1，則輸出爲 0。

　　兩輸入端的互斥或閘，電路符號及眞值表如圖 30-7 所示。由眞值表可知：只在輸入有奇數個 "1" 的時候，輸出才是 "1"。

輸入		輸出
A	B	F
0	0	0
0	1	1
1	0	1
1	1	0

(a) 眞值表

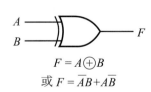

$$F = A \oplus B$$
$$或\ F = \overline{A}B + A\overline{B}$$

(b) 電路符號

▲ 圖 30-7　互斥或閘 (XOR Gate)

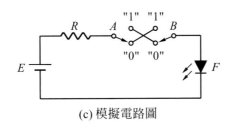

(c) 模擬電路圖

▲ 圖 30-7　互斥或閘 (XOR Gate)(續)

由圖 30-7(c)可看出：開關 A 和 B 都置於 "1" 或都置於 "0" 時，LED 不亮。開關 A 和 B 的位置不同 (一個置於 "0"，一個置於 "1") 時，LED 才亮。

2-7　反互斥或閘 (XNOR Gate)

反互斥或閘(exclusive NOR gate)簡寫爲 XNOR gate。反互斥或閘有兩個以上的輸入，只在輸入有偶數個 "1" (含零個 "1") 的時候，輸出才爲 "1"；若輸入爲奇數個 "1"，則輸出爲 0。

兩輸入端的反互斥或閘，電路符號及眞值表如圖 30-8 所示。由眞值表可知：只在輸入有偶數個 "1" (含零個 "1") 的時候，輸出才是 "1"。

輸　入		輸　出
A	B	F
0	0	1
0	1	0
1	0	0
1	1	1

(a) 眞值表

$F = \overline{A \oplus B}$
或 $F = \overline{A}\,\overline{B} + AB$
或 $F = A \odot B$

(b) 電路符號

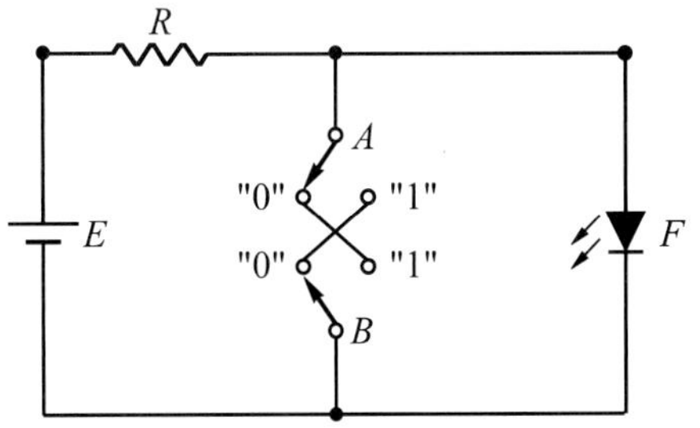

(c) 模擬電路圖

▲ 圖 30-8　反互斥或閘 (XNOR Gate)

由圖 30-8(c)可看出：開關 A 和 B 都置於 "1" 或都置於 "0" 時，LED 才亮。開關 A 和 B 的位置不同 (一個置於 "0"，一個置於 "1") 時，LED 不亮。

3.　TTL 的電氣特性

美國德州儀器公司 (TI) 於 1964 年發展出來的 TTL 產品定名爲 SN54 系列。SN54 系列之數位 IC 原設計是考慮供應軍事上的需要，因此在特性上非常卓越，可保證在−55℃～＋125℃之溫度範圍內工作。隨後爲供應工業控制之需要，而將此種電路發展爲 SN74

系列，成爲低廉的工業產品，只保證在 0℃～70℃的範圍內工作。不過 SN54 系列和 SN74 系列同一編號的功能是相同的，例如 SN7400 和 SN5400 同爲 NAND gate。

目前廣泛被使用的 SN74 系列數位 IC，歐、美、日等國有很多廠家同時在生產，而且品種很多。雖然廠家不同，但編號相同的 54 / 74 系數位 IC 可以互相代換。

目前，SN54 / 74 數位 IC 已發展成五大系列：

(1) 標準型 TTL —— 編號爲 74XX 或 54XX。

(2) 高速型 TTL —— 編號爲 74HXX 或 54HXX。H 表示 high speed (高速) 。動作速度較標準型 TTL 快，但消耗功率較大。

(3) 低功率型 TTL —— 編號爲 74LXX 或 54LXX。L 表示 Low power (低功率) 。消耗功率較標準型 TTL 小，但是動作速度較慢。

(4) 蕭特基 TTL —— 編號爲 74SXX 或 54SXX。S 表示 Schottky (蕭特基) 。動作速度較標準型 TTL 快，但消耗功率並未增加。

(5) 低功率蕭特基 TTL —— 編號爲 74LSXX 或 54LSXX。LS 表示 Low power Schottky (低功率蕭特基) 。動作速度比標準型 TTL 稍快，但只需 1/5 的消耗功率，因此是特性頗佳的 TTL。

雖然有各種的 54 / 74 數位 IC 可供選擇，但是低功率蕭特基 TTL 目前用的較普遍。在速度與功率損耗要求不太嚴格之下，各種類型同編號 54/74 數位 IC 可以互換使用。

3-1　5400 / 7400 TTL 系列之特性

各 TTL 系列之特性如表 30-1 所示。茲說明如下：

▼ 表 30-1

參數	測試條件	54/74 系列 最小	典型	最大	54H/74H 系列 最小	典型	最大	54L/74L 系列 最小	典型	最大	54S/74S 系列 最小	典型	最大	54LS/74LS 系列 最小	典型	最大	單位
V_{IH}	54族／74族	2			2			2			2			2			V
V_{IL}	54族			0.8			0.8			0.7			0.8			0.7	V
	74族			0.8			0.8			0.7			0.8			0.8	V
V_{OH}	V_{CC}=最小　V_{IL}=最大　I_{OH}=最大　54族	2.4	3.4		2.4	3.5		2.4	3.3		2.5	3.4		2.5	3.3		V
	74族	2.4	3.4		2.4	3.5		2.4	3.2		2.7	3.4		2.7	3.4		V
V_{OL}	V_{CC}=最小　I_{OL}=最大　V_{IH}=2V　54族		0.2	0.4		0.2	0.4		0.15	0.3			0.5		0.25	0.4	V
	74族		0.2	0.4		0.2	0.4		0.2	0.4			0.5		0.25	0.5	V
	74LS　I_{OL}=4mA															0.4	V
I_{IH}	V_{CC}=最大　V_{IH}=2.4V／V_{IH}=2.7V			40			50			10			50			20	μA
I_{IL}	V_{CC}=最大　V_{IL}=0.3V／0.4V／0.5V			−1.6			−2			−0.18			−2			−0.4	mA
I_{OH}	V_{CC}=最大			−400			−500			−100			−1000			−400	μA
I_{OL}	54族			16			20			2			20			4	mA
	74族			16			20			3.6			20			8	mA
I_{OS}	V_{CC}=最大　54族	−20		−55	−40		−100	−3		−15	−40		−100	−20		−100	mA
	74族	−18		−55	−40		−100	−3		−15	−40		−100	−20		−100	mA
V_{CC}（電源）	54族	4.5	5	5.5	4.5	5	5.5	4.5	5	5.5	4.5	5	5.5	4.5	5	5.5	V
	74族	4.75	5	5.25	4.75	5	5.25	4.75	5	5.25	4.75	5	5.25	4.75	5	5.25	V
T_A（工作溫度）	54族	−55		125	−55		125	−55		125	−55		125	−55		125	°C
	74族	0		70	0		70	0		70	0		70	0		70	°C

(1) 電源電壓 V_{CC}：54 系列為 4.5V～5.5V。74 系列為 4.75V～5.25V。標準值為 5V。

(2) 54 / 74 系列數位 IC，以邏輯 1 代表高電位 (Hi)，以邏輯 0 代表低電位 (Lo)。

(3) 54 / 74 系列數位 IC 之輸入、輸出特性說明如下：

V_{IH}：輸入端為邏輯 1 時所需之最小輸入電壓，不得低於 2V。

V_{IL}：輸入端為邏輯 0 時所需之最大輸入電壓，不得超過 0.8V。

V_{OH}：輸出端為邏輯 1 時的輸出端電壓，最低為 2.4V。

V_{OL}：輸出端為邏輯 0 時的輸出端電壓，最高為 0.5V。

I_{IL}：輸入端處在邏輯 0 時（$V_{IL} = 0.4V$），由輸入端所流出的電流，其最大值請見表 30-1 (電流方向以流進為正，流出為負)。

I_{IH}：輸入端處在邏輯 1 時（$V_{IH} = 2.4V$），輸入端所流進的逆向電流，其最大值請見表 30-1。

I_{OL}：輸出端處在邏輯 0 時（$V_{OL} = 0.4V$），輸出端所容許流進的電流，其最大值請見表 30-1。

I_{OH}：輸出端處在邏輯 1 時，輸出端所流出的電流，其最大值請見表 30-1。

I_{OS}：當輸出端處在邏輯 1 時，把輸出端對地短路，此輸出短路電流即 I_{OS}。

註：同一個 IC 不可同時把兩個以上的輸出端作輸出短路電流 I_{OS} 的測試，否則 IC 可能因過熱而損壞。

(4) 輸入端和輸出端之電壓相等時稱為臨界電壓 V_T，V_T 約為 1.3V。

(5) TTL 之轉移曲線請參考圖 30-9。

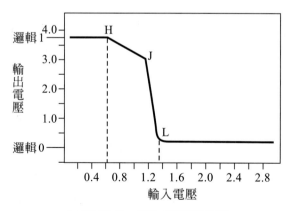

▲ 圖 30-9　TTL 之轉移曲線

3-2　雜訊免疫力 (Noise Immunity)

在 TTL 中 V_{OH} 為 2.4V，而 V_{IH} 為 2V，此兩保證值之間的差為 0.4V(400mV)，如果兩個 gate 間的傳輸線受到雜訊的干擾，則可承受振幅 400mV 的雜訊脈波還不會產生誤動作。但由於 $V_{IL} - V_{OL} = 0.8V - 0.5V = 0.3V$，因此 TTL 的雜訊免疫力只有 0.3 伏特。

3-3　54 / 74 系列的扇出

同類的 54 / 74 數位 IC 可以直接互相連接，只要稍微注意一下扇出(fan-out)數即可。當一個數位 IC 的輸出端子同時接到多個數位 IC 的輸入端時，輸出端所能驅動的最大輸入端數稱為扇出。如果不注意 IC 的扇出能力，而作超額的扇出，有時會使前級無法驅動後級，或者降低雜訊免疫力，容易引起誤動作。

54/74 系列基本閘的輸入及輸出特性，列於表 30-1，可依表 30-1 算出其扇出能力。

例題 30-1

一個 74 系列的輸出端可以扇出多少個同型(74 系列)的輸入端？

解　① 74 系列之 $I_{OH} = 400\mu A$，$I_{IH} = 40\mu A$，因為高態的扇出 $N_H = \dfrac{400\mu A}{40\mu A} = 10$，

所以高態可驅動 10 個輸入端。

② 74 系列之 $I_{OL} = 16mA$，$I_{IL} = 1.6mA$，因為低態的扇出 $N_L = \dfrac{16mA}{1.6mA} = 10$，

所以低態可驅動 10 個輸入端。

③ 所以 74 系列對同型(74 系列)的扇出為 10。

例題 30-2

一個 74LS 系列的輸出端對同型(74LS 系列)的扇出有多少？

解　① 74LS 系列之 $I_{OH} = 400\mu A$，$I_{IH} = 20\mu A$

故 $N_H = \dfrac{400\mu A}{20\mu A} = 20$

亦即高態可驅動 20 個輸入端。

② 74LS 系列之 $I_{OL} = 8mA$，$I_{IL} = 0.4mA$

故 $N_L = \dfrac{8\text{mA}}{0.4\text{mA}} = 20$

亦即低態可驅動 20 個輸入端。

③　所以 74LS 系列對同型(74LS)的扇出為 20。

例題 30-3

74LS 系列對 74 系列的扇出為多少？

解　①　74LS 系列之 $I_{OH} = 400\mu\text{A}$

74 系列之 $I_{IH} = 40\mu\text{A}$

故 $N_H = \dfrac{400\mu\text{A}}{40\mu\text{A}} = 10$

亦即高態可驅動 10 個 74 系列的輸入端。

②　74LS 系列之 $I_{OL} = 8\text{mA}$

74 系列之 $I_{IL} = 1.6\text{mA}$

故 $N_L = \dfrac{8\text{mA}}{1.6\text{mA}} = 5$

亦即低態可驅動 5 個 74 系列的輸入端。

③　應取較小的數目，所以 74LS 系列對 74 系列的扇出為 5。

例題 30-4

74 系列對 74LS 系列的扇出為多少？

解　①　74 系列之 $I_{OH} = 400\mu\text{A}$

74LS 系列之 $I_{IH} = 20\mu\text{A}$

故 $N_H = \dfrac{400\mu\text{A}}{20\mu\text{A}} = 20$

亦即高態可驅動 20 個 74LS 系列的輸入端。

②　74 系列之 $I_{OL} = 16\text{mA}$

74LS 系列之 $I_{IL} = 0.4\text{mA}$

故 $N_L = \dfrac{16\text{mA}}{0.4\text{mA}} = 40$

亦即低態可驅動 40 個 74LS 系列的輸入端。

③　應取較小的數目，所以 74 系列對 74LS 系列的扇出為 20。

3-4　TTL 未用輸入腳的處理方法

(1)　當 TTL 電路的輸入端不與任何其他電路相接時，此輸入端為開路狀態，由圖 30-10 所示之 TTL 基本電路結構可以得知：不接的 TTL 輸入端，可視輸入為邏輯 1。

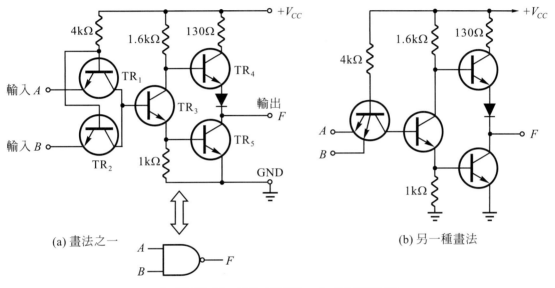

▲ 圖 30-10　TTL NAND gate 之內部電路

(2)　在某些情況下，TTL NAND gate 的輸入端並未全部利用到，若我們將這些未用到的輸入端如圖 30-11(a)所示空著不接，並不影響到 TTL NAND gate 的邏輯函數，但是這些空接的輸入端往往會受到雜訊的干擾而令邏輯電路產生誤動作，因此最好能將圖 30-11(a)的電路改用圖 30-11(b)或(c)。圖 30-11(b)中之 1kΩ 電阻器是作為限流用，因為當電源產生電壓脈衝時，若不加這一電阻器，TTL IC 內部的電晶體可能受損。

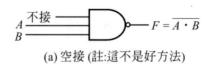

(a) 空接 (註:這不是好方法)

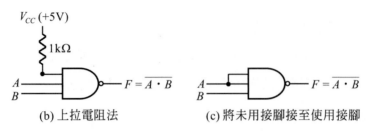

(b) 上拉電阻法 (c) 將未用接腳接至使用接腳

▲ 圖 30-11　TTL NAND gate 未用接腳的處理方法

(3) TTL AND gate 的未用接腳，處理方法與 NAND gate 相似，請參考圖 30-12。

(4) TTL OR gate 及 NOR gate 的未用接腳之處理方法則可參考圖 30-13 及圖 30-14。

(a) 空接 (註:這不是好方法)

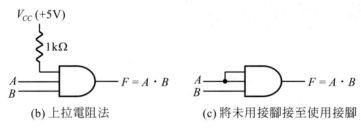

(b) 上拉電阻法 (c) 將未用接腳接至使用接腳

▲ 圖 30-12　TTL AND gate 未用接腳的處理方法

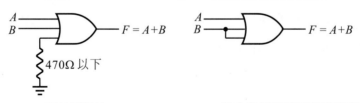

(a) 下拉電阻法 (b) 將未用接腳接至使用接腳

▲ 圖 30-13　TTL OR gate 未用接腳的處理方法

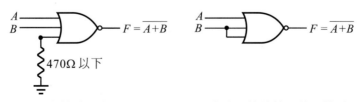

(a) 上拉電阻法 (b) 將未用接腳接至使用接腳

▲ 圖 30-14　TTL NOR gate 未用接腳的處理方法

4. 負載的驅動

　　TTL 的輸出用以驅動其他負載，如指示燈、繼電器、閘流體等，若是小電力的負載，可由 TTL 的輸出直接驅動，大電力的負載則需經電晶體加以放大後才驅動。以下是幾種常用的驅動方法：

(1) TTL 的輸出直接驅動小負載，如圖 30-15 所示。

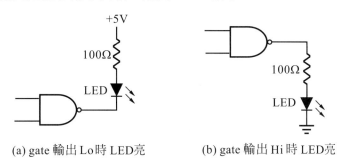

(a) gate 輸出 Lo 時 LED 亮　　　　(b) gate 輸出 Hi 時 LED 亮

▲ 圖 30-15　TTL 直接驅動負載之使用例

(2) TTL 的輸出經電晶體放大後，才驅動負載，如圖 30-16 所示。

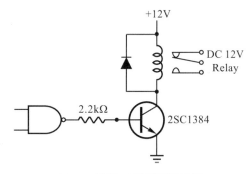

(a) gate 輸出 Hi 時 繼電器動作

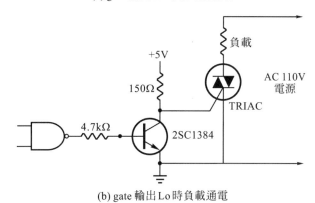

(b) gate 輸出 Lo 時負載通電

▲ 圖 30-16　TTL 間接驅動負載之使用例

5. 實習前應有的認識

(1) 你必須有＋5V 的電源，以供 TTL IC 使用。TTL 的電源可由下述方式取得：

① 使用 3 個 1.5V 的乾電池串聯起來，如圖 30-17(a)所示。

② 使用 4 個 1.5V 的乾電池串聯起來後，再串聯一個矽二極體 (例如 1N4001)，如圖 30-17(b)所示。

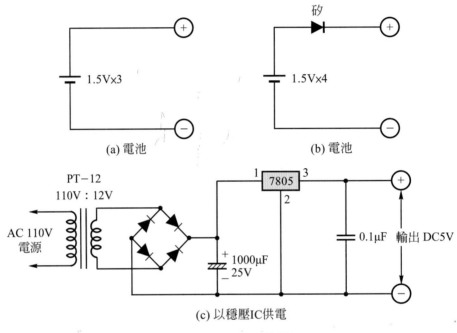

(a) 電池　　　　　　　(b) 電池

(c) 以穩壓IC供電

▲ 圖 30-17　TTL 的電源

③ 以＋5V 之穩壓 IC (例如 7805) 供應 5V 電源。7805 之輸出電流可達 1A，內部有短路保護。電路如圖 30-17(c)所示。

④ 由電源供應器供應＋5V 電源。但一般學校的電源供應器多為 0～30V 可調者，故實習中若不小心去碰到調整電壓的旋鈕，極易因電壓過高而燒燬 IC，請特別小心。

(2) 必須準備免銲萬用電路板，以方便實習的進行。

(3) 圖 30-18 是兩種常用包裝形式 (DIP) 的頂視圖，電源的正、負端通常是由對角線
兩端輸入，在 14 隻腳的 DIP 包裝中，第 7 腳常是接地，第 14 腳則接到＋5V。
16 隻腳的 DIP 包裝中，第 8 隻腳常是接地，第 16 隻腳則接到＋5V。

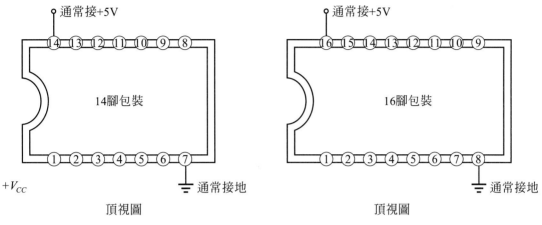

▲ 圖 30-18　TTL 的頂視圖

(4) 電源"未關掉" (沒有 OFF) 時，不可把 IC 插入電路板中，也不可把 IC 拆離電
路，否則 IC 極易損壞。

(5) 實習中，當輸入為 0 時，用一條導線把輸入端接地。當輸入為 1 時，用一條導線
把輸入端接＋V_{CC}。詳見圖 30-19。

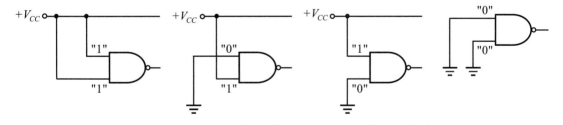

▲ 圖 30-19　輸入為 1 就接＋V_{CC}，輸入為 0 就接地

(6) 一般的數位電路，為繪圖方便起見，均不繪出電源的接線，但 IC 一定要有電源
才能工作，所以拿到 IC 後，千萬要記得把電源接上。電源的接法可參考圖 30-20。

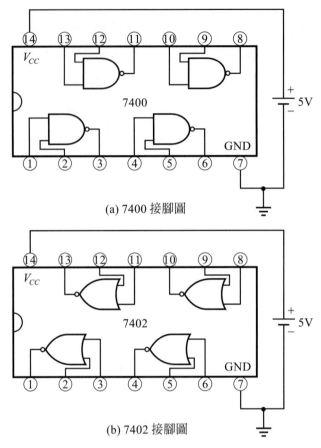

(a) 7400 接腳圖

(b) 7402 接腳圖

▲ 圖 30-20　不要忘了加上電源

(7)　如欲製作成品，則為了日後檢修 (更換 IC) 之方便，最好不要把 IC 直接銲在印刷電路板上，而購買圖 30-21 所示之 IC 座使用。先把 IC 座銲在印刷電路板上，然後把 IC 插在 IC 座上即可。常用的 IC 座為 8P～40P，如圖 30-22 所示。

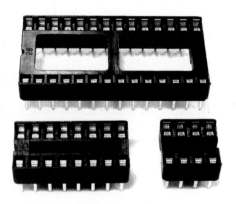

▲ 圖 30-21　IC 座

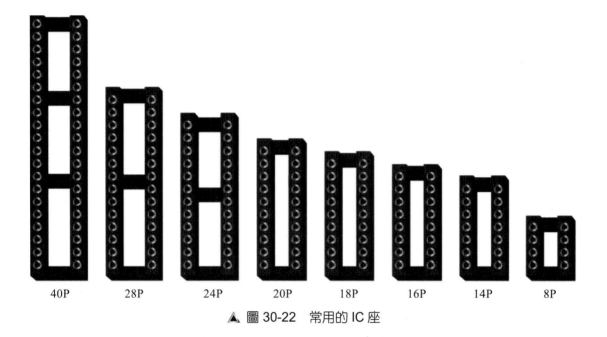

40P　28P　24P　20P　18P　16P　14P　8P

▲ 圖 30-22　常用的 IC 座

三、實習項目

工作一：TTL 基本閘的特性實驗

1. 取一個 74LS00，接妥圖 30-23 之電路，測得 74LS00 之消耗電流 $I_1 =$ _____mA。

　　註：圖中之電流表 (mA) 請以三用電表 DCmA 檔代用。

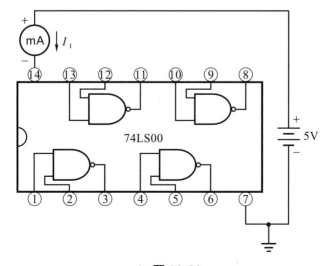

▲ 圖 30-23

2. 將 74LS00 的第 1、4、9、12 腳均以單心線接地，則消耗電流 $I_I =$ _____ mA。

   註：測試完畢後，將第 1、4、9、12 腳之接地線移走。

3. 將圖 30-23 中之電流表 (mA) 取掉，電源的＋5V 端直接接在 74LS00 的第 14 腳。

4. 令 74LS00 的各輸入端與輸出端都空著不接，以三用電表 DCV 檔測得

   第 1 腳之對地電壓 $V_1 =$ _____ 伏特。

   第 2 腳之對地電壓 $V_2 =$ _____ 伏特。

   第 3 腳之對地電壓 $V_3 =$ _____ 伏特。

5. 以三用電表測量其他 3 個 NAND gate 在輸入端與輸出端都空著不接時之電壓，則

   $V_4 =$ _____ 伏特，$V_5 =$ _____ 伏特，$V_6 =$ _____ 伏特，

   $V_9 =$ _____ 伏特，$V_{10} =$ _____ 伏特，$V_8 =$ _____ 伏特，

   $V_{12} =$ _____ 伏特，$V_{13} =$ _____ 伏特，$V_{11} =$ _____ 伏特。

6. 第 4 及第 5 步驟所測得之各輸入端電壓是否相近？　答：_____

   各輸出端電壓是否相近？　答：_____

   註：若答案爲"否"，表示所用之 IC 爲不良品。

7. 接妥圖 30-24(a)之電路，電流表 (mA) 之指示值= _____ mA。

(a)　　　　　　　　(b)

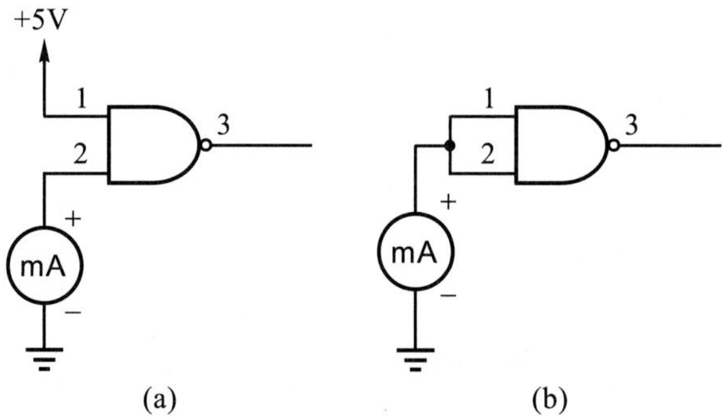

▲ 圖 30-24

8. 接妥圖 30-24(b)之電路，電流表 (mA) 之指示值= _____ mA。

   是否與第 7 步驟所測得之電流值相等？　答：_____

9. 按圖 30-25(a)接妥電路，電流表指示為_____μA。

  註：正常時，此值不會大於 20μA。

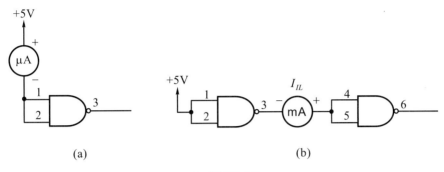

▲ 圖 30-25

10. 按圖 30-25(b)接妥電路，電流表指示為 I_{IL} = _____mA。

  若 I_{OL} 等於 8mA，則此電路的低態扇出= $I_{OL} \div I_{IL}$ = _____。

11. 按圖 30-26 接妥電路，電流表指示為 I_{IH} = _____μA。

  若 I_{OH} 等於 400μA，則此電路的高態扇出= $I_{OH} \div I_{IH}$ = _____。

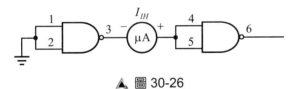

▲ 圖 30-26

12. 按圖 30-27(a)接妥電路，此時輸出端之電壓 V_o = _____伏特。

  若將電路改接為圖 30-27(b)，則 V_o = _____伏特。

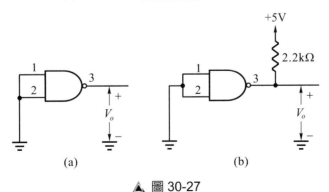

▲ 圖 30-27

13. 按圖 30-28 接妥電路，此時輸出端的電流稱為 I_{SO}，$I_{SO} = $ _____mA。

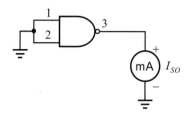 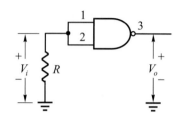

▲ 圖 30-28　TTL 的 I_{SO} 測量　　　　　　　　　▲ 圖 30-29

14. 按圖 30-29 接妥電路，電阻器 R 採用表 30-2 的不同電阻值，並將所測得之 V_i、V_o 填於表 30-2 中之相對應位置。

▼ 表 30-2

R	V_i (伏特)	V_o (伏特)
100Ω		
470Ω		
1kΩ		
2.2kΩ		
4.7kΩ		
10kΩ		

15. 按圖 30-30 接妥電路，測得 $V_T = $ _____V。

註：V_T 稱為臨界電壓。

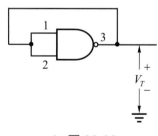

▲ 圖 30-30

工作二：測試基本邏輯閘的功能

1. 取一個 74LS00，將其第 14 腳接 $+V_{CC}$ (即 $+5V$)，第 7 腳接地，然後根據圖 30-31(b)之
   不同輸入狀態，記錄其相對應之輸出狀態。

   註：①輸入 "1" 表示接至 $+V_{CC}$，輸入 "0" 表示接地。

   　　②以三用電表的 DCV 檔測量，若輸出電壓 V_F 大於 2.4V 則 F 為 "1" 態，輸出電
   　　壓 V_F 若小於 0.4V 則 F 為 "0" 態。

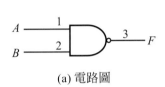

輸入		輸出	
A	B	V_F	F
0	0		
0	1		
1	0		
1	1		

(a) 電路圖　　　　　　　　(b)真值表

▲ 圖 30-31

2. 接妥圖 30-32 之電路，然後根據不同的輸入狀態，以三用電表 DCV 測量出其相對應的
   輸出狀態，填於真值表中。

   由真值表可得知此電路之功能等於_____gate。

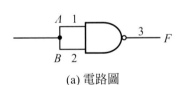

輸入	輸出	
$A=B$	V_F	F
0		
1		

(a) 電路圖　　　　　　　　(b)真值表

▲ 圖 30-32

3. 以兩個 NAND gate 接妥圖 30-33 之電路，然後根據不同的輸入狀態，以三用電表 DCV 測出其輸出狀態，填於眞值表中。

由眞值表可得知此電路之功能等於_____gate。

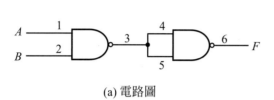

輸入		輸出	
A	B	V_F	F
0	0		
0	1		
1	0		
1	1		

(a) 電路圖 (b)眞值表

▲ 圖 30-33

4. 以 3 個 NAND gate 接妥圖 30-34 之電路，然後根據不同的輸入狀態，以三用電表 DCV 測出其輸出狀態，填於眞值表中。

由眞值表可得知本電路之功能等於_____gate。

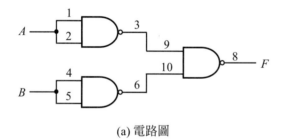

輸入		輸出	
A	B	V_F	F
0	0		
0	1		
1	0		
1	1		

(a) 電路圖 (b)眞值表

▲ 圖 30-34

5. 以 4 個 NAND gate 接妥圖 30-35 之電路，然後根據不同的輸入狀態，測出其輸出狀態，填於眞值表中。

由眞值表可得知本電路之功能等於_____gate。

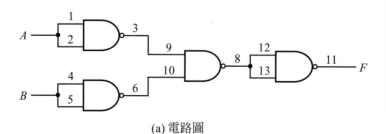

輸入		輸出	
A	B	V_F	F
0	0		
0	1		
1	0		
1	1		

(a) 電路圖 (b)眞值表

▲ 圖 30-35

6. 以 4 個 NAND gate 接妥圖 30-36 之電路，然後根據不同的輸入狀態，測出其輸出狀態，填於眞值表中。

由眞值表可得知本電路之功能等於_____gate。

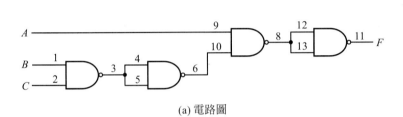

(a) 電路圖

輸入			輸出
A	B	C	F
0	0	0	
0	0	1	
0	1	0	
0	1	1	
1	0	0	
1	0	1	
1	1	0	
1	1	1	

(b)眞值表

▲ 圖 30-36

7. 以 3 個 NAND gate 接妥圖 30-37 之電路，然後根據不同的輸入狀態，測出其輸出狀態，填於眞值表中。

由眞值表可得知本電路之功能等於_____gate。

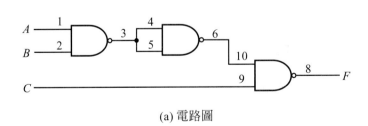

(a) 電路圖

輸入			輸出
A	B	C	F
0	0	0	
0	0	1	
0	1	0	
0	1	1	
1	0	0	
1	0	1	
1	1	0	
1	1	1	

(b)眞值表

▲ 圖 30-37

8. 以 4 個 NAND gate 接妥圖 30-38 之電路，然後根據不同的輸入狀態，測出其輸出狀態，填於眞值表中。

由眞值表可得知本電路之功能等於_____gate。

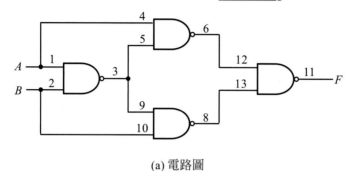

輸入		輸出
A	*B*	*F*
0	0	
0	1	
1	0	
1	1	

(a) 電路圖　　　　　　　　　　　(b)眞值表

▲ 圖 30-38

工作三：以 TTL 驅動負載

1. 按圖 30-39 接線。並把不同輸入狀態時 LED 之亮、熄填入圖 30-39(b)的表中。

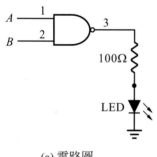

輸入		輸出
A	*B*	LED
0	0	
0	1	
1	0	
1	1	

(a) 電路圖　　　　　　　　　　　(b)眞值表

▲ 圖 30-39

2. 圖 30-39 中，LED 亮是代表 NAND gate 的輸出爲高電位 (Hi；邏輯 1) 或低電位 (Lo；邏輯 0) 呢？　答：_____

四、習題

1. 目前最廣被採用的數位 IC 是哪兩個族類？
2. 標準 TTL 的扇出有多少？
3. TTL 的標準電源是多少伏特？
4. AND gate 相當於開關的串聯或並聯？OR gate 呢？
5. TTL 的輸入腳若空著不接，相當於輸入“邏輯 1”或“邏輯 0”？

五、相關知識補充——史密特閘與集極開路輸出

1.　史密特閘

史密特閘 (Schmitt trigger) 與一般基本閘的特性不同。史密特閘必須輸入電壓超過 V_{T+}或低於 V_{T-}才會動作，V_{T+}與 V_{T-}之差稱爲遲滯電壓。爲了與一般閘區別起見，在史密特閘的電路符號中加有“⊿”記號。圖 30-40 爲史密特閘與一般閘之比較，由此圖可看出史密特閘較不易受雜訊干擾。

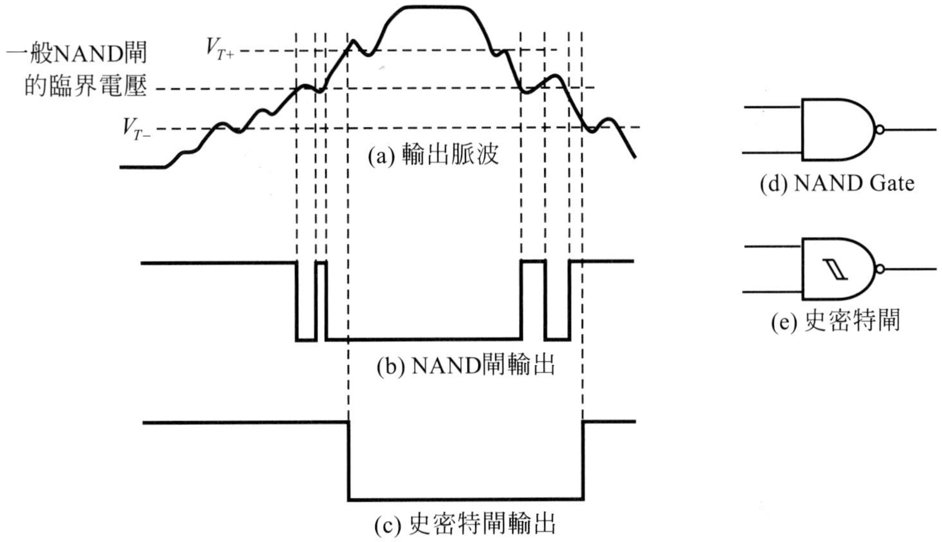

▲ 圖 30-40　史密特閘與一般閘的比較

史密特閘之輸入、輸出轉移曲線如圖 30-41 所示。V_{T+} 約 1.7V，V_{T-} 約 0.9V，V_{T+} 與 V_{T-} 之差為 0.8V。

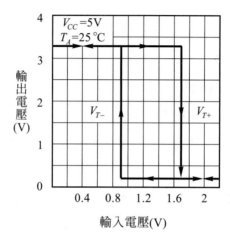

▲ 圖 30-41　史密特閘的輸入輸出轉移曲線

2. 集極開路輸出 (Open Collector)

在 74/54 系列中，大部分輸出都採用兩個電晶體作推挽工作 (例如圖 30-10 中之 TR₄ 與 TR₅，此種電路組態被稱為圖騰柱 totem-pole)，但有少數 IC (例如 7403、7406、7407 等) 的輸出部分只使用一只集極開路的電晶體，如圖 30-42 所示。

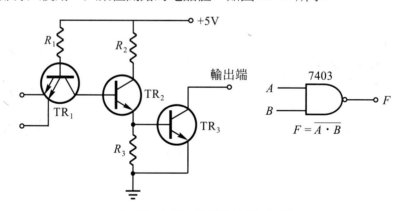

▲ 圖 30-42　開集極 TTL 電路

集極開路輸出，輸出端對地是 ON 與 OFF 兩種狀態，而無高電位的輸出，若想輸出高電位，則輸出端需接一個不大於 2.2kΩ 的電阻器至 +5V。

集極開路輸出有兩項優點：①將輸出端並聯可以產生 "線及閘(wire AND)" 的功能。②可以驅動使用其他電源的負載。茲分別說明如下：

(1) 線及閘

　　當我們需要把集極開路閘的輸出 F_1 與 F_2、F_2 都 AND 起來時，只要如圖 30-43 所示，把三個閘的輸出端接在一起即可，非常方便。圖 30-44 為一實例。

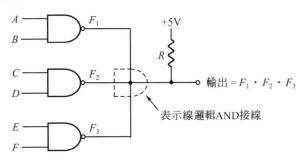

▲ 圖 30-43　開集極輸出構成 "線 AND"

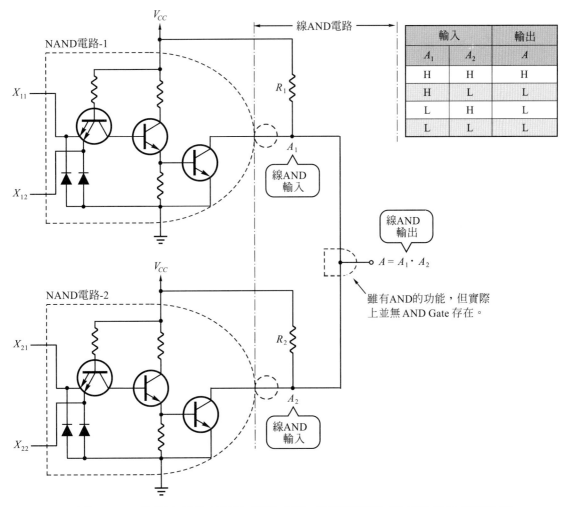

▲ 圖 30-44　使用 2 輸入 NAND 電路 (TTL 集極開路型) 的 "線 AND 電路" 例

(2) 驅動非＋5V 系統之負載

開集極 TTL 閘可以如圖 30-45 所示驅動非＋5V 系統之負載，一般的 TTL 閘則不能如此使用。

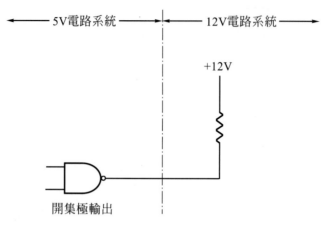

▲ 圖 30-45　使用開集極驅動不是 5V 的電路系統

CMOS 基本閘的認識

一、實習目的

1. 瞭解 CMOS 數位 IC 的特性。

2. 認識 CMOS 與 TTL 數位 IC 的優缺點。

3. 熟悉 CMOS 數位 IC 的基本應用。

二、相關知識

相關知識之一：何謂 CMOS

CMOS 是互補式金屬氧化物半導體(complementary metal-oxide semi-conductor)的簡稱，它是由 N 通道 MOSFET 與 P 通道 MOSFET 組合而成的一種優良產品。

MOSFET 和我們以前學過的 JFET 一樣是利用閘極電壓 (V_{GS}) 來控制汲極電流 (I_D) 的大小，但是 MOSFET 的閘極以絕緣物質隔開，所以又稱為絕緣閘場效電晶體。

MOSFET 係於基板(substrate)上擴散高濃度的材料形成源極 (S) 和汲極 (D)，再舖上一層絕緣物質 (二氧化矽 SiO_2)，然後另加上一層金屬做為閘極。由於閘極被絕緣體 SiO_2 隔開，因此輸入阻抗甚高，高達 $10^{12}\ \Omega$ 以上。

MOSFET 依其動作情形可分為空乏型 MOSFET 與增強型 MOSFET 兩大類：

(1) 空乏型 MOSFET——空乏型 MOSFET 如圖 31-1(a)及(c)所示，汲極 *D* 與源極 *S* 間以「通道」連接，因此加上電源後即有 I_D 流通，當閘極加上電壓時，會令通道變窄而使 I_D 減小，動作情形與以前學過的 JFET 一樣。

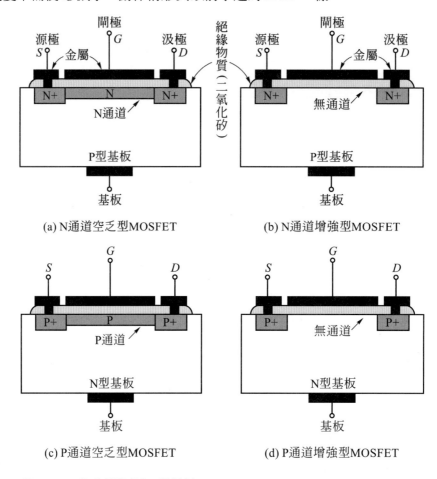

(a) N通道空乏型MOSFET　　　　　　(b) N通道增強型MOSFET

(c) P通道空乏型MOSFET　　　　　　(d) P通道增強型MOSFET

(註)：1. N+表示高濃度之N型材料
　　　2. P+表示高濃度之P型材料

▲ 圖 31-1　MOSFET 的分類

(2) 增強型 MOSFET——增強型 MOSFET 如圖 31-1(b)及(d)所示，汲極 *D* 與源極 *S* 間沒有通道，因此加上電源時 $I_D = 0$，必須加上閘極電壓才會形成通道而令 *D* 與 *S* 極間導電。由於目前的 CMOS IC 都是以增強型 MOSFET 製成，因此本實習將只詳述增強型 MOSFET 的動作情形。

當 N 通道增強型 MOSFET 如圖 31-2(a)接線時，由於 $V_{GS} = 0$，因此汲極電流 $I_D = 0$ ($V_{GS} = 0$ 時之 I_D 以 I_{DSS} 表之)。若如圖 31-2(b)接線，則由於閘極被加上正電壓，在基板會感應一些電子而形成 N 通道，故有汲極電流流通 (閘極與基板間以絕緣體隔開，就猶如一個電容器，故閘極加上比基板正的電壓時，閘極上面會堆積正電荷，而在基板形成負電荷)。由於在應用時基板都與源極 S 接在一起，故上述動作情形可歸納如下：N 通道增強型 MOSFET，只要閘極 G 的電壓比源極 S 爲正，就會感應出 N 通道，使汲極 D 與源極 S 間導電。

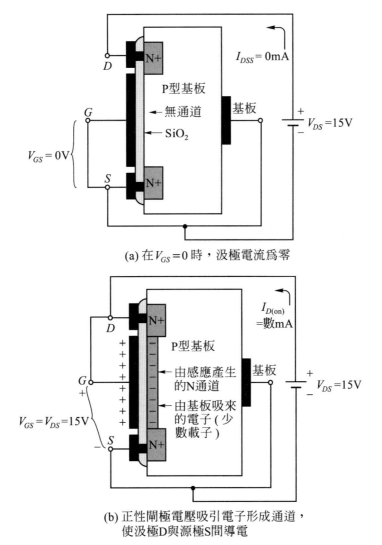

(a) 在 $V_{GS} = 0$ 時，汲極電流爲零

(b) 正性閘極電壓吸引電子形成通道，
使汲極D與源極S間導電

▲ 圖 31-2　N 通道增強型 MOSFET 利用感應少數載子形成的通道，增加汲極的電流量

P 通道增強型 MOSFET 的動作情形與圖 31-2 相似，但是因為半導體之材料與 N 通道者相反，因此電源之極性與閘極電壓恰與圖 31-2 相反。詳見圖 31-3。圖 31-3 之動作情形可歸納如下：P 通道增強型 MOSFET，只要閘極 G 的電壓比源極 S 為負，就會感應出 P 通道，使汲極 D 與源極 S 間導電。

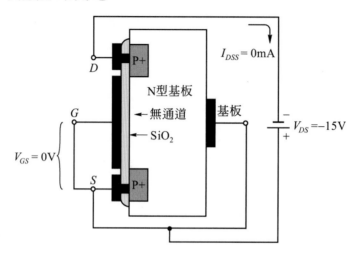

(a) 在 $V_{GS} = 0$ 時，汲極電流為零

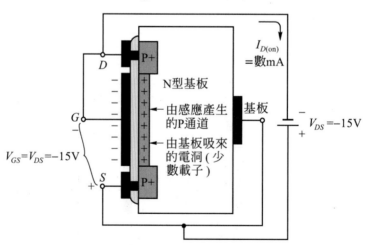

(b) 負性閘極電壓吸引電洞形成通道，
使汲極D與源極S間導電

▲ 圖 31-3　P 通道增強型 MOSFET 利用感應少數載子形成的通道，增加汲極的電流量

相關知識之二：CMOS 基本閘的基本認識

　　CMOS 是由 N 通道增強型 MOSFET (NMOS) 與 P 通道增強型 MOSFET (PMOS) 構成，由美國 RCA 公司率先於 1967 年開發成功，並於 1971 年大量生產 CMOS 數位 IC。其代表性產品為 CD4000 系列邏輯族。目前 CMOS IC 不但用途廣泛、功能多，而且價格便宜、外型輕巧、耗電極省。在電子錶、數字鐘、微電腦、汽車、醫學、工業控制等各方面，CMOS IC 的應用非常廣泛，CMOS IC 已發展成一種足以壓倒 TTL IC 的邏輯族。

　　以下我們將先說明各種基本閘：

1.　CMOS 反相器 (Inverter，NOT gate)

　　CMOS 反相器如圖 31-4 所示，是由 PMOS 與 NMOS 串接而成。為簡便起見，P 通道 MOSFET 簡稱為 PMOS，N 通道 MOSFET 稱為 NMOS，電源的正端標示為 V_{DD}，電源的負端標示為 V_{SS}。同時請特別注意，圖中的 PMOS 與 NMOS 是把汲極 (D) 接在一起作為輸出端。

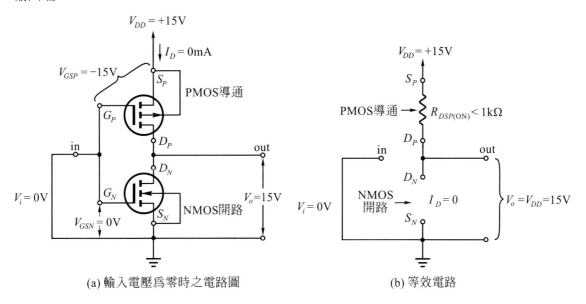

(a) 輸入電壓為零時之電路圖　　　　　(b) 等效電路

▲ 圖 31-4　CMOS 反相器輸入電壓為零時之動作情形

當反相器的輸入電壓 $V_i = 0$ 伏特時，動作情形如圖 31-4 所示，PMOS 導通，NMOS 截止，故輸出電壓 $V_o = V_{DD}$。若 $V_i = V_{DD}$ 則動作情形如圖 31-5 所示，PMOS 截止，NMOS 導通，輸出電壓 $V_o = 0$ 伏特。於輸入為 Hi 或 Low 之靜止狀態下 PMOS 與 NMOS 中必有一種為 OFF，故從 V_{DD} 流往 V_{SS} 之電流為零，不消耗功率。但當輸入由 "1" → "0" 或由 "0" → "1" 時，有一短暫的時間為 PMOS 與 NMOS 皆 ON，故會消耗電流，而且工作頻率愈高消耗功率愈大 (但比 TTL 小) 。

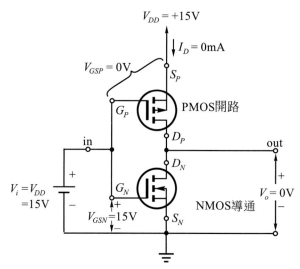

(a) 輸入電壓為零時之電路圖

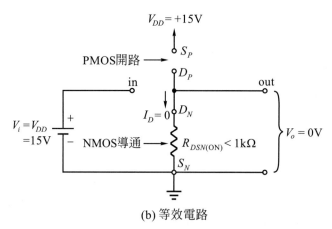

(b) 等效電路

▲ 圖 31-5　CMOS 反相器輸入正電壓時之動作情形

CMOS 反相器之特性詳見圖 31-6。

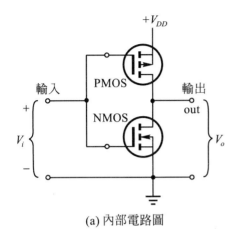

(a) 內部電路圖

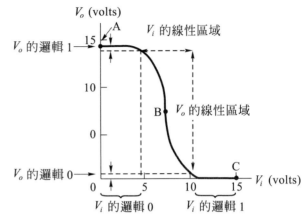

(b) $V_i - V_o$ 轉移曲線(以 V_{DD} =15V為例)

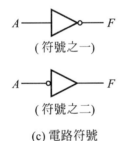

(符號之一)

(符號之二)

(c) 電路符號

輸入	輸出
A	F
0	1
1	0

(d) 真值表

▲ 圖 31-6 CMOS 反相器之分析

2. **CMOS 反或閘** (NOR gate)

CMOS NOR gate 是由兩個串聯的 PMOS (P_A 與 P_B) 及兩個並聯的 NMOS (N_A 與 N_B) 組成，如圖 31-7 所示。其動作情形為：

(1) 輸入 A 為「邏輯 1」時，P_A = OFF，N_A = ON。

(2) 輸入 A 為「邏輯 0」時，P_A = ON，N_A = OFF。

(3) 輸入 B 為「邏輯 1」時，P_B = OFF，N_B = ON。

(4) 輸入 B 為「邏輯 0」時，P_B = ON，N_B = OFF。

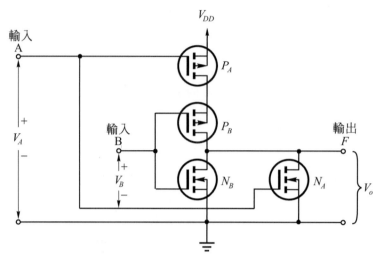

(a) COMS NOR gate之內部電路

輸入		輸出
A	B	F
0	0	1
0	1	0
1	0	0
1	1	0

(b) 眞值表

(c) NOR gate的電路符號

▲ 圖 31-7 CMOS NOR gate 的分析

　　因此僅當輸入 A 和 B 都是「邏輯 0」時，輸出才爲「1」，若有任一輸入爲「1」則輸出必爲「0」。輸入與輸出之關係如圖 31-7(b)之眞值表所示。

3. CMOS 反及閘 (NAND gate)

圖 31-8(a)為 NAND gate 之電路，是由兩個並聯的 PMOS 與兩個串聯的 NMOS 組成。此電路之動作原理簡述如下：

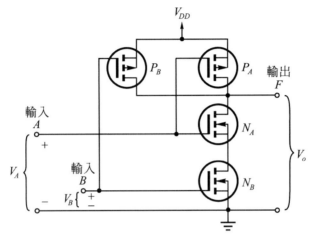

(a) CMOS NAND gate 之內部電路

輸入		輸出
A	B	F
0	0	1
0	1	1
1	0	1
1	1	0

(b) 真值表

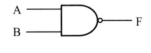

(c) NAND gate 的電路符號

▲ 圖 31-8　CMOS NAND gate 的分析

(1) 當輸入 A 或 B 有任一者為「邏輯 0」時，PMOS (P_A 或 P_B) 將導通而 NMOS (N_A 或 N_B) 會截止，結果 V_{DD} 會經 P_A 或 P_B 送至輸出端，使 V_o 為「邏輯 1」之狀態。

(2) 僅當輸入 A 及 B 同時為「邏輯 1」時，N_A 與 N_B 皆為 ON 而 P_A 與 P_B 皆為 OFF，輸出才為「邏輯 0」之狀態。

相關知識之三：CMOS 數位 IC 之電氣特性

目前 CMOS 數位 IC 大致可分為 RCA、Motorola 及 NS 三大系列產品，其他各公司依照上述產品所生產而具有互換性者稱為第二來源，詳見表 31-1。

▼ 表 31-1

最初來源	第二來源		
RCA　CD 4000 系列	Motorola	MC	14000 系列
	T I	TP	4000 系列
	Solitron	CM	4000 系列
	Solid State Scientific	SLC	4000 系列
	Harris Semiconductor	H D	4000 系列
	Fairchild	F	34000 系列
	Toshiba	TC	4000 系列
	N EC	μPD	4000 系列
Motorola　MC 14500 系列	RCA	CD	4500 系列
	T I	TP	4500 系列
	Solid State Scientific	SLC	4500 系列
	Harris Semiconductor	H D	4500 系列
	Fairchild	F	34500 系列
	Toshiba	TC	4500 系列
	N EC	μPD	4500 系列
NS　MM54C00/74C00 系列	Harris Semiconductor	H D	74C00 系列
	Toshiba	TC	74HC00 系列
	Teledyne	M M	74C00 系列

茲將 CMOS 數位 IC 之電氣特性說明如下：

(1) 電源：可工作於 3～15V。標示 V_{DD} 者接電源的正端，標示 V_{SS} 者接電源的負端。

(2) 輸入電壓：邏輯 1 $\Rightarrow$ V_{DD} 的 70%以上。 （即 $V_{IH} = V_{DD} \times 0.7$）

邏輯 0 $\Rightarrow$ V_{DD} 的 30%以下。 （即 $V_{IL} = V_{DD} \times 0.3$）

(3) 輸出電壓：邏輯 1 ⇒ 約等於 V_{DD}。　(即 $V_{OH} = V_{DD}$)

　　　　　　邏輯 0 ⇒ 約等於 0V (V_{SS})　。　(即 $V_{OL} = 0$ 伏特)

(4) 雜訊免疫力：CMOS 數位 IC 的雜訊免疫力高達電源電壓的 30%。換句話說，當電路受到 $V_{DD} \times 30\%$ 的雜訊干擾時，仍保證電路能正常工作，絕對不至於造成錯誤的工作狀況。

(5) 扇出能力大於 50。

(6) 輸入阻抗不低於 10^{12} Ω，因此幾乎不需輸入電流。

(7) 為免 IC 內部的 MOSFET 遭受靜電破壞，於各輸入端加有保護電路。

(8) 消耗功率極小，每個閘的消耗功率僅 0.5μW 以下。

相關知識之四：CMOS 與 TTL 特性之比較

　　若是說「任何事，只要 TTL 能做的，CMOS 不但都能做而且可以做得更好」 或許會引起爭辯，但是看完下述比較後，您當會作個明智的抉擇，而選用合適的 IC 來使用。今比較如下：

(1) CMOS 的電源範圍很廣：3～15V 皆可。

　　TTL 的電源：5V ± 5%。

(2) CMOS 的扇出能力：大於 50。

　　標準型 TTL 的扇出能力：10。

(3) CMOS 在工作中不會有瞬間大電流，因此不會在電路上產生雜訊。

(4) 雜訊免疫力：CMOS 高達電源電壓的 30%，TTL 只有 0.3 伏特。

(5) CMOS 的消耗功率只有 TTL 的 $\dfrac{1}{1000}$。一個小電池就可使電子錶工作一年以上。

(6) CMOS 的輸入阻抗近乎無限大，幾乎不需輸入電流，因此比 TTL 更適於做各種自動控制電路。

(7) CMOS 除了可作邏輯電路外，尚可作線性放大，功能較多。

(8) 註：目前市面上的書籍都記載「CMOS 只能工作於數 MHz 而 TTL 能工作於數 10MHz，在高速電路的應用上 CMOS 要略遜一籌」，其實廠商於 1981 年推出的高速 CMOS 族類 (編號 74HCXX 及 54HCXX，H 表示 high speed，C 表示 CMOS)

已可完全取代 TTL 的 54XX 及 74XX 系列。只是因爲在一般電機自動控制上使用傳統的 4000 系列及 4500 系列已可應付自如，故較少人採用 54HC/74HC 系列的 CMOS。

　　總之，TTL 是有良好根基的標準工業產品，但 CMOS 卻爲後起之秀，其發展無可限量，本書爲求實用上的普遍化，故兩者均予以介紹，讀者們在實驗中自會發現其優劣點而擇用之。

相關知識之五：CMOS 與其他元件之介面

　　將一個元件的輸出與其他元件作適當的連接，使電路能適當的工作，稱爲介面 (interface)。本節將討論一些有用的技巧，使 CMOS 裝置可與其他元件配合使用。

1.　CMOS 至 CMOS 介面

　　CMOS 之邏輯準位如圖 31-9 所示，由於 CMOS 幾乎不需輸入電流，故廠商保證 CMOS 之扇出能力大於 50。我們在應用上可毫無顧忌的將前一級的輸出端直接與下一級的輸入端相接。

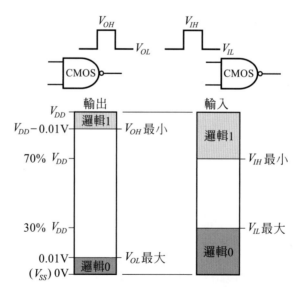

▲ 圖 31-9　CMOS 裝置之輸入與輸出邏輯準位特性

2. CMOS 至 TTL 介面

當 CMOS 與 TTL 同樣使用 5V 電源時，其邏輯準位如圖 31-10 所示。照其電壓準位判斷，CMOS 的輸出端只要直接連接至 TTL 的輸入端即可，但因 CMOS 之輸出電壓會隨輸出電流而變，如圖 31-11 所示，爲確保 CMOS 的輸出爲低態時，輸出電壓低於 0.4V，故需如圖 31-12(a)所示於 CMOS 的輸出端並聯一個 1kΩ 的電阻器以幫助吸收 54/74 系列 TTL 的 I_{IL}。由於 54LS/74LS 系列 TTL 之 I_{IL} 較小，所以如圖 31-12(b)所示將 CMOS 的輸出端直接接至 54LS/74LS TTL 之輸入端即可。

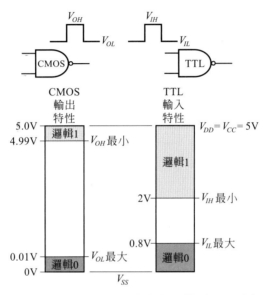

▲ 圖 31-10　CMOS 之輸出特性與標準型 TTL 之輸入特性

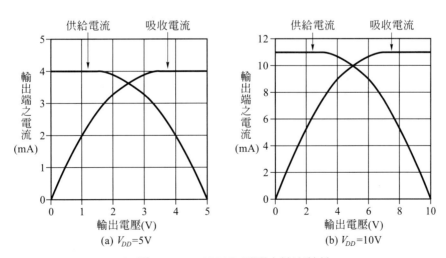

▲ 圖 31-11　4000B 系列之輸出特性

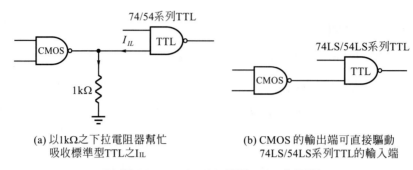

(a) 以1kΩ之下拉電阻器幫忙　　　　　(b) CMOS 的輸出端可直接驅動
　　吸收標準型TTL之I_{IL}　　　　　　　74LS/54LS系列TTL的輸入端

▲ 圖 31-12　CMOS 驅動 TTL 之電路

3. TTL 至 CMOS 介面

　　當 TTL 與 CMOS 同樣使用 5V 電源時，其邏輯準位如圖 31-13 所示。很顯然的，TTL 的 V_{OH} 無法滿足 CMOS 的 V_{IH} 之需求，欲克服此種邏輯準位不相容的情形，只要使用一個上拉電阻器如圖 31-14 所示接於 TTL 的輸出端與 $+V_{CC}$ 之間即可。

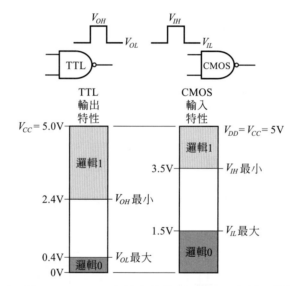

▲ 圖 31-13　TTL 之輸出特性與 CMOS 之輸入特性

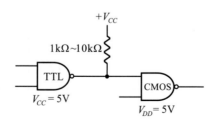

▲ 圖 31-14　電源電壓相等時，可使用 1kΩ～10kΩ 之上拉電阻器為介面連接 TTL 至 CMOS

假如 CMOS 的電源 $V_{DD} \neq 5V$，則可如圖 31-15 所示使用 *NPN* 電晶體爲介面，或如圖 31-16 所示以開集閘(open collector)爲介面。

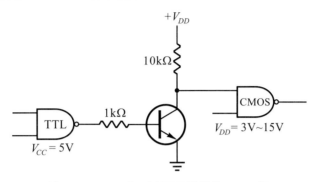

▲ 圖 31-15　當 $V_{DD} \neq V_{CC}$ 時，以電晶體做爲 TTL 與 CMOS 之介面

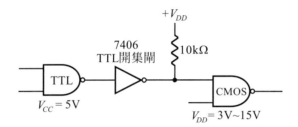

▲ 圖 31-16　當 $V_{DD} \neq V_{CC}$ 時，以 TTL 開集閘做爲 TTL 與 CMOS 之介面

4. 以電晶體作爲介面元件

當外界電路之電壓準位與 CMOS 不合時，可使用電晶體作爲介面元件，而達成良好的動作。請參考圖 31-17。

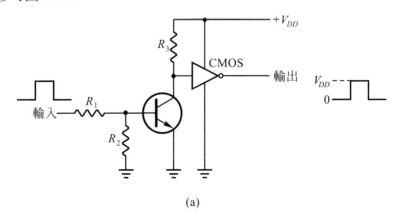

(a)

▲ 圖 31-17　以電晶體作爲其他電路與 CMOS 間之介面

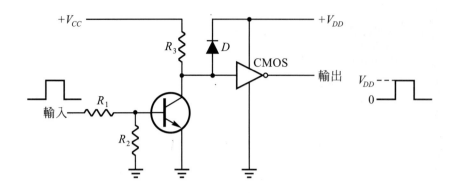

(b) $V_{CC} > V_{DD}$ 時，R_3 與D組成的截波電路可保護CMOS

▲ 圖 31-17 以電晶體作為其他電路與 CMOS 間之介面 (續)

5. 以光耦合器作為介面元件

　　一般的光耦合器(photo coupler)如圖
31-18(a)所示，是把發光二極體 LED 和光電
晶體裝在同一容器中而成。LED 是光耦合
器的輸入，光電晶體是光耦合器的輸出，
當 LED 發亮時，會把光投射在光電晶體
上，而使光電晶體成為導電狀態。光耦合
器的最大特點是輸入側與輸出側完全絕
緣。圖 31-18(b)是光耦合器的使用例。

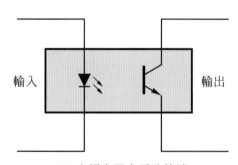

(a) 光耦合器之電路符號

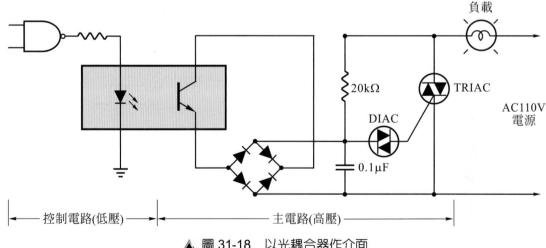

▲ 圖 31-18 以光耦合器作介面

6. 以 CMOS 驅動負載

　　CMOS 驅動負載之方法簡要說明如下：

圖 31-19 ── V_{DD} < 10 伏特時，B 系列 CMOS (例如 CD4011B) 可直接驅動 LED。

圖 31-20 ── V_{DD} > 10 伏特時需串聯一個電阻器以限制 CMOS 輸出端之電流。

圖 31-21 ── 以電晶體為介面驅動大功率負載。

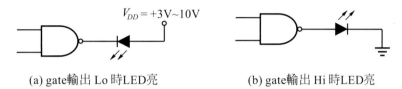

(a) gate輸出 Lo 時LED亮　　　　　　(b) gate輸出 Hi 時LED亮

▲ 圖 31-19　V_{DD} 小於 10 伏特時，可直接驅動 LED

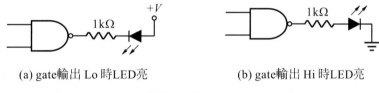

(a) gate輸出 Lo 時LED亮　　　　　　(b) gate輸出 Hi 時LED亮

▲ 圖 31-20　V_{DD} 大於 10 伏特時，LED 需串聯電阻器

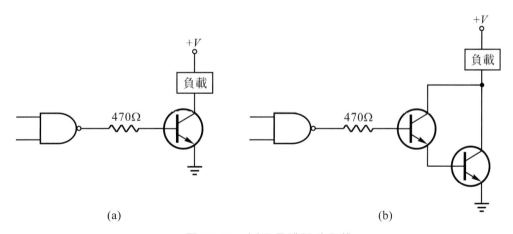

(a)　　　　　　　　　　　　　　(b)

▲ 圖 31-21　以電晶體驅動負載

相關知識之六：實習前應有的認識

(1) CMOS 的電源由 3V～15V 皆可。但以 5V～12V 為佳。

(2) CMOS IC 應先接妥電路再加上電源，不可先接上電源再將 IC 插入 (或拔離) 麵包板或 IC 座。

(3) 任何輸入電壓絕不可超過電源的 V_{DD} 端，亦不可低於電源的 V_{SS} 端。

(4) CMOS IC 在電路上不用之輸入端絕對不可空接，必須接至 V_{DD} 或 V_{SS}，以免受雜訊干擾而造成錯誤的輸出。

(5) 電源 OFF 時，輸入端不要加上任何電壓，以免 CMOS IC 損毀。

(6) 基本閘的電源接腳可參考圖 31-22。

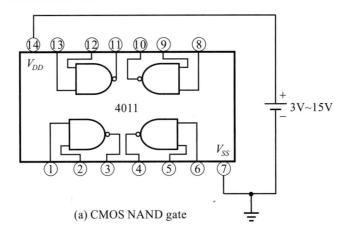

(a) CMOS NAND gate

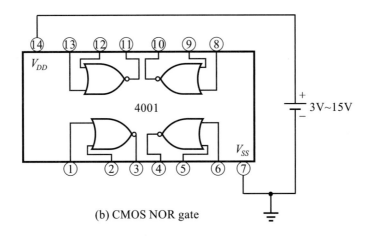

(b) CMOS NOR gate

▲ 圖 31-22　基本閘的接腳圖

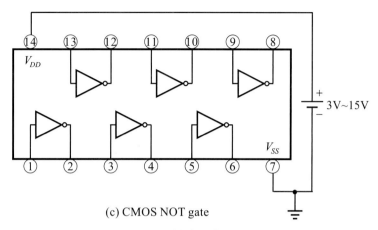

(c) CMOS NOT gate

▲ 圖 31-22　基本閘的接腳圖 (續)

(7)　CMOS 有傳統式的 A 系列 (例如 CD4001A) 與改良的 B 系列 (例如 CD4001B) 兩種。A 系列的電源為 3V～15V，B 系列則為 3V～18V。另外，B 系列由於輸出端加有緩衝器，所以輸出能力強，反應速度快，如圖 31-23 及圖 31-24 所示。B 系列之價格雖比 A 系列稍昂貴，但特性甚優，故工業控制多選用 B 系列 IC。

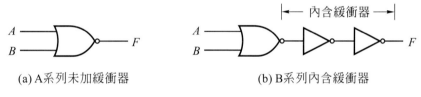

(a) A系列未加緩衝器　　　　　　　(b) B系列內含緩衝器

▲ 圖 31-23　CMOS 之兩種系列

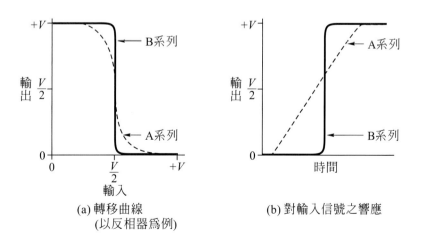

(a) 轉移曲線
(以反相器為例)

(b) 對輸入信號之響應

▲ 圖 31-24　A 系列與 B 系列 CMOS 特性之比較

(8) 免銲萬用電路板 (麵包板) 之使用要領：

① 千萬不可將過粗之導線或零件腳插進免銲萬用電路板。

② 彎折的導線在插進免銲萬用電路板之前應先用尖嘴鉗將其弄直。

③ 妥善安排零件之位置，使連接線愈短愈好。

(9) 故障檢修：

① 一般初學者最易犯的毛病是把 IC 的接腳弄錯。因此，電路無法正常工作時，請先核對一下 IC 的接腳。

② 品質不良的免銲萬用電路板或 IC 座常易發生接觸不良的現象，故選購時必須注意品牌，實習中需留意 IC 的接腳是否有良好的接觸。

③ 假如 IC 發燙必須立即移走電源，並留意以下問題：

(a) 電源的正負是否反接？

(b) 電源電壓是否過高？

(c) IC 的輸出腳是否因不小心而被接地？

三、實習目的

工作一：CMOS 基本閘的特性實驗

1. CD4011B 的內部有 4 個 NAND gate 可供使用，V_{DD} 為第 14 腳，V_{SS} 為第 7 腳，可參考圖 31-22(a)。

2. 把 CD4011B 接上 5V 電源。

3. 以三用電表測量第 1 腳對地電壓 V_1 = _____ 伏特，第 2 腳對地電壓 V_2 = _____ 伏特，第 3 腳對地電壓 V_3 = _____ 伏特。

4. 以三用電表測量其他三個 NAND gate 之輸入與輸出端空著不接時之電壓值：

V_5 = _____ 伏特，V_6 = _____ 伏特，V_4 = _____ 伏特。

V_8 = _____ 伏特，V_9 = _____ 伏特，V_{10} = _____ 伏特。

V_{12} = _____ 伏特，V_{13} = _____ 伏特，V_{11} = _____ 伏特。

以上測試值與第 3 步驟時相同嗎？　答：_____

註：以上測試因各輸入腳均空接，故輸出狀態無法確定。

5. 將各 NAND gate 之輸入端 (即第 1、2、5、6、8、9、12、13 各腳) 接地。

6. 以三用電表測量各 NAND gate 之輸出電壓。 (即分別測第 3、4、10、11 腳之對地電壓)

   $V_3 =$ _____伏特，$V_4 =$ _____伏特，$V_{10} =$ _____伏特，$V_{11} =$ _____伏特。

   各輸出電壓是否相等？　答：_____

7. 將各 NAND gate 之輸入端改接 V_{DD} (即正電源) 。

8. 以三用電表測量各 NAND gate 之輸出電壓。

   $V_3 =$ _____伏特，$V_4 =$ _____伏特，$V_{10} =$ _____伏特，$V_{11} =$ _____伏特。

   各輸出電壓是否相等？　答：_____

9. 依圖 31-25 測得輸入電流= _____μA。

   依圖 31-26 測得輸入電流= _____μA。

   由以上測試可知 CMOS 之輸入電阻很大或很小？　答：_____

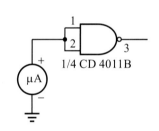

▲ 圖 31-25　測量輸入端之接地電流

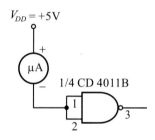

▲ 圖 31-26　測量高態輸入電流的最大值

10. 在圖 31-27 至圖 31-29 中，根據不同的輸入狀態(1 表示接 V_{DD}，0 表示接 V_{SS})，以三用電表測量其輸出狀態，填於眞值表中 (輸出電壓 $V_F > 0.7V_{DD}$ 為邏輯 1，$V_F < 0.3V_{DD}$ 為邏輯 0) 。

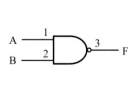

輸入		輸出	
A	B	V_F	F
0	0		
0	1		
1	0		
1	1		

(a)　　　　　　　　　(b)

▲ 圖 31-27

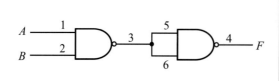

(a)

輸入		輸出	
A	B	V_F	F
0	0		
0	1		
1	0		
1	1		

(b)

▲ 圖 31-28

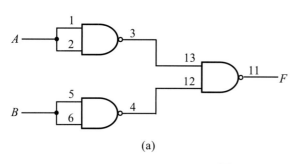

(a)

輸入		輸出	
A	B	V_F	F
0	0		
0	1		
1	0		
1	1		

(b)

▲ 圖 31-29

11. 按圖 31-30 接妥電路,輸出端的負載電阻暫不接上,輸出電壓 Ⓥ = _____ 伏特,接上負載電阻並調 1kΩ 可變電阻器使輸出電壓 Ⓥ 為電源電壓 V_{DD} 的 1/2,然後將負載電阻拆離電路,以三用電表測得此時之負載電阻值= _____ Ω,此值即為 PMOS 的輸出阻抗。

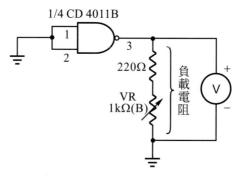

▲ 圖 31-30 測量 PMOS 的輸出阻抗

12. 按圖 31-31 接妥電路，輸出端的負載電阻暫不接上，輸出電壓 Ⓥ ＝ _____ 伏特，
接上負載電阻並調 1kΩ 可變電阻器使輸出電壓 Ⓥ 為電源電壓 V_{DD} 的 1/2，然後將負
載電阻拆離電路，用三用電表測得此時之負載電阻＝ _____ Ω，此值即為 NMOS 的
輸出阻抗。

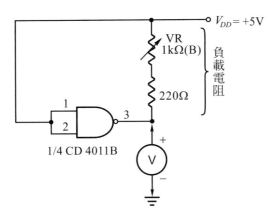

▲ 圖 31-31　測量 NMOS 的輸出阻抗

工作二：CMOS 基本閘的轉移特性曲線測繪

1. 接妥圖 31-32 之電路。V_{DD} = 5V。

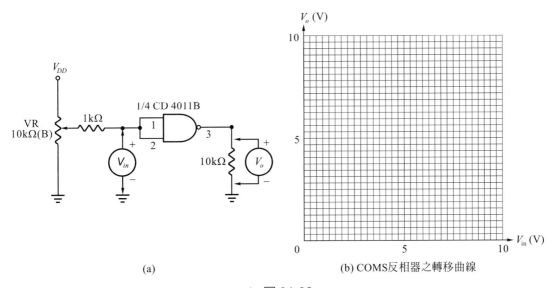

(a)

(b) COMS反相器之轉移曲線

▲ 圖 31-32

2. 轉動 10kΩ 可變電阻器使 V_{in} 的值如表 31-2 所示，並記錄相對應的 V_o 值於表 31-2 中。

▼ 表 31-2　V_{DD} = 5V 之轉移特性

V_{in}	0V	1V	1.5V	1.8V	2V	2.2V	2.4V	2.5V	2.6V	2.8V	3V	3.5V	4V	4.5V	5V
V_o															

3. 將表 31-2 的 V_{in} - V_o 值以藍筆繪於圖 31-32(b)中，獲得 V_{DD} = 5V 的 V_{in} - V_o 轉移特性曲線。

4. 將圖 31-32(a)的 V_{DD} 值改為 10V，然後轉動 10kΩ 可變電阻器使 V_{in} 的值如表 31-3 所示，並記錄相對應的 V_o 值於表 31-3 中。

▼ 表 31-3　V_{DD} = 10V 之轉移特性

V_{in}	0V	1V	2V	3V	4V	4.5V	4.8V	5V	5.2V	5.5V	6V	7V	8V	9V	10V
V_o															

5. 將表 31-3 的 V_{in} - V_o 值以紅筆繪於圖 31-32(b)中，獲得 V_{DD} = 10V 的 V_{in} - V_o 轉移特性曲線。

6. 依圖 31-33 接妥電路。加上電源 V_{DD} = 5V 後測得 V_T = _____ 伏特。

　　註：①如圖 31-33 接線時，$V_{in} = V_o = V_T$，此電壓值稱為臨界電壓。

　　　　②因 $V_{in} = V_o$ 時，PMOS 與 NMOS 同時導電，故消耗電流較大。

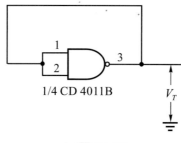

1/4 CD 4011B

▲ 圖 31-33

工作三：介面電路實驗

1. 接妥圖 31-34(a)之電路，電源 $V_{DD} = V_{CC} = 5V$，以三用電表測量 V_F 與 V_F' 之電壓並記錄於圖 31-34(b)中。

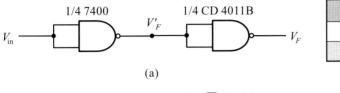 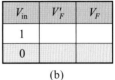

▲ 圖 31-34

2. 於圖 31-34(a)之 V_F' 處接一個 10kΩ 的電阻器至正電源，成為圖 31-35(a)，然後測量電壓並記錄於圖 31-35(b)中。

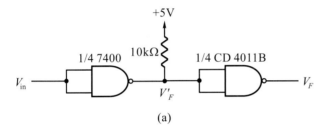

▲ 圖 31-35

3. 接妥圖 31-36(a)之電路，電源 $V_{DD} = V_{CC} = 5V$，並以三用電表分別測量 V_F' 及 V_F，然後記錄在圖 31-36(b)中。

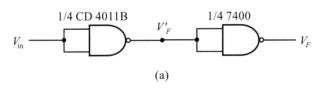

▲ 圖 31-36

4. 於圖 31-36(a)之 V_F' 處接一個 1kΩ 之電阻器至地,成為圖 31-37(a)之電路,然後測量電壓並記錄於圖 31-37(b)中。

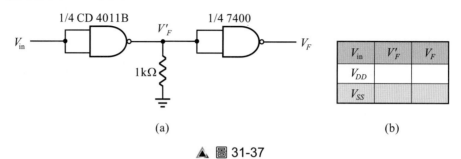

| | (a) | | | (b) | |

▲ 圖 31-37

5. 接妥圖 31-38(a)之電路,二極體用 1N4001~1N4007 皆可,然後以三用電表分別測量 V_F' 及 V_F,並記錄在圖 31-38(b)中。

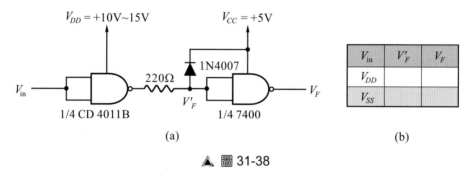

▲ 圖 31-38

工作四:以 CMOS 驅動負載

1. 接妥圖 31-39(a)之電路,電源 V_{DD} = 5V,然後把不同輸入狀態時 LED 之亮、熄填入圖 31-39(b)中。

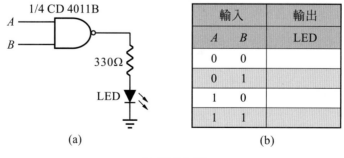

▲ 圖 31-39

2. 圖 31-39 中，LED 亮是代表 NAND gate 的輸出為 "1" 或 "0"？ 答：_____

3. 接妥圖 31-40(a)之電路，電源 V_{DD} = 5V，然後把不同輸入狀態時 LED 之亮、熄填入圖 31-40(b)中。

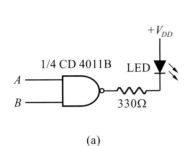

輸入		輸出
A	B	LED
0	0	
0	1	
1	0	
1	1	

(a)　　　　　　　　　　　　(b)

▲ 圖 31-40

4. 圖 31-40 中，LED 亮是代表 NAND gate 的輸出為 "1" 或 "0"？ 答：_____

四、習題

1. CMOS 數位 IC 於輸入為 Hi 或 Low 的靜止消耗功率幾乎為零，試述其原因。

2. 當電源同為 5V 的情形下，TTL 的雜訊免疫力為 0.3V，CMOS 的雜訊免疫力為多少伏特？

3. 4000A 與 4000B 系列數位 IC 之電源範圍各為多少？

4. CMOS 的輸入端是否可以空接？何故？

5. CMOS 的輸入阻抗大或小？所需之輸入電流大或小？

6. 圖 31-38(a)中之二極體有何作用？

基本閘的應用

一、實習目的

1. 利用本實習更進一步瞭解基本閘之特性。

2. 熟悉電機自動控制中常用之基本電路。

3. 進一步瞭解 TTL 與 CMOS 基本閘在使用上之差異。

二、相關知識

1. 史密特電路

史密特電路能將含有較大雜訊或上升較緩之輸入信號銳化,因此在自動控制中用途非常廣泛。

基本閘若以電阻器作適量的正回授,即能產生遲滯現象,而成為史密特電路。圖 32-1即為典型的史密特電路。

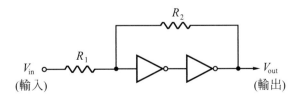

▲ 圖 32-1　史密特電路

1-1 CMOS 史密特電路

圖 32-1 之史密特電路若以 CMOS 閘接成，則動作情形如下所述：

(1) 當 V_{in} 使 V_A 小於 CMOS 基本閘的轉態電壓 $V_T = \dfrac{V_{DD}}{2}$ 時，輸出端的電壓 $V_{out} = V_{OL} \doteqdot 0V$，

如圖 32-2(a)所示。

此時 $V_A = V_{in} \times \dfrac{R_2}{R_1 + R_2}$

亦即 $V_{in} = V_A \times \dfrac{R_1 + R_2}{R_2}$

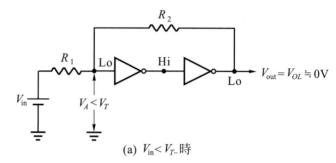

(a) $V_{in} < V_{T-}$ 時

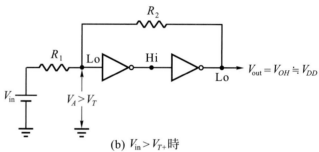

(b) $V_{in} > V_{T+}$ 時

▲ 圖 32-2 史密特電路之動作情形

若欲使史密特電路由圖 32-2(a)轉變為圖 32-2(b)之狀態，則必須令 V_A 大於 CMOS 基本閘的轉態電壓 $V_T = \dfrac{V_{DD}}{2}$。換句話說，當 $V_{in} > V_T \times \dfrac{R_1 + R_2}{R_2} = \dfrac{V_{DD}}{2} \times \dfrac{R_1 + R_2}{R_2}$ 時，圖 32-2(a)會轉變成圖 32-2(b)，而令輸出電壓 $V_{out} = V_{OH} \doteqdot V_{DD}$，此時之 V_{in} 通常以 V_{T+} 表之，即

$$V_{T+} = \frac{V_{DD}}{2} \times \frac{R_1 + R_2}{R_2} \tag{32-1}$$

(2)利用重疊定理可求得圖 32-2(b)之

$V_A = V_{in} \times \dfrac{R_2}{R_1 + R_2} + V_{OH} \times \dfrac{R_1}{R_1 + R_2} = V_{in} \times \dfrac{R_2}{R_1 + R_2} + V_{DD} \times \dfrac{R_1}{R_1 + R_2}$

亦即 $V_{in} = \left(V_A - V_{DD} \times \dfrac{R_1}{R_1 + R_2} \right) \dfrac{R_1 + R_2}{R_2} = V_A \times \dfrac{R_1 + R_2}{R_2} - V_{DD} \times \dfrac{R_1}{R_2}$

欲使電路由圖 32-2(b)回復為圖 32-2(a)之狀態，必須令 V_A 小於 CMOS 基本閘的轉態電壓 $V_T = \dfrac{V_{DD}}{2}$ 。換句話說，當 $V_{\text{in}} < V_T \times \dfrac{R_1 + R_2}{R_2} - V_{DD} \times \dfrac{R_1}{R_2} = \dfrac{V_{DD}}{2} \times \dfrac{R_1 + R_2}{R_2} - V_{DD} \times \dfrac{R_1}{R_2} = V_{DD} \times \dfrac{R_2 - R_1}{2R_2}$ 時，電路狀態會由圖 32-2(b)轉變成圖 32-2(a)，輸出電壓回復 $V_{\text{out}} = V_{OL} \fallingdotseq$ 0V，此時之 V_{in} 通常以 V_{T-} 表之，即

$$V_{T-} = V_{DD} \times \dfrac{R_2 - R_1}{2R_2} \tag{32-2}$$

(3) 綜合上述說明，我們可以了解史密特電路之工作情形為：

①　當輸入電壓 V_{in} 小於 V_{T-} 時，輸出電壓 $V_{\text{out}} = V_{OL}$。

②　輸入電壓 V_{in} 上升至高於 V_{T+} 時，輸出電壓 V_{out} 轉變為 V_{OH}。

③　於輸入電壓再度下降至小於 V_{T-} 時，V_{out} 才再回復為 V_{OL}。

④　交流電壓輸入史密特電路時，輸入電壓 V_{in} 與輸出電壓 V_{out} 之關係如圖 32-3 所示。

⑤　V_{T+} 與 V_{T-} 之電壓差稱為「遲滯電壓」（或稱為滯壓）V_H，改變 R_2 與 R_1 的比值可以改變 V_H 的大小，請參考圖 32-4。

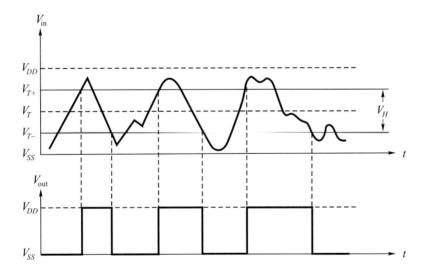

▲ 圖 32-3　史密特電路 V_{in} 與 V_{out} 之間的關係

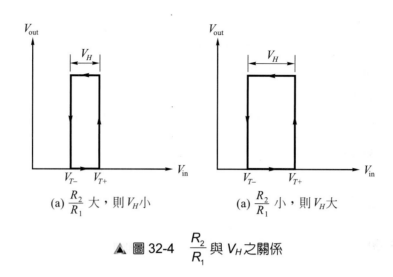

(a) $\dfrac{R_2}{R_1}$ 大，則 V_H 小 (a) $\dfrac{R_2}{R_1}$ 小，則 V_H 大

▲ 圖 32-4 $\dfrac{R_2}{R_1}$ 與 V_H 之關係

(4) 遲滯電壓 V_H 的大小常依目的之不同而加以改變。在普通用途時，$R_1 \fallingdotseq 1\text{k}\Omega \sim 10\text{k}\Omega$，$R_2 \fallingdotseq 100\text{k}\Omega \sim$ 數 MΩ。

1-2 TTL 史密特電路

用 TTL 閘組成之史密特電路與圖 32-1 完全一樣。但 TTL 於輸入「邏輯 0」時必須能流出 1.6mA，故 R_1 不得大於 470Ω，常用的電阻值為 $R_1 = 470\Omega$，$R_2 = 6.8\text{k}\Omega$。

1-3 史密特閘

CD40106 如圖 32-5 所示，是內部具有 6 個史密特反相器的 CMOS IC。當輸入電壓高於 V_{T+} 時輸出成為低態，輸入電壓低於 V_{T-} 時輸出才成為高態。$V_{DD} = 5\text{V}$ 時 $V_{T+} = 2.9\text{V}$，$V_{T-} = 2.3\text{V}$。$V_{DD} = 10\text{V}$ 時 $V_{T+} = 5.9\text{V}$，$V_{T-} = 3.9\text{V}$。

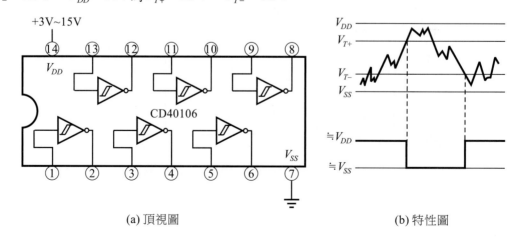

(a) 頂視圖 (b) 特性圖

▲ 圖 32-5 CD40106 具有 6 個史密特反相器

2.無穩態多諧振盪器

2-1　TTL 無穩態多諧振盪器

　　TTL 反相器的轉移曲線如圖 32-6 所示，當 $V_{in} < 0.8V$ 時輸出為 Hi，於 $V_{in} > 2.0V$ 時輸出為 Lo，一般的邏輯電路為了確保輸出的電壓是明確的高態 (Hi) 或低態 (Lo)，在使用時都避免工作於「線性區域」，但在某些特殊的場合，卻刻意的使用線性區域，我們現在要說明的無穩態多諧振盪器即為一例。

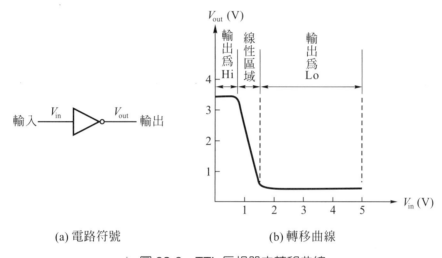

(a) 電路符號　　　　　　　　　　　(b) 轉移曲線

▲ 圖 32-6　TTL 反相器之轉移曲線

　　如圖 32-7 所示，在反相器的輸出端與輸入端之間接一個適當大小的電阻器 R (大約等於 1kΩ)，即可令反相器獲得適當的偏壓而成為反相放大器。圖 32-8 所示之 TTL 無穩態多諧振盪器即是在兩個 TTL 反相放大器之間接上電容器 C 構成正回授而形成無穩態多諧振盪器。

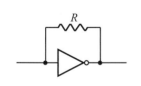

▲ 圖 32-7　TTL 反相放大器

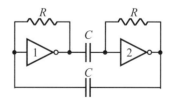

▲ 圖 32-8　TTL 無穩態多諧振盪器之基本電路

　　由於電阻器 R 若用的過大或過小均無法令反相器工作於轉移曲線的線性區域，因此 R 值無法隨意更改，欲改變 TTL 無穩態多諧振盪器的振盪頻率，只能改變電容量 C。

　　在實際的電路中，為避免振盪電路受到負載的影響，多如圖 32-9(a)所示以 Gate 3 做為緩衝級後才輸出，各點之波形請見圖 32-9(c)。由圖 32-9(c)可看出經 Gate 3 緩衝後才輸出，可使輸出波形的 Hi-Lo 更為明確 (請比較第④點和第⑤點之波形) 而獲得良好的方波。

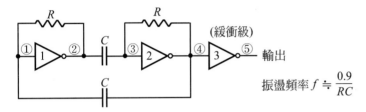

(a) 以TTL反相器組成之無穩態多諧振盪器

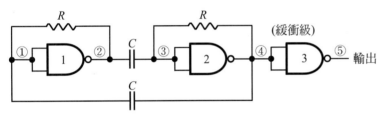

(b) 用TTL NAND閘組成之無穩態多諧振盪器

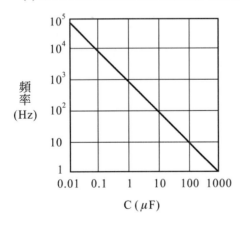

【註】振盪頻率 $f \doteqdot \dfrac{0.9}{RC}$

(d) $R=1\text{k}\Omega$ 時振盪頻率與電容量的關係

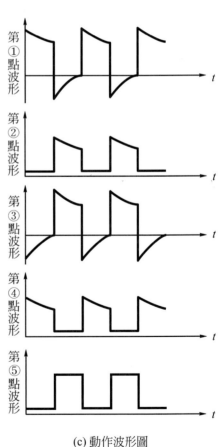

(c) 動作波形圖

▲ 圖 32-9　TTL 無穩態多諧振盪器之實用電路

　　TTL 無穩態多諧振盪器的另一種常見形式如圖 32-9(b)所示，是把 NAND 閘的輸入端接在一起而當作反相器用。

2-2　CMOS 無穩態多諧振盪器

　　CMOS 無穩態多諧振盪器之基本電路如圖 32-10 所示，其工作原理如下所述：

(1) 若電源剛 ON 之瞬間②為 Low，則③為 Hi，此時 R 兩端之電壓 V_R 使①為 Hi，如圖 32-11(a)所示。

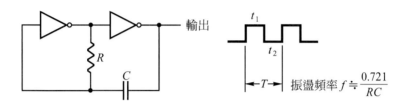

▲ 圖 32-10　CMOS 無穩態多諧振盪器之基本電路

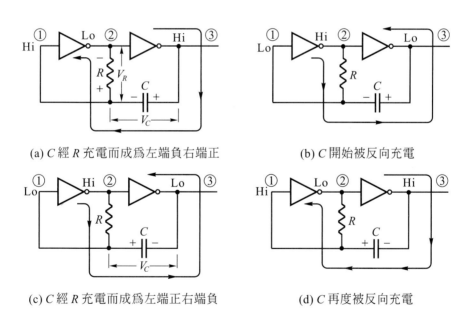

(a) C 經 R 充電而成為左端負右端正

(b) C 開始被反向充電

(c) C 經 R 充電而成為左端正右端負

(d) C 再度被反向充電

▲ 圖 32-11　CMOS 無穩態多諧振盪器之動作說明

(2) V_C 因充電而逐漸增大時，V_R 將逐漸減小，當 $V_R < V_T$ (4000B 系列之臨界電壓 $V_T \fallingdotseq \dfrac{V_{DD}}{2}$)

時，①變成 Low，②轉為 Hi，③變成 Low，電容器經 R 而反向充電，如圖 32-11(b)所示。

(3) 當 C 被充電而成為圖 32-11(c)所示之極性，且 $V_C > V_T$ 時，①變成 Hi，②轉為 Low，③成為 Hi。此時之電流路徑如圖 32-11(d)所示，C 再度被反向充電。

(4) 當 C 被反向充電而成為圖 32-11(a)所示之極性，且 $V_R < V_T$ 時，情形又如第(2)步驟所述。

(5) 圖 32-11(a) → (b) → (c) → (d) → (a) → (b) →……週而復始不斷的循環即能不停的輸出方波。

(6) 各點之電壓波形如圖 32-12 所示。

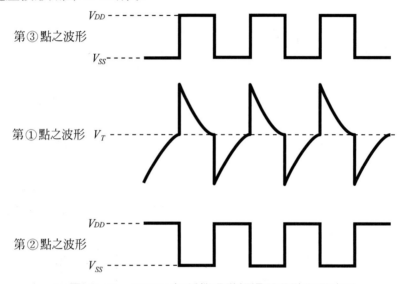

▲ 圖 32-12　CMOS 無穩態多諧振盪器各點電壓波形

目前的 CMOS IC 為免輸入閘損壞，輸入端加有如圖 32-13 所示之輸入保護電路，以致於振盪頻率會因電源電壓變化而改變，為減少振盪頻率對電源電壓之敏感，實用的電路另加一電阻 R_S，如圖 32-14 所示。通常 R_S 為 R 值的 2 至 10 倍。

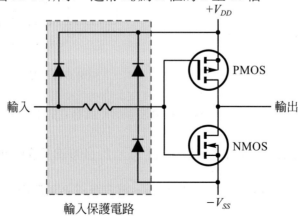

▲ 圖 32-13　CMOS 內部具有輸入保護電路

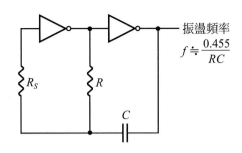

振盪頻率
$f \doteqdot \dfrac{0.455}{RC}$

▲ 圖 32-14 CMOS 無穩態多諧振盪器之實用電路

欲令 CMOS 無穩態多諧振盪器有極優良的特性，需遵守下列原則：

(1) $R = 5\text{k}\Omega \sim 1\text{M}\Omega$

(2) $C > 100\text{pF}$

(3) $R_S = R \times (2 \sim 10)$

(4) 電源 $= 4.5\text{V} \sim 15\text{V}$

(5) 最好使用 B 系列 IC，而避免採用 A 系列 IC。

NOR 閘或 NAND 閘都可接成 NOT 閘用，因此 CMOS 無穩態多諧振盪器可使用圖 32-15 之電路。

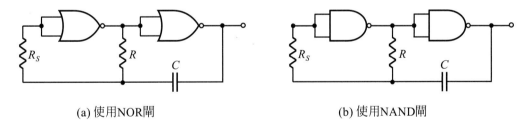

(a) 使用NOR閘   (b) 使用NAND閘

▲ 圖 32-15 CMOS 無穩態多諧振盪器之其他形式

2-3 以史密特閘組成的無穩態多諧振盪器

使用史密特閘可組成最精簡的無穩態多諧振盪器，如圖 32-16 所示。輸出頻率可由下式決定

$$f = \dfrac{1}{RC\ln\left[\dfrac{(V_{T+})(V_{DD} - V_{T-})}{(V_{T-})(V_{DD} - V_{T+})}\right]} \text{(Hz)} \tag{32-3}$$

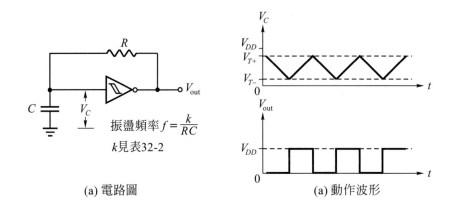

振盪頻率 $f = \dfrac{k}{RC}$

k見表32-2

(a) 電路圖　　　　　　　　　　(a) 動作波形

▲ 圖 32-16　以史密特閘組成的無穩態多諧振盪器

　　由於史密特閘的臨界電壓隨電源電壓而變，因此，將不同廠商製造的史密特閘之特性列於表 32-1 以供參考。請注意，史密特閘之編號即使相同 (例如 40106)，如製造廠商不同，其臨界電壓亦不同。

▼ 表 32-1　CMOS 史密特閘之臨界電壓

IC 編號與製造商	V_{DD}	V_{T-}	V_{T+}
74C14 (National Semiconductor)	5	1.4	3.6
	10	3.2	6.8
40106 (RCA)	5	1.9	2.9
	10	3.9	5.9
40106 (National Semiconductor)	5	1.4	3.6
	10	3.2	6.8
MC14584 (Motorola)	5	2.3	2.9
	10	3.9	5.9

　　茲將圖 32-16 之動作原理說明如下：

(1) 電源剛 ON 時，電容器 C 尚未充電，故 V_C 為 Lo，V_{out} 為 Hi，於是 V_{out} 通過 R 向 C 充電，如圖 32-17(a)所示。

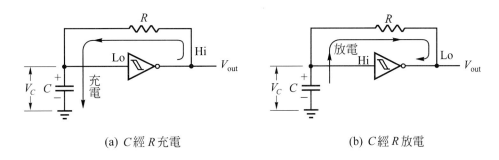

(a) C 經 R 充電　　　　　　　　　　　(b) C 經 R 放電

▲ 圖 32-17　以史密特閘組成的無穩態多諧振盪器之動作原理

(2) 待 C 兩端之電壓上升至 V_{T+} 時，史密特閘之輸出 V_{out} 轉爲低態。

(3) V_{out} 爲低態，故 C 通過 R 放電，於是 V_C 逐漸降低，如圖 32-17(b)所示。

(4) 當 V_C 低於 V_{T-} 時，史密特閘之輸出轉爲高態。V_{out} 轉爲高態後又通過 R 向 C 充電，如圖 32-17(a)所示。

(5) 第(2)～第(4)步驟周而復始，即能不斷輸出方波。

(6) 爲便於計算，圖 32-16 之振盪頻率可簡化爲

$$f = \frac{k}{RC} \tag{32-4}$$

式中之 k 值可查表 32-2。

▼ 表 32-2　計算頻率之 k 值

IC 編號與製造商	電源電壓	
	5V	10V
74C14 (National Semiconductor)	0.529	0.663
40106 (RCA)	1.231	1.233
40106 (National Semiconductor)	0.529	0.663
MC14584 (Motorola)	2.070	1.233

3. **單穩態電路**

　　單穩態電路具有一穩定狀態，被脈波觸發時電路在一固定的時間內有相反的狀態輸出，而經過一段時間後即恢復原來的狀態。單穩態電路亦被稱爲單擊電路，常被應用在定時電路。

以 CMOS 基本閘製作定時電路，是 CMOS 的專長之一。而 TTL 基本閘因為需要輸入電流，故無法勝任。

圖 32-18 是以 2 輸入 NOR 閘 (例如 4001) 所接成之單穩態電路。無論所輸入觸發脈波寬度如何，輸出高態的時間均為 $T = 0.693RC$ 秒。注意，本電路是在輸入脈波的正緣被觸發。

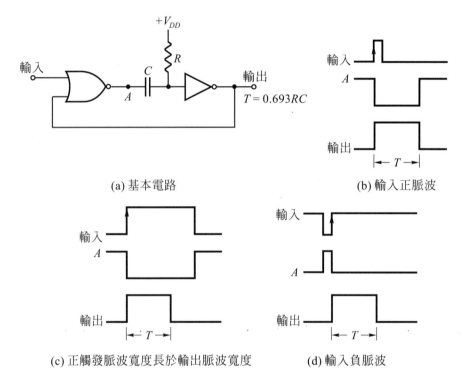

(a) 基本電路

(b) 輸入正脈波

(c) 正觸發脈波寬度長於輸出脈波寬度

(d) 輸入負脈波

▲ 圖 32-18　使用 2 輸入 NOR 閘之單穩態多諧振盪器

圖 32-19 是使用 2 輸入 NAND 閘 (例如 4011) 所接成之單穩態電路。無論輸入觸發脈波寬度如何，輸出低態的時間均為 $T = 0.693RC$ 秒。注意，本電路是在輸入脈波的負緣被觸發。

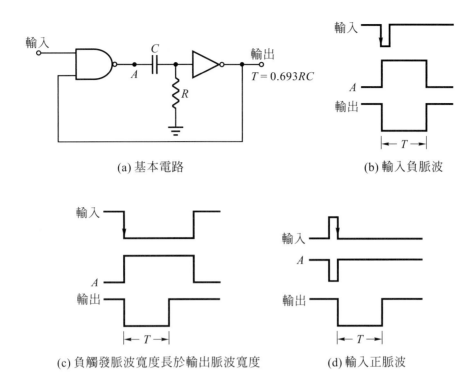

(a) 基本電路　　　　　　　(b) 輸入負脈波

(c) 負觸發脈波寬度長於輸出脈波寬度　　　　　(d) 輸入正脈波

▲ 圖 32-19　使用 2 輸入 NAND 閘之單穩態多諧振盪器

圖 32-18 與圖 32-19 中所用之反相器與二輸入接在一起之 NOR 閘或 NAND 閘等效，如圖 32-20 所示。因此圖 32-18 中之反相器通常用另一 NOR 閘代替，而圖 32-19 中之反相器通常用另一 NAND 閘代替。

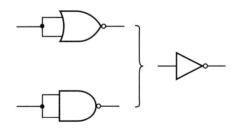

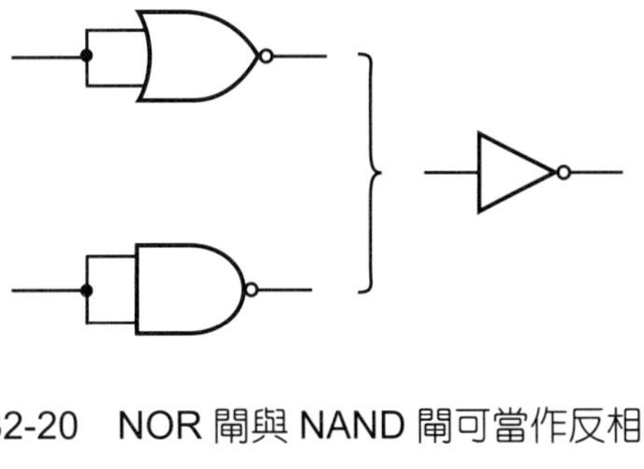

▲ 圖 32-20　NOR 閘與 NAND 閘可當作反相器使用

4. 雙穩態電路

雙穩態電路是以兩個反相器相互交連而成。於自動控制中擔任記憶 (自保持) 、消除接點反彈跳等用途。

雙穩態之基本電路如圖 32-21(a)所示。茲說明如下：

(1) 當壓下 PB_1 時，① = Lo　② = Hi　③ = Lo，故輸出為 Lo (輸出等於「邏輯 0」)。
放開 PB_1 後，輸出保持 Lo。

(2) 當壓下 PB_2 時，② = Lo　③ = Hi　① = Hi，故輸出為 Hi (輸出等於「邏輯 1」)。
放開 PB_2 後，輸出保持 Hi。

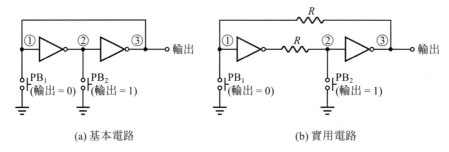

(a) 基本電路　　　　　　　　　　(b) 實用電路

▲ 圖 32-21　雙穩態電路

雖然基本閘可以忍受輸出端被短路到地，但是輸出端被短路到地會在電源上造成突波干擾其他電路，因此實用的電路如圖 32-21(b)所示，在各輸出端均串入一限流電阻器 R，以減小輸出端之短路電流。

TTL 時，$R = 220\Omega \sim 470\Omega$；CMOS 時，$R = 1k\Omega \sim 100k\Omega$。

三、實習項目

工作一：史密特電路之基本實驗

1. 接妥圖 32-22 之電路。圖中之 NAND gate (CD4011B)是當做 NOT gate 用。

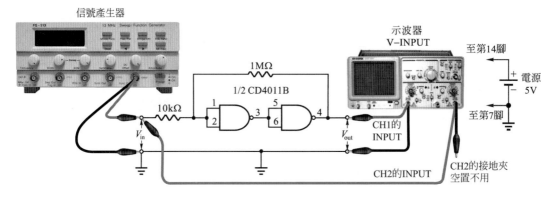

▲ 圖 32-22　史密特電路之基本實驗

2. 信號產生器調至 1kHz 正弦波，並逐漸增加信號產生器之輸出電壓，使示波器出現矩形波或方波。

3. 以雙軌跡示波器同時觀察 V_{in} 及 V_{out} 波形，並把史密特電路之波形繪於圖 32-23 中。

   註：示波器的選擇開關需置於 DC 之位置。

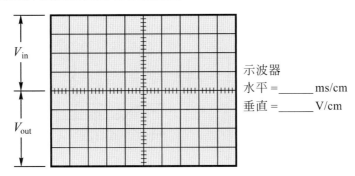

   示波器
   水平 =_____ ms/cm
   垂直 =_____ V/cm

▲ 圖 32-23 史密特電路之動作波形

工作二：無穩態多諧振盪器實驗

1. 以 CD4011B 接妥圖 32-24 之電路。

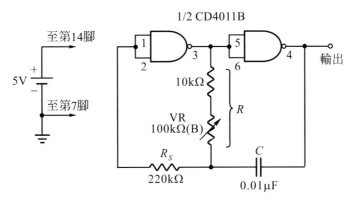

▲ 圖 32-24 CMOS 無穩態多諧振盪器

2. 以示波器觀察輸出波形。

   註：示波器的選擇開關需置於 DC 之位置。

3. 輸出是否為方波？ 答：_____

4. 轉動可變電阻器 VR 時，振盪頻率最高 = _____Hz，最低 = _____Hz。

工作三：單穩態電路實驗

1. 接妥圖 32-25 之電路，所用 IC 為 CD4001B。電源 $V_{DD} = 5V$。

註：①不要忘了把 IC 的第 14 腳和第 7 腳接上電源。

②圖中的無穩態電路作為方波信號產生器，用來供應測試單穩態電路所需之方波。

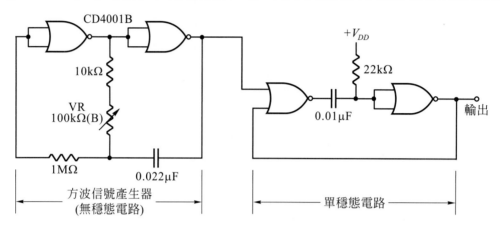

▲ 圖 32-25　單穩態電路之基本實驗

2. 以示波器觀測單穩態電路之輸出波形。

(示波器之輸入選擇開關置於 DC 之位置)

3. 輸出波形之高態寬度等於_____ms。

4. 轉動 100kΩ 可變電阻時，輸出波形之高態寬度是否維持固定不變？　答：_____

5. 接妥圖 32-26 之定時電路。

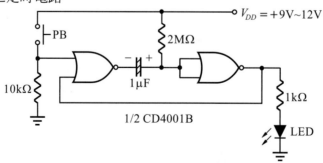

▲ 圖 32-26　定時電路

6. 按鈕 PB 每被按一次，LED 亮_____秒。

7. 若把圖中之 1μF 電容器改為 10μF，則 PB 每按一次，LED 亮_____秒。

8. LED 發亮時間是否與電容量成正比？　答：_____

工作四：雙穩態電路實驗

1. 接妥圖 32-27 之電路。圖中之 NOT gate 可以使用 CD4001B 的 NOR gate 代替，也可使用 CD4011B 之 NAND gate 代替，請參考圖 33-20。電晶體可使用 2SC1384。

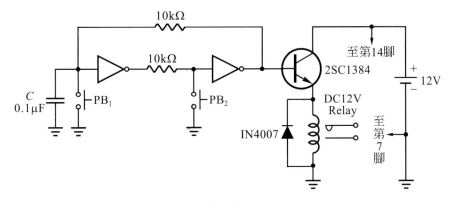

▲ 圖 32-27　雙穩態電路之基本實驗

2. 接妥後通上 DC 12V 之電源。此時繼電器吸或放？　答：_____

3. 壓下 PB₂ 時繼電器吸或放？　答：_____

4. 放開 PB₂ 後繼電器是否保持第 3 步驟時之狀態？　答：_____

5. 壓下 PB₁ 時繼電器吸或放？　答：_____

6. 放開 PB₁ 後繼電器是否保持第 5 步驟時之狀態？　答：_____

工作五：史密特閘振盪器實驗

1. 接妥圖 32-28 之電路。IC 編號為 CD40106B 或 MC14584，接腳請參考圖 32-5。

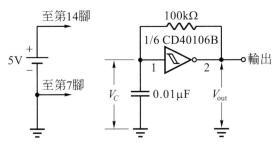

▲ 圖 32-28　史密特閘振盪器

2. 通上電源 $V_{DD} = 5V$ 後，以雙軌跡示波器同時觀察 V_C 及 V_{out} 之波形，並把波形記錄於圖 32-29 中。

   註：示波器的選擇開關置於 DC 之位置。

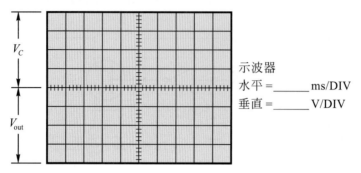

示波器
水平 = _____ ms/DIV
垂直 = _____ V/DIV

▲ 圖 32-29　史密特閘振盪器之動作波形

工作六：延遲切熄電路

1. 接妥圖 32-30 之延遲切熄電路。

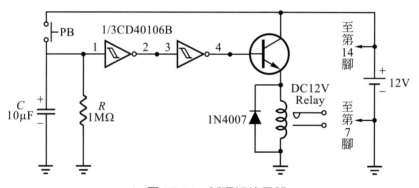

▲ 圖 32-30　延遲切熄電路

2. 通上 12V 電源。

3. 壓下按鈕 PB 時繼電器是否吸持？　答：_____

4. 放開 PB 後，隔多久繼電器才釋放？　答：_____

四、習題

1. 試修改圖 32-30，使其成為光線被遮時繼電器會吸持之電路。

2. 試修改圖 32-26，使其成為一按 PB 繼電器就會吸持 5 秒之電路。

3. 試說明圖 32-27 中，並聯於 PB_1 的電容器有何功用。

正反器的認識與應用

一、實習目的

1. 瞭解循序邏輯電路與組合邏輯電路之差異。

2. 認識各種正反器之特性。

3. 熟悉常用的 TTL 與 CMOS 正反器。

二、相關知識

1. 循序邏輯與組合邏輯

如果一個數位電路的輸出端，在任一瞬間的輸出值完全由「當時」輸入端的信號決定，則我們稱此種數位電路為組合邏輯電路，如圖 33-1(a)所示。

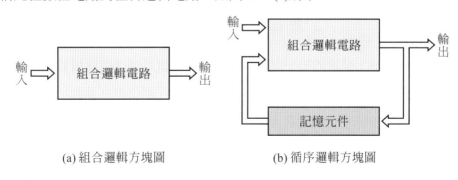

(a) 組合邏輯方塊圖　　　　　　　　(b) 循序邏輯方塊圖

▲ 圖 33-1　數位電路的概念圖

　　如果數位電路的輸出值不但與輸入的當時值有關，而且與此電路「過去」的歷史有關，則我們稱此種數位電路為循序邏輯電路，如圖 33-1(b)所示。而欲保存過去的結果，就需要有記憶元件來儲存這些資料；在循序邏輯電路中所用到的記憶元件就是本實習所要介紹的「正反器」(flip-flop；簡稱為 FF)。

　　為了讓同學們更易於瞭解「循序」邏輯與「組合」邏輯之差異，我們現在舉日常生活中常見的實例說明之：

　　圖 33-2(a)是一種只有一個轉盤的號碼鎖，圖 33-2(b)則是一種有三個轉輪排成一排的號碼鎖。鎖的輸入就是轉盤或轉輪被轉動的情形，鎖的輸出則只有「開」或「不開」兩種狀態。圖 33-2(a)之號碼鎖，其是否能打開不僅與轉盤「目前」的位置有關，而且也與轉盤「剛才」的定位順序有關，所以這種號碼鎖是屬於「循序」裝置。圖 33-2(b)之號碼鎖則只要三個轉輪都定位在正確的數目上就可以將鎖打開，而與三個轉輪定位的順序沒有關係，所以這種號碼鎖是屬於「組合」裝置。

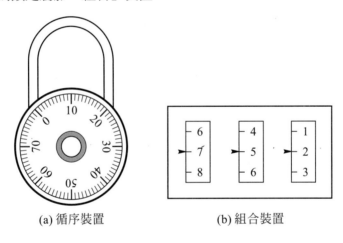

(a) 循序裝置　　　　　　　(b) 組合裝置

▲ 圖 33-2　號碼鎖的兩種型式

　　電話系統是「循序」裝置的另一個好例子。彰化的電話號碼連區域號碼共有九個數目字 (例如 047252541)，假如你現在正在撥第九個數目字，則這第九個數目字就是電話系統「現在」的輸入，而接通至目的地與否就是電話系統的輸出；很顯然的，電話是否能接通至目的地，不但與「現在」的輸入有關，而且與前面所撥的八個數字之順序有關。所以電話系統也是一種「循序」裝置。

2. 正反器之基本認識

我們已學過的各種基本閘，在輸入信號消失 (或變更) 時，輸出狀態會立即隨之改變。然而在電路中，有時卻需要在輸入信號已消失 (或變更) 時輸出狀態還保持不變之記憶裝置，在循序邏輯電路中所用之記憶元件稱為正反器 (flip-flop)。

正反器包含有一個以上的輸入端、兩個輸出端及一個以上的控制信號輸入端。兩個輸出端通常以 Q 及 $\overline{Q}$ 標之，兩者為互補關係，當 Q 為 1 時 $\overline{Q}$ 就為 0，當 Q 為 0 時 $\overline{Q}$ 就為 1。正反器的輸出狀態由輸入情形和控制信號共同決定，一旦決定之後就保持此一狀態，直到它又接到另外一個要它改變狀態的信號為止。

2-1　R - S 閂鎖器

R - S 閂鎖器 (R - S latch) 是一種最基本的正反器，其他型式的正反器都是以 R - S 閂鎖器為基礎所發展出來的。但是在市面上很難買到現成的 R - S 閂鎖器，因此在電路中 R - S 閂鎖器多以基本閘 NOR gate 或 NAND gate 組成。

圖 33-3 是使用 NOR gate 組成之 R - S 閂鎖器，茲說明如下：

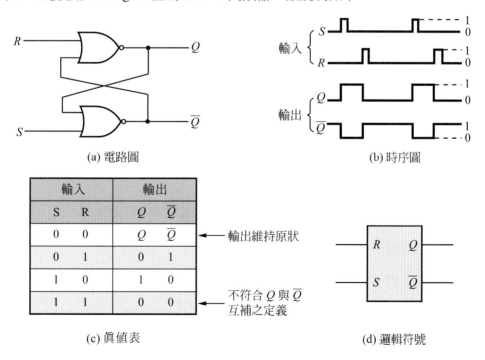

(a) 電路圖　　　　　　　　　　　(b) 時序圖

輸入		輸出	
S	R	Q	$\overline{Q}$
0	0	Q	$\overline{Q}$
0	1	0	1
1	0	1	0
1	1	0	0

← 輸出維持原狀

← 不符合 Q 與 $\overline{Q}$ 互補之定義

(c) 真值表　　　　　　　　　　　(d) 邏輯符號

▲ 圖 33-3　用兩個 NOR gate 組成之 R - S 閂鎖器

(1) 在 S 輸入端加邏輯 1 時，會令輸出端 $Q = 1$。

(2) 在 R 輸入端加 1 時，會令輸出端 $Q = 0$。

(3) S 是設定 (set) 的意思。R 是復置 (reset) 的意思。

(4) 當輸入端 R 及 S 都為 1 時，會令 $Q = \overline{Q}$，違反了 Q 與 $\overline{Q}$ 互為補數的定義。

(5) 若輸入端 R 及 S 都為 0，則輸出狀態維持原狀 (這就是正反器的記憶功能)。

(6) 邏輯符號如圖 33-3(d)所示。

圖 33-4 是以兩個 NAND gate 組成之 RS 閂鎖器。茲說明如下：

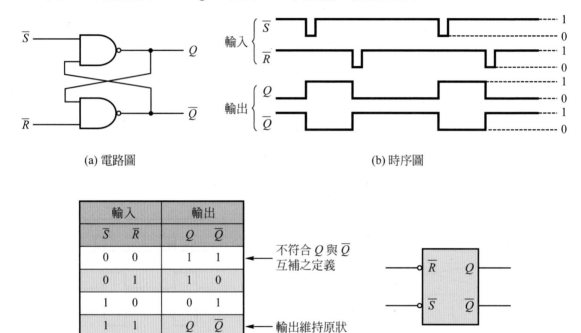

(a) 電路圖　　　　　　　　　　　　　　(b) 時序圖

輸入		輸出	
$\overline{S}$	$\overline{R}$	Q	$\overline{Q}$
0	0	1	1
0	1	1	0
1	0	0	1
1	1	Q	$\overline{Q}$

不符合 Q 與 $\overline{Q}$ 互補之定義 ←

輸出維持原狀 ←

(c) 真值表　　　　　　　　　　　　　(d) 邏輯符號

▲ 圖 33-4　以兩個 NAND gate 組成之 R-S 閂鎖器

(1) 在輸入端 $\overline{S}$ 加 0 時，會令輸出端 $Q = 1$。

(2) 在輸入端 $\overline{R}$ 加 0 時，會令輸出端 $Q = 0$。

(3) S 是設定 (set) 的意思；R 是復置 (reset) 的意思。

(4) 當輸入端 $\overline{R}$ 及 $\overline{S}$ 都為 0 時，會令兩個輸出 $Q = \overline{Q}$，違反了 Q 與 $\overline{Q}$ 互為補數的定義。

(5) 若輸入端 $\overline{R}$ 及 $\overline{S}$ 都為 1，則輸出狀態維持原狀 (這就是正反器的記憶功能)。

(6) 邏輯符號如圖 33-4(d)所示。在 $\overline{R}$ 與 $\overline{S}$ 都畫有一個小圓圈，表示它是以低態動作 (active low)。

圖 33-3 及圖 33-4 之電路，輸出狀態直接由兩個輸入端 R 和 S 決定，並沒有任何控制信號輸入端，因此人們常將其稱為「RS 閂」 (R - S latch) 而不稱為 RS 正反器，以便與具有控制信號輸入端的正反器有所區別。

2-2　JK 正反器

JK 正反器是 RS 正反器的改良型，也是用途最廣的正反器。輸入端之所以標示為 J 和 K，只是為了和 R、S 有所區別。

JK 正反器之邏輯符號及真值表如圖 33-5 及圖 33-6 所示。說明於下：

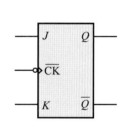

輸入			輸出	
J	K	$\overline{CK}$	Q_{n+1}	$\overline{Q}_{n+1}$
0	0	⬋	Q_n	$\overline{Q}_n$	← 輸出維持原狀
0	1	⬋	0	1
1	0	⬋	1	0
1	1	⬋	$\overline{Q}_n$	Q_n	← 輸出反轉

(a) 負緣觸發之邏輯符號　　　　　(b) 負緣觸發之真值表

▲ 圖 33-5　負緣觸發之 JK 正反器

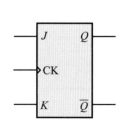

輸入			輸出	
J	K	CK	Q_{n+1}	$\overline{Q}_{n+1}$
0	0	⬈	Q_n	$\overline{Q}_n$	← 輸出維持原狀
0	1	⬈	0	1
1	0	⬈	1	0
1	1	⬈	$\overline{Q}_n$	Q_n	← 輸出反轉

(a) 正緣觸發之邏輯符號　　　　　(b) 正緣觸發之真值表

▲ 圖 33-6　正緣觸發之 JK 正反器

(1) 正反器的輸入資料在每個時序脈波 (clock) 輸入 CK 腳之後會傳送到輸出端。有的正反器是在時序脈波電壓上升時輸出，稱為正緣 (或前緣) 觸發；有的正反器是在時序脈波下降時輸出，稱為負緣 (或後緣) 觸發。

(2) 當 $J = K = 1$ 時，每個時序脈波 (clock) 輸入 CK 腳之後，會使輸出變成原來的補數。

(3) 圖 33-7 是正緣觸發型 JK 正反器的時序圖。

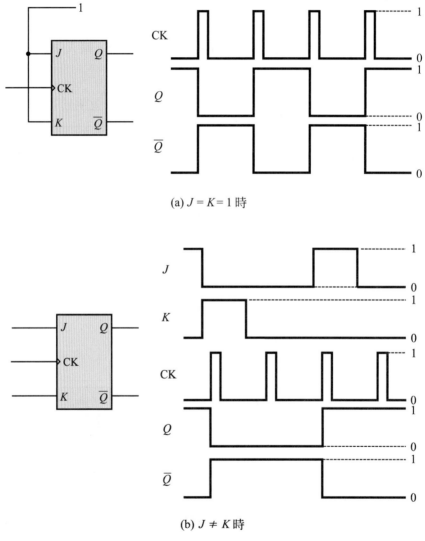

(a) $J = K = 1$ 時

(b) $J \neq K$ 時

▲ 圖 33-7　正緣觸發型 JK 正反器的時序圖

(4) 圖 33-8 是負緣觸發型 *JK* 正反器的時序圖。

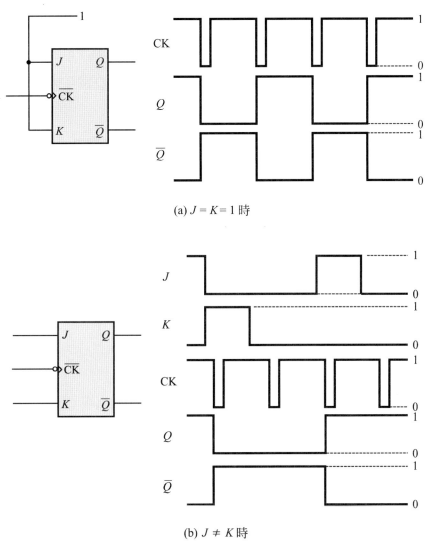

(a) *J* = *K* = 1 時

(b) *J* ≠ *K* 時

▲ 圖 33-8 負緣觸發型 *JK* 正反器的時序圖

(5) 另外有一種稱為主奴型 *JK* 正反器（*J* - *K* master-slave flip-flop）的，在時序脈波的正緣
將資料取入正反器內部貯存起來，等時序脈波的負緣來臨時才將貯存在內部之資料送
至輸出端。

2-3　D 型正反器

　　D 型正反器專門用來儲存資料 (data)。每當時序脈波 (clock；時脈) 控制端 CK 輸入一個脈波時，D 輸入端之狀態就傳至輸出端 Q；沒有時序脈波輸入時，輸出端與輸入 (D 端) 之間互相隔離，輸出端之狀態保持不變。$\overline{Q}$ 之狀態永遠與 Q 為互補的關係。D 型正反器之邏輯符號、時序圖、真值表等如圖 33-9 所示。

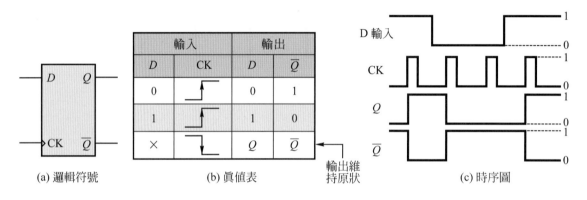

(a) 邏輯符號　　　　　(b) 真值表　　　輸出維持原狀　　　(c) 時序圖

▲ 圖 33-9　D 型正反器

2-4　T 型正反器

　　T 型正反器如圖 33-10 所示，只有一個輸入端 T 和兩個輸出端 Q、$\overline{Q}$。每當 T 輸入端有一個脈波輸入，Q 和 $\overline{Q}$ 就會將原來的狀態反轉 (toggle)，由圖 33-10(b)可看出輸出端之頻率只有輸入頻率的 1/2。

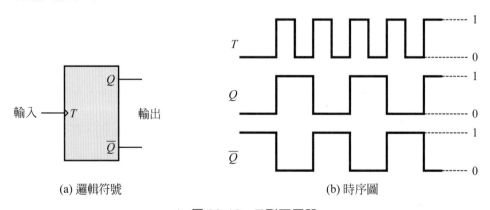

(a) 邏輯符號　　　　　　　(b) 時序圖

▲ 圖 33-10　T 型正反器

2-5　正反器的互換

　　由於 T 型正反器並沒有專用的 IC，因此當需要 T 型正反器時，就如圖 33-11 所示把 JK 正反器或 D 型正反器做適當的接線，使之達成 T 型正反器的功能。

　　我們也可將 JK 正反器加上一個反相器，使其成為 D 型正反器，如圖 33-12 所示。

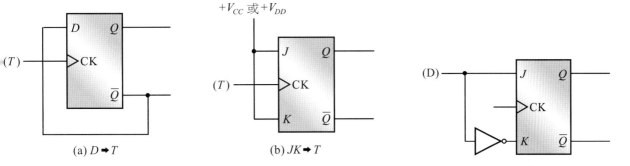

(a) $D \rightarrow T$　　　　　　　(b) $JK \rightarrow T$

▲ 圖 33-11　得到 T 型正反器的方法　　　　▲ 圖 33-12　把 JK 正反器化為 D 型正反器

3.　TTL 之常用正反器介紹

7474

　　7474 的內部有兩個正緣觸發的 D 型正反器，接腳如圖 33-13 所示。

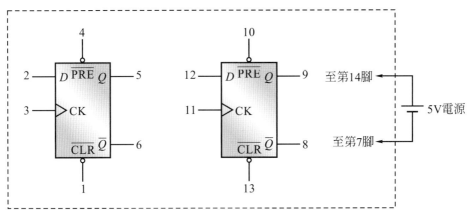

▲ 圖 33-13　7474 之接腳圖

加於 D 之輸入資料僅當時序脈波 CK 由 0 變成 1 之瞬間會傳送至 Q，並保存於 Q。$\overline{Q}$ 則永遠與 Q 為互補關係。

在正常工作時，清除(clear；$\overline{CLR}$)與預置(preset；$\overline{PRE}$)腳需接於 1。如果把 $\overline{CLR}$ 腳接 0，則 Q 被強迫成為 0，$\overline{Q}=1$。若把 $\overline{PRE}$ 腳接 0，則 Q 被強迫成為 1，$\overline{Q}=0$。注意！不可同時令 $\overline{CLR}$ 及 $\overline{PRE}$ 腳接 0，否則會產生 $Q=\overline{Q}=1$ 之不符合 Q 與 $\overline{Q}$ 互補的輸出狀態。

接腳圖中，$\overline{CLR}$ 與 $\overline{PRE}$ 均畫有一小圓圈，表示它是以低態動作(active low)。

7476

7476 的接腳如圖 33-14 所示。內部有兩個主奴型 JK 正反器。於時序脈波由低態上升為高態後，將資料儲存於內部，於時序脈波由高態降為低態時才把內部資料依眞值表而傳送至輸出端。

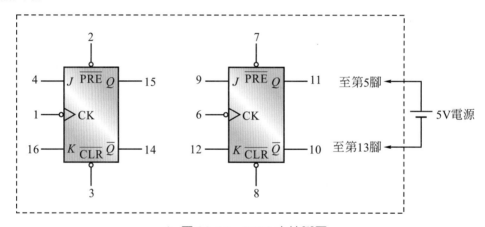

▲ 圖 33-14　7476 之接腳圖

4. CMOS 之常用正反器介紹

4013

4013 的內部有兩個正緣觸發的 D 型正反器，接腳如圖 33-15 所示。動作情形如表 33-1，由表 33-1 可得知：

(1) 在正常工作時 RESET 及 SET 腳需接 0。

(2) 不可令 RESET 與 SET 腳同時為 1。否則會產生 $Q=\overline{Q}=1$ 之狀態，違反了 Q 與 $\overline{Q}$ 互為補數的定義。

▼ 表 33-1　CD4013 之真值表

輸入				輸出	
CK	D	RESET	SET	Q	$\overline{Q}$
⌐↑	0	0	0	0	1
⌐↑	1	0	0	1	0
↑⌐	×	0	0	Q	$\overline{Q}$
×	×	1	0	0	1
×	×	0	1	1	0
×	×	1	1	1	1

← 輸出維持原狀

← 不符合 Q 與 $\overline{Q}$ 互補之定義

註：本真值表中

0 = 邏輯 0 = 低態 = Low；1 = 邏輯 1 = 高態 = Hi；× 表示沒有影響

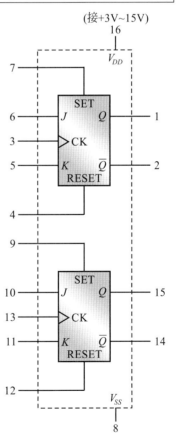

▲ 圖 33-15　4013 之接腳圖　　　　▲ 圖 33-16　4027 之接腳圖

4027

4027 之接腳如圖 33-16 所示，內部有兩個主奴型 *JK* 正反器，動作情形如表 33-2 所示。

▼ 表 33-2　CD4027 之真值表

前一狀態					CK	後一狀態	
輸入				輸出		輸出	
J	K	SET	RESET	Q_n		Q_{n+1}	$\overline{Q_{n+1}}$
1	×	0	0	0	⌐⌐⤒	1	0
×	0	0	0	1	⌐⌐⤒	1	0
0	×	0	0	0	⌐⌐⤒	0	1
×	1	0	0	1	⌐⌐⤒	0	1
×	×	0	0	×	⌐⌐⤓	Q_n	$\overline{Q_n}$	← 輸出維持原狀
×	×	1	0	×	×	1	0
×	×	0	1	×	×	0	1
×	×	1	1	×	×	1	1	← 不符合 Q 與 $\overline{Q}$ 互補之定義

註：0 = 邏輯 0 = 低態；1 = 邏輯 1 = 高態；× 表示沒有影響。

5. 正反器之基本應用

5-1 二進位向上計數器

　　將主奴型 *JK* 正反器如圖 33-17(a)所示串接起來，就成為二進位向上計數器。因為各正反器之 CK 端並未接在一起，CK 端的動作不同步，故稱為異步計數器 (亦有人稱為漣波計數器)。各正反器之輸出波形如圖 33-17(b)所示。

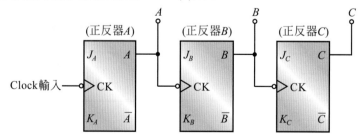

(a) 二進位向上計數器 (所有正反器之 *J*=*K*=1)

▲ 圖 33-17　以正反器組成向上計數器

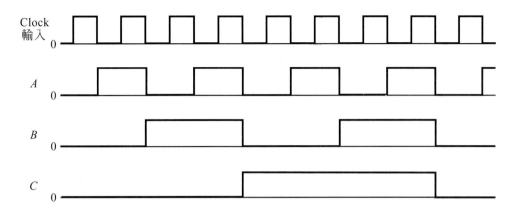

(b) 各正反器的輸出電壓波形(以負緣觸發為例)

輸入脈波數　　輸出狀態	0	1	2	3	4	5	6	7	8
A	0	1	0	1	0	1	0	1	0
B	0	0	1	1	0	0	1	1	0
C	0	0	0	0	1	1	1	1	0

(c) 向上計數器狀態表

▲ 圖 33-17　以正反器組成向上計數器(續)

　　圖中各 JK 正反器的 J、K 輸入端均為 1，故每個 clock 之後使正反器的輸出變成原來的補數。由圖 33-17(b) 的波形可知 A 的頻率為 clock 的 1/2，B 為 A 的 1/2，C 為 B 的 1/2，每個正反器將輸入頻率除以 2，故 clock 經過 3 個正反器後頻率降為 $(\frac{1}{2})^3 = \frac{1}{8}$，每輸入 8 個 clock，C 才輸出 1 週。各正反器的輸出狀態如圖 33-17(c)所示。

　　從狀態表可看出 C、B、A 的狀態變化由 000 → 001 → 010…… → 111，依二進位的順序進行共有八個狀態，到 111 之後又變成 000，所以這種由三個正反器組成的電路又稱為模八(modules-8)計數器，模八指有八種狀態。使用 N 個正反器則可組成模 2^N 的計數器。

5-2　向下計數器(down counter)

　　如果將每個正反器的 CK 輸入端改接至前一個正反器的補數輸出端，如圖 33-18(a)所示，則 C、B、A 的狀態隨輸入 clock 脈波，由 111 → 110 → 101……000 → 111，其狀態之變化情形與前述二進位計數器相反，這種電路稱為向下計數器。

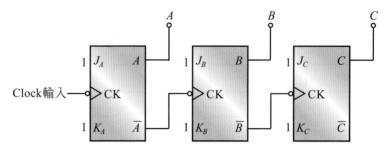

(a) 二進位向下計數器 (所有正反器之 $J=K=1$)

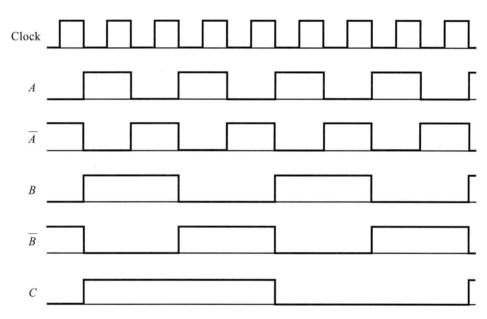

(b) 電壓波形(以負緣觸發為例)

輸出狀態 ＼ 輸入脈波數	0	1	2	3	4	5	6	7	8
A	0	1	0	1	0	1	0	1	0
B	0	1	1	0	0	1	1	0	0
C	0	1	1	1	1	0	0	0	0

(c) 向下計數器狀態表

▲ 圖 33-18　以正反器組成向下計數器

5-3 移位暫存器(shift register)

基本的移位暫存器如圖 33-19 所示，由一群 D 型正反器串接而成。由 4 個正反器所組成之移位暫存器可以用來儲存 4 位元的二進位資料。每當移位脈衝的正緣輸入時，每個正反器的原有輸出狀態會傳到下一個正反器 (即 Q_1 原先的輸出狀態會傳至 Q_2，Q_2 原先的輸出狀態會傳至 Q_3，Q_3 原先的輸出狀態會傳至 Q_4)，而第一個正反器的輸出 Q_1 則等於資料輸入端 D_{in} 之資料。

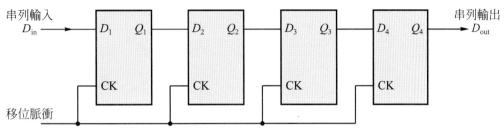

▲ 圖 33-19 基本的移位暫存器 (串列輸入／串列輸出型移位暫存器)

一個 x 位元的暫存器包含了 x 個正反器，需要輸入 x 個移位脈衝才能將第一個輸入的資料移至最右端的正反器中。例如圖 33-19 中，加於 D_{in} 之資料在輸入第四個移位脈衝後才會傳送到 D_{out}。

5-4 水位自動控制器

圖 33-17 至圖 33-19 所介紹之計數器、移位暫存器等，均可用 TTL 或 CMOS 完成。以下我們將介紹兩個只有 CMOS 才有能力完成的電路 (TTL 由於輸入阻抗低，故不適用)。水位自動控制器是第一個例子。

圖 33-20 之水位自動控制器是由一個 CD4001 與一個 CD4011 所組成。NAND gate 組成的 R - S 閂鎖器擔任記憶作用，因此，當水位達到 H 時繼電器釋放，但水位必須降至 L 以下繼電器才會吸持。其真值表如下所示：

高水位測試點 H	低水位測試點 L	繼電器	備註
0	0	吸	①
0	1	吸	②
1	1	放	③
0	1	放	④
0	0	吸	①

隨著水位之升降，水位自動控制器依① → ② → ③ → ④ → ① → ②……不斷循環動作，因此水位永遠保持於 L 與 H 之間。

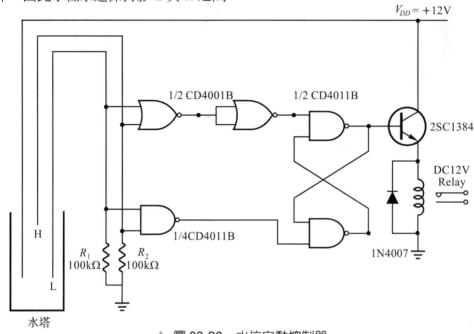

▲ 圖 33-20　水位自動控制器

5-5　觸摸開關

在圖 33-21 所示之觸摸開關中，我們把 J、K、CK 都接地，所以 CD4207 被當作 R - S 正反器使用。平時 SET 與 RESET 接腳均經電阻器接地，故皆為低態 (邏輯 0)，一旦人體觸及「觸摸板」，則人體之交流信號將令觸摸板呈現高低起伏之電位，在高態的瞬間 R - S 正反器即受觸發，故以手摸 ⓞⓝ 則繼電器吸持，手離開後繼電器還是保持吸持狀態，以手摸 ⓞff 則繼電器釋放，手離開後繼電器還是保持釋放狀態。

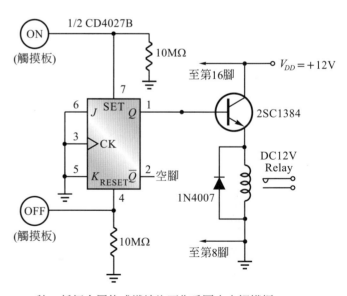

(註：任何金屬片或導線均可作為圖中之觸摸板)

▲ 圖 33-21　觸摸開關

三、實習項目

工作一：RS 閂鎖器之特性實驗

1. 市面上很不容易買到專用的 RS 閂鎖器 IC，因此本實驗以兩個 NAND gate 來裝配。

2. 圖 33-22 所用之 IC 為 CD4011B。PB$_1$ 與 PB$_2$ 為小型按鈕開關。

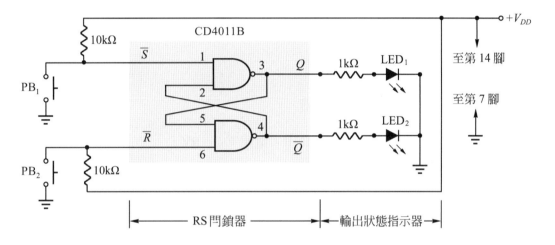

▲ 圖 33-22　RS 閂鎖器之特性實驗

3. 接妥圖 33-22 之電路。

4. 通上電源，V_{DD} = 5V。

5. 根據表 33-3 做實驗，並將其輸出狀態記錄在表 33-3 中之相對應位置。

註：PB$_1$ 閉合時 $\overline{S}$ = 0；PB$_1$ 打開時 $\overline{S}$ = 1。

　　PB$_2$ 閉合時 $\overline{R}$ = 0；PB$_2$ 打開時 $\overline{R}$ = 1

　　LED$_1$ 亮表示 Q = 1；LED$_1$ 熄表示 Q = 0。

　　LED$_2$ 亮表示 $\overline{Q}$ = 1；LED$_2$ 熄表示 $\overline{Q}$ = 0。

▼ 表 33-3　RS 閂鎖器之真值表

輸入		輸出	
$\overline{S}$	$\overline{R}$	Q	$\overline{Q}$
0	1		
1	1		
1	0		
1	1		
0	0		

工作二：D 型正反器之特性實驗

1. 接妥圖 33-23 之電路。IC 使用 CD4013B。電源 $V_{DD} = 9V$。

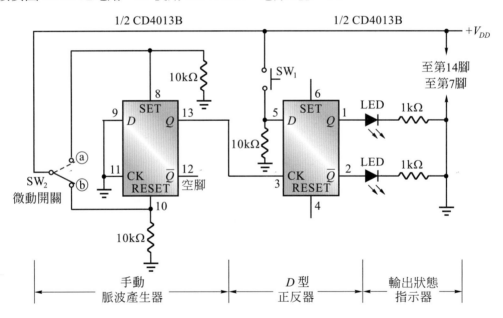

▲ 圖 33-23　D 型正反器之特性實驗

2. SET 腳 (第 6 腳) 接 1，RESET 腳 (第 4 腳) 接 0，則第一腳 $Q =$ _____。

   SET 腳 (第 6 腳) 接 0，RESET 腳 (第 4 腳) 接 1，則第一腳 $Q =$ _____。

3. 把 SET 腳 (第 6 腳) 及 RESET 腳 (第 4 腳) 均接地，然後完成表 33-4。

　　(說明：圖 33-23 中之「手動脈波產生器」是用來消除 SW$_2$ 所產生之接點反彈跳，請

　　參考第 33-22 頁之「相關知識補充」)

▼ 表 33-4　D 型正反器之特性

輸入		輸出		說明	
D	CK	Q	$\overline{Q}$	SW$_1$	SW$_2$
0	0			OFF	ⓑ
0	0 → 1			OFF	ⓐ
0	1			OFF	保持ⓐ
1	1			ON	保持ⓐ
1	1 → 0			ON	ⓑ
1	0			ON	ⓑ
1	0 → 1			ON	ⓐ
1	1			ON	保持ⓐ
0	1			OFF	保持ⓐ
0	1 → 0			OFF	ⓑ
0	0			OFF	ⓑ
0	0 → 1			OFF	ⓐ
0	1			OFF	ⓐ

工作三：JK 正反器之特性實驗

1. 接妥圖 33-24 之電路。所用
   IC = CD4027B，電源
   V_{DD} = 9V。

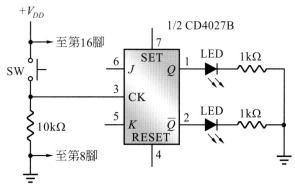

▲ 圖 33-24　JK 正反器之特性實驗

2. SET 腳 (第 7 腳) 接 1，RESET 腳 (第 4 腳) 接 0，則 $Q =$ _____ 。

   SET 腳 (第 7 腳) 接 0，RESET 腳 (第 4 腳) 接 1，則 $Q =$ _____ 。

3. 把 RESET 腳 (第 4 腳) 與 SET 腳 (第 7 腳) 接地，然後完成表 33-5。

4. 線路不要拆掉，繼續做「工作四」的實驗。

▼ 表 33-5　JK 正反器之特性

輸入			輸出		說明
J	K	CK	Q	$\overline{Q}$	
1	0	⊓↑			⊓ 表 示 把 圖 33-24 中 之 SW 壓 下再放開。
0	0	⊓↑			
0	1	⊓↑			
0	0	⊓↑			

工作四：T 型正反器之特性實驗

1. 把圖 33-24 的 J 與 K 均接至 $+V_{DD}$。此時 JK 正反器已成為 T 型正反器。

2. 每按 SW 一次，兩個 LED 是否成為反態關係 (即原來亮的 LED 變熄，原來熄的 LED 變亮)？　答：_____

3. 根據 T 型正反器的定義，每當 CK 輸入一個脈波之後，輸出狀態將會反轉，但在第 2 步驟中連按了幾次開關 SW 後，你會發現事實與定義有所出入，這是因為 SW 發生機械跳動 (反彈跳) 的關係，請參考第 33-22 頁之「相關知識補充」。

4. 把電路改接成圖 33-25。圖中左方之「手動脈波產生器」是我們把 CD4027B 的另一個 JK 正反器改接成 RS 正反器來使用，以消除開關 SW 的機械跳動。

5. 每把圖 33-25 中之 SW 按一次，T 型正反器的輸出是否變成補數 (即原來亮的 LED 變熄，原來熄的 LED 變亮)？　答：_____

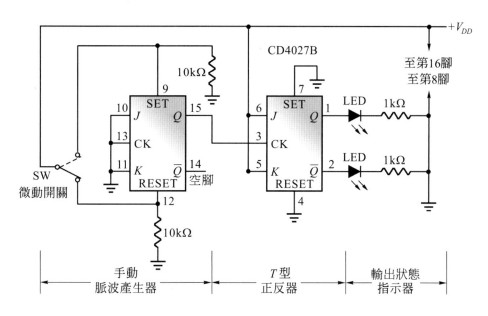

▲ 圖 33-25　T 型正反器實驗

工作五：正反器的基本應用

1. 水位自動控制器

    (1) 接妥圖 33-20 之電路。R_1 與 R_2 可以使用 33kΩ～100kΩ 之電阻器。NOR gate 為 CD4001B，NAND gate 為 CD4011B。電晶體可使用 2SC1384。

    (2) 電路接妥後能正常工作嗎？　答：_____

2. 觸摸開關

    (1) 接妥圖 33-21 之電路。電晶體可使用 2SC1384。

    (2) 以手觸摸第 7 腳時繼電器吸或放？　答：_____

    (3) 以手觸摸第 4 腳時繼電器吸或放？　答：_____

    (4) 若把兩個 10MΩ 的電阻器改為 10kΩ，電路還能正常工作嗎？何故？　答：____

四、習題

1. 在邏輯電路中，作為記憶的元件，以何者最為普遍？

2. 正反器的輸出通常有 Q 與 $\overline{Q}$，兩者有何關係？

3. 在真值表中常會見到 Q_n 與 Q_{n+1}，兩者有何不同？

4. 今欲以 CD4013 製作觸摸開關，請設計其電路。 (提示：可參考圖 33-21)

五、相關知識補充——接點反彈跳的消除

所有的機械式開關，其接點由閉合變成打開或由打開轉變成閉合時，都會發生接點反彈跳 (即實際上接點是經過接合、離開、再接合、再離開，終至靜止狀態)，如圖 33-26 所示。因此按一次按鈕，實際上卻輸出了好幾個脈波。接點反彈跳會使邏輯電路產生錯誤的輸出。

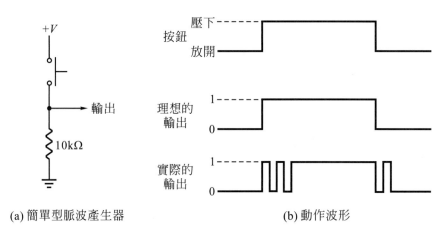

(a) 簡單型脈波產生器   (b) 動作波形

▲ 圖 33-26　接點反彈跳

圖 33-27 所示即為接點反彈跳之消除電路，每當按鈕被按一下 (或開關被搬動一次) 僅輸出一個脈波。此種電路稱為「手動脈波產生器」。

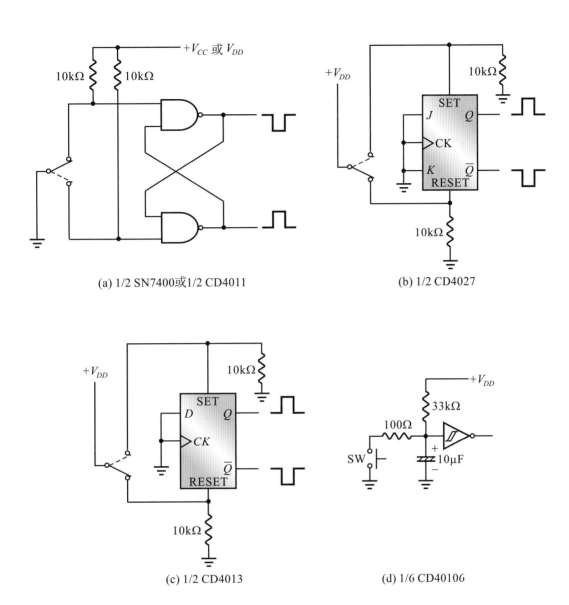

(a) 1/2 SN7400或1/2 CD4011

(b) 1/2 CD4027

(c) 1/2 CD4013

(d) 1/6 CD40106

▲ 圖 33-27　手動脈波產生器

實習三十四

計數器與數字顯示器

一、實習目的

1. 認識常用的 10 進位計數器。
2. 認識常用的七段解碼器。
3. 熟悉以七段 LED 顯示器顯示數字的方法。

二、相關知識

相關知識之一：十進位計數器

1. BCD 碼的認識

在數位系統中，資料或數目的傳遞、保存等只有高態和低態，也就是大家所熟悉的 1 態與 0 態，因此，在數位系統中使用了二進位的 4 個位元來表示十進位的 10 個數字(0～9)，如表 34-1 所示，這就是 BCD 碼 (binary-coded decimal；二進位碼的十進位)。

▼ 表 34-1　8421 BCD 碼與十進位之對照

十進位	BCD 碼			
	8	4	2	1
0	0	0	0	0
1	0	0	0	1
2	0	0	1	0
3	0	0	1	1
4	0	1	0	0
5	0	1	0	1
6	0	1	1	0
7	0	1	1	1
8	1	0	0	0
9	1	0	0	1

2.　TTL 計數器 SN7490 的認識

　　為了使用上的方便，廠商將數個正反器組成計數器，而包裝成計數器 IC 出售，不但用起來非常方便，售價也很便宜。今天我們將介紹最常用的 SN7490 和 CD4518。

(1) SN7490 的接腳如圖 34-1 所示。它的內部包含有一個 ÷ 2 (模 2) 的計數器和一個 ÷ 5 (模 5) 的計數器。

　　請注意：①7490 的電源接腳，是在第 5 腳和第 10 腳。

　　　　　　②7490 的第 4 腳和第 13 腳是空腳。

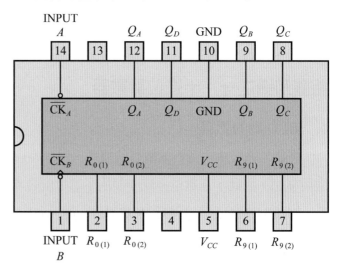

▲ 圖 34-1　SN7490 的接腳圖

(2) 當脈波由 INPUT A (第 14 腳) 輸入，由 Q_A (第 12 腳) 輸出時，是一個 ÷2 (模 2) 計數器，真值表如表 34-2 所示。

▼ 表 34-2　SN7490 內部的模 2 計數器之真值表

INPUT A 輸入脈波數	輸出 Q_A	
第 0 個	0	
第 1 個	1	
第 2 個	0	← 開始循環
第 3 個	1	

　　當脈波由 INPUT B 輸入，由 $Q_D\ Q_C\ Q_B$ 輸出，則為 ÷5 (模 5) 計數器，其真值表如表 34-3 所示。

▼ 表 34-3　SN7490 內部的模 5 計數器之真值表

INPUT B 輸入脈波數	輸出		
	Q_D	Q_C	Q_B
第 0 個	0	0	0
第 1 個	0	0	1
第 2 個	0	1	0
第 3 個	0	1	1
第 4 個	1	0	0
第 5 個	0	0	0
第 6 個	0	0	1

← 開始循環

(3) 若把脈波輸入 INPUT A (第 14 腳)，然後把 Q_A (第 12 腳) 接至 INPUT B (第 1 腳)，如圖 34-2(a)所示，則成為模 10 (即 ÷10) 計數器，其輸出狀態 $Q_D\ Q_C\ Q_B\ Q_A$ 依序為 0000 → 0001 → 0010 → …… → 1001，再回到 0000，依十進位的 BCD 碼進行，真值表如圖 34-2(b)。

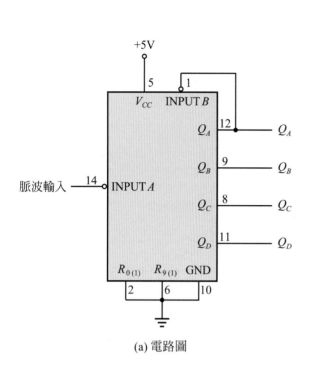

輸入脈波數	輸出			
	Q_D	Q_C	Q_B	Q_A
第0個	0	0	0	0
第1個	0	0	0	1
第2個	0	0	1	0
第3個	0	0	1	1
第4個	0	1	0	0
第5個	0	1	0	1
第6個	0	1	1	0
第7個	0	1	1	1
第8個	1	0	0	0
第9個	1	0	0	1
第10個	0	0	0	0
第11個	0	0	0	1

開始循環 ←（第10個）

(a) 電路圖　　　　　　　　　　(b) 真值表

▲ 圖 34-2　以 SN7490 作 ÷ 10 之 BCD 計數器

(4) $R_{0(1)}$、$R_{0(2)}$、$R_{9(1)}$ 及 $R_{9(2)}$ 之真值表如表 34-4，茲說明如下：

▼ 表 34-4　R_0 和 R_9 的真值表

輸入				輸出			
$R_{0(1)}$	$R_{0(2)}$	$R_{9(1)}$	$R_{9(2)}$	Q_D	Q_C	Q_B	Q_A
1	1	0	×	0	0	0	0
1	1	×	0	0	0	0	0
×	×	1	1	1	0	0	1
×	0	×	0	計數			
0	×	0	×	計數			
0	×	×	0	計數			
×	0	0	×	計數			

① $R_{0(1)}$ 及 $R_{0(2)}$ 的功能：當 $R_{0(1)}$ 及 $R_{0(2)}$ 兩隻腳都為 1 時，輸出腳 Q_D、Q_C、Q_B 及 Q_A 被強迫成為 0000，即十進位的 0。

② $R_{9(1)}$ 及 $R_{9(2)}$ 的功能：當 $R_{9(1)}$ 及 $R_{9(2)}$ 兩隻腳都為 1 時，輸出腳 Q_D、Q_C、Q_B 及 Q_A 被強迫成為 1001，即十進位的 9。

③ 如果 R_9 及 R_0 同時動作，以 R_9 動作優先，Q_D、Q_C、Q_B 及 Q_A 會輸出 1001。正常計數時，應使 R_9 和 R_0 都不動作，即 $R_{0(1)}$ 和 $R_{0(2)}$ 有任一腳以上為 0，並且 $R_{9(1)}$ 和 $R_{9(2)}$ 有任一腳以上為 0，才能正常計數。

3. CMOS 計數器 CD 4518 的認識

CD4518 如圖 34-3 所示，內部有兩個獨立的 BCD 計數器，可作為正緣觸發計數器，也可接成負緣觸發計數器，在使用上非常方便。

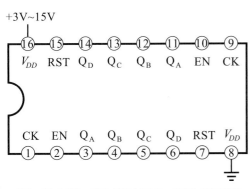

CK=CLOCK　EN=ENABLE　RST=RESET

(a) 接腳圖

CK (CLOCK)	EN (ENABLE)	RST (RESET)	動作情形
⤒	1	0	計數器加1
0	⤓	0	計數器加1
⤓	×	0	不變
×	⤒	0	不變
⤒	0	0	不變
1	⤓	0	不變
×	×	1	輸出為0

×=沒有影響　1=高態　0=低態

(b) 真值表

▲ 圖 34-3　CD4518 的接腳圖及真值表

正緣觸發：若令 RST = 0，EN = 1，則當 CK 腳之脈波上升時，計數器加 1。輸出為十進位的 BCD 碼。

負緣觸發：若令 RST = 0 及 CK = 0，則當 EN 腳之脈波下降時，計數器加 1。輸出為十進位的 BCD 碼。

復置：若令 RST = 1，則計數器將歸零。必須令 RST = 0，才能正常計數。

相關知識之二：數字的顯示

1. 七段 LED 顯示器

人們所熟悉的是以 0~9 組成的 10 進位數字，而計數器的輸出卻是 0001 之類的 BCD 碼，為了直接看到數字，所以聰明的人們就發明了把 7 個細長的 LED 排成「日」字形的「七段 LED 顯示器」(7-segment LED display)，藉著控制一部分 LED 發亮，一部分 LED 熄滅，就能夠把 0 ～ 9 顯示出來，如圖 34-4 所示。

(a) 七段顯示器(D_P=小數點)   (b) 顯示數字的方法

▲ 圖 34-4 用七段 LED 顯示器顯示數字

七段 LED 顯示器有「共陽極型」與「共陰極型」兩種，如圖 34-5 所示，我們可依需要而選用適當的型式。無論是共陽極或共陰極，每個 LED 只要加上 1.5 ～ 2V 的順向電壓及 10 ～ 20mA 的順向電流，就可獲得充分的亮度，但電源電壓都比 1.5 ～ 2V 大，因此每一個 LED 都要串聯一個限流電阻器，以免 LED 燒燬。

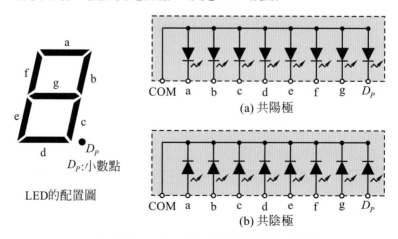

D_P:小數點

LED的配置圖

(a) 共陽極

(b) 共陰極

▲ 圖 34-5 七段 LED 顯示器和其內部電路

2. BCD 至七段解碼器

BCD 碼只有 4 位元，而 LED 顯示器卻有七段，因此廠商就製造了「把 BCD 碼輸入，輸出端就可直接點亮 7 段 LED 顯示器」的 IC，如圖 34-6 所示，這種 IC 稱為「BCD 至七段解碼器」 (BCD to 7-segment decoder) 。最常被人們使用的解碼器有 SN7447 與 CD4511 兩種，以下我們就介紹這兩種 IC。

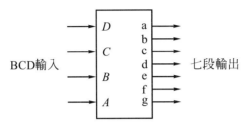

▲ 圖 34-6　BCD 至七段解碼器之示意圖

SN7447

SN7447 的七個輸出腳($a \sim g$)都是開集極(open collector)，因此需配合共陽極 LED 顯示器使用。其接腳圖及與顯示器之接線圖如圖 34-7 所示。SN7447 的真值表請見表 34-5。茲將各接腳之功能說明於下：

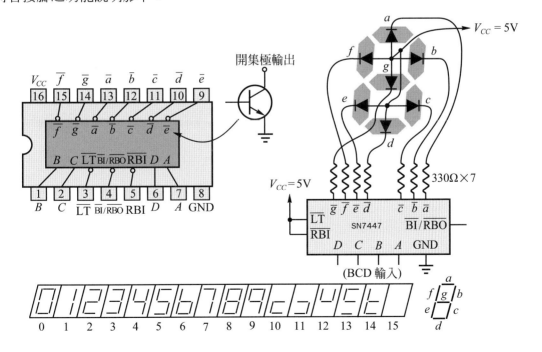

▲ 圖 34-7　SN7447 的接腳圖及使用例

▼ 表 34-5　SN7447 的真值表

功能	輸入						BI/RBO	各段之熄亮						
	LT	RBI	D	C	B	A		a	b	c	d	e	f	g
0	H	H	L	L	L	L	H	ON	ON	ON	ON	ON	ON	OFF
1	H	×	L	L	L	H	H	OFF	ON	ON	OFF	OFF	OFF	OFF
2	H	×	L	L	H	L	H	ON	ON	OFF	ON	ON	OFF	ON
3	H	×	L	L	H	H	H	ON	ON	ON	ON	OFF	OFF	ON
4	H	×	L	H	L	L	H	OFF	ON	ON	OFF	OFF	ON	ON
5	H	×	L	H	L	H	H	ON	OFF	ON	ON	OFF	ON	ON
6	H	×	L	H	H	L	H	OFF	OFF	ON	ON	ON	ON	ON
7	H	×	L	H	H	H	H	ON	ON	ON	OFF	OFF	OFF	OFF
8	H	×	H	L	L	L	H	ON	ON	ON	ON	ON	ON	ON
9	H	×	H	L	L	H	H	ON	ON	ON	OFF	OFF	ON	ON
10	H	×	H	L	H	L	H	OFF	OFF	OFF	ON	ON	OFF	ON
11	H	×	H	L	H	H	H	OFF	OFF	ON	ON	OFF	OFF	ON
12	H	×	H	H	L	L	H	OFF	ON	OFF	OFF	OFF	ON	ON
13	H	×	H	H	L	H	H	ON	OFF	OFF	ON	OFF	ON	ON
14	H	×	H	H	H	L	H	OFF	OFF	OFF	ON	ON	ON	ON
15	H	×	H	H	H	H	H	OFF	OFF	OFF	OFF	OFF	OFF	OFF
BI	×	×	×	×	×	×	L	OFF	OFF	OFF	OFF	OFF	OFF	OFF
RBI	H	L	L	L	L	L	L	OFF	OFF	OFF	OFF	OFF	OFF	OFF
LT	L	×	×	×	×	×	H	ON	ON	ON	ON	ON	ON	ON

(1) $\overline{a}$、$\overline{b}$、$\overline{c}$、$\overline{d}$、$\overline{e}$、$\overline{f}$、$\overline{g}$ 七個輸出腳接至共陽極 LED 顯示器。每一腳皆需串聯一個 150Ω ～ 390Ω 之電阻器。

(2) $\overline{\text{BI}}$ / $\overline{\text{RBO}}$ 腳(blanking input/ripple blanking output；第 4 腳)：

　① 當做輸入腳用時，具有 $\overline{\text{BI}}$ (遮沒輸入) 功能，如果把第 4 腳接低態 (邏輯 0) 則 LED 顯示器會熄滅。

② 當做輸出腳用時，具有 $\overline{RBO}$ (漣波遮沒輸出) 功能。當接腳 $\overline{RBI}$ = 0 而且輸入腳 *DCBA* = 0000 時，第 4 腳會輸出 0，以便傳送至下一個 SN7447 的 $\overline{RBI}$ 腳產生遮沒「無效零」的作用。

(3) $\overline{LT}$ 腳(lamp-test；第 3 腳)在正常工作時應為高態。若把 $\overline{LT}$ 腳接地 (邏輯 0) 則 LED 全部發亮 (顯示 **8**)，可用來檢查七段顯示器是否正常。

(4) $\overline{RBI}$ 腳 (ripple blanking input；第 5 腳) 被接至低態時，將不顯示「零」。換句話說，若 $\overline{RBI}$ 被接地，則當輸入的 BCD 碼為 0000 時，顯示器將熄滅，這是用來遮沒無效零之用，例如五位數的計數器，若計數至 00837，則 LED 只顯示 837。當無效零的遮沒作用產生時 $\overline{RBO}$ 腳 (ripple-blanking output；與 $\overline{BI}$ 同為第 4 腳) 會變成低電位，可做為輸出腳驅動下一個 SN7447 的 $\overline{RBI}$ 輸入端。

　當計數器為多位數時，將最高位之 $\overline{RBI}$ (第 5 腳) 接地，並把 $\overline{BI}/\overline{RBO}$ (第 4 腳) 接到次一位之 $\overline{RBI}$ (第 5 腳)，但個位數之 $\overline{RBI}$ 空接，則無效零會全部被遮沒，只有個位數的零會顯示，以免所有顯示器全部熄滅。請參考圖 34-11。

CD4511

　CD4511B 的接腳如圖 34-8 所示。需配合共陰極 LED 顯示器用。其真值表請見表 34-6。茲說明如下：

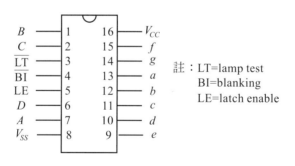

▲ 圖 34-8　CD4511B 之接腳圖

▼ 表 34-6　CD4511B 的真值表

輸入							輸出							顯示
LE	$\overline{BI}$	$\overline{LT}$	D	C	B	A	a	b	c	d	e	f	g	
0	1	1	0	0	0	0	1	1	1	1	1	1	0	$\mathit{0}$
0	1	1	0	0	0	1	0	1	1	0	0	0	0	$\mathit{1}$
0	1	1	0	0	1	0	1	1	0	1	1	0	1	$\mathit{2}$
0	1	1	0	0	1	1	1	1	1	1	0	0	1	$\mathit{3}$
0	1	1	0	1	0	0	0	1	1	0	0	1	1	$\mathit{4}$
0	1	1	0	1	0	1	1	0	1	1	0	1	1	$\mathit{5}$
0	1	1	0	1	1	0	0	0	1	1	1	1	1	$\mathit{6}$
0	1	1	0	1	1	1	1	1	1	0	0	0	0	$\mathit{7}$
0	1	1	1	0	0	0	1	1	1	1	1	1	1	$\mathit{8}$
0	1	1	1	0	0	1	1	1	1	0	0	1	1	$\mathit{9}$
0	1	1	1	0	1	0	0	0	0	0	0	0	0	熄滅
0	1	1	1	0	1	1	0	0	0	0	0	0	0	熄滅
0	1	1	1	1	0	0	0	0	0	0	0	0	0	熄滅
0	1	1	1	1	0	1	0	0	0	0	0	0	0	熄滅
0	1	1	1	1	1	0	0	0	0	0	0	0	0	熄滅
0	1	1	1	1	1	1	0	0	0	0	0	0	0	熄滅
×	×	0	×	×	×	×	1	1	1	1	1	1	1	$\mathit{8}$
×	0	1	×	×	×	×	0	0	0	0	0	0	0	熄滅
1	1	1	×	×	×	×	舊資料							舊資料

(1) 當 $\overline{BI}$ 為 0 時，$a\,b\,c\,d\,e\,f\,g$ 均為 0，故顯示器熄滅。$\overline{BI}$ 為 1 時，CD4511 才能正常工作。

(2) 當 $\overline{LT} = 0$ 時，$a = b = c = d = e = f = g = 1$，所以顯示器全亮，可以檢查顯示器是否正常。
$\overline{LT} = 1$ 時，CD4511 才能正常工作。

(3) 當 LE = 1 時，新的 (BCD) 資料無法送進解碼器，故解碼器的輸出為舊資料。
LE = 0 時，新的 (BCD) 資料才能送入解碼器並顯示出來。

相關知識之三：計數器與解碼器之基本應用

1. 多個計數器的串接方法

當需要用到多位數計數器時，我們可以把 SN7490 或 CD4518 串接起來使用。串接的方法是把低位計數器的輸出接腳 "Q_D" 接到高一位計數器的負緣脈波輸入腳，例如圖 34-9 是用 SN7490 組成的二位數計數器，圖 34-10 是用 CD4518 組成的二位數計數器。

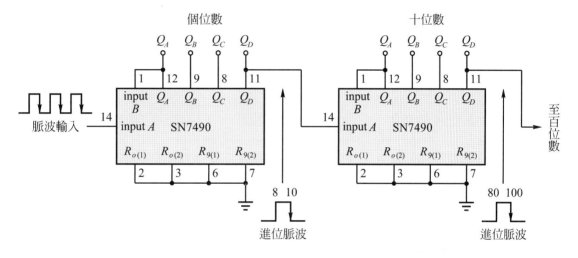

▲ 圖 34-9　使用兩個 SN7490 組成的十進位二位數計數器

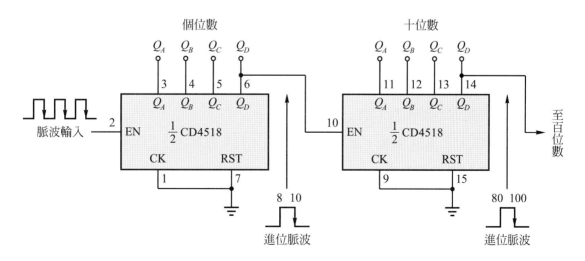

▲ 圖 34-10　只使用一個 CD4518 就可組成十進位的二位數計數器

2. 數字顯示計數器

只要把計數器及解碼器與七段 LED 顯示器接在一起，即成為實用的數字顯示計數器。

圖 34-11 是使用 TTL IC 製成的十進位三位數數字顯示計數器，茲說明如下：

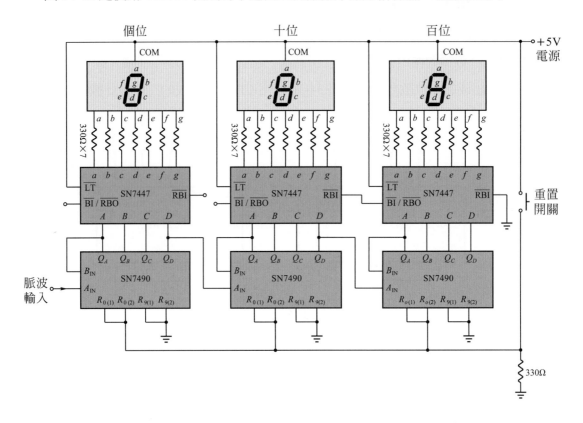

▲ 圖 34-11　使用 TTL IC 製成的十進位三位數數字顯示計數器

(1) 可由 0 計數至 999。

(2) 壓下重置開關時，顯示 *0* (零) 。

(3) 最低位 (個位) 之 RBI 空接，是為了使個位數不具無效零遮沒之作用，以免計數器重置後所有的 LED 全部熄滅。

(4) 若要計數更多位數，只要把計數器依相同接法再串接即可。

圖 34-12 是使用 CMOS IC 製成的十進位三位數數字顯示計數器，茲說明如下：

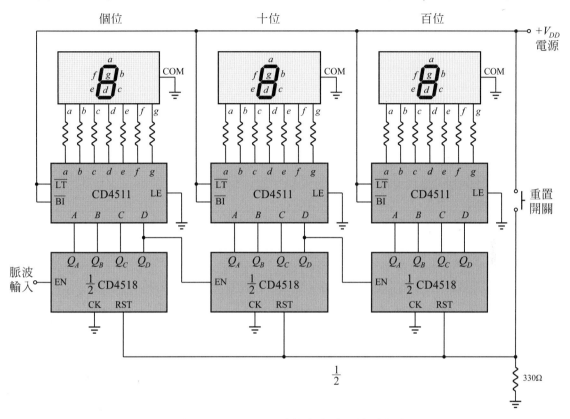

▲ 圖 34-12　使用 CMOS IC 製成的十進位三位數數字顯示計數器

(1) 可由 000 計數至 999。

(2) 壓下重置開關時，顯示 000 (零)。

(3) 若要計數更多位數，只要把計數器依相同接法再串接即可。

三、實習項目

工作一：TTL 數字顯示計數器實驗

1. 本實習項目所要用的七段 LED 顯示器為**共陽極**，請先如下測試：

   (1) 以三用電表 R × 10 檔一一測量七段 LED 顯示器的各段，檢驗各段是否正常。

   (七段 LED 顯示器之測試要領：先找出公共腳 COM。)

   (2) 以三用電表測試後，在圖 34-13(b)中，以 a、b、c、d、e、f、g、COM 及 D_P 標示在相對應的各腳。

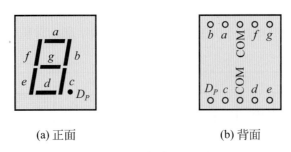

(a) 正面　　　　　　　　　(b) 背面

▲ 圖 34-13　共陽極七段 LED 顯示器

2. 接妥圖 34-14 之電路。

請注意！7400 的第 14 腳要接至＋5V，第 7 腳要接地。

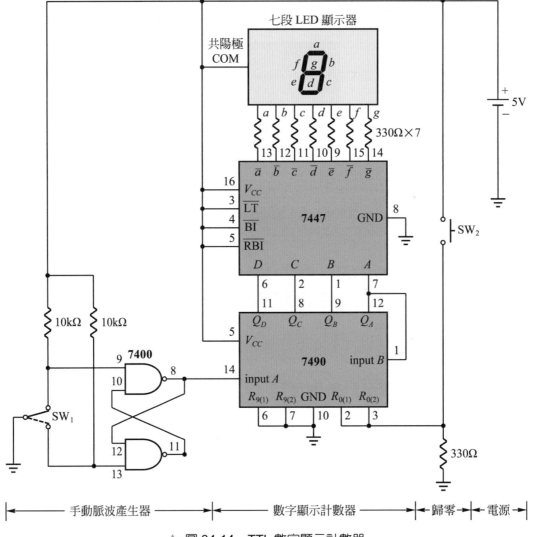

▲ 圖 34-14　TTL 數字顯示計數器

3. 通上 5V 之直流電源。

4. 按一下 SW2，則七段顯示器顯示_____。

　　註：若此時不是顯示 *0* (零)，請先檢修電路。

5. 以手動脈波產生器一一輸入脈波 (每按一下 SW₁ 即可產生一個脈波)，觀察七段 LED 顯示器之顯示情形。

　　顯示器是否依十進位的順序顯示數字呢？　答：_____

6. 把電源 OFF。

工作二：CMOS 數字顯示計數器實驗

1. 本實習項目所要用的七段 LED 顯示器為**共陰極**，請先如下測試：

　　(1)　以三用電表 R × 10 檔一一測量七段 LED 顯示器的各段，檢驗各段是否正常。

　　　　(七段 LED 顯示器之測試要領：先找出公共腳 COM。)

　　(2)　以三用電表測試後，在圖 34-15(b)中，以 a、b、c、d、e、f、g、COM 及 D_P 標示在相對應的各腳。

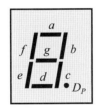

(a) 正面 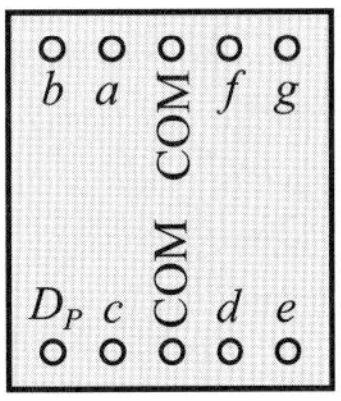　　　　　　　　　　(b) 背面

▲ 圖 34-15　共陰極七段 LED 顯示器

2. 接妥圖 34-16 之電路。

　　請注意！CD4011 的第 14 腳要接至＋5V，第 7 腳要接地。

3. 通上 5V 之直流電源。

4. 按一下 SW₂，則七段顯示器顯示_____。

　　註：若此時不是顯示 *0* (零)，請先檢修電路。

5. 以手動脈波產生器一一輸入脈波 (每按一下 SW₁ 即可產生一個脈波)，觀察七段 LED 顯示器之顯示情形。

　　顯示器是否依十進位的順序顯示數字呢？　答：_____

6. 把電源 OFF。

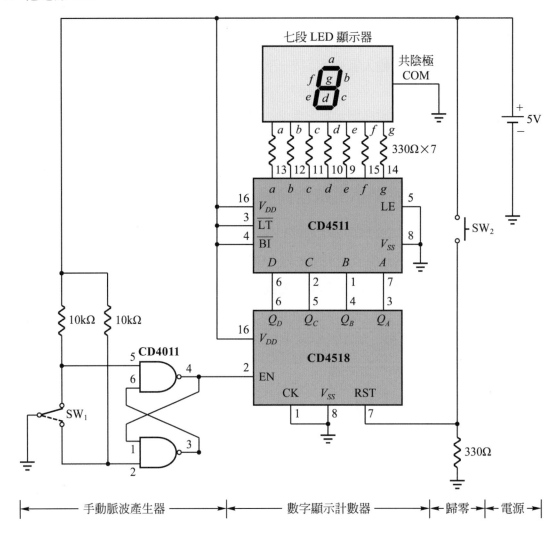

▲ 圖 34-16　CMOS 數字顯示計數器

四、習題

1. 常用的 10 進位計數器有哪些編號？

2. 七段 LED 顯示器可分為哪兩種不同的型式？

3. 在計數電路中加入"BCD 至七段解碼器"有何用處？

4. 今欲製作一個 6 位數的 10 進位計數器，需用幾個 CD4518 才夠？

第五篇
定時積體電路實驗

555 定時器的認識與應用

一、實習目的

1. 認識 555 定時器之功能。
2. 瞭解 555 之應用。

二、相關知識

1. **定時積體電路 555 的認識**

   編號 555 之定時積體電路,是一個用途很廣的積體電路。具有 8 隻腳,如圖 35-1 所示。由於價廉物美,因此被廣泛應用於工業自動控制電路中。

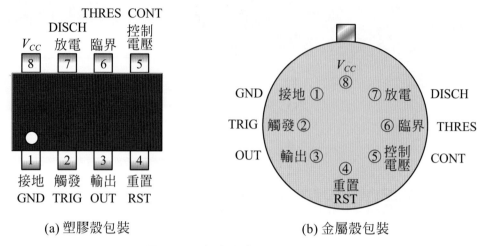

▲ 圖 35-1　定時積體電路 555 之頂視圖

　　555 積體電路的內部結構如圖 35-2 所示。主要包含兩個比較器、一個正反器、一個反相器及一個電晶體和三個 5kΩ 電阻器。因為 $R_1 = R_2 = R_3$，所以「上比較器」的參考電壓為 $\frac{2}{3}V_{CC}$，「下比較器」的參考電壓為 $\frac{1}{3}V_{CC}$。比較器的輸出用來控制正反器的狀態。

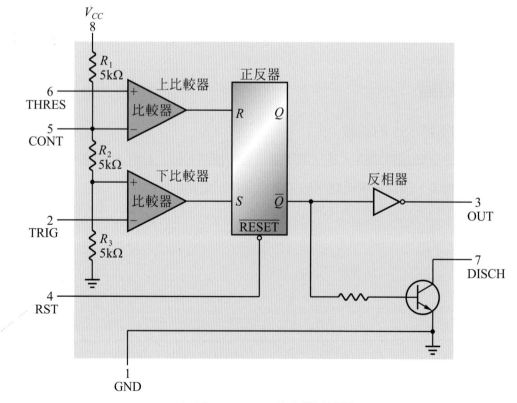

▲ 圖 35-2　555 的內部結構圖

　　欲應用積體電路，必須瞭解其各腳之功能才能應用自如。茲將 555 各接腳之功能說明於下，請一面參考圖 35-2。

(1) 第 1 腳 (接地；ground，GND) ：接至電源之負極。

(2) 第 2 腳 (觸發：trigger，TRIG) ：當第 2 腳的電壓低於 $\frac{1}{3}V_{CC}$ 時，會令第 3 腳輸出高態，同時令第 7 腳對地 (第 1 腳) 開路。

(3) 第 3 腳 (輸出；Output，OUT) ：555 的輸出腳，輸出電壓到底是高態或低態，完全受第 2、4、6 腳控制。

(4) 第 4 腳 (重置；Reset，RST) ：第 4 腳之電壓小於 0.4 伏特時，會令第 3 腳之輸出成為低態，同時令第 7 腳對地短路。不讓第 4 腳發生作用時，應將第 4 腳接於 1 伏特以上之電壓。

(5) 第 5 腳 (控制電壓；Control Voltage，CONT) ：這一腳直接與比較器的參考電壓點相通，允許由外界電路改變第 2 腳及第 6 腳之動作電壓。平時大多接一個 0.01μF 以上之電容器接地，以免 555 受到雜訊的干擾。

(6) 第 6 腳 (臨界；Threshold，THRES) ：當第 6 腳的電壓高於 $\frac{2}{3}V_{CC}$ 時，會令第 3 腳輸出低態，同時令第 7 腳對地短路。

(7) 第 7 腳 (放電；Discharge，DISCH) ：與第 3 腳同步動作。當第 3 腳輸出高態時，第 7 腳對地開路；在第 3 腳輸出低態時，第 7 腳對地短路。

(8) 第 8 腳 ($+V_{CC}$) ：接電源之正極。第 8 腳對第 1 腳之電壓可以是 4.5～16 伏特。

注意事項

(1) 當第 2、4、6 腳之動作互相衝突時，其優先次序為第 4 腳第一優先，第 2 腳次之，第 6 腳最末。例如：第 4 腳與第 2 腳同時作用，則由第 4 腳決定第 3 腳及第 7 腳之狀態。

(2) 第 3 腳之最大輸出能力為 200mA。

2. 555 的基本應用電路

　　555 的用途很廣，但基本上多用來擔任單穩態多諧振盪器及無穩態多諧振盪器。

2-1　555 單穩態多諧振盪器

用 555 組成的單穩態多諧振盪器如圖 35-3(a)所示。茲將其動作情形說明如下：

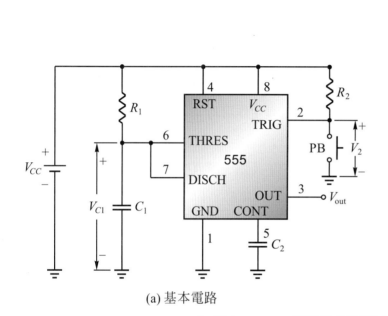

(a) 基本電路

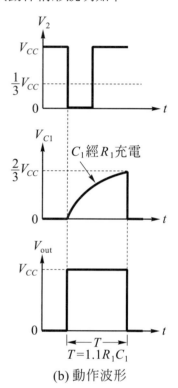

(b) 動作波形

▲ 圖 35-3　555 單穩態多諧振盪器

(1) 電源剛通上時第 2 腳經 R_2 接於 $+V_{CC}$，故 555 不被觸發。第 3 腳之輸出為低態。第 7 腳對地為短路，C_1 不會被充電。

(2) 若將按鈕 PB 壓一下，則第 2 腳的電壓 $< \frac{1}{3}V_{CC}$，故第 3 腳輸出高態，同時第 7 腳對地開路，C_1 經 R_1 而充電。

(3) 於 $T = 1.1R_1C_1$ 秒後，第 6 腳之電壓達到 $\frac{2}{3}V_{CC}$，故第 3 腳回復輸出低態，第 7 腳對地短路，將 C_1 放電。

(4) 上述動作過程請參考圖 35-3(b)。

(5) 第 3 腳輸出高態的時間，T 稱為閘門時間。

閘門時間 $T = 1.1\,R_1C_1$ 秒　　　　　　　　　　　　　　　　　　　(35-1)

(6) R_1 與 C_1 之實用範圍：$R_1 = 10\text{k}\Omega \sim 1\text{M}\Omega$，$C_1 = 100\text{pF} \sim 1000\mu\text{F}$。

2-2　555 無穩態多諧振盪器

用 555 組成的無穩態多諧振盪器如圖 35-4(a)所示，茲將其動作情形說明如下：

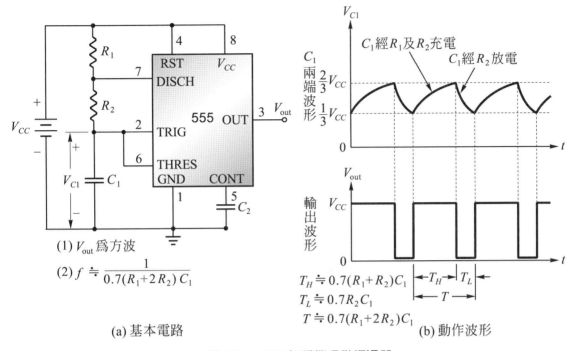

(1) V_out 為方波

(2) $f \fallingdotseq \dfrac{1}{0.7(R_1+2R_2)C_1}$

(a) 基本電路

$T_H \fallingdotseq 0.7(R_1+R_2)C_1$

$T_L \fallingdotseq 0.7R_2C_1$

$T \fallingdotseq 0.7(R_1+2R_2)C_1$

(b) 動作波形

▲ 圖 35-4　555 無穩態多諧振盪器

(1) 當電源 V_{CC} 剛加上時，C_1 兩端之電壓 $<\dfrac{1}{3}V_{CC}$，故第 3 腳輸出高態，同時第 7 腳對地開路。

(2) 電容器 C_1 經 R_1 及 R_2 而充電，其端電壓會不斷上升，當第 6 腳之電壓 $>\dfrac{2}{3}V_{CC}$ 時，第 3 腳之輸出即轉變成低態，同時第 7 腳對地短路。

(3) C_1 經 R_2 而放電，因此電壓會不斷下降，當第 2 腳之電壓 $<\dfrac{1}{3}V_{CC}$ 時，第 3 腳之輸出又轉變為高態，第 7 腳對地開路。

(4) 上述動作情形往復循環之，即產生圖 35-4(b)所示之動作狀態。

(5) 圖 35-4(b)之：

$T_H = 0.7(R_1 + R_2)C_2$

$T_L = 0.7R_2C_1$

$T = 0.7(R_1 + 2R_2)C_1$

(6) 振盪頻率

$$f = \frac{1}{T} = \frac{1}{0.7(R_1 + 2R_2)\,C_1} \tag{35-2}$$

(7) 電阻器、電容器之實用範圍：

$R_1 > 1\text{k}\Omega$

$R_1 + R_2 < 1\text{M}\Omega$

$C_1 = 100\text{pF} \sim 1000\mu\text{F}$

(8) 555 振盪頻率之最高極限為 100kHz。

2-3　最精簡的 555 無穩態多諧振盪器

圖 35-5 是一個最精簡的 555 無穩態多諧振盪器。茲說明如下：

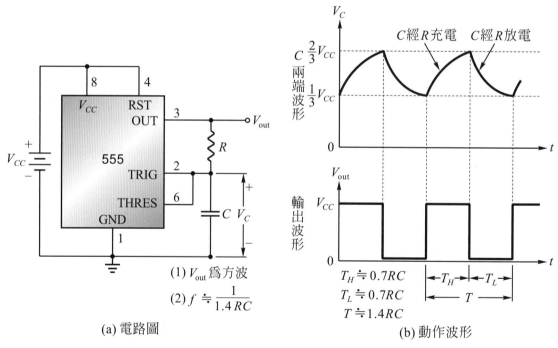

(1) V_{out} 為方波

(2) $f \doteqdot \dfrac{1}{1.4\,RC}$

(a) 電路圖

(b) 動作波形

▲ 圖 35-5　最精簡之 555 無穩態多諧振盪器

(1) 電源 V_{CC} 剛加上時，電容器 C 尚未充電，電容器 C 兩端之電壓 $V_C < \dfrac{1}{3}V_{CC}$，因此第 3 腳輸出高態而令 C 經 R 充電。

(2) 電容器充電時，V_C 會不斷上升，當 $V_C > \dfrac{2}{3}V_{CC}$ 時，第 3 腳輸出低態而令 C 經 R 放電。

(3) 電容器放電時，V_C 會不斷下降，當 $V_C < \dfrac{1}{3}V_{CC}$ 時，第 3 腳輸出高態而令 C 經 R 充電。

(4) 第(2)至第(3)步驟反覆動作，第 3 腳即可不斷的輸出方波。

(5) 圖 35-5 之：

$T_H \fallingdotseq 0.7RC$

$T_L \fallingdotseq 0.7RC$

週期 $T = T_H + T_L \fallingdotseq 1.4RC$

(6) 振盪頻率

$$f = \frac{1}{T} \fallingdotseq \frac{1}{1.4RC} \tag{35-3}$$

三、實習項目

工作一：用 555 組成的單穩態多諧振盪器實驗

1. 接妥圖 35-6 之電路。

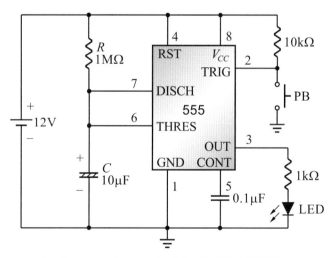

▲ 圖 35-6　用 555 組成的單穩態多諧振盪器

2. 通上 DC 12V 之電源。

3. 若按鈕 PB 按下後立刻放開，則 LED 亮約幾秒後會熄滅？　答：_____

4. 再壓一下按鈕 PB，按下後立刻放開，則 LED 亮約幾秒後會熄滅？　答：_____

5. 第3.步驟與第4.步驟，LED 亮的時間一樣嗎？　答：＿＿＿＿＿＿

6. 請將電源關閉。

工作二：用 555 組成的無穩態多諧振盪器實驗

1. 接妥圖 35-7 之電路。

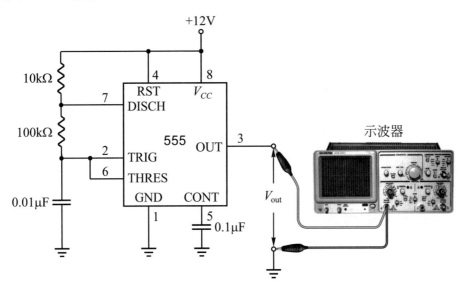

▲ 圖 35-7　用 555 組成的無穩態多諧振盪器

2. 通上 DC 12V 之電源。

3. 以示波器，如圖 35-7 所示觀察 V_{out} 之波形。

　注意：示波器的選擇開關置於 DC 之位置。

4. V_{out} 之波形是正弦波還是方波？　答：＿＿＿＿＿＿

5. 把電源 OFF。

四、習題

1. 使用 IC 製作電路，有何好處？

2. 555 有幾隻腳？電源的使用範圍為多少伏特？

3. 555 的第 2、4、6 腳之優先順序為何？

4. 圖 35-3 之 555 單穩態多諧振盪器，若 $R_1 = 1M\Omega$，$C_1 = 4.7\mu F$，則閘門時間 T 等於幾秒？

5. 圖 35-4 之無穩態多諧振盪器，若 $R_1 = 100k\Omega$，$R_2 = 100k\Omega$，$C_1 = 0.1\mu F$，則振盪頻率 $f =$？

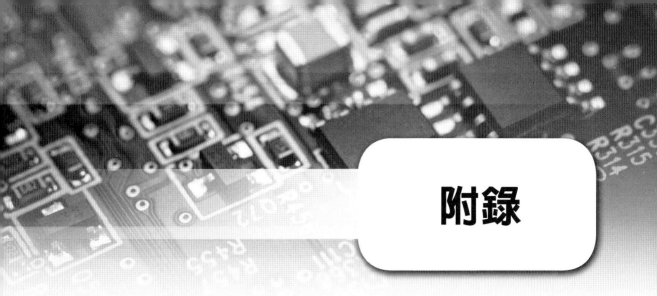

附錄

本書實習所需之器材

1. 設備表

名稱	規格	數量	備註
示波器	雙軌跡,頻寬 20MHz 以上	1	附兩隻測試棒
聲頻信號產生器	能輸出具有正、負半週之方波及正弦波	1	函數信號產生器亦可
直流電源供應器	0～±30V 可調,1A	1	雙電源型
三用電表	YF-303 或相容品	1	附電晶體測試座或電晶體測試棒
免銲萬用電路板	任何廠牌均可	1	俗稱「麵包板」
尖嘴鉗	5"	1	又稱為「尖口鉗」
斜口鉗	5"	1	
電烙鐵	110V 30W	1	含烙鐵架(附海棉)
隨身聽或 CD 唱盤或 MP3 播放器	任何廠牌皆可	1	附有引線之耳機插頭
手錶	任何廠牌皆可	1	計時用
一字小起子	101	1	平口小起子
小型電鑽	AC110V	1	只實習二十使用

2. 材料表

名稱	規格	數量	備註
二極體	1N4007	4	1N4001～1N4007 皆可
發光二極體	紅色，3mm ϕ	2	LED
稽納二極體	6.2V $\frac{1}{2}$ W	1	ZD
電晶體	2SA684	1	PNP
	2SC1384	3	NPN
場效電晶體	2SK 30A	1	JFET
七段 LED 顯示器	共陰極，紅色	1	
	共陽極，紅色	1	
積體電路	μA741	1	LM741 亦可
	74LS00	1	
	74LS47	1	
	74LS90	1	
	CD4001B	1	
	CD4011B	1	
	CD4013B	1	
	CD4027B	1	
	CD4511B	1	
	CD4518B	1	
	CD40106B	1	
	NE555	1	LM555 亦可
陶瓷電容器	250pF 50V	1	251
塑膠膜電容器	0.01μF 50V	3	103J 或 103K
	0.022μF 50V	2	223J 或 223K
	0.1μF 50V	1	104J 或 104K

名稱	規格	數量	備註
電解電容器	1μF 25V	1	
	10μF 25V	3	
	33μF 25V	2	
	100μF 25V	2	
電阻器	10Ω 10W	3	只實習一使用
	$47Ω\ \frac{1}{4}$ W	1	黃紫黑金
	$100Ω\ \frac{1}{4}$ W	1	棕黑棕金
	$220Ω\ \frac{1}{4}$ W	1	紅紅棕金
	$330Ω\ \frac{1}{4}$ W	1	橙橙棕金
	$470Ω\ \frac{1}{4}$ W	1	黃紫棕金
	$1kΩ\ \frac{1}{4}$ W	2	棕黑紅金
	$1kΩ\ \frac{1}{2}$ W	4	棕黑紅金
	$1.5kΩ\ \frac{1}{4}$ W	1	棕綠紅金
	$2.2kΩ\ \frac{1}{4}$ W	3	紅紅紅金
	$3.3kΩ\ \frac{1}{4}$ W	1	橙橙紅金
	$4.7kΩ\ \frac{1}{4}$ W	3	黃紫紅金
	$5.6kΩ\ \frac{1}{4}$ W	1	綠藍紅金
	$6.8kΩ\ \frac{1}{4}$ W	1	藍灰紅金
	$10kΩ\ \frac{1}{4}$ W	2	棕黑橙金
	$20kΩ\ \frac{1}{4}$ W	1	紅黑橙金
	$22kΩ\ \frac{1}{4}$ W	1	紅紅橙金
	$30kΩ\ \frac{1}{4}$ W	1	橙黑橙金

名稱	規格	數量	備註
電阻器	$33k\Omega \ \frac{1}{4} W$	1	橙橙橙金
	$47k\Omega \ \frac{1}{4} W$	2	黃紫橙金
	$100k\Omega \ \frac{1}{4} W$	2	棕黑黃金
	$220k\Omega \ \frac{1}{4} W$	1	紅紅黃金
	$330k\Omega \ \frac{1}{4} W$	1	橙橙黃金
	$1M\Omega \ \frac{1}{4} W$	1	棕黑綠金
	$2M\Omega \ \frac{1}{4} W$	1	紅黑綠金
	$10M\Omega \ \frac{1}{4} W$	2	棕黑藍金
可變電阻器	$1k\Omega$(B)	2	
	$10k\Omega$(B)	2	
	$100k\Omega$(B)	1	
	$1M\Omega$(B)	1	
光敏電阻器	$5mm\,\phi \sim 15mm\,\phi$ 皆可	1	CdS
小型輸出變壓器	19mm 或 14mm	1	紅色或黃色
揚聲器	8Ω 0.5W	1	附喇叭箱更好
繼電器	DC 12V，接點 2C	1	
小型搖頭開關	125V 3A	1	指撥開關亦可
小型按鈕	TACT SWITCH	2	有常開接點之按鈕皆可
小型微動開關	3A，接點 1c	1	
小型電源變壓器	PT-12	1	110V：3V - 4.5V - 6V - 9V - 12V
電源線	125V 6A 附插頭	1	
PVC 單芯線	$0.6mm\,\phi$，鍍錫	若干	
錫絲	$1mm\,\phi$，含松香心	若干	
紙杯	任何可盛水的杯子	1	盛水用

名稱	規格	數量	備註
吸管	任何喝飲料的吸管	1	
印刷電路板	15cm × 10cm × 1.6mm	1	只實習二十使用
氯化鐵溶液	500mL	1	只實習二十使用
油質畫筆	奇異筆	1	只實習二十使用
複寫紙	黑色或藍色	1	只實習二十使用
鑽頭	1mm ϕ	1	只實習二十使用
塑膠盆	小臉盆	1	只實習二十使用

國家圖書館出版品預行編目資料

電子學實驗 / 蔡朝洋編著. -- 七版. -- 新北市：
　全華圖書, 2020.10
　　面 ； 公分
　ISBN 978-986-503-501-3(平裝)

1.CST: 電子工程 2.CST: 電路 3.CST: 實驗
448.6034　　　　　　　　　109014717

電子學實驗

作者 / 蔡朝洋

發行人 / 陳本源

執行編輯 / 張曉紜

出版者 / 全華圖書股份有限公司

郵政帳號 / 0100836-1 號

印刷者 / 宏懋打字印刷股份有限公司

圖書編號 / 0070606

七版四刷 / 2024 年 02 月

定價 / 新台幣 500 元

ISBN / 978-986-503-501-3(平裝)

全華圖書 / www.chwa.com.tw

全華網路書店 Open Tech / www.opentech.com.tw

若您對書籍內容、排版印刷有任何問題，歡迎來信指導 book@chwa.com.tw

臺北總公司(北區營業處)
地址：23671 新北市土城區忠義路 21 號
電話：(02) 2262-5666
傳真：(02) 6637-3695、6637-3696

南區營業處
地址：80769 高雄市三民區應安街 12 號
電話：(07) 381-1377
傳真：(07) 862-5562

中區營業處
地址：40256 臺中市南區樹義一巷 26 號
電話：(04) 2261-8485
傳真：(04) 3600-9806(高中職)
　　　(04) 3601-8600(大專)

歡迎加入 全華會員

● 會員獨享

會員享購書折扣、紅利積點、生日禮金、不定期優惠活動…等。

● 如何加入會員

掃 QRcode 或填妥讀者回函卡直接傳真 (02) 2262-0900 或寄回,將由專人協助登入會員資料,待收到 E-MAIL 通知後即可成為會員。

如何購買 全華會員 全華書籍

1. 網路購書

全華網路書店「http://www.opentech.com.tw」,加入會員購書更便利,並享有紅利積點回饋等各式優惠。

2. 實體門市

歡迎至全華門市(新北市土城區忠義路21號)或各大書局選購。

3. 來電訂購

(1) 訂購專線:(02) 2262-5666 轉 321-324
(2) 傳真專線:(02) 6637-3696
(3) 郵局劃撥(帳號:0100836-1 戶名:全華圖書股份有限公司)
※ 購書未滿 990 元者,酌收運費 80 元。

OpenTech.com.tw 全華網路書店

全華網路書店 www.opentech.com.tw
E-mail: service@chwa.com.tw

※ 本會員制如有變更則以最新修訂制度為準,造成不便請見諒。